战略性新兴领域"十四五"高等教育系列教材

纳米材料

主 编　彭　飞　涂盈锋

参 编　杜金志　董任峰　付纪军　樊俊兵
　　　　周东方　马　星　鄢晓晖　孔　彪
　　　　张凯欢　孙鎏炀　涂　敏

机械工业出版社

本书共8章，第1章带领大家走进纳米世界，了解自然界中的纳米现象，以及纳米技术的发展历史、进展趋势，理解纳米材料的基本内涵。第2章讨论纳米材料区别于宏观材料的基本效应，为第3章理解纳米材料独特性能奠定良好基础。第4章重点介绍如何制备具有优良性质的纳米材料，系统介绍气相沉积法及水热法、溶胶-凝胶法、自组装法等。第5章介绍纳米材料的结构、成分及原位性能评价等经典前沿技术。第6章讨论纳米材料在化工、能源、环境、生物医学等领域的应用。通过纳米材料在不同领域的应用，探索纳米材料结构、性质与应用间的关系。第7章介绍纳米器件和系统中的光刻工艺，及其在生物芯片等领域的具体应用和广阔前景。第8章介绍纳米材料对土壤、水质、大气以及生物体的影响。

本书为广大进入材料专业学习的理工科本科生而设计，目的是使学生对纳米材料和纳米技术的基本背景、内容、研究特点、应用及发展方向有较全面的了解，为学生将来进一步学习或从事相关研究打下良好的理论基础。

图书在版编目（CIP）数据

纳米材料/彭飞，涂盈锋主编. —北京：机械工业出版社，2023.12
战略性新兴领域"十四五"高等教育系列教材
ISBN 978-7-111-74803-8

Ⅰ. ①纳… Ⅱ. ①彭… ②涂… Ⅲ. ①纳米材料–高等学校–教材
Ⅳ. ①TB383

中国国家版本馆 CIP 数据核字（2024）第 008116 号

机械工业出版社（北京市百万庄大街22号　邮政编码100037）
策划编辑：丁昕祯　　　　　　　　责任编辑：丁昕祯　赵晓峰
责任校对：孙明慧　王小童　景　飞　封面设计：张　静
责任印制：李　昂
河北京平诚乾印刷有限公司印刷
2024年7月第1版第1次印刷
184mm×260mm · 20.75印张 · 510千字
标准书号：ISBN 978-7-111-74803-8
定价：68.00 元

电话服务　　　　　　　　　　　网络服务
客服电话：010-88361066　　　机 工 官 网：www.cmpbook.com
　　　　　010-88379833　　　机 工 官 博：weibo.com/cmp1952
　　　　　010-68326294　　　金 书 网：www.golden-book.com
封底无防伪标均为盗版　　　机工教育服务网：www.cmpedu.com

前　言

　　"十四五"国家重点研发计划等国家项目积极支持纳米材料及相关领域的发展。"纳米材料"作为专业基础课，在国内院校的材料学院及化学学院均有相关课程开设。本书为广大进入材料专业学习的理工科本科生而设计，目的是使学生对纳米材料和纳米技术的基本背景、内容、研究特点、应用及发展方向有较全面的了解，为学生将来进一步学习相关课程或从事相关研究打下良好的基础。与本书配套的电子教案可免费下载。

　　本书从纳米材料的基本概念、基本思路、对象、基本方法和手段出发，明确纳米材料与宏观材料之间的关系，阐述正确的问题分析方法，以及纳米材料及其器件基本制备、分析和应用，并向读者介绍纳米技术的最新动态和发展方向。

　　本书由中山大学、南方医科大学、复旦大学、哈尔滨工业大学、厦门大学、中国科学院上海微系统与信息技术研究所、华南师范大学、广州医科大学等院校联合编写，参加编写的教师均长期从事纳米材料的教学及前沿科研工作，为此书的编写奠定了良好基础。考虑多数院校课程学时为一学期，而纳米材料涉及较多的学科和内容，本书注意教学内容的合理组织，侧重各种物理现象的阐述，避开烦琐的理论推导过程。本书融入近十年纳米材料的新成果和前沿技术，将前沿的学术图片，新的科研成果，新的学科理论、方法、技术在书中反映，提供教学用电子教案、前沿纳米材料电子显微镜图片等，激发读者学习动力。同时将启发性教学方法融入本书的方方面面，通过激发学生的思维，领会纳米技术基本理论和研究方法。本书紧密联系纳米材料与生活、社会发展实例，使读者能领悟到纳米材料的发展与日常生活息息相关，切实感受到纳米材料的社会应用价值。

　　限于作者经验和水平，书中难免会有疏漏和不足之处，敬请各位读者批评指正。

编　者

目　录

前言

第1章　绪论 ……………………………………………………………… 1

1.1　自然界中的纳米材料 ………………………………………… 1

1.2　纳米技术发展历程 …………………………………………… 4

1.3　纳米科技和纳米材料 ………………………………………… 6

1.3.1　纳米科技的研究内容 ……………………………… 6

1.3.2　纳米材料的分类 …………………………………… 8

1.3.3　纳米材料的特性与应用 ………………………… 12

1.3.4　纳米材料的制备方法 …………………………… 13

1.3.5　纳米材料的表征工具 …………………………… 14

1.4　纳米时代——纳米科学技术的未来 …………………… 14

第2章　纳米材料基本单元及理论 …………………………………… 18

2.1　基本纳米结构单元 ………………………………………… 19

2.1.1　零维单元 …………………………………………… 19

2.1.2　一维单元 …………………………………………… 21

2.1.3　二维单元 …………………………………………… 23

2.2　纳米结构材料的分类 ……………………………………… 25

2.2.1　按化学成分分类 ………………………………… 25

2.2.2　按物理性质分类 ………………………………… 27

2.3　基本理论 …………………………………………………… 29

2.3.1　量子尺寸效应 …………………………………… 29

2.3.2　小尺寸效应 ……………………………………… 31

2.3.3　表面效应 ………………………………………… 33

2.3.4　宏观量子隧道效应 ……………………………… 37

2.3.5　库仑堵塞效应 …………………………………… 39

2.3.6　介电限域效应 …………………………………… 42

第3章　纳米材料的物理、化学、生物性质 ………………………… 45

3.1　纳米结构的物理特性 ……………………………………… 46

3.1.1　纳米结构的热学性能 …………………………… 46

3.1.2　纳米结构的光学性能 …………………………… 61

3.1.3　纳米结构的电学性能 …………………………… 64

3.1.4　纳米结构的磁学性能 ……………………………………… 68

3.1.5　纳米结构的力学性能 ……………………………………… 74

3.1.6　纳米结构的悬浮动力学特性 ……………………………… 83

3.1.7　纳米结构的吸附特性 ……………………………………… 86

3.2　纳米结构的化学特性 ………………………………………………… 88

3.2.1　催化的形式和分类 ………………………………………… 89

3.2.2　纳米结构的光催化 ………………………………………… 92

3.2.3　纳米结构的电催化 ………………………………………… 95

3.3　纳米结构的生物学特性 ……………………………………………… 97

3.3.1　靶向递送能力 ……………………………………………… 98

3.3.2　器官分布的粒径依赖性 …………………………………… 100

3.3.3　生物相容性 ………………………………………………… 100

3.3.4　纳米毒理学 ………………………………………………… 104

第4章　纳米材料的制备与功能化 …………………………………………… 107

4.1　固相制备法 …………………………………………………………… 108

4.1.1　球磨法 ……………………………………………………… 108

4.1.2　热分解法 …………………………………………………… 112

4.1.3　固相反应法 ………………………………………………… 113

4.2　气相制备法 …………………………………………………………… 114

4.2.1　化学气相沉积 ……………………………………………… 114

4.2.2　物理气相沉积 ……………………………………………… 124

4.3　液相制备法 …………………………………………………………… 129

4.3.1　沉淀法 ……………………………………………………… 129

4.3.2　水热法 ……………………………………………………… 130

4.3.3　溶胶-凝胶法 ……………………………………………… 133

4.3.4　自组装法 …………………………………………………… 136

4.3.5　模板法 ……………………………………………………… 138

4.4　一维、二维纳米材料的合成汇总 …………………………………… 141

4.4.1　一维纳米材料的制备方法 ………………………………… 141

4.4.2　二维纳米材料的合成 ……………………………………… 150

4.5　纳米材料的功能化修饰 ……………………………………………… 154

4.5.1　纳米材料表面修饰的必要性 ……………………………… 154

4.5.2　纳米材料的修饰法 ………………………………………… 158

第5章　纳米材料的测试表征 ………………………………………………… 164

5.1　纳米材料的结构分析 ………………………………………………… 164

5.1.1　纳米材料的直观结构分析技术 …………………………… 165

5.1.2　纳米材料的间接结构测定技术 …………………………… 174

5.2　纳米材料的成分分析 ………………………………………………… 183

5.2.1　体相元素成分分析 ………………………………………… 183

　　　5.2.2　表面成分分析 ……………………………………… 192

　5.3　纳米材料的性能测试 ……………………………………… 195

　　　5.3.1　原位力学性能测试 …………………………………… 195

　　　5.3.2　原位电学性能测试 …………………………………… 200

　　　5.3.3　原位磁性性能测试 …………………………………… 201

　　　5.3.4　原位热学性能测试 …………………………………… 202

第6章　纳米材料的典型应用 ……………………………………… **204**

　6.1　化工催化领域的纳米材料 ………………………………… 205

　　　6.1.1　贵金属纳米材料 ……………………………………… 205

　　　6.1.2　过渡金属氧化物纳米材料 …………………………… 210

　6.2　能源领域的纳米材料 ……………………………………… 212

　　　6.2.1　压电纳米材料 ………………………………………… 213

　　　6.2.2　热电材料 ……………………………………………… 217

　　　6.2.3　光电纳米材料 ………………………………………… 220

　6.3　环境领域的纳米材料 ……………………………………… 221

　　　6.3.1　纳米材料在污染物吸附去除中的应用 ……………… 222

　　　6.3.2　纳米材料在污染物催化降解中的应用 ……………… 225

　　　6.3.3　纳米材料在环境分析方面的应用 …………………… 228

　6.4　纳米机械 …………………………………………………… 232

　　　6.4.1　纳米马达 ……………………………………………… 232

　　　6.4.2　纳米传感器 …………………………………………… 236

　　　6.4.3　纳米反应器 …………………………………………… 240

　　　6.4.4　纳米开关 ……………………………………………… 242

　6.5　生物医学领域的纳米材料 ………………………………… 245

　　　6.5.1　药物递送纳米材料 …………………………………… 245

　　　6.5.2　诊断纳米材料 ………………………………………… 250

　　　6.5.3　组织工程纳米材料 …………………………………… 254

第7章　纳米器件和系统 …………………………………………… **258**

　7.1　光刻工艺 …………………………………………………… 259

　　　7.1.1　紫外光刻工艺 ………………………………………… 260

　　　7.1.2　光刻胶 ………………………………………………… 263

　　　7.1.3　紫外光刻-纳米材料应用实例 ……………………… 269

　　　7.1.4　电子束光刻 …………………………………………… 270

　　　7.1.5　X射线光刻和LIGA工艺 …………………………… 275

　　　7.1.6　离子束光刻 …………………………………………… 276

　7.2　纳米电子机械系统 ………………………………………… 278

　　　7.2.1　NEMS的基本概念 ………………………………… 280

　　　7.2.2　NEMS的基本特性 ………………………………… 281

　　　7.2.3　NEMS的挑战与极限 ……………………………… 284

7.2.4　NEMS 的应用原理 ························· 288

7.2.5　展望 ································· 289

7.3　生物芯片 ································· 289

7.3.1　生物芯片的材料选择 ····················· 290

7.3.2　软刻蚀技术 ························· 291

7.3.3　DNA 微阵列（基因芯片） ··················· 293

7.3.4　即时检验技术 ························ 294

7.3.5　液滴操纵技术 ························ 296

第 8 章　纳米材料的环境及社会影响 ·················· 298

8.1　纳米材料对土壤的影响 ···················· 299

8.1.1　碳纳米材料对土壤生物的毒性 ················· 300

8.1.2　金属纳米材料对土壤生物的毒性 ················ 301

8.1.3　量子点对土壤生物的毒性 ··················· 304

8.1.4　高分子聚合物纳米材料对土壤生物的毒性 ············ 304

8.2　纳米材料对水质的影响 ···················· 305

8.2.1　碳纳米材料对水生生物的毒性 ················· 305

8.2.2　金属及氧化物纳米材料对水生生物的毒性 ············ 306

8.2.3　量子点对水生生物的毒性 ··················· 307

8.2.4　有机高分子纳米材料对水生生物的毒性 ············· 308

8.3　纳米材料对大气的影响 ···················· 310

8.3.1　碳纳米材料对大气的影响 ··················· 311

8.3.2　金属及氧化物纳米材料对大气的影响 ·············· 312

8.3.3　量子点对大气的影响 ····················· 312

8.3.4　有机高分子纳米材料对大气的影响 ··············· 313

8.4　纳米材料对生命健康的影响 ·················· 313

8.4.1　纳米材料进入机体的主要途径 ················· 314

8.4.2　纳米材料对呼吸系统的影响 ·················· 316

8.4.3　纳米材料对心血管系统的影响 ················· 318

8.4.4　纳米颗粒对肝脏的影响 ···················· 319

8.4.5　纳米材料对免疫细胞及其他细胞的影响 ············· 320

8.4.6　纳米材料的致癌性 ······················ 320

参考文献 ···································· 322

第 **1** 章 绪论

绪论

纳米（nanometer，nm）中的"nano"来源于希腊语，语义为"侏儒"。而纳米是长度单位，是1m的$1/10^9$，即$1nm=10^{-9}m$。纳米技术则为描述原子和分子水平的活动。本章将带领大家初步走进奇妙的纳米世界。

实际上，纳米技术并不是人类的发明专利，而是自然界的馈赠。生命的进化已经走过了35亿年的历史，远超过人类的进化历史，而纳米技术和纳米材料在这个漫长的过程中悄然存在着。出淤泥而不染的莲花、轻巧漫步的壁虎、绚丽多彩的蝴蝶、海中坚硬的贝壳、显微镜下的细菌等，无一不是灵活应用纳米技术的高手。它们依靠着这项精湛的技能在环境复杂的大自然中顽强地生存了下来。自然界中的生物给了人类无数的灵感，人类在进化过程中不断从动植物身上得到启示，从探索到模仿再到进一步发明创造，从而逐渐提升了生产力和创新力。

1959年，"纳米技术之父"理查德·费曼（Richard Phillips Feynman）提出"底部有很多空间"这一大胆假设，纳米技术逐渐出现在大众的视野。之后，由于扫描隧道显微镜及后代原子力显微镜研制成功，进一步揭示了一个可见的原子、分子世界，对纳米技术的发展产生了积极促进作用。随着富勒烯的发现，纳米技术迎来了黄金时代。每一次大胆设想的提出，每一次里程碑式的发现，一步一步地推动着纳米技术的发展，引领着人类走入纳米世界。

纳米技术在日常生活中用途广泛，例如，治理环境，减少有害气体排放；诊断、治疗疾病，可用于药物递送、生物标记物、核磁共振成像等；合成材料，利用纳米材料的独特性质对原有材料进行改性，提高材料的综合性能；在纺织制品中加入纳米微粒，可以除味杀菌；在玻璃表面涂上纳米薄层，可以制成自洁玻璃，免擦洗等。

由于纳米技术拥有着巨大的潜力，人们对纳米科学和纳米技术等新兴领域的兴趣越来越大。21世纪初期开始，世界多国加大了在该领域的资金及科研投入，截至目前，纳米技术的开发应用在许多工业化国家中仍然占有重要地位。在未来几十年中，在纳米尺度上开发的新技术将更加频繁地应用于生活。虽然纳米技术将会给人类带来生活上的便利以及科技的进步，但纳米技术也有很多环境和安全问题，如纳米尺寸有可能避开生物的免疫防御系统，具有一定的毒副作用，并不能降解等。因此，评估纳米技术风险也是纳米科技发展的重要一环。

1.1 自然界中的纳米材料

纳米世界是介于宏观与微观之间的介观领域，尺寸范围为1~100nm。1959年，在美国物理科技大会中，诺贝尔奖获得者、著名的理论物理学家理查德·费曼发表了一篇演讲——

《在底部还有很大空间》，他提出："物理学的规律不排除一个原子一个原子制造物品的可能，那么我们可以从分子甚至原子的尺度上控制或者组装新型微型仪器，通过这类微小的仪器自由准确地排列原子结构。"费曼提出的这一大胆假设被公认为纳米概念最早的灵感来源，之后才不断有各学科的专家学者从不同角度提出有关纳米技术的假设。至此，纳米技术逐渐走进大众的视野，引起世界各国的广泛关注。

虽然纳米技术的构想是由科学家提出的，但纳米材料和纳米技术却在自然界中早已经存在。大自然的奥秘无穷无尽，世间万物经过数十亿年的进化，在优胜劣汰的竞争中，不断地遗传、变异和适应环境，最后能够生存下来的生物无一不表现出近乎完美的结构和功能。"物竞天择，适者生存"，自然界就像是一所面向全人类的学校，大自然的每一滴水、每一朵花、每一棵树、每一株草甚至每一块石头都可以作为人类设计先进材料和开发新技术的灵感来源。那么自然界中存在着怎样的纳米世界呢？

在自然界中，经过数十亿年的进化，由于表面多尺度结构和表面化学组成之间的相互作用，一些生物表面表现出明显的超疏水性，如出淤泥不染的莲花、小巧的壁虎、五颜六色的蝴蝶、海中的贝壳等，如图 1.1 所示。

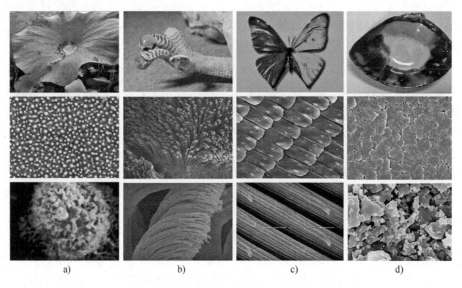

图 1.1　自然界中典型纳米现象和相应的多尺度结构
a）莲叶　b）壁虎脚　c）蝴蝶翅膀　d）贝壳

周敦颐在《爱莲说》中曾说："予独爱莲之出淤泥而不染"，这句话在表达莲花高洁品质的同时也道出了莲花拥有一种自我清洁的特性，而莲叶表面具有的超疏水性以及这种自洁能力被称为"莲花效应"。20 世纪 70 年代，植物学家威廉·巴特洛特（Wilhelm Barthlott）发现，即使是光滑的树叶表面也会沉积灰尘，但莲叶却总是纤尘不染。20 世纪 90 年代初，科学家在显微镜下观察发现，莲叶表面有一些复杂的多重纳米和微米级的超微结构，并有一些微小的蜡质颗粒，还覆盖着无数尺寸约 $10\mu m$ 的乳突，每个乳突表面又覆盖了直径为几百纳米的细绒毛，形成一个挨着一个的凸包。而凸包间的凹陷部分会充满空气，这样就紧贴叶面形成了一层只有纳米级厚的空气层。由于灰尘、雨水等的尺寸远大于这种结构的尺寸，它们落在叶面上时，会隔着一层极薄的空气，从而不会大范围直接接触叶面，只能接触到叶面上部分的凸起点。水在这些纳米级的微小颗粒上不会向莲叶表面其他方向蔓延，而是形成一个球体，就是我们常看到雨后莲叶上滚动的雨水或露珠，在滚动的过程中吸附一些灰尘离开叶面，这就是促使莲叶长期保持清洁和干燥的"莲花效应"。目前超疏水表面的研究在工业、农业和日常生活领域均具有实际应用。

自然界中有些现象常令人困惑不解，例如，壁虎具有惊人的爬行能力，可以贴附在几乎任何表面上，包括天花板、墙壁、木材甚至光滑的玻璃等。那么壁虎是如何依靠附着力飞檐走壁的呢？经研究发现，使壁虎紧贴于天花板上不至于掉下来的原因是其脚底的刚毛和天花板表面之间相互作用的范德华力。壁虎的每个脚底都有近百万根刚毛，而每根刚毛末端又有近千根更精细的微纳米结构分支，这种微纳米结构促使刚毛与物体表面分子间的距离极近，从而产生范德华力。虽然每根刚毛产生的力量都很微小，但数百万根累积起来的力量就非常可观，当壁虎的脚趾贴在光滑的平面上时，由于范德华力的作用，壁虎可以完美地适应任何表面并自如行走。这种微纳米结构还使壁虎的脚可以进行自我清洁，这一原理与"莲花效应"极其相似。当壁虎的脚踩在泥土或灰尘上时，泥土颗粒会堆积在刚毛表面，当颗粒堆积到一定程度时，颗粒在重力作用下便会自然脱落，因此，壁虎不需要清理自己的脚也可以保持干净，时刻保持脚部清洁也同时促使壁虎更容易贴附在物体表面。在壁虎脚趾微结构的启示下，物理学家安德烈·海姆（Andre Geim）模仿壁虎脚趾的微结构研制了一种柔韧胶布，上面覆以上百万根人工合成的直径小于 $2\mu m$ 的绒毛，经检验附着力极强。

除了令人惊叹的莲花、壁虎，在这个色彩绚丽的自然界中，你能否想到这些缤纷的色彩也与纳米技术息息相关呢？动物身上的颜色一方面来源于自身生理代谢产生的色素颗粒，即化学色，另一方面是由于物理结构产生的结构色。花间飞舞的蝴蝶之美在于那对五彩斑斓的翅膀，而翅膀可以显出多种不同颜色的原因在于翅膀上无数的 $3\sim4\mu m$ 厚微小鳞片。部分鳞片呈白、红、黄、黑等颜色，基本上形成于化学色，靠自身代谢即可产生，但这类颜色有可能通过一些化学作用逐渐褪色甚至消失。而对于结构色，鳞片相互交叠，形成了一种光子晶体，光子晶体能捕捉光线，仅让某种波长的光线透过。当光作用于鳞片表面脊、沟等微结构时，会发生光散射、干涉及衍射，因此可以使翅膀的颜色有更多的变化，且在阳光下闪着光泽。

一些软体动物为了保护自身软组织免受捕食者侵害且可以维持自身生活在深度百米以下的海洋中，进化出了自己的"铠甲"——贝壳。那么，贝壳为什么会如此坚硬呢？贝壳是由软体动物的一种特殊腺细胞的分泌物所形成的钙化物，主要分为三层：外层为角质层，较薄，可防止碳酸侵蚀；中层为棱柱层，较厚，外层和中层主要用于扩大贝壳面积，但不增加厚度；内层为珍珠层，研究人员通过扫描电镜发现，贝壳中的珍珠层具有有序的"砖—泥"微观结构。$CaCO_3$ 为"砖"，提供强度性能；有机蛋白质和壳多糖为"泥"，提供韧性。而后经过逐渐矿化，形成致密的珍珠层，如此高度规则的复杂结构也造就了贝壳既有强度又有韧性的特点。对于结构材料，同时拥有高强度和高韧性的特性是非常困难的，而贝壳却可以将两者完美融合。受此启发，近年来，多篇文章报道了仿贝壳珍珠层材料的开发，有望应用于航天、航海、交通和生物医学等领域。

纳米现象在自然界随处可见，很多植物、动物都是身怀多项纳米技术的高手，给纳米科技工作者带来了无数灵感和启示。纳米科学来源于生活，应用于生活。

1.2 纳米技术发展历程

人类的需求和想象力的结合常常会产生新的科学和技术。21世纪初期，纳米技术便诞生于这样的梦想。纳米科学和纳米技术在几乎每个科学领域的突破都使这个时代的生活更加丰富便捷。纳米科学和纳米技术代表了一个不断扩大的研究领域，主要涉及 1~100nm 的物质，纳米科学是物理学、材料科学和生物学的融合，是处理原子和分子尺度材料的操作，而纳米技术是一种以纳米尺度观察测量、操纵、组装、控制和制造物质的技术。有一些报告提供了纳米科学和纳米技术的历史，但没有报告总结纳米科学和纳米技术从发现到兴起的一些重要里程碑式的事件。因此，我们必须首先总结纳米科学和纳米技术领域的主要事件，才能进一步了解它们在这一领域的发展。

1861年，英国科学家托马斯·格雷厄姆（Thomas Graham）首次提出"胶体"这个名词，并在之后对胶体进行了大量实验，在多方面均有开创性的研究，胶体化学的历史也由此正式展开。

"纳米"这一概念最早是由诺贝尔化学奖得主理查德·西格蒙迪（Richard Zsigmondy）于1925年提出的。他是第一个用显微镜测量胶体金等颗粒大小的人，并明确地创造了"纳米"这个术语用于描述粒子的大小。

纳米技术史上最著名的论文开始于诺贝尔物理学奖得主理查德·费曼于1959年在加州理工学院举行的美国物理科技大会上的演讲，在《在底部还有很大空间》这一演讲中，他介绍了在原子水平上操纵物质的概念。当时费曼没有使用"纳米技术"这个词，那次演讲是对我们现在所说的纳米技术的一个愿景，这个新的想法开创了新的思维方式，费曼的假设已经被证明是正确的。正是由于这些原因，他被认为是现代纳米技术之父。

20世纪60至70年代，有关纳米材料的理论有了一定的进展，科学家开始从不同角度提出有关纳米科技的构想。1962年，日本物理学家久保（Kubo）提出了著名的久保理论"金属微粒的尺寸进入到纳米级时会具有量子力学上的特性"。这一理论的提出推动了物理学家对纳米微粒进行更为深入的探索。

1974年，日本科学家谷口纪男（Norio Taniguchi）首次将"纳米技术"一词引入科学界："纳米技术主要由一个原子或一个分子使材料进行的分离、巩固和变形处理"，从此纳米技术真正成为一种新兴技术展现在历史舞台。但是，当时纳米尺度上物理学的完整图景还远不明朗。

20世纪80年代后期，纳米技术的黄金时代开启，对纳米技术的进一步发展产生了重大影响。从那时起，纳米技术研究和设计的力度大大加强，关于纳米技术主题的出版物数量急剧增加，纳米技术的实际应用不断扩大；纳米技术的项目融资显著增加，参与其中的组织和国家的数量也显著增加。

1981年，科学家格尔德·宾宁（Gerd Binnig）和海因里希·罗雷尔（Heinrich Rohrer）根据量子力学中的隧道效应研制出世界上第一台研究纳米的重要工具——扫描隧道显微镜（Scanning Tunneling Microscope，STM），它通过探测固体表面原子和电子的隧道电流来观察固体表面的形貌。STM 的发明是显微领域的一场革命，它是"纳米革命的象征"，为我们揭示了一个可见的原子、分子世界，对纳米科技发展产生了积极促进作用。

1985 年，克罗托（Kroto）、斯莫利（Smalley）和柯尔（Curl）采用激光轰击石墨靶，并用甲苯来收集碳团簇，通过质谱仪分析发现了 C_{60} 等富勒烯。富勒烯是一系列纯碳组成的原子簇的总称，具有吸附自由基的特性，可以降低人体因为新陈代谢、外在环境影响所产生的自由基。目前在重大疾病防治、抗衰老以及工业半导体上有着广泛的应用。

麻省理工学院的埃里克·德雷克斯勒（Eric Drexler）在他 1986 年的著作《创造引擎：纳米技术时代》中使用了费曼的假设和谷口纪男的术语"纳米技术"，提出了一个纳米级"组装器"的想法，通过机械建造复杂的分子结构，通常被称为"分子纳米技术"。

1990 年，在美国巴尔的摩召开了第一届纳米科学技术学术会议，这次会议正式把纳米材料科学作为材料科学的一个新分支。以此会议为起点，在整个 20 世纪 90 年代，纳米技术得到了飞速发展。同年，坎纳姆（Canham）首次发现利用电化学腐蚀方法制备的多孔硅在室温下具有近红外及可见光区的强烈发光现象，这一现象的发现，为在硅片上实现光电集成开辟了一个新的篇章，解决了器件之间电互联造成的时间滞后，大大提升了集成电路性能和计算机速度。这一年还有一个标志性的进展，国际商业机器公司（International Business Machines Corporation，IBM）的艾格勒（Eigler）研究小组在 STM 的辅助下，移动吸附在金属镍 Ni 表面的 35 个氙原子 Xe，形成 IBM 标志的字母，如图 1.2 所示。这是人类第一次通过 STM 实现对原子和分子的操纵。

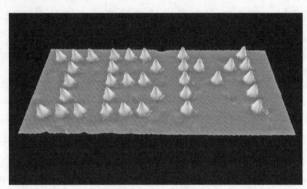

图 1.2　艾格勒等人在金属 Ni 表面将 35 个 Xe 原子排布成最小的 IBM 商标

1991 年，美国国家科学基金的第一个纳米技术项目开始在美国运作。同年，日本电子显微镜专家饭岛澄男（Sumio Iijima）通过电子显微镜首次发现了多壁碳纳米管，这是碳的又一同素异形体，它的质量是相同体积钢的六分之一，强度却是钢的 10 倍。1993 年，饭岛澄男和 IBM 公司的唐纳德·白求恩（Donald Bethune）制成了单壁碳纳米管。纳米管结构如图 1.3 所示。

1994 年，波士顿的美国材料研究会（Materials Research Society，MRS）秋季会议上正式提出"纳米材料"。

1997 年，纽约大学的纳德里安·西曼（Nadrian Seeman）首次提出 DNA 纳米技术的概念。他认为 DNA 可以作为结构工程学材料，利用 DNA 核苷酸互补的规则和合成 DNA 技术搭建结构，制备 DNA 纳米器件。2006 年，加州理工学院研究员保罗·罗斯蒙德（Paul Rothemund）在此基础上开发出了 DNA 折纸技术，该技术由两部分构成，一部分是长单链 DNA，另一部分是短链 DNA，以长链为"架"，短链为"钉"，两者杂交则可折叠成目标三维结构。

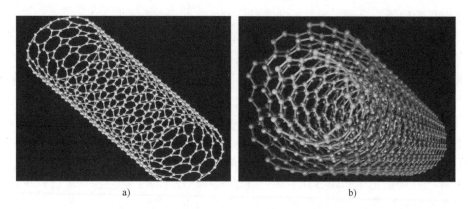

a)   b)

图 1.3   纳米管结构

a) 单壁碳纳米管（SWNT）b) 多壁碳纳米管（MWNT）

1999 年，巴西坎皮纳斯大学和美国佐治亚技术研究中心在进行纳米碳管的强度和柔韧性试验时发明了世界上最小的"秤"。他们通过高分辨率显微镜记录摆动频率，获得它的韧性和硬度数值，并由此产生灵感，将微粒放在纳米碳管顶端，通过电流冲击，重量发生了变化，导致纳米碳管的摆动频率改变，将前后摆动频率进行比较，从而算出纳米管上微粒的重量。

21 世纪初，世界各国对纳米科学和纳米技术等新兴领域的兴趣越来越大，百花齐放，纷纷制定相关的国家战略。日本设立纳米材料研究中心，把纳米技术列入新五年科技基本计划的研发重点；德国专门建立纳米技术研究网；美国将纳米计划视为下一次工业革命的核心，2003 年，美国政府签署了 21 世纪纳米技术研究和发展法案，该立法使纳米技术研究成为国家优先事项，并创建了国家纳米技术计划（National Nanotechnology Initiative，NNI）；我国也将纳米科技列为我国的"973 计划"大力发展扶持与其相关的产业。

短短几十年里，纳米科学和纳米技术在不同领域的进展已经在不同的方向得到扩展。目前在工业应用、新型能源、材料科学、生物医学和医疗设备上均拥有极其重要的地位。例如：在食品工业中，纳米材料已经被开发用于提高各类营养物质的保质期和生物利用度；在新能源领域，用于建造新一代太阳能电池、氢燃料电池和新型储氢系统，提供清洁能源；在材料科学与生物医学交叉领域也有着重大进展，如诊断生物传感器、成像探针和药物运输等，并且在不久的将来，纳米材料有望应用于许多疾病甚至癌症的治疗。

1.3   纳米科技和纳米材料

1.3.1   纳米科技的研究内容

纳米科技引领人类进一步地认识自然，去探索从未触及过的新领域，通过研究纳米体系的运动规律、结构效应等方面来解决实际应用中各个学科的技术问题。在深入研究纳米技术和纳米尺度科学之前，首先应该弄清楚一些纳米术语的含义，如纳米尺度、纳米科技、纳米材料等。

1. 纳米尺度

纳米（nm）是长度的度量单位，一纳米等于十亿分之一米的长度。尺寸范围为 1~100nm。纳米尺度技术是指利用人们对纳米尺度科学的理解来制造具有新性能产品的能力。为了充分实现这些可能性，理解纳米尺度上的量子相互作用、观察纳米尺度的结构以及能够形成或操纵甚至连接纳米结构的能力变得至关重要。

2. 纳米科技

纳米科技指一种用单个原子、分子制造物质的科学。《纳米技术》杂志的创办，标志着纳米科学的诞生。纳米科技现在已经包括纳米生物学、纳米电子学、纳米材料学、纳米机械学、纳米化学等学科。从包括微电子等在内的微米科技到纳米科技，人类正越来越向微观世界深入，人们认识、改造微观世界的水平已提高到前所未有的高度。

3. 纳米技术

纳米技术是指在纳米尺度里，研究电子、原子和分子内的运动规律和特性的一项崭新技术。科学家们在研究物质构成的过程中，发现在纳米尺度下隔离出来的几个、几十个可数原子或分子，显著地表现出许多新的特性，而利用这些特性制造出具有特定功能设备的技术，就称为纳米技术。纳米技术是一门交叉性很强的综合学科，研究内容涉及现代科技的广阔领域。

4. 纳米材料

纳米材料被定义为一种超精细颗粒材料，是由尺寸介于原子、分子和宏观体系之间的纳米粒子作为基本单元构成的新一代材料，该类材料在三维空间中至少有一维处于纳米量级（1~100nm），纳米颗粒、纳米中间体和纳米复合材料均属于纳米材料。具有多相结构的纳米材料称为纳米复合材料，其中至少有一个相具有纳米级中的一维。

5. 纳米粒子

纳米粒子又称为超微颗粒，纳米尺度上所有三维的纳米物体，处于原子簇和宏观物体交界的过渡区域，既不是典型的微观体系，也不是典型的宏观体系，而是一种介观系统，具有表面效应、小尺寸效应和宏观量子隧道效应。当人们将宏观物体细分成超微颗粒后，将显示出许多特性，即其光学、热学、电学、磁学、力学以及化学方面的性能和大块固体时相比具有显著的不同。如果纳米物体的最长轴和最短轴的长度有显著差异（通常是三倍以上），则称为纳米棒或纳米板。

6. 纳米结构

尺寸介于分子和微米尺度间物体的结构，有一维、二维、三维物质，相互关联的组成部分，其中一个或多个在纳米级区域，具有纳米级的内部或表面结构，这类结构称为纳米结构。一种具有内部纳米结构或表面纳米结构的材料称为纳米结构材料，其结构元素（簇、晶体或分子）尺寸为 1~100nm。

纳米技术正进入许多行业，包括医药、塑料、能源、电子、航空航天。纳米技术领域已经与其他学科相互交叉、相互渗透，包括纳米动力学、纳米生物学和纳米药物学、纳米电子学等，不断相互完善，加速发展。

（1）纳米动力学 主要是微机械和微电动机，或总称为微型电动机械系统，用于有传动机械的微型传感器和执行器、光纤通信系统，特种电子设备、医疗和诊断仪器等。它采用的是一种类似于集成电器设计和制造的新工艺。其特点是部件很小，刻蚀深度往往要求数十至数百微米，而宽度误差很小。这种工艺还可用于制作三相电动机，用于超快速离心机或陀螺仪等。在研究方面还要相应地检测准原子尺度的微变形和微摩擦等。虽然它们目前尚未真正进入纳米尺度，但有很大的潜在科学价值和经济价值。理论上可以使微电动机和检测技术达到纳米数量级。

（2）纳米生物学和纳米药物学　包括在云母表面用纳米微粒度的胶体金固定 DNA 的粒子，在二氧化硅表面的叉指形电极进行生物分子间相互作用的试验，磷脂和脂肪酸双层平面生物膜，DNA 的精细结构等。有了纳米技术，还可用自组装方法在细胞内放入零件或组件，使其构成新的材料。一些药物即使是微米粒子的细粉，也大约有半数不溶于水，但如果粒子为纳米尺度（即超微粒子），则可溶于水。纳米生物学发展到一定技术时，可以用纳米材料制成具有识别能力的纳米生物细胞，并可以吸收癌细胞的生物医药，注入人体内，用于定向杀死癌细胞。

（3）纳米电子学　包括基于量子效应的纳米电子器件、纳米结构的光电性质、纳米电子材料的表征，以及原子操纵和原子组装等。当前电子技术的趋势要求器件和系统更小、更快、更冷。

使用标准的名称可以消除混淆，并制定共同的定义，以支持立法和法规、风险分析和沟通。2003 年 12 月，中国率先成立了纳米材料标准化联合工作组。2006 年，ASTM（American Society for Testing and Materials，美国材料与试验协会）国际委员会发表了纳米技术相关新术语的广泛标准。国际机构 ISO（International Organization for Standardization，国际标准化组织）和 ASTM 在处理纳米技术文件标准方面发挥了重要作用。

1.3.2　纳米材料的分类

许多自然产生的纳米材料和人工制造的纳米材料已经被广泛报道，不同种类的纳米材料层出不穷。因此，我们需要进一步进行分类，从而正确地理解纳米材料的多样性。最初纳米材料的分类想法是由格莱特（Gleiter）于 1995 年提出的，他根据晶体形式和化学成分对纳米材料进行了分类。然而，由于没有考虑纳米结构的维数，该方案还不够全面。

纳米材料的分类方法有很多种。按照纳米材料的来源，可以分为天然的和人造的，纳米材料是现代技术的产物，大部分由人工制备，但纳米颗粒在自然界中早已存在，例如在火山爆发、森林火灾等自然事件中便会产生超细微粒，包括氧化物和碳酸盐等。一些超细微粒也会无意中在化石燃料的燃烧过程中产生。按照组成成分分类，可分为纳米金属材料、纳米非金属材料、纳米高分子材料、纳米复合材料。按纳米材料内部有序性可分为结晶纳米材料和非晶纳米材料。按形态可分为纳米微粒材料、纳米薄膜材料、纳米块体材料、纳米液体材料。按功能及用途可分为纳米电子材料、纳米磁性材料、纳米生物医用材料、纳米催化材料、纳米智能材料、纳米储能材料、纳米吸波材料及纳米热敏材料等。

2007 年，波克罗皮夫尼（Pokropivny）和斯科罗克霍德（Skorokhod）报告了一种新的纳米材料分类方案，他们利用纳米结构本身及其组分的维度对各种纳米结构进行了分析和分类。提出了一组有限的纳米结构类，从组成的基本单元开始构造，即分为零维（0D）、一维（1D）、二维（2D）和三维（3D）纳米材料，如图 1.4 所示。这也是目前比较常用的纳米材料分类方法。

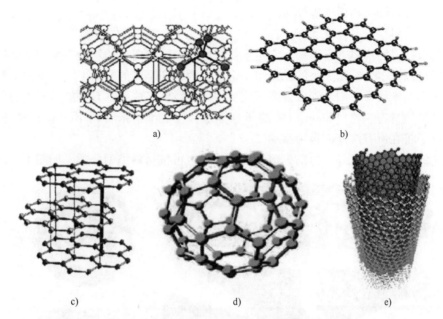

图 1.4　不同尺寸的碳纳米材料

a) 三维-金刚石　b) 二维-石墨烯　c) 三维-石墨　d) 零维-富勒烯　e) 一维-碳纳米管

零维纳米材料具有原子簇和原子束结构，即纳米颗粒材料。这些材料的所有特征或尺寸都小于 100nm，其长度等于宽度。一般来说，零维纳米材料可以是非晶态或晶态、单晶态或多晶态、单化学元素或多化学元素以及不同形状和形式的表现。三维纳米结构可以以均匀的一维纳米结构和异构阵列的形式获得。这些材料表现出各种形状，并以金属、陶瓷或聚合物形式单独存在或合并存在于基体中。量子点是一种合成的纳米级晶体，它可以转移电子，并根据其组成和形状表现出各种性质。它们是半导体，当受到紫外线照射时，会发射出特定的颜色。零维纳米结构显示出独特的物理性质，可以吸收更高的太阳辐射。其他与大小相关的特性变化包括半导体粒子的量子约束、一些金属纳米粒子的表面等离子体共振，以及可用于摄影领域图像形成的化学反应性。

一维纳米材料具有纤维结构，两个特征尺寸均在 1~100nm 的纳米结构被归类为一维纳米结构。纳米线、纳米管和纳米纤维是典型的一维纳米结构。通常，一维纳米结构的二维是纳米级别时，它们的长度大于宽度，电子被限制在二维空间内，因此电子不能在这个系统中自由运动。与零维纳米结构一样，一维纳米结构可以是非晶态或晶态、单晶态或多晶态、金属、陶瓷或聚合物，这些纳米结构广泛应用于计算机芯片电路以及眼镜上的硬涂层。一维纳米结构的薄膜可以以可控的方式沉积，只有一个原子层厚，即所谓的单层。

二维纳米材料具有层状结构，厚度较小，具有强平面内键和较弱的相互作用力。二维纳米材料包括纳米片、纳米膜和纳米涂层。尺寸在纳米尺度范围内的自由粒子也被认为是二维纳米粒子。在这个系统中，电子被限制在一维维度内，表明电子不能在相关维度内自由移动。与零维、一维纳米结构类似，二维纳米结构也可以是各种化学成分的非晶态或晶态，或者由金属、陶瓷或聚合物矩阵组成。原子厚度为它们提供了很高的机械灵活性和光学透明度，这使它们成为制造电子和光电子器件的一种很有前途的材料。除此之外，二维纳米结构还可应用于传感器和生物医学等领域。

三维纳米材料是指晶粒尺寸至少在一个方向上为 0~100nm 的材料，即指在三维空间中含有上述纳米材料的块体。石墨烯、六角形氮化硼和金属二卤化物均为三维纳米结构。大块的纳米材料可以由多个纳米大小的晶体组织形成，通常在不同的方向上。三维纳米材料可以由纳米粒子、纳米线束、纳米管以及多氧化钛层的分散体组成，并且可能进行更为复杂的排列。三维纳米磁具有三个 100nm 以外的任意维度。在三维纳米材料中，电子被完全离域，表明所有电子将在所有维度内自由移动。

除上述的分类方法之外，目前大多数纳米材料也可按材料类型分类，如图 1.5 所示。

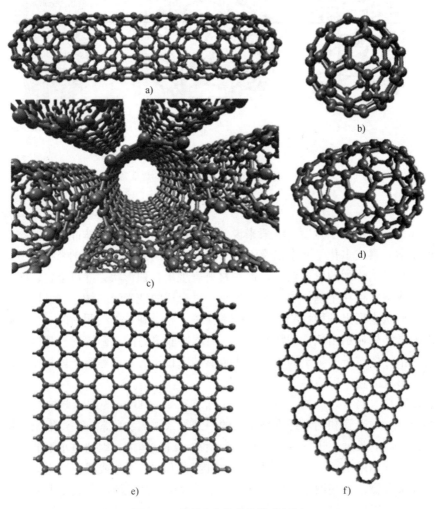

图 1.5 不同形式的碳基纳米材料

a）封端碳纳米管 b）C_{60}富勒烯 c）管束 d）C_{70}富勒烯 e）石墨烯片 f）锥形片

（1）碳基纳米材料 具有独特的性质，并在几个跨学科领域发挥着关键作用。碳是一种具有各种形式的固态异形体，如石墨、非晶形碳和金刚石等。这些碳基纳米材料由在不同维度上发展起来的 sp^2 杂化碳原子组成。具有纳米尺度尺寸的碳基纳米材料表现出不同的化学和物理性质，包括电导率、力学性能、化学稳定性和热性能等。因此，碳基纳米材料因其许多应用而引起了广泛的关注。基于碳基纳米材料的形式，材料分类如下：①富勒烯（0D），它是碳（C）的异构体，60 个 C 原子排列在丁烷球结构中。富勒烯衍生物具有独特的活性；②碳纳米管（Carbon Nanotube，CNT）（1D），这是一种由六角形结构中连接的碳原子组成的中空材料。CNT 的化学和物理修饰为其使用的材料提供了不同的性质。它可通过化学气相沉积（Chemical Vapor Deposition，CVD）直接合成，其制备步骤可控制碳基结构的均匀性和尺寸；③石墨烯片（2D），形成晶格的 sp^2 结合六角形或蜂窝状碳结构。石墨烯中每个碳原子与其他三个碳原子共价结合，形成一个薄层。这种材料具有几种独特的性质，如大表面积、高电导率、良好的稳定性和化学反应性。石墨烯可通过机械和化学剥离与石墨分离；④石墨和纳米金刚石（3D），石墨由 sp^2 六角形碳原子组成，纳米金刚石呈层状球状。纳米金刚石具有独有的特性，如光学特性和磁性特性。这些材料通常用于涂层、半导体和磨料。

（2）半导体纳米材料　半导体是介于导体和绝缘体之间的材料。半导体纳米磁的低带隙能量小于 4eV。已知的半导体有硅、锗、砷化镓以及元素周期表上"金属阶梯"附近的元素。将这些半导体纳米材料的结构改变为纳米尺度，由于量子尺寸效应或表面积增加，可以改变这些材料的化学和物理性质。氧化锌、碳化硅、氮化镓等为宽带隙半导体材料，具有禁带宽度大、击穿电压高、热导率大、电子饱和漂移速度快、介电常数小等特征，能够在很多领域广泛应用。中科院院士、中科院半导体研究所研究员王占国认为，半导体材料的发展趋势是由三维体材料向低维材料方向发展，这些低维半导体材料也即纳米材料。半导体纳米科学技术的应用，将从原子、分子、纳米尺度水平上，控制和制造功能强大、性能优越的人工微结构材料和基于它们的器件、电器、电路，使人类进入变幻莫测的量子世界，从而引发新的技术革命。

（3）无机基纳米材料　这些纳米材料主要由小于 100nm 的金属或金属氧化物颗粒制成。例如金、银纳米颗粒或二氧化钛和氧化锌等，还包括硅和陶瓷等半导体。其中金属纳米材料，如金、铁、银等，与其他材料相比，具有不寻常的化学、光学和电学性能。例如，可通过声电化学和超声波振动组合来合成和制备金纳米颗粒。一些金属纳米颗粒的大小取决于设计的程序，如通过减小颗粒尺寸到纳米尺度，电子结构的带隙被改变为离散的电子水平，表面出现大量的原子。通过减小纳米尺寸，由于原子坐标和不饱和位点之间距离的增加，表面材料上的这些原子将会变得越来越活跃。金属纳米颗粒的活化表面积是催化和吸附过程等几种应用的关键性质。一般来说，金属纳米颗粒可以通过带间过渡（如 Pt、Pd、Ni、Ru）以及带内过渡（如 Al、Ag、Au、Cu）来吸收光。既往研究报道，光照射可以提高金属纳米的催化活性。纳米陶瓷材料是一种由陶瓷组成的纳米材料，进一步可归类为耐热、无机和非金属固体，尺寸小于 100nm。许多文献曾报道通过化学和物理的方法可制备出陶瓷纳米体，但结果发现，这些材料表现出了增强的结构、光电、超导、铁磁和铁电性能。硅基纳米材料中，二氧化硅的介孔形态和孔径可能受模板、水解速率和反应条件等几种因素影响。通过改变模板浓度、pH 溶液和使用疏水化合物，可在碱性和酸性介质中合成孔径为 2~50nm 的中孔二氧化硅纳米颗粒。使用最广泛的硅基材料是纳米层，这是具有硅原子的层状硅酸盐的纳米粒子将四面体结合到八面体氢氧化铝或氢氧化镁上。黏土层通常由弱范德华力连接，它可以突破插入的聚合物链。然而，由于表面能的差异，大多数聚合物与纳米黏土结构不相容。纳米黏土可以使用几种无机复合物进行修饰。许多金属氧化物可通过溶胶-凝胶或水热反应合成，如二氧化钛、氧化铝、氧化锌和二氧化硅等。由于其表面性能的变化影响了材料的带隙能，金属氧化物在催化剂、化学传感器和半导体等几种应用中具有显著优势。这些材料的一个更重要的特征是它们提供高活性表面积的生物相容性。纳米材料的表面很容易被几种反应修饰，如附着聚合物链、偶联剂或掺杂金属离子。此外，脂肪酸还可以修饰纳米材料的表面，如氧化铝。纳米材料可通过表面修饰来改变材料的性质，几种有机化合物可用于纳米材料的表面修饰，如环氧树脂、胺、硫醇、阴离子化合物等。使用有机官能基团来修饰表面也可以提供独特的物理和化学性质。

（4）有机基纳米材料　由有机物组成的纳米结构。树突聚合物、胶束、脂质体和聚合物可以通过利用非共价相互作用、利用自组装特性或分子的设计来获得。其中脂质基纳米材料，如固体脂质纳米载体（Solid Lipid Nanoparticles，SLNs）、纳米结构脂质载体（Nanostructured Lipid Carriers，NLCs）和脂质体，可用于药物传递，因为它们可以运输亲水和疏水分子，毒性低，并且可以控制人体靶点的药物释放。SLNs 具有一定的有益特性，如物理和化学稳定性高、特异靶向性、低成本、低毒性以及对亲水性和疏水性分子的可控制性。然而，SLNs 材料也有一些缺点，例如由于材料在储存过程中可能结晶，载药以及药物释放的能力有限。NLCs 也被设计用作药物控释材料，与 SLNs 相比，稳定性更强。脂质体的大小范围一般控制在 50~100nm，由胆固醇和磷脂化合物组成。这类纳米材料适用于药物递送，特别是具有一定细胞毒性的药物，可以降低毒性和提高生物利用度。

（5）复合纳米材料　复合纳米材料是由多个相组成的固体材料，其中一个相的尺寸小于100nm，或在相之间具有纳米级重复距离的结构。复合纳米材料可以是碳基、金属基或有机基纳米材料和各种形式的大块材料，包括金属、陶瓷或聚合物等的任何混合物。形成复合材料的几种材料的组合能够产生不同的性能，如弯曲强度、水吸附、光性能、磨损和光泽保持度。复合纳米材料可以通过几种类型的相互作用来提高材料的吸附能力，如静电相互作用，孤对电子之间的 n-π 相互作用离域到 π 轨道，偶极-偶极氢键等。

1.3.3　纳米材料的特性与应用

由于物质的尺寸小到纳米量级时，纳米材料基本效应反映在宏观上就会导致力、热、光、电、磁等性能呈现新的特性。因此，在详细了解纳米领域的基本概念和纳米结构材料的相关效应后，第3章将介绍纳米结构特有的典型性质。

由于纳米技术可以通过修改材料和设备在纳米尺度上的尺寸和形状来开发、合成、表征和应用，是物理学、化学、材料科学和生物科学的结合。因此，在一个领域的深刻知识是不够的，需要各交叉学科的综合知识。纳米技术几乎可以应用于所有的科技分支。不同的纳米材料在类型、尺寸、纳米结构和来源上都有很大的差异。它们可以自然地产生，也可以通过化学、机械、物理或生物方式合成，具有各种组成和纳米结构。并且以目前的发展趋势来看，预计在未来将出现更多类型的纳米材料。因此，对工业界存在的大量不同纳米材料的主要特征进行合理化归纳总结，可以辅助实际研究，进一步的分类有助于了解如何制造纳米材料，并发现它们的潜在应用或毒性效应。

在纳米结构单元内，电子局限在微纳米空间内，因此平均自由路径较短，局限性和相干性增强，宏观固定的准连续能带消失，能级分为离散能级，量子尺寸效应显著，使光、电、热、磁性等物理体系表现出许多与传统材料不同的新特征。由于纳米材料具有独特的化学、物理和力学性能，因此从日用品到航空航天，纳米技术几乎在从科学到工程的所有领域都有着广泛应用，在许多方面影响着人们的生活方式。消费者的世界正充斥着"纳米技术增强"产品。纳米材料在化妆品、纺织品、医疗保健、组织工程、催化、功能涂层、医学诊断和治疗、传感器和通信工程、水和空气污染等方面都得到了应用。纳米材料的特性和应用见表 1-1。

表 1-1　纳米材料的特性和应用

分类	特性	应用
力学	高强度、高硬度、高塑性、低密度、低弹性模量	纳米金属陶瓷高性能切割工具，用于真空和高压、纳米陶瓷的腐蚀等极端条件
热学	比热容高、热膨胀系数高、熔点低	高效的太阳能热转换技术、低温烧结技术
光学	低反射率、高吸收率、光谱蓝移	红外传感器、红外隐形技术、高效的太阳能热转换器、高光电转换、波吸收
电学	高电阻、高量子隧道效应、高卡伦堵塞效应	纳米电子器件、导电粘贴、电极、超导体、量子器件、压敏电阻、非线性电阻
磁学	强软磁性、高强制力、超顺磁性、巨大的磁性电阻效应	磁记录法、磁体光学记录、磁性流体、磁性材料、吸收材料、磁性光学元件、磁性存储、磁性探测器
化学	高活性、高扩散率、高吸附、光催化活性	催化剂、催化剂载体、抗菌制剂、空气净化、汽车尾气净化、废水处理、自洁处理
生物学	高渗透率、高表面积、高仿生性	药物载体、靶向给药、药物筛选、抗癌、人工骨

1.3.4　纳米材料的制备方法

由于纳米量级的材料具有独特的性质，可以在一定程度上弥补或者改良其他材料的缺陷，因此纳米材料的应用前景十分广阔。纳米材料的制备方法已然成为大家关注的重点。

纳米结构材料的制备方法有很多种，通常可以总结为两条途径、三类体系。其中"两条途径"是指通过"自下而上"和"自上而下"的方法得到纳米材料。在"自下而上"的方法中，单个原子和分子被聚集在一起或自组装，形成至少一维的纳米结构材料。所有以液体和气体作为起始材料的技术都属于这一类。"自上而下"的方法是指通过微加工或固态技术，不断在尺寸上将纳米材料微型化，例如将微晶材料破碎产生纳米晶材料。以固体作为起始材料的技术属于这一类。通常，如果对工艺参数进行有效地控制，"自下而上"的技术可以制备出纳米颗粒、纳米壳等精细的纳米结构，具有尺寸分布窄的特点。"自上而下"的技术则可以生产批量的纳米结构材料。许多"自下而上"的方法在扩大规模方面有困难，而"自上而下"的方法则容易扩大规模。因此，这两种方法是互补的，取决于特定应用的要求。

"三类体系"是指基于材料制备状态的不同，可分为气相法、液相法和固相法。

1) 气相法是直接利用气体或者通过其他方式将物质变为气体，使之在气体状态下发生物理或化学反应，最后在冷却过程中凝聚长大形成纳米微粒的方法，包括蒸镀法、溅射法等物理气相沉积法和气相分解法、气相合成法等化学气相沉积法。这类制备方法制备出的纳米颗粒较细、很少团聚，可以制备出液相法难以制得的金属碳化物、氮化物、硼化物等非氧化物超微粉，但此方法对设备要求较高。

2）液相法是将均相溶液通过各种途径使溶质和溶剂分离，溶质形成一定形状和大小的颗粒，得到所需粉末的前驱体，热解后得到纳米微粒，包括沉淀法、水热法、溶剂凝胶法、自组装法和模板法等。液相法所需的设备比较简单，而且原料容易获得、纯度高、均匀性好、化学组成可准确控制，主要用于氧化物超微粉的制备。

3）固相法与气、液相法不同，并不会伴随有气相—固相、液相—固相这样的状态变化，而是通过从固相到固相的变化制造粉体，即通过粉碎过程，将大块物质极细地分割，或将最小单位（原子或分子）进行组合的构筑过程，如高能球磨法和热分解法等。

1.3.5 纳米材料的表征工具

纳米颗粒可通过不同的方法进行制备，在一定程度上，也可以通过改变它们的尺寸或者对其进行修饰，从而使修饰过的纳米颗粒表现出不同的性质。在纳米材料制备、修饰之后，如何观察确定其基本结构呢？由于纳米材料尺寸极小，为了检验纳米材料的性能特点，需使用不同的仪器来完成，对纳米尺度上的结构或尺寸材料的表征通常需要更复杂的表征工具，第5章将详细介绍纳米材料的测试表征。

纳米材料和纳米结构的表征在很大程度上是建立在为传统材料开发的常规表征方法的某些关键性进展之上的。例如，X射线衍射法（X-ray Diffraction，XRD）已广泛用于测定纳米颗粒、纳米线和纳米薄膜的结晶特性、晶粒大小、晶体结构和晶格常数。扫描电子显微镜（Scanning Electron Microscope，SEM）、透射电子显微镜（Transmission Electron Microscope，TEM）以及电子衍射，由于可以进一步了解这些材料中存在的颗粒大小、形状和缺陷，目前也是纳米颗粒表征的常用方法。

光谱法也可以用于确定半导体量子点的尺寸。扫描探针显微镜（Scanning Probe Microscope，SPM）是一种相对较新的表征工具，已经在纳米技术中得到了广泛的应用。SPM的两个分支是扫描隧道显微镜（Scanning Tunnelling Microscope，STM）和原子力显微镜（Atomic Force Microscope，AFM）。尽管STM和AFM都是表面成像技术，可以在所有三维空间中产生具有原子分辨率的表面图像，如果再结合适当设计的附件，则可以进行更广泛的应用，如纳米压痕、纳米光刻技术和图案自组装等。几乎所有的固体表面，无论是硬或软，是否导电，都可以用STM/AFM进行研究，并且可以在空气、真空等气体介质或液体介质中进行研究。单个纳米结构的表征和操作不仅需要极高的灵敏度和准确性，而且需要原子水平的分辨率。因此，各种显微镜技术将在纳米结构材料的表征和测量中发挥核心作用。

1.4 纳米时代——纳米科学技术的未来

从历史上看，工业革命已经彻底改变了人类文明。第一次工业革命发生在18世纪中期，以Fe基材料为基础，蒸汽机的发明与应用使机器生产逐步取代手工劳动，使人类跨入了机械化工业时代，其加工精度标志尺度是毫米，可以称为毫米技术应用时代。第二次工业革命是以Fe、Cu、Al等金属材料为基础的，电动机的发明与应用使社会进入了电气化时代，其加工精度标志尺度仍是毫米。20世纪，第三次工业革命以Si基材料为基础，以电子技术为代表，大规模集成电路和计算机的发明与应用，使人类进入了信息时代，它的标志是微米技术的应用，使人类进入以计算机和网络通信为代表的新时代，促进了生产力的飞速发展。从蒸汽机的发明到计算机的问世，工业革命使人们的生活质量显著提高。而在 21 世纪的今天，纳米技术几乎影响着每一个领域，人们普遍认为以纳米材料为基础，人类将迎来第四次工业革命，使人类的生产和科技活动从微米层次深入到纳米和分子层次，将对传统产业带来极大的变革。纳米器件与机器、分子器件与机器将进一步引领人类社会的发展。

目前纳米领域已经取得了一定成果，那么"纳米技术未来的方向在哪里呢？"根据之前的设想，纳米技术将创造出微型机器人设备，利用纳米电子设备、传感器和微纳机电系统在体内监测和诊断人类疾病；或者用于勘探行星表面，探索空间等。然而，目前纳米技术的应用要平凡得多：防静电的衣服、耐污的裤子、可以抗菌的冰箱、更好的防晒霜、用碳纳米管增强的网球拍等。有关纳米技术的设想与迄今为止实际实现的成果之间仍存在着巨大的差距。

德雷克斯勒在他的著作《创造引擎：纳米技术时代》中有一个设想，他想象出了一种以原子精确度运行的复杂的纳米级机器。由此，他提出了一种实现纳米技术的特殊方法，即使用金刚石等硬材料，通过将反应分子碎片移动到适当的位置来制造复杂的纳米级结构。德雷克斯勒假设，由于纳米尺度的机器有望广泛应用于生物系统，并且纳米机器将被大量合成，因此应该有可能发现生长条件，以合成它们用于各种其他应用。纳米技术的美妙之处在于，它是真正的多学科的，重新统一了科学、工程和技术之间的共同线索。它是如此的生动，其可能性留给了人类想象的空间。稍微夸张地说，具有任何想要的物理、化学或电子特性的材料似乎都可以通过纳米尺寸来定制。

在今后的生活中，我们将直接或间接地接触到各种纳米产品，从化妆品到运动器具，从医疗到工业，以及空间应用等。在制药实践领域，纳米技术对诊断性生物传感器、药物传递系统和成像探针等医疗设备产生了深远的影响。在食品和化妆品行业，纳米材料的使用显著提高了生产率、包装质量、生物利用度以及延长了保质期。氧化锌量子点纳米颗粒对食源性细菌具有抗菌活性，纳米颗粒现在正在逐渐被用于食品检测以及加强食品质量和安全性方面。纳米技术也可以被用于生产更高效和更具成本效益的能源，从而改善环境，例如目前正用于建造新一代太阳能电池、氢燃料电池和新型储氢系统，能够向仍然依赖传统、不可再生的污染燃料的国家提供清洁能源。并且在材料制造过程中产生更少的污染，以具有竞争力的成本生产能源，清洁污染地下水的有机化学物质，以及清洁空气中挥发性有机化合物等。本书的第 6、7 章将会更加详细地介绍纳米材料在各个领域的应用，并带领大家了解纳米结构器件和系统的含义及前沿发展。

今天，纳米技术每时每刻都在影响着人类的生活，其潜在的好处是多种多样的。然而，随着任何具有巨大应用潜力的新技术的出现，评估随之而来的风险和挑战也变得更为迫切，人们非常关注含有纳米材料的消费品是否存在一些潜在的健康和环境风险？纳米材料具有粒径小、比表面积大的特点，量子效应在纳米尺度上开始支配物质的物理化学性质。这些特有的性质使得纳米材料的应用领域十分广泛。然而，纳米材料对生物系统的不利影响引起了越来越多的关注。

科学家们推测，大气颗粒物中小于 100nm 超细颗粒物具有特殊生物机制。由于纳米粒子小，移动性强，反应性高，能穿透生物膜进入细胞、组织和器官，通过吸入和消化，纳米颗粒可进入血液，一旦进入血流，纳米材料可周身运输，被脑、心、肺、肝、肾、脾、骨髓和神经系统吸收。纳米材料被细胞线粒体和细胞核吸收，可能会引起 DNA 突变，诱发线粒体结构损伤，甚至导致细胞死亡。已有一些动物实验初步证实纳米材料对机体有毒性，对机体健康、生命有危害，也有长期接触纳米颗粒的工人受到伤害以致死亡的临床报告。因此，世界卫生组织（World Health Organization，WHO）呼吁要优先研究超细颗粒物，尤其是纳米尺度颗粒物的生物机制。人们很可能在不知不觉中暴露于纳米颗粒浓度增高了的空气中。当大规模研究和工业生产纳米材料以后，研究人员很容易暴露在局部纳米颗粒浓度较大的实验室的空气中；工厂的工人也容易暴露在纳米颗粒浓度较大的空气环境中；纳米产品应用过程中，纳米颗粒的脱落也会改变空气中纳米颗粒的局部浓度。例如，我国目前在很多产品中都使用了纳米材料作为包装的原料，包括牙膏、药品、口香糖的包装等。当人们在使用这些产品时，就有可能将纳米材料通过消化道进而吸收到人体中。另外，呼吸过程中会伴随呼吸道的纤毛运动，将纳米颗粒带到人体的食道中，从而进入到消化道，引起消化道疾病。

然而，仅重视纳米材料使用阶段的生物安全性还是不够的，纳米材料的难回收性也值得重视，因为在废弃阶段，纳米材料不仅威胁人类健康，而且有可能对环境产生"纳米污染"。例如化学工业中广泛使用的负载型贵金属纳米颗粒催化剂，其用量非常大，该类催化剂生产所需的原料消耗量也极大，那么废弃后则会出现严重重金属污染的情况，含有纳米材料的废弃物未经处理或经过一定处理后排入环境，由于纳米材料难以回收，在一定条件下，纳米材料会发生物理、化学或生物转化，将对环境和人类健康构成严重威胁。根据纳米材料的尺度，表面化学性质或其他特定的作用，纳米材料所产生的负面影响也不尽相同。废弃的纳米材料尺度小，容易分散到水中，对水资源也会有所影响，并且最终流入河流、湖泊和大海，后经过雨水和地表径流的侵蚀，将渗入并污染土壤。另外空气中极易携带纳米颗粒，使之成为空气中的粉尘，容易渗入动物和植物细胞，引起未知效应。

2003 年，Science 和 Nature 相继发表文章，探讨纳米材料的生物效应、对环境和健康的影响问题。很多研究工作已经证明，纳米材料并非有益而无害的，它们在细胞、亚细胞以及蛋白质水平上都影响着生物体。同年 11 月，美国参议院形成《21 世纪纳米技术研发法案》，美国众议院为纳米技术立法，通过政府机关来协调纳米技术的研发。2005 年在洛杉矶新奥尔良举行的毒理学年会上进行了一次讨论，会议的目的是审查当前进行纳米材料毒理学和安全评估的挑战及数据需求，介绍当前关于纳米材料安全的科学状况，并召集代表政府、学术界和工业界的科学家，确定开发数据的优先事项，以促进对这些材料的风险评估。总之，在测量和描述与纳米材料相关的困难的背景下，总结了与纳米材料相关的独特的物理化学性质。此外，还讨论了应当收集准确的人类和环境的危害数据，以及开发对纳米材料作用模式更好的基础理解，作为将影响全面毒理学和安全评价发展的因素。同年，国际电工委员会标准化管理局开始筹备成立纳米相关的标准化技术委员会，制定相关纳米技术标准。

2001 年，我国科学技术部将"纳米材料标准及数据库"列入基础性重大研究项目。2003 年 12 月，经国家标准委批准成立了"全国纳米材料标准化联合工作组"。2005 年，国家质检总局和国家标准委联合发布了 7 项纳米材料国家标准，也是世界上首次以国家标准形式发布的纳米材料标准，于 2005 年 4 月 1 日开始实施，其中包括 1 项术语标准、两项检测方法标准和 4 项产品标准，是我国纳米标准发展的重要里程碑。同年 6 月，我国成立了全国纳米技术标准化技术委员会。一系列举措说明了我国对纳米技术的安全性高度重视，以及对新兴纳米领域的前瞻性。本书的第 8 章也将讨论纳米技术给相关领域带来的一些影响。

任何事物都具有两面性，纳米科技也不例外。纳米科技的蓬勃发展创造了一系列新颖的、应用于各行各业的功能性纳米材料。随着纳米材料的广泛应用，它们对环境与人类健康的影响引起了社会各界的广泛关注，对大型生物和生态系统的影响更是一个值得优先研究的课题。为了探索这一新领域，纳米毒理学已经逐渐被重视起来，对于纳米材料毒性的研究，不仅具有必要性而且具有紧迫性，是保证纳米科技顺利发展的前提，可以减少新兴科学对人类及自然界不必要的破坏。限定纳米材料的工业和大规模社会应用是很重要的，不仅基于其特性，而且基于其可能出现的长期副作用。因此，设计、合成与应用环境友好型纳米材料，促进纳米科技可持续发展是当前值得加快脚步深入研究的课题。

第2章 纳米材料基本单元及理论

随着纳米科学技术的出现和发展，人类对于事物的认识已经从最开始的宏观毫米、微米尺寸延伸到纳米尺寸。纳米的概念也已深入人们日常生活的方方面面，如纳米陶瓷、纳米药物等。同时随着各种新型科学设备的开发和改进，材料内部的组成也被进一步揭示。在纳米科技飞速发展之前，对于宏观材料的认识一直停留在材料的组成上，组成影响性质，性质决定应用。但随着纳米技术的发展，各种纳米材料的横空出世，通过先进的科学仪器更深入地观察后发现，即使材料组成相同，纳米尺度上的不同，也能造成较大的差异。因此，对纳米材料的认识需要从最基本构成开始。

1984年德国科学家首次用惰性气体凝聚法成功地制得Pd、Cu、Fe等纳米微粒，随着对纳米结构单元的剥离和进一步认识，其区别于宏观材料和单个分子的性能也进一步被揭示。本章将重点介绍纳米材料所独有的六个基本理论效应：量子尺寸效应、小尺寸效应、表面效应、宏观量子隧道效应、库仑堵塞效应以及介电限域效应。与宏观材料不同，这些效应都基于纳米材料在物质尺寸上的微细化，且表现出了一系列"反常规"的性能和应用。由于纳米粒子的量子尺寸效应，导电的金属为纳米颗粒时可以变成绝缘体；磁矩的大小与颗粒中电子是奇数还是偶数有关。由于纳米粒子的小尺寸效应，尺寸变小的同时其比表面积显著增加，从而产生一系列新奇的特性。例如：所有的金属在纳米颗粒状态下都呈现黑色；固态物质在其形态为大尺寸时，其熔点是固定的，而其纳米颗粒的熔点却会显著降低。由于纳米粒子的表面效应，纳米粒子表面原子数增多而原子配位不足，会导致其拥有极高的表面能，使这些原子易与其他原子相结合而稳定下来，故具有很高的化学活性。例如金属纳米粒子在空气中会燃烧，无机纳米粒子在空气中会引吸气体并与气体进行反应。宏观量子隧道效应的研究对纳米科技的基础研究及实用都有着重要意义，它限定了磁带、磁盘进行信息存储的时间极限。利用纳米材料的库仑堵塞效应可以设计单电子晶体管和量子开关等精密器件。过渡金属氧化物和半导体微粒都可能产生介电限域效应，纳米粒子的介电限域效应对其本身的光吸收、光化学、光学非线性等性能都有重要的影响，典型的介电限域效应可增强纳米材料本身的荧光性能等。

纳米技术发展迅猛，利用纳米材料所特有的效应并通过自组织原理设计的新型材料在机械、电子、光学、磁学、化学和生物学有着广阔的应用前景。近年来，纳米材料毒性的研究取得了很大进展，包括体内和体外实验研究纳米材料与生物大分子、细胞、器官和组织的相互作用以及其引起的毒性。纳米科技与材料方兴未艾，虽然部分产品已产业化，但整体上仍处于试验研究阶段，材料研究者任重道远，如何将实验理论研究成果实现于生产线是我们需要努力的方向。纳米材料作为一种新型的材料，已经展示出了其良好的应用前景，引起了人们的高度重视。随着对纳米科技研究的日趋深入，纳米材料必将对科学技术以及人类的生产生活产生深远的影响。

2.1 基本纳米结构单元

基本纳米结构单元是指构成纳米结构的块体、薄膜以及多层膜的组成单元。主要包括原子团簇、纳米微粒、人造原子、纳米线、纳米管、纳米棒、纳米纤维、纳米环、同轴纳米电缆、纳米薄膜、多层膜以及超晶格等。它们的共同特点是至少有一维的尺寸在纳米尺度的范围内。

2.1.1 零维单元

零维纳米结构单元是指三维空间都在纳米尺度范围内的纳米颗粒。主要包括原子团簇、纳米微粒和人造原子。

1. 原子团簇

（1）**团簇的定义** 原子团簇是指由几个到几百个原子形成的聚集体，其粒径尺度通常小于 1nm，是介于单个原子与固态之间的原子集合体。原子团簇的研究可追溯到 1956 年，Bcker 最早使用超声注射加冷凝方法制备出团簇。20 世纪 80 年代，团簇研究取得了突破性进展，其间 Knight 首次发现了 Na_n 团簇幻数特点。Kroto 等人首次提出了 C_{60} 足球结构。此后，随着各种实验技术的进步和仪器设备的升级，团簇的研究进入蓬勃发展时期，团簇的奇异性质也进一步被挖掘。团簇代表凝聚态物质的初始状态，因此一些研究者也称为"物质的第五种状态"。

一般来讲，团簇的尺寸范围包括：$2 \sim 20$ 个原子组成的小团簇，$20 \sim 300$ 个原子组成的中等团簇和 $300 \sim 10^5$ 个原子组成的大尺寸团簇。芝加哥大学理论物理学家贝里教授认为，$3 \sim 3 \times 10^7$ 原子数范围都是团簇研究的范围。在研究早期，许多研究者把团簇当成一种特殊类型的分子，但团簇与分子之间存在着明显差异。分子在组分、键合以及结构方面是确定的，且是在平衡状态中产生的。与之相对的，团簇是在非平衡状态下产生的，因此，其组分、键合以及结构是可变的。

（2）**团簇的基本性质** 原子中的电子状态和原子核中的核子状态具有核壳特征（即幻数特征）。在质谱分析中，研究者们发现含有某些特殊原子数目的团簇强度呈现出峰值，这些团簇相对稳定，它们所含的原子数目称为"幻数"。对于 C（碳）的团簇，幻数小于 30 时为奇数，如 3、11、15、19、23 等，幻数大于 30 时为偶数，如 60、70、78、80 等。Ar（氩）和 Kr（氪）团簇的幻数分别为 14、16、19、21、23、27 和 14、16、19、22、25 等。团簇幻数的大小与构成团簇的原子键合方式相关。正常情况下，金属键来源于自由价电子，半导体键取自共价键，碱金属卤化物是离子键，惰性元素原子间的作用为范德华键。原子团簇幻数是一个很重要的物理特征，其具体值主要取决于团簇的本征特征和制备条件。

此外，原子团簇还具有极大比表面积，因此具有异常高的化学和催化活性。在 C_{60} 团簇中掺杂碱金属 M 形成的 M_xC_{60} 具有超导性能。同时，团簇同样具有纳米粒子所具备的表面效应、量子尺寸效应和宏观量子隧道效应（详见 2.3 节）。

（3）**团簇的分类** 根据团簇的成分组成可以分为一元团簇、二元团簇和多元团簇。

一元团簇 $\begin{cases} \text{金属团簇，如 } Na_n、Ni_n \text{ 等。} \\ \text{非金属团簇} \begin{cases} \text{碳簇，如 } C_{60}、C_{70}。 \\ \text{非碳簇，如 S、Si、P 等。} \end{cases} \end{cases}$

二元团簇：如 Fe_nS_m、Ag_nS_m。

多元团簇：如 HC_nN、$V_n(C_6H_6)_m$。

与常见的形状大小确定的原子以及周期性强的晶体不同，原子团簇并没有固定的形状，现已知的有线状、层状、管状、洋葱状、骨架状、球状等（图 2.1）。除惰性气体外，都是以化学键紧密结合而成。

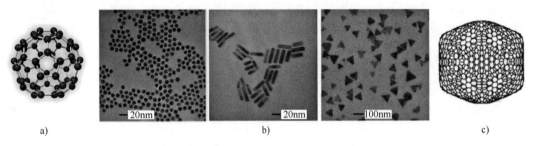

图 2.1　不同形状的原子团簇

a）C_{60} 结构　b）不同形状的 Ag 团簇粒子的 TEM 图像　c）巴基葱结构

（4）团簇的研究　团簇的基本研究问题之一就是揭示其产生的机理。即团簇如何由原子逐步发展而成，以及团簇的结构和性质变化规律。对于尺寸较小的团簇，每增加一个原子，团簇的结构就会发生变化。团簇的这种结构变化称为重构。而当团簇大小到达一定尺寸时，形成块状固体结构，此时除了表面原子存在弛豫，增加的原子不再发生重构，团簇的性质也不会发生显著变化，即团簇的临界尺寸。不同物质的临界尺寸各不相同。因此，原子在富集过程中的结构变化是团簇研究过程中的一个重要问题。

此外，团簇研究的另一个基本问题是固体的电子能带结构是如何形成与发展的。即分立的能级如何结合形成能带以及满带和未满带之间出现间隙的位置。图 2.2 所示为硅团簇随着原子数量的增加所显示的基态结构。

图 2.2　硅团簇随着原子数量的增加所显示的基态结构

2. 纳米微粒

纳米微粒是指颗粒尺寸为纳米量级的超微颗粒，粒径一般在 $1 \sim 100nm$。它的尺寸大于原子团簇，小于通常的微粉，早期称为超微粒子。纳米微粒所含原子数目的范围为 $10^3 \sim 10^7$ 个，有时称为纳米颗粒、纳米粒子或纳米粉等。由于无法用一般显微镜观察到，日本名古屋大学的上田良二教授给纳米颗粒的定义为：用电子显微镜才能看到的颗粒称为纳米微粒。

3. 人造原子

人造原子是 20 世纪 90 年代提出来的一个新概念。所谓人造原子是指由一定数量的实际原子组成的具有显著量子力学特征的人造聚集体，它们的尺寸小于 100nm。由于量子局限效应会导致类似原子的不连续电子能级结构，因此"人造原子"有时也称为"量子点"。

人造原子的用途相当广泛，如用于蓝光辐射、光感测元件、单电子晶体、记忆储存、触媒以及量子计算等。在医疗上更是可以利用各种光波长不同的量子点制成荧光标签，因此人造原子又称为生物监测用的"纳米条码"。

人造原子和真正原子的相似之处：

1）人造原子有离散的能级，电荷也是不连续的，电子都是以轨道的形式运动的。

2）电子填充规律也与真正的原子相似，都服从洪特规则。

人造原子和真正原子的不同之处：

1）人造原子含有一定数量的真正原子。

2）从形状或形貌上看，真正原子可用球形或立方形进行描述，而人造原子的形貌和对称性是多种多样的。

3）人造原子中电子之间的强交互作用比实际原子复杂，通常呈多电子交互。随着原子数目的增加，电子轨道间距减小，强库仑排斥、系统限域效应和泡利不相容原理，使得电子自旋朝着相同的方向有序排列。

4）真正原子中的电子受原子核吸引做轨道运动，而人造原子中的电子是处于抛物线形的势阱中，具有向势阱底部下落的趋势。由于库仑排斥作用，部分电子处于势阱上部，弱的束缚使它们具有自由电子的特征。

2.1.2　一维单元

一维纳米结构单元是指空间三维尺度中有两维在纳米尺度范围内，主要包括纳米管、纳米线、纳米棒和同轴纳米电缆等。

1. 纳米管

纳米管是指截面为管状的一维纳米结构。主要包括硅纳米管、单壁碳纳米管、双壁碳纳米管、多壁碳纳米管、功能化多壁碳纳米管、短多壁碳纳米管、工业化多壁碳纳米管、石墨化多壁碳纳米管、大内径薄壁碳纳米管、镀镍碳纳米管以及陨石碳质晶体纳米管等。其中又以碳纳米管最具代表性。

碳纳米管又称为巴基管，是一种具有特殊结构的一维量子材料，碳纳米管主要由呈六边形排列的碳原子组成的数层到数十层的同轴圆管构成。层与层之间保持固定的距离，约 0.34nm，直径一般为 2~20nm。碳纳米管具有许多特殊的力学、电学和化学性能。在辅助科学实验以及制造复合材料等方面应用广泛。

1991 年 4 月，日本筑波 NEC 公司的饭岛澄男等首次通过高分辨透射电镜观察到了多壁碳纳米管（Mult-Walled Carbon Nanotube）。1993 年又发现了单壁碳纳米管（Single-Walled Carbon Nanotube）。1996 年，美国著名的诺贝尔奖奖金获得者斯莫利（Smalley）等人合成了成行排列的单壁碳纳米管束（bundle），每一束中含有许多碳纳米管，这些碳纳米管的直径分布很窄。2000 年，北京大学彭练矛研究组用电子束轰击单壁碳纳米管，发现了直径仅为 0.33nm 的碳纳米管。随着研究的逐步深入，其独特的形态和性能也进一步被挖掘。

按照石墨烯片层数分类，碳纳米管可分为单壁碳纳米管和多壁碳纳米管，如图 2.3 所示。多壁碳纳米管可视为同轴多层碳圆柱体的组装体（图 2.3b），其层间距约为 0.34nm。多层圆柱体间由弱的范德华力提供绑缚力。

单壁碳纳米管是由一层碳原子构成的、直径在几纳米范围内的管。每个单壁碳纳米管侧面由碳原子六边形组成，两端由碳原子五边形封顶。与多壁碳纳米管相比，单壁碳纳米管由单层圆柱型石墨构成，其直径大小的分布范围小，缺陷少，具有更高的均匀一致性。

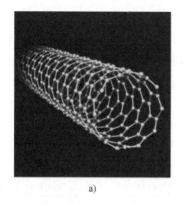
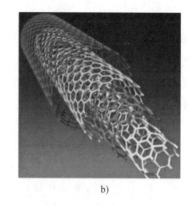

a)　　　　　　　　b)

图 2.3　碳纳米管示意图

a）单壁碳纳米管　b）多壁碳纳米管

单壁碳纳米管存在三种类型的结构：单臂纳米管、锯齿形纳米管和手性纳米管，如图 2.4 所示。这些类型的碳纳米管的形成取决于碳原子的六角点阵二维石墨片是如何"卷起来"形成圆筒形的。

2. 纳米线和纳米棒

准一维实心的纳米材料是指在二维方向上为纳米尺度，长度比上述二维方向上的尺度要大得多，甚至为宏观量的新型纳米材料。长度与直径之比称为纵横比。纵横比小（一般小于 20）的称为纳米棒，截面为圆形（图 2.5a）。纵横比大的称为纳米线或丝，截面同样为圆形。纳米管与纳米线之间没有统一的标准，一般把长度小于 $1\mu m$ 的称为纳米线（图 2.5b）。半导体和金属纳米线通常称为量子线。纳米线与同种元素成分的块体材料相比，不仅在原子结构上有差异，而且在电子结构上也有显著特点，如量子效应和非线性等现象。

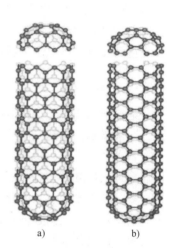

a)　　　　b)

图 2.4　锯齿形和手性
碳纳米管结构示意图

a）锯齿形　b）手性

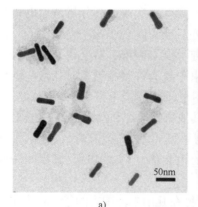
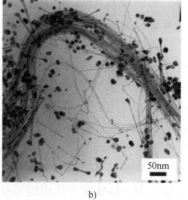

a)　　　　　　　　b)

图 2.5　Au 纳米棒和 Au 纳米线的 TEM 图像

a）Au 纳米棒　b）Au 纳米线

3. 同轴纳米电缆

同轴纳米电缆是指直径为纳米级的电缆，其芯部通常为半导体的纳米丝，外部包覆异质纳米壳体（导体、半导体或绝缘体），外部壳体和内部芯线是共轴的。

同轴纳米电缆的概念最早是由法国科学家柯里克斯（Colliex）于 1997 年首次提出的。他在分析电弧放电获得的产物时，发现了三明治几何结构的 C-BN（氮化硼）-C 管。因为它的几何结构类似于同轴电缆，直径又为纳米级，所以将其命名为同轴纳米电缆。

1998 年 8 月，日本 NEC 公司的张跃刚和饭岛澄男等人用激光烧蚀法合成了直径为几十纳米、长度近 50μm 的同轴纳米电缆。实验表明，如果使用 BN、C、SiO_2 的混合粉末为原材料，则形成内部为 β-SiC 芯线、外层为非晶 SiO_2 的单芯线纳米电缆；如果在原材料中再加入 Li_3N（氮化锂），则形成另外一种结构的同轴纳米电缆，即芯部为 β-SiC、中间层为非晶 SiO_2、最外层为石墨型结构的 BNC。值得一提的是，早在 1996 年，中国科学院固体物理研究所纳米结构研究组就开展了同轴纳米电缆的研制工作，并在之后成功合成出多种同轴纳米电缆。

一般情况下，根据其芯层和鞘层材质不同纳米电缆可分为以下几类：半导体-绝缘体、半导体-半导体、高分子-金属等。在过去的十多年中，人们在原有制备准一维纳米材料的基础上开发出许多制备同轴纳米电缆的方法，如水热法、溶胶-凝胶法、基于纳米线法、气相生长法、模板法等。继续探索新的合成技术，不断发展和完善同轴纳米电缆的制备科学，获得高质量的同轴纳米电缆；实现对同轴纳米电缆各种性能的测试，拓展同轴纳米电缆的应用领域是目前同轴纳米电缆研究的主要方向。

2.1.3　二维单元

二维材料是基于 2004 年曼彻斯特大学 Geim 小组成功分离出单原子层的石墨材料——石墨烯（graphene）而提出的。二维纳米结构单元是指空间三维尺度中只有一维在纳米尺度范围内。主要包括纳米薄膜、超晶格和量子阱等。本节着重介绍纳米薄膜。

1. 纳米薄膜的定义及分类

纳米薄膜（nano-thin film）是指由尺寸在纳米量级的晶粒构成的薄膜，或将纳米晶粒镶嵌于某种薄膜中构成的复合膜，以及每层厚度在纳米量级的单层或多层膜，有时也称为纳米晶粒薄膜或纳米多层膜。

在材料科学的各分支中，纳米薄膜材料科学的发展占据极为重要的地位。薄膜材料是相对于体材料而言的，是采用特殊的方法，在体材料的表面沉积或制备的一层性质与体材料性质完全不同的物质层。薄膜材料受到重视的原因在于它往往具有特殊的材料性能或性能组合。作为新型薄膜材料，纳米薄膜材料除了具有一些普通薄膜材料的基本特性，还具有许多如水质净化、光催化剂、自清洁、防尘、防雾、可见光透过率高和电阻率低等特有的新性能。这些性能在陶瓷、玻璃、铁电、导电等薄膜的制备研究和工业应用等方面都发挥着重要的作用。在这种意义上，薄膜材料学作为材料科学的一个快速发展的分支，在科学技术以及国民经济的各个领域发挥着越来越大的作用。

纳米薄膜材料的分类情况比较复杂，根据不同的分类标准，大体分为以下几种。

（1）按用途分　按照用途不同可分为纳米功能薄膜和纳米结构薄膜。纳米功能薄膜主要是利用纳米粒子所具有的光、电、磁等方面的特征，通过复合使得新材料具有基体材料所不具备的特殊功能。而纳米结构薄膜主要是通过纳米粒子复合，从而提高材料在机械方面的性能。

（2）按功能分　按照应用性能不同，可分为纳米磁性薄膜、纳米光学薄膜、纳米气敏薄膜、纳米滤膜、纳米润滑膜、纳米多孔膜、LB（Langmuir-Buldgett）膜、分子自组装膜等有序组装膜。

（3）按结构分　按照其微结构不同，目前分为以下两类：

1）含有纳米颗粒与原子团簇的基质薄膜。纳米颗粒基质薄膜的厚度可超出纳米量级，但由于薄膜内部含有纳米颗粒或原子团簇，该薄膜仍然会呈现出一些奇特的调制掺杂效应。

2）纳米尺度厚度的薄膜。其厚度接近电子自由程，可利用其显著的量子特性和统计特性组装成新型功能器件。例如，镶嵌有原子团的功能薄膜会在基质中呈现调制掺杂效应，该结构相当于大原子-超原子膜材料，具有三维特征。纳米厚度的信息存储薄膜具有超高密度功能，这类集成器件具有惊人的信息处理能力。纳米磁性多层膜具有典型的周期性调制结构，导致磁性材料的饱和及磁化强度的减小或增强。

（4）按层数分　按照纳米薄膜的沉积层数，可将其分为纳米单层膜和纳米多层膜。其中纳米多层膜是指由一种或几种金属或合金交替沉积而形成的组分或结构交替变化的合金薄膜材料，且各层金属或合金厚度均为纳米级，它也属于纳米复合薄膜材料。多层膜的主要参数为调制波长 A，指的是多层膜中相邻两层金属或合金的厚度之和。当调制波长 A 比各层薄膜单晶的晶格常数大几倍或更大时，可称这种多层膜结构为"超晶格"薄膜。组成薄膜的纳米材料可以是金属、半导体、绝缘体、有机高分子等材料，因此可以有许多种组合方式，如金属-半导体、金属-绝缘体、半导体-绝缘体以及半导体-高分子材料等，且每一种组合都可衍生出众多类型的复合薄膜。

（5）按膜层材料分　按照膜层材料的不同，可分为无机纳米薄膜和有机纳米薄膜。无机纳米薄膜主要包括金属膜（Au、Ag 等）、合金膜［Cr（铬）-Fe、Pb（铅）-Cu 等］、氧化物薄膜以及非氧化物无机膜。有机纳米薄膜主要指有机高分子纳米薄膜。

2. 纳米薄膜的结构

纳米薄膜的结构特点主要包括纳米颗粒膜结构和纳米多层膜结构。

纳米颗粒薄膜是指将纳米颗粒镶嵌于基质体中形成的复合薄膜体系。这些基质体包括孔隙、非晶质或其他材料，因此其可分为纳米孔隙（nanoporous）与纳米复合（nanocomposite）两类薄膜。纳米颗粒薄膜在外观上虽为二维纳米体系，但实质上主要以零维纳米颗粒为主。满足这个条件的纳米材料组合一般可分为金属-金属、金属-半导体、金属-绝缘体、半导体-半导体以及半导体-绝缘体等类型。此外，与零维纳米材料体系类似，纳米颗粒薄膜的性质还与颗粒尺寸、间距、所占百分比、与母体之间的相互作用以及界面构型相关。例如，中国科学院长春应用化学研究所研究了用胶体化学法制备的 SnO_2（氧化锡）纳米粒子膜的结构，发现新鲜的膜体表面均匀，但经过一段时间以后，出现小的胶体粒子畴，并逐渐增多变大。随着时间的增加，畴间距缩小，形成大块膜。薄膜的致密程度以及晶型与转移膜的悬挂状态和干燥时间有一定的关系。

纳米多层膜中各成分都由接近化学计量比的成分构成，从 X 射线衍射谱可以看出，所有金属相及大多数陶瓷相都为多晶结构，并且谱峰有一定程度的宽化，表明晶粒是相当细小的，粗略的估算在纳米数量级，与子层的厚度相当。部分相呈非晶结构，但在非晶基础上也有局部的晶化特征出现。通过观察，可以看到多层膜的多层结构，一般多层膜的结构界面平直清晰，看不到明显的界面非晶层，也没有明显的成分混合区存在。此外，美国伊利诺伊大学的科研人员成功合成了以蘑菇形状的高分子聚集体微结构单元自组装成纳米结构的超分子多层膜。

3. 纳米薄膜的性能

纳米薄膜的性能强烈依赖于晶粒（颗粒）尺寸、膜的厚度、表面粗糙度以及多层膜的结构。与普通薄膜相比，纳米薄膜具有许多独特的性能，如巨电导、巨磁电阻效应、巨霍尔效应、可见光发射等。

2.2　纳米结构材料的分类

2.2.1　按化学成分分类

根据化学成分的不同，纳米材料主要分为金属纳米材料、无机非金属纳米材料和有机高分子纳米材料。

1. 金属纳米材料

金属纳米材料是指三维空间中至少有一维处于纳米尺度或由它们作为基本单元构成的金属材料。纳米金属材料种类繁多，目前已成功开发出的纳米金属材料有纳米 Ag、Cu、Ti、Fe、Co、Ni、Zn、Pd、Pt、Au 等。这些纳米金属微粒均具有宏观金属无法比拟的优异性能。如纳米晶体 Cu 或 Ag 的硬度和屈服强度分别比常规材料高 50 倍和 5 倍，且纳米晶体 Cu 在室温轧制过程中出现超塑延展性，延伸率超过 5000%，且不出现普通铜冷轧过程中的加工硬化现象。若将该晶体铜置于 500℃ 真空条件下退火 48h，使其晶粒充分长大至 10μm 以上，结果发现在相同的冷轧条件下，当变形量为 700% 时，样品四周就已经有明显的裂纹产生。这个对比试验证明，纳米晶体 Cu 的室温超塑性主要是晶粒细化引起的。样品缺陷少也是获得室温塑性的一个主要原因。将通常的金属催化剂如 Fe、Co、Ni、Pd、Pt 制成纳米微粒，可大大改善催化效果。30nm 的 Ni 粉可将有机化学加氢或脱氢反应速率提高 15 倍。利用纳米 Pt 作为催化剂放在 TiO_2 载体上，在含甲醇的水溶液中可通过光照射制取氢，且产出率比原来提高几十倍。而纳米 Ti 粉则可以增加普通涂料的耐磨、耐腐蚀等性能，但成本却增加不多。纳米金属 Pd 的硬度比多晶 Pd 的平均高出 4~5 倍，屈服强度则高出 5 倍。

此外，金属纳米材料的形貌也可以通过不同的制备条件进行设计。杨培东等人采用 $NaBH_4$（四氢硼酸钠）水解生成的 H_2 还原 K_2PtCl_4（四氯铂酸钾）来制备 Pt 纳米颗粒。通过加入 NaOH 调节反应体系的 pH 值来控制 $NaBH_4$（四氢硼酸钠）的反应速度，进而控制氢气的量。当 pH 值较低时，$NaBH_4$ 水解产生大量的氢气，在高还原速率下所形成的 Pt 纳米粒子为立方八面体；当 pH 值较高时，还原速率降低，立方八面体选择性地沿着（111）轴方向生长，最终立方八面体 Pt 纳米颗粒转化为立方体 Pt 纳米颗粒，如图 2.6 所示。

金属纳米材料自诞生以来对各个领域的影响令人瞩目，具有特殊的用途。现列出一些金属纳米材料在实际中的主要用途：

（1）Co（钴）高密度磁记录材料　利用纳米钴粉记录密度高、矫顽力高（可达 119.4kA/m）、信噪比高和抗氧化性好等优点，可大幅度改善磁带和大容量软硬磁盘的性能。

图 2.6 Pt 纳米颗粒的电镜图

a) 立方八面体 Pt 纳米颗粒 b) 立方体 Pt 纳米颗粒

（2）金属纳米粉体对电磁波有特殊的吸收作用 作为吸波材料，其具有频带宽、兼容性好、质量小、厚度薄等优点。美国新近开发的含"超黑粉"的纳米复合材料，吸波率达99%。法国研究者采用真空沉积法把 Ni、Co 合金及 SiC 沉积在基体上形成超薄电磁吸收纳米结构，再粉碎成微屑并制成纳米材料，该材料的吸波频率达 50 MHz～50 GHz。铁、钴、氧化锌粉末及碳包金属粉末可作为军事用高性能毫米波隐形材料、可见光-红外线隐形材料和结构式隐形材料，以及手机辐射屏蔽材料。

2. 无机非金属纳米材料

像金属纳米材料一样，无机非金属纳米材料的种类也相当多。有纳米金属氧化物，如纳米 TiO_2、Al_2O_3、ZrO_2（二氧化锆）等；非金属氧化物，如纳米 SiO_2；金属氢氧化物，如纳米 $Co(OH)_2$（氢氧化钴）、$La(OH)_3$（氢氧化镧）等；金属硫化物，如 Ag_2S（硫化银）、SnS_2（硫化锡）；纳米氮化物；纳米非金属，如纳米 B、C、Se（硒）、Si 等。这些无机非金属纳米材料同样具有奇异的性能。例如：在甲醛的氢化反应生成甲醇的过程中，以纳米 Ni 粉、纳米 TiO_2 或 SiO_2 粉分别作为催化剂和载体，可将选择性提高 5 倍；纳米 TiO_2 粒子还是一种稳定的无毒紫外光吸收剂，对有机聚合物材料具有抗紫外线辐射，防止高分子链降解的稳定化作用。常规 Al_2O_3 粉末的烧结温度高达 1800～1900℃，而纳米氧化物粉末可在 1150～1500℃烧结达到理论密度的 99.7%；常规 Si_3N_4 的烧结温度高于 2000℃，而纳米 Si_3O_4 的烧结温度可降至 1500～1600℃；许多纳米陶瓷的硬度和强度比普通陶瓷高出 4～5 倍。纳米陶瓷是解决陶瓷脆性的战略途径。纳米 SiO_2 粉末的应用十分广泛，可用于提高陶瓷制品的韧性和表面质量，作为油漆和有机玻璃的抗老化剂，还可作为橡胶和塑料的补强剂等。纳米 Se 是继有机 Se 之后的一种更新的补硒剂，具有高生物活性、高安全性指标、高科技含量、高纯度、高稳定性等，1998 年被卫生部定为保健食品。纳米硒是纳米技术在生物领域的成功应用，纳米 $CaCO_3$ 粉末对有机聚合物具有增强增韧的双重效果，还可广泛用于涂料、塑料、橡胶、造纸、油墨、油漆、化妆品等物质的生产。

3. 有机高分子纳米材料

有机高分子纳米材料也称为高分子纳米微粒或高分子超微粒，粒径尺度在 1～100nm 范围内，通常通过微乳液聚合得到。这种超微粒子通常具有巨大的比表面积，具有一些普通纳米材料所不具备的新性质和新功能。聚合物微粒尺寸减小到纳米量级后，高分子的特性发生了很大的变化，主要表现在表面效应和体积效应两方面。表面效应是指超细微粒的表面原子数与总原子数之比随着粒径变小而急剧增大的现象，表面原子的晶场环境和结合能与内部原子不同，因缺少相邻原子而呈现不饱和状态，具有很大的活性，它的表面能大大增加，易与其他原子相结合而稳定下来。体积效应是由于超微粒包含的原子数减少而使带电能级间歇加大，物质的一些物理性质因为能级间歇的不连续而发生异常。这两种效应具体反映在纳米高分子材料上，表现为比表面积激增，粒子上的官能团密度和选择性吸附能力变大，达到吸附平衡的时间大大缩短，粒子的胶体稳定性显著提高。这些特性为它们在生物医学领域中的应用创造了良好的条件。

2.2.2　按物理性质分类

根据物理性质，纳米材料主要分为纳米半导体材料、纳米热电材料、纳米磁性材料、纳米非线性光学材料和纳米超导体材料。

1. 纳米半导体材料

纳米半导体材料是由颗粒尺寸为 1～100nm 的粒子凝聚而成的块体薄膜多层膜和纤维等。纳米结构材料的基本构成是纳米微粒和它们之间的分界面，纳米微粒可以由微晶、非晶及准晶组元构成，统称为颗粒组元，每个颗粒内一般包含 10^4～10^5 个原子。分界面则称为界面组元，由于纳米颗粒的尺寸很小，界面所占体积分数几乎可以与纳米微粒所占体积分数相比拟。因此，纳米材料的界面不能简单地看成一种缺陷，它是纳米材料的基本构成之一，对其性能的影响起着很重要的作用。纳米半导体材料的研究始于 20 世纪 80 年代中期。CdS（硫化镉）、硫硒铜、CdSe（硒化镉）等这些直接带隙半导体材料，当它们被埋入玻璃中形成纳米晶粒时会表现出异常的光学现象。甚至像 Si、Ge（锗）这样的间接带隙材料，当其成为纳米晶粒时也会表现出异常的光学现象。与块体材料相比，纳米半导体材料普遍存在吸收带的"蓝移"。Si、Ge 的块体材料在室温下的带隙宽度分别为 1.12eV、0.67eV，当埋入 SiO_2 中形成平均尺寸为几纳米的晶粒时，其带隙宽度分别可达 1.8eV、2.2eV 左右，而且在室温下产生光致可见发光现象。按照现有的半导体理论，只可能在直接带隙半导体中产生辐射复合跃迁，对于间接带隙半导体材料，由于要同时满足能量守恒和准动量守恒定律，必须有其他准粒子的参与才可能产生辐射复合跃迁。且这个二级近似过程产生辐射复合的概率很小，因而现在的半导体发光器件均为直接带隙半导体材料。对于 Si 和 Ge，当晶粒尺寸小到几纳米时，可能成为直接带隙半导体材料，这对于目前研究较成熟的Ⅳ族材料的应用开辟了新的方向，直接推动了基础研究的发展。当半导体材料的尺度缩小到纳米范围时，其物理、化学性质将发生显著变化，并呈现出由高表面积或量子效应引起的独特性能。目前，半导体纳米材料与器件的研究仍处于探索、开发阶段，但它们在多个领域的应用，如新型高效太阳能电池、纳米级电子器件、纳米发光器件、激光技术、波导、化学及生物传感器、化学催化剂等已呈现出诱人的前景。纳米技术的进一步发展必将使得半导体工业实现历史性突破。

2. 纳米热电材料

纳米热电材料被认为相对块材热电材料有着更好的热电性能，因为它的费米能级附近的态密度通过量子限制效应得到了增强，从而使塞贝克系数得到了增强，并且纳米热电材料中大量的净截面能有效地散射声子，使热导率降低。热电材料的热电转换效率主要取决于优值系数 zT，其表达式为

$$zT = \frac{\alpha^2 T \sigma}{\kappa} \tag{2.1}$$

式中，α 为 Seebeck 系数；σ 为电导率；κ 为热导率；T 为温度。

Kicks 和 Dresselhaus 首次通过计算提出 Bi_2Te_3（碲化铋）量子阱层间量子限制效应使费米能级附近的态密度增加，从而提高了塞贝克系数。他们还提出如果 Bi_2Te_3 层的厚度小于声子的平均自由程，层与层之间的晶界面就会强烈地散射声子，从而大幅度降低热导率。Harman 等人在此基础上将 PbSe（硒化铅）的纳米点嵌入到 PbTe（碲化铅）的晶格中，发展了 PbTe/PbSe/Te 的量子点超晶格薄膜，最优 zT 值达 1.6，明显高于相应块材的 zT 值（0.34）。Shakouri 认为是二维结构导致的量子限制效应增加了冷端和热端掺杂能级的差异性，导致了塞贝克系数和电导率的增加。目前基于二维热电材料的薄膜、量子阱和超晶格结构已经可用于小负荷或低发电量的电子激光点设备。

理论研究表明，与二维纳米热电材料相比，一维纳米线结构具有更强的量子限制效应和声子散射，热电性能将会得到进一步增强。纳米管结构由于内表面和外表面声子散射作用，晶格热导率相比纳米线将进一步降低。Hochbaum 等人采用化学蚀刻的方法制备了直径为50nm 的表面粗糙的 Si 纳米线，由于粗糙表面对声子形成了有效的散射，它的 zT 值在室温时达到了 0.6，是相应块材热电材料的 30 倍。Boukai 等人指出纳米线的热导率随着直径的增加而降低，纳米线的声子拖拽可增加纳米线的塞贝克系数，并制备出直径为 20nm 表面粗糙的纳米线，zT 值在 200K 时达到了 1。

纳米复合热电材料旨在将纳米尺寸的多晶和晶界面引入到块材热电材料中以增加声子散射，从而降低晶格热导率，提高块材材料的 zT 值。由于电子的平均自由程范围远小于声子的平均自由程（声子的平均自由程范围一般在几纳米到几百纳米，电子的平均自由程一般只有几纳米），因此理论上来讲，通过在纳米材料中掺杂不同尺寸的纳米颗粒可有效降低平均自由程分布较宽范围的声子的弛豫时间，而对平均自由程分布小的载流子影响很小。制备纳米复合材料的方法通常是先通过高能球磨、湿化学法等方法制得纳米级别的粉末，制备得到的粉体通过热压、放电等离子烧结等制备方法将粉体压制成内部为纳米结构的块材。纳米结构使得块材内部引入了大量的晶界、相界和晶格缺陷，它们能有效地降低材料的热导率。相比传统方法制备的大晶粒晶体或单晶，其具有以下突出优势：热导率低，功率因子高（晶界处载流子过滤效应），力学性能更好，有着更好的各向同性。常见的低温中温高温热电材料 Bi_2Te_3、PbTe（碲化铅）等均已制备出纳米结构的复合材料，其 zT 值得到了显著的提升。

2.3　基本理论

随着纳米科学技术的深入研究和发展，科学界对纳米材料具有的特殊性能和现象进行了系统的理论分析。发现纳米材料具有量子尺寸效应、小尺寸效应、表面效应、宏观量子隧道效应等。为研究者们学习和探索纳米科技及纳米材料提供了坚实的理论基础。

纳米材料的
基本理论

2.3.1　量子尺寸效应

1. 费米面

费米面是最高占据能级的等能面，是当 T（绝对温度）等于 0K 时电子占据态与非占据态的分界面。一般来说，半导体和绝缘体不使用费米面，而用价带顶概念。金属中的自由电子满足泡利不相容原理，其在单粒子能级上分布概率遵循费米统计分布。

费米能级是电子占有态和未占有态的边界面，在三维空间中费米能级就是 k 空间中能量为 E_F 的曲面，即 $E = E_F(k) = C$ 所构成的曲面为费米面。k 空间中被充满区域的总面积仅依赖于电子浓度，而费米面的形状依赖于点阵的相互作用。费米面附近的电子对金属性质有重要影响，如金属的电子比热容、电子的脱出功、金属电导等主要决定于费米面附近的电子，有人甚至把金属定义为具有费米面的固体。显然，了解和掌握费米面的概念以及其与布氏区边界的距离是对金属中电子的物理特性获得深刻理解的根本问题。

2. 久保理论

久保理论是针对金属超微颗粒费米面附近电子能级状态分布而提出来的。1962 年日本理论物理学家久保（Kubo）对小颗粒的大集合体电子能态做了两点假设。1986 年 Halperin 对这一理论进行了比较全面的归纳，并用这一理论对金属超微粒子的量子尺寸效应进行了深入的分析。

最开始，人们把低温下单个小粒子费米面附近的电子能级看成等间隔的能级。按这一模型计算单个超微粒子的比热容，可表示为

$$c(T) = k_B e^{-\frac{\delta}{k_B T}} \tag{2.2}$$

式中，δ 为能级之间的间隔；k_B 为玻耳兹曼常数；T 为绝对温度。

在高温下，$k_B T \gg \delta$，温度与比热容呈线性关系，这与大块金属的比热容关系基本一致。然而在低温下（$T \to 0$），$k_B T \ll \delta$，则与大块金属完全不同，它们之间为指数关系。

尽管用等能级近似模型推导出了低温下单个超微粒子的比热容公式，但实际上无法用实验证明，这是因为我们只能对超微颗粒的集合体进行实验。如何从一个超微颗粒的新理论解决理论和实验相脱离的困难，久保在这方面做出了杰出的贡献。

久保理论的两点假设：

（1）简并费米液体假设　把超微粒子靠近费米面附近的电子状态看成受尺寸限制的简并电子气，假设它们的能级为准粒子态的不连续能级，而准粒子之间交互作用可忽略不计。当 $k_B T \ll \delta$ 时，这种体系靠近费米面的电子能级分布服从 Poisson 分布：

$$P_n(\Delta) = \frac{1}{n!}(\Delta/\delta)^n e^{-\frac{\Delta}{\delta}} \tag{2.3}$$

式中，Δ 为两能态之间的间隔；$P_n(\Delta)$ 对应 Δ 的概率密度；n 为两能态间的能级数。如果 Δ 为相邻能级间隔，则 $n=0$。间隔为 Δ 的两能态的概率 $P_n(\Delta)$ 与哈密顿量（Hamiltonian）的变换性质有关。例如，在自旋与轨道交互作用弱和外加磁场小的情况下，电子哈密顿量具有时空反演的不变性，且在 Δ 比较小的情况下，$P_n(\Delta)$ 随 Δ 的减小而减小。久保模型优越于等能级间隔模型，比较好地解释了低温下超微粒子的物理性能。

（2）超微粒子电中性假设 久保认为，对于一个超微粒子，取走或放入一个电子都十分困难。他提出了一个著名公式：

$$k_B T \ll W \approx \frac{e^2}{d} \tag{2.4}$$

式中，W 为从一个超微粒子取出或放入一个电子克服库仑力所做的功；d 为超微粒子的直径；e 为电子电荷。

式（2.4）表明，随着 d 值下降，W 增加，所以低温下热涨落很难改变超微粒子的电中性。在足够低的温度下，当颗粒尺寸为 1nm 时，W 比 δ 小两个数量级，由式（2.4）可知 $k_B T \ll \delta$，可见 1nm 的小颗粒在低温下量子尺寸效应很明显。针对低温下电子能级是离散的，且这种离散对材料热力学性质有很大影响，如超微粒的比热容、磁化率明显区别于大块材料。久保及其合作者还提出了如下著名公式：

$$\delta = \frac{4}{3}\frac{E_F}{N} \propto V^{-1} \tag{2.5}$$

式中，N 为一个超微粒的总导电电子数；V 为超微粒体积；E_F 为费米能级。由式（2.5）看出，当粒子为球形时，$\delta \propto \frac{1}{d^3}$，即随着粒径的减小，能级间隔增大。

3. 量子尺寸效应的原理

当粒子尺寸下降到某一纳米值时，金属费米能级附近的电子能级由准连续变为离散能级，以及纳米半导体微粒存在不连续的最高被占据分子轨道和最低未被占据分子轨道的能级能隙变宽的现象，均称为量子尺寸效应。

能带理论表明，在高温或宏观尺寸情况下，金属费米能级附近的电子能级往往是连续的，即最高已占轨道和最低未占轨道是连续或准连续的。宏观物质中包含有大量的原子和电子（即导电电子数 $N \to \infty$）。由于电子数目趋于无穷大，所以由式（2.5）可得能级间隔 $\delta \to 0$，即能带中相邻能级的间距趋于零，如图 2.7 中的能带部分。

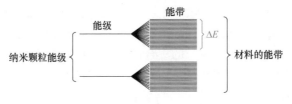

图 2.7 能级和能带关系

但当金属粒子的尺寸减小到某一值时，其费米能级附近的电子能级则会由准连续变为不连续，产生量子尺寸效应，即对于只有有限个导电电子的超微粒子，低温下能级是离散的，其包含的原子数有限，N 值很小，这就导致 δ 有一定的值，即能级间隔发生分裂且会随着尺寸的减小而逐渐增大，如图 2.7 中的能级部分。当能级间隔大于热能、磁能、静磁能、静电能、光子能量或超导态的凝聚能时，纳米粒子要想实现电子跃迁则需要更大的能量来激发。例如，金属纳米材料的电阻会随着尺寸减小而增大，电阻温度系数减小甚至变成负值，这是由于纳米粒子的量子尺寸效应导致能级变宽，当施加与宏观材料相同能量的电压时，不足以使其电子跨过能级发生电子跃迁（或电子跃迁数目明显减少），结果就变为电阻增大。纳米 CdSe 对光的吸收特性表明，当粒径减小到一定程度时，其能级间隔逐渐增大，带隙变大，电子由价带被激发到导带所需要的能量增加，粒子吸收光的波长减小，导致其颜色逐渐变深。

纳米颗粒的尺寸对其吸收光谱的影响如图 2.8 所示，随着 Ag 纳米颗粒尺寸的减小，纳米颗粒的能级增大，胶体溶液的颜色转变，其紫外可见光吸收特征峰逐渐蓝移。对于 Ag 微粒，由 $\delta = \dfrac{4}{3}\dfrac{E_F}{N}$，可得 $\dfrac{\delta}{k_B T} = \dfrac{3.46 \times 10^{-19}}{d^3}$ K·cm^{-3}，当 $\delta \geqslant k_B T$ 时发生能级分裂，如 $\delta = k_B T$，$T =$ 1K，则 $d = 7$nm 时，Ag 纳米颗粒会由导体变为非金属绝缘体；当 $T > 1$K，则 $d < 7$nm 时，才会出现 Ag 纳米颗粒由导体变为非金属绝缘体。实验表明，纳米 Ag 的确具有很大的电阻，类似于绝缘体。

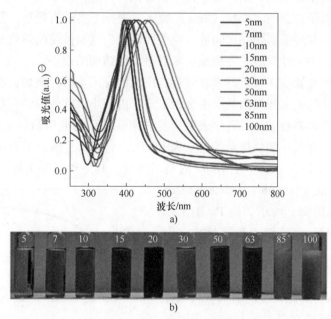

图 2.8　纳米颗粒的尺寸对其吸收光谱的影响

a）紫外可见吸收光谱　b）Ag 纳米颗粒的光学照片

2.3.2　小尺寸效应

1924 年，法国青年物理学家德布罗意在光的波粒二象性的启发下想道：自然界在许多方面都是明显对称的，既然光具有波粒二象性，那么实物粒子也应该具有波粒二象性。他在

⊖　a.u. 的全称是 absorbance unit，意思是吸光度单位。吸光度值本身无量纲，但文献中一般用 a.u. 表示其无量纲单位。

其博士论文中假设：实物粒子也具有波动性。于是他从质能方程以及量子方程出发，推得德布罗意波的有关公式。他发现，粒子在以 v 为速度运动时总会伴随着一个速度为 c^2/v 的波，这个波又因为不带任何能量与信息，所以不违反相对论。

假设一个实物粒子的能量为 E、动量大小为 p，与其相联系的波的频率为 μ、波长为 λ，则它们之间的关系为

$$E = mc^2 = h\mu \tag{2.6}$$

$$p = mv = \frac{h}{\lambda} \tag{2.7}$$

式中，m 为一个粒子的质量；c 为光速；h 为普朗克常数；v 为粒子的速度。

式（2.6）和式（2.7）称为德布罗意式，与实物粒子相联系的波称为德布罗意波。

当固体颗粒的尺寸与光波波长、德布罗意波长以及超导态的相干长度或透射深度等物理特征尺寸相当或更小时，晶体周期性的边界条件将被破坏，非晶态颗粒表面层附近原子密度减小，导致材料宏观物理性质（声、光、电、磁、热、力学等）出现一些新的变化，称为小尺寸效应。即纳米材料的声、电、光、磁、热、力学等特性都有可能会呈现小尺寸效应。例如，磁有序态向磁无序态的转变，超导相向正常相的转变，纳米颗粒熔点的变化等。人们曾用高倍率电子显微镜对金纳米颗粒（2nm）的形态进行了实时的观察，发现其形态可以随时间变化自动在单晶与多晶、孪晶之间进行连续地转变，这与传统的熔化相变不同。与量子尺寸效应不同的是，小尺寸效应主要侧重纳米材料晶体结构的改变。

纳米材料的小尺寸效应在产业技术领域具有广泛的应用价值。例如，在热学方面，人们利用金属熔点与尺寸的关系开发出粉末冶金新工艺。由于小尺寸效应的存在，纳米粒子的晶体结构改变，周期性边界被破坏，直接表现为与周期性排列的典型晶体结构宏观材料相比，纳米材料的熔点显著降低。如块体金的熔点为1337K，当其尺寸减小至2nm时，颗粒的熔点降至600K。半导体CdS尺寸在小于10nm的范围内时，其熔点降幅更加显著。该尺寸范围内，CdS熔点已降低至1000K，1.5nm的CdS熔点不到600K。如图2.9所示，当Pb纳米颗粒尺寸小于50nm时，曲线斜率迅速增大，颗粒熔点急剧下降；当颗粒尺寸大于100nm时，曲线变得平坦，此时颗粒的熔点已接近块状Pb的正常熔点值600K。因此，若以纳米金属颗粒粉末代替块状金属或者在微米尺寸的粉末原料中添加一定量纳米级的粉末进行冶金，可大大降低烧结温度，从而降低成本。

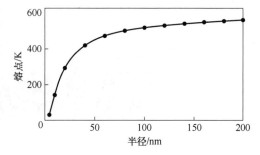

图 2.9　Pb 纳米颗粒的熔点与半径的关系

微观上，铁磁性是通过相邻晶格结点原子的电子相互作用而引起的。这种相互作用使原子磁矩定向平行排列，并产生自发磁化。铁磁体内这些自发磁化的区域称为"磁畴"。在每个小区域内原子磁矩排列得非常整齐，因此具有很强的磁性，这种现象称为自发磁化。顺磁物质的主要特点是原子或分子中含有电子磁矩，因而具有原子或分子磁矩。原子或分子磁矩之间并无强的相互作用，因此原子磁矩在热运动的影响下处于无规则排列状态，原子磁矩互相抵消而无合磁矩，没有磁畴存在。粒子尺寸小到一定临界值时，由于小尺寸效应导致的晶

体结构变化，磁取向力不足以抵抗热运动干扰，进入超顺磁状态，如室温下 α-Fe 粒径为 5nm 时变成顺磁体，临界尺寸与温度有关。如图 2.10 所示，$MnFe_2O_4$、$FeFe_2O_4$、$CoFe_2O_4$ 和 $NiFe_2O_4$ 四种超顺磁纳米颗粒分别为 Mn^{2+}、Fe^{2+}、Co^{2+}、Ni^{2+} 金属离子掺杂到超顺磁氧化铁（SPIO）后形成的纳米颗粒，这些颗粒尺寸约为 12nm，均具有超顺磁的特性。所掺杂的金属离子的种类影响颗粒的弛豫效能，如从 Mn^{2+} 到 Ni^{2+}，纳米颗粒的弛豫效能逐渐降低，其中 $MnFe_2O_4$ 的弛豫效能最高，在肿瘤诊断领域得到广泛应用。此外，纳米材料的小尺寸效应还表现在力学、超导电性、介电性能、声学特性以及化学性能等方面，并广泛应用于工业、农业、能源、环保、医疗、国家安全等领域。

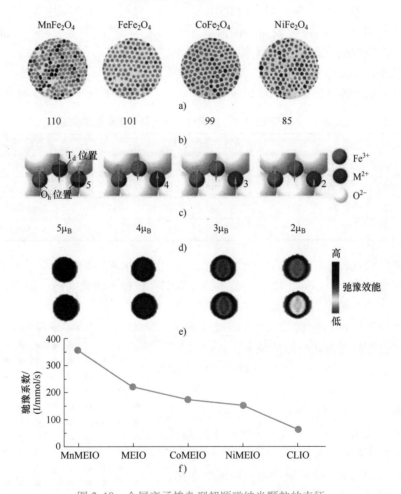

图 2.10　金属离子掺杂型超顺磁纳米颗粒的表征

a）透射电镜图　b）单位质量的磁化强度（emu/g）　c）磁自旋结构示意图　d）磁力矩

e）自旋回波磁共振成像（MRI）显像颜色图　f）超顺磁纳米颗粒的最高弛豫系数

2.3.3　表面效应

表面效应是指纳米颗粒的表面原子数与总原子数之比随尺寸减小而急剧增大后所引起的颗粒特性的变化，又称为界面效应。纳米颗粒的尺寸减小，表面原子比例将增加。这是由于尺寸减小，颗粒比表面积增大，表面原子数便增加。表面原子比例与纳米颗粒尺寸（粒径）的关系如图 2.11 所示。图 2.11 表明，随着颗粒尺寸的减小，表面原子占全部原子的比例迅速增加。表 2.1 列出了纳米颗粒尺寸与表面原子比例及表面能量的关系。由表 2.1 可见，当颗粒尺寸为 10nm 时，表面原子比例为 20%；当尺寸减小至 2nm 时，表面原子比例大幅增加至 80%；当尺寸减小至 1nm 时，表面原子比例增加到 99%，即表明此时几乎所有的原子都集中在颗粒表面。同时，随着尺寸减小，颗粒的表面能量也大幅度增加。如尺寸从 10nm 减小至 1nm 时，表面能量从 4.08×10^4 J/mol 增加到 9.23×10^5 J/mol。

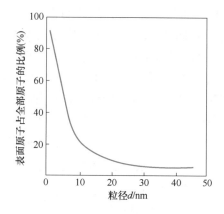

图 2.11　表面原子比例与纳米颗粒尺寸（粒径）的关系

表 2.1　纳米颗粒尺寸与表面原子比例及表面能量的关系

尺寸/nm	表面原子比例（%）	表面能量/(J/mol)
10	20	4.08×10^4
5	40	8.16×10^4
2	80	2.04×10^5
1	99	9.23×10^5

　　此外，纳米颗粒表面具有很高的化学活性。这是因为纳米颗粒的表面原子所处的晶体场环境及结合能与内部原子不同，原子配位不足，周围存在较多的悬空键，很容易与其他原子结合，具有较高的表面能与结合能。采用如图 2.12 所示的晶格结构可以进行解释。晶格中，实心圆和空心圆分别代表颗粒表面和内部的原子，"A""B""C""D""E"分别代表缺少不同数量近邻的表面原子。例如"A"原子缺少三个近邻，极不稳定，一旦遇到其他原子就会很容易结合，趋向稳定，这是颗粒表面具有较高活性的原因。表面原子的高活性不仅会引起纳米颗粒表面原子输运和构型的变化，同时也会引起表面电子自旋构象和电子能谱的变化，在化学变化、烧结、扩散等过程中，成为物质传递的巨大驱动力，还会影响纳米相变化、晶型稳定性等平衡状态的性质。

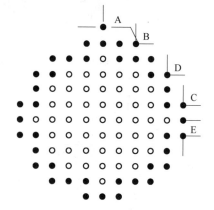

图 2.12　单一立方晶格结构的原子以接近圆（或球）形进行配置的超微粒模型图

　　纳米颗粒表面原子数的增多、表面能的增大，会使得颗粒在物理、化学等特性呈现出新的效应。无机的纳米薄膜暴露在空气中会吸附气体，如 SnO_2 纳米薄膜表面存在较多不饱和键，容易吸附空气中的氧，可以制备成气敏传感器。表面高活性可使纳米颗粒在空气中自燃。例如，把真空方法制备得到的纳米铁粉撒在烘干的纸上，铁粉与纸接触的地方就会燃烧起来。纳米颗粒可大幅度提高染料的燃烧热及效率。例如，向火箭固体燃料中加入 0.5% 纳米镍粉，可使燃烧效率提高 10%~25%，燃烧速度提高 10 倍。这是由于纳米颗粒的比表面积大，反应物之间的接触面积大，反应速率大；同时因比表面积大，反应的表观活化能降低。

纳米颗粒的催化性能较强，即利用纳米颗粒的大比表面积与活性可以显著提高催化效率，在光催化、电催化等领域具有广泛的应用。例如，化学惰性的金属制成纳米颗粒后可以用作催化剂。如图 2.13 所示，金属铂片对 H_2O_2 的催化分解性能极低，当制备成铂纳米颗粒后，由于纳米颗粒表面的化学活性较高，比表面积较大，颗粒对 H_2O_2 的催化分解性能得到较大地提升。纳米铂黑催化剂可使乙烯的反应温度从 600℃ 降到室温。粒径为 30nm 的镍粉催化剂可以将有机化学加氢和脱氢反应速度提高 15 倍。

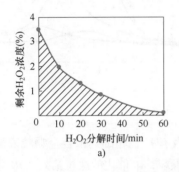 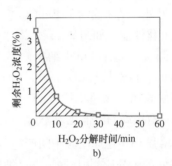

图 2.13　铂纳米颗粒的催化活性

a）金属铂片对 H_2O_2 的催化分解　b）铂纳米颗粒对 H_2O_2 的催化分解

在光催化方面，纳米催化剂表面的高电子浓度能够显著提升催化效率。如图 2.14 所示，在 CO_2 光催化还原反应中，Au 纳米颗粒的引入可以极大地提高 $Cd_{1-x}S$ 光催化剂的活性。这是由于 Au 纳米颗粒表面具有较大的电子密度，而高浓度的电子对 CO_2 的光催化具有促进作用。此外，Au 纳米颗粒的尺寸对催化活性影响很大。当 Au 纳米簇的粒径减小至极端值（单个 Au 原子）时，比表面积增大，表面电子浓度升高，$Au/Cd_{1-x}S$ 催化剂可以为 CO_2 的还原过程提供更多的可用电子，使得 $Au_{SA}/Cd_{1-x}S$（金单原子/$Cd_{1-x}S$）催化剂的催化效率比 $Au_{NC}/Cd_{1-x}S$（金纳米簇/$Cd_{1-x}S$）约高 3 倍，比不加 Au 颗粒的 $Cd_{1-x}S$ 约高 110 倍。

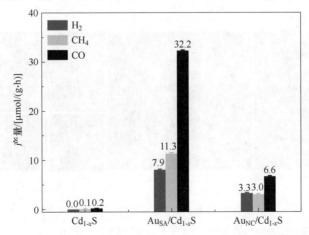

图 2.14　不同粒径 Au 颗粒的引入对 $Cd_{1-x}S$ 光催化剂效率的影响

　　电催化方面，纳米颗粒表现出较好的催化性能。图 2.15 对比了无修饰的铂片电极（曲线 a）与纳米铂颗粒修饰的铂片电极（曲线 b）对甲醇催化氧化性能的影响。曲线表明，纳米铂颗粒修饰的铂片电极对甲醇催化产生的氧化峰电流峰值比无修饰的铂片电极约高 10 倍，而电流峰值越大说明催化氧化的速率越快，即纳米铂颗粒修饰的铂片电极对甲醇的催化氧化活性远大于无修饰的铂片电极。另外，纳米合金颗粒也具有较高的电催化性能。如图 2.16 所示，科学家们制备了超细 CuPd 纳米合金颗粒（2nm），探索其对 CO_2 的电催化性能。结果表明，该超小尺寸的纳米合金颗粒具有很高的电催化效率。

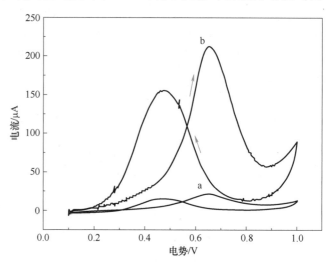

图 2.15　铂纳米颗粒的电催化性能

Pd 与 Cu 可以增强 CO_2 还原反应中间产物 $COOH^*$ 及 CO^* 在超细纳米合金颗粒表面的吸附，通过优化 Cu 及 Pd 的组分比例得到 Cu_5Pd_5 纳米合金颗粒，电催化的法拉第效率达到 88%。

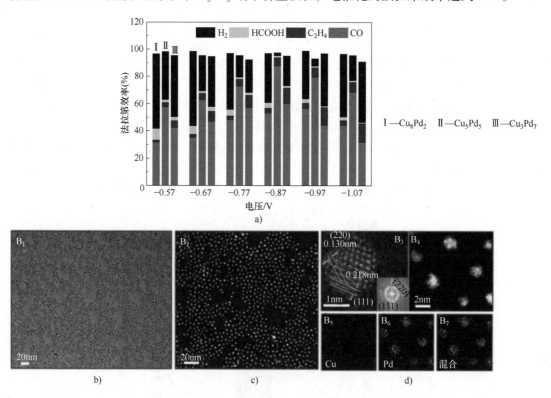

图 2.16　纳米合金颗粒的催化性能和结构图

a）电催化法拉第效率图　b）Cu_5Pd_5 超细纳米合金颗粒的透射电镜（TEM）图　c）Cu_5Pd_5 超细纳米合金颗粒的扫描透射电镜（STEM）图　d）Cu_5Pd_5 超细纳米合金颗粒的元素分层分析（EDX）图像

2.3.4 宏观量子隧道效应

如图 2.17 所示,在经典力学预测中,能量大于势垒的粒子才能越过势垒,而小于势垒能量的粒子则无法穿越。然而,在量子力学预测中,对于微观粒子,由于粒子具有波动性,即使势垒高于粒子动能,粒子的波函数在势垒中或势垒后均非零,表明微观粒子具有进入和穿透势垒的能力,粒子可以概率性地穿越势垒,这种现象称为隧道效应。一般情况下,只有当势垒宽度与粒子的德布罗意波长相当时,才可以观察到显著的隧道效应。科学家发现,对于一些宏观量,如微颗粒的磁化强度、量子相干器件中的磁通量等也具有隧道效应,称为宏观量子隧道效应。例如,具有铁磁性的磁铁,当其粒子尺寸小到一定程度如纳米级时(图 2.18),会出现由铁磁性变为顺磁性或软磁性的现象。$\alpha\text{-Fe}$、Fe_3O_4 和 $\alpha\text{-Fe}_2O_3$ 铁磁体在尺寸分别为 5nm、16nm 和 20nm 时变为顺磁体。

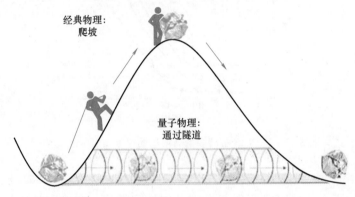

图 2.17 量子隧道效应

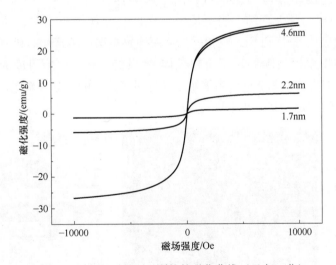

图 2.18 室温下 Fe_3O_4 颗粒的磁化曲线(已归一化)

早期,人们曾用宏观量子隧道效应解释超细镍颗粒在低温继续保持超顺磁性的现象。例如,当温度接近绝对零度时,超顺磁性状态应该转变为铁磁性状态,但实验中发现纳米镍颗粒在 42K 温度下仍处于超顺磁性状态,可能的解释是低温条件下存在某种隧道效应,从而导致反转磁化弛豫时间为有限值。后来，又发现 Fe-Ni 薄膜中畴壁运动速度在低于某一临界温度时基本上与温度无关。如图 2.19 所示，当磁畴尺寸为 3.0nm 且温度低于临界温度（12K）时，Fe-Ni（$Ni_{83}Fe_{17}$）合金薄膜的畴壁运动速度与温度无关。于是，有人提出，量子力学的零点振动在低温时起着类似热起伏的效应，使临界温度附近的微颗粒磁化矢量重取向，并保持有限的弛豫时间，在绝对零度时仍然存在非零的磁化反转率。这可以解释高磁晶各向异性的单晶体在低温产生阶梯式的反转磁化模式，以及量子干涉器件中的一些效应。

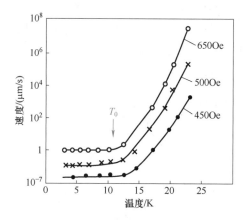

图 2.19 Fe-Ni 合金薄膜的畴壁运动速度与温度的关系

此外，超导体中的宏观量子隧道效应被称为超导约瑟夫森效应。1962 年，约瑟夫森预言库伯电子对具有隧道效应，1973 年他获得诺贝尔物理学奖。该效应具体是指：如图 2.20a 所示，$\varPsi_1$ 与 $\varPsi_2$ 表示两超导体的波函数，两个超导体（S_1 和 S_2）中间有一层绝缘薄膜（厚度约 2nm），组成约瑟夫森结。当电压施加在两超导体电极上时，超导体中库伯电子对可以通过隧道效应从 S_1 移到 S_2，或相反，从而导致振荡电流产生，外加电场可以控制振荡电流的大小。透射电镜清晰展示了由超导体 Al 及绝缘体 Al_2O_3 组成的约瑟夫森结，如图 2.20b 所示。类似地，图 2.20c 清晰展示了超导量子比特的约瑟夫森结。超导约瑟夫森效应可以用于脑电波的测定，其分辨率可达 $10^{-10} \sim 10^{-12}$T。

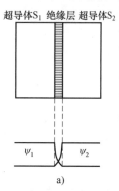  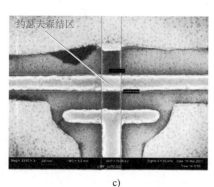

图 2.20 约瑟夫森结

a）约瑟夫森结示意图 b）超导体 Al 及绝缘体 Al_2O_3 组成的约瑟夫森结

c）超导量子比特的约瑟夫森结

宏观量子隧道效应对基础研究及实用研究都有重要的意义。它限定了磁带和磁盘进行信息存储的时间极限。宏观量子隧道效应将会是未来微电子、光电子器件的基础，或者说它确立了现存微电子器件进一步微型化的极限。当微电子器件进一步微型化时，必须考虑上述量子效应，既限制了微型化的极限，又限制了颗粒的记录密度。例如，磁性颗粒相距太近时，畴壁处的隧道效应使磁性记录强度不稳定。制造半导体集成电路时，当电路尺寸接近电子波长时，电子就通过隧道效应而逸出器件，使器件无法正常工作。经典电路的极限尺寸大约为 $0.25\mu m$。

共振隧穿晶体管就是利用量子隧道效应制成的器件。共振隧穿晶体管是 1985 年由 Capasso 和 Kiehl 首先提出的，其基本原理为：在栅极电压为零的条件下，晶体管势阱中的电子能量小于势垒的能量，不发生共振隧穿；当施加栅极电压使沟道区导带底能级与源极或漏极的费米能级相同时，产生的电流最大，为峰电流；当施加栅极电压继续增加使导带底能级高于势垒能级时，电流迅速下降，呈现负微分电导，但是由于热激发和隧穿沟道的影响导致电流不为零而产生谷电流。与传统的场效应晶体管相比，共振隧穿晶体管具有高频、高速、低偏置电压及低功耗、双稳、自锁和少量器件完成多种逻辑功能等独特的性能。表 2.2 汇总了部分文献报道的不同纳米带共振隧穿晶体管及其性能参数，其中 PVR 是指共振隧穿过程中电流最大值与最小值的比值，PVR 越高，电子寿命也越长，而且可以通过电子寿命设定适当的工作频率。例如表中的 GaN-Al-GaN 晶体管，其具有高的电子迁移率，其 GaN 基共振隧穿晶体管的峰谷比 PVR 可以达到 2.66。

表 2.2　不同纳米带共振隧穿晶体管及其性能参数

纳米带散射区	电极	研究方法	栅极电压/V	PVR
SGDY、NGDY	石墨烯	第一原理计算	5	4.5、6.0
BN	石墨烯	理论计算和实验	0、20	1~4
BN	石墨烯	理论计算和实验	−40、0、40	—
GaN-Al-GaN	GaN	理论计算（Matlab）	−1、−2、−3	2.66

2.3.5　库仑堵塞效应

当体系的尺度进入纳米级（如纳米级的金属颗粒与半导体颗粒）时，体系的电荷是"量子化"的，即充电和放电过程是不连续的。充入一个电子所需的能量 E_c 为 $e^2/2C$，其中，e 为一个电子的电荷，C 为小体系的电容，体系越小，电容 C 越小，能量 E_c 也就越大。这个能量称为库仑堵塞能。库仑堵塞能是前一个电子对后一个电子的库仑排斥能，这就导致在一个小体系的充放电过程中，电子不能集体传输，而是一个一个单电子的传输。通常把小体系中这种单电子传输行为称为库仑堵塞效应。

如果两个量子点通过一个"结"连接起来，一个量子点上的单个电子穿过能垒到另一个量子点上的行为称为量子隧穿。为了使单电子从一个量子点隧穿到另一个量子点，在一个量子点上所加的电压必须能克服库仑堵塞能 E_c，即 $U>e/C$。如图 2.21 所示，当两金属颗粒之间进行电子转移时，可以等效为平行板电容器中电子从左极板隧道穿过介质进入右极板。电子转移后，若极板电荷增加了 e，将导致电容器静电能增加 $e^2/2C$（即等效于库仑堵塞能），而电压改变为 e/C。对于宏观平行板电容器，一般情况下，电子隧穿产生的电压变化对总电压几乎没影响。但是，对于尺度为纳米的小体系，电子隧穿导致增加的静电能大于电子的热能时，静电能就会阻止电子从左极板隧穿到右极板。这便是库仑堵塞效应的解释。

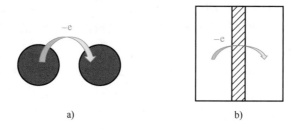

图 2.21　库仑堵塞能

a）金属微粒之间的电子转移　b）与图 a 等效的平行板电容器中的电子转移

电容器静电能的增加使得体系无法形成持续电流。因此，若要获得持续电流，则必须使用电流源对电容器进行充电（图 2.22），以便电子获得足够的能量进行持续的电子隧穿。发生隧穿效应常见的结构有纳米金属-绝缘体-金属（MIM）隧道结和纳米半导体-绝缘体-半导体（SIS）隧道结，如图 2.23 所示。其中 MIM 为单隧道结，I 层很薄才能使电子发生隧穿。SIS 为单电子岛-双隧道结，其等效为两个纳米隧道结的串联。

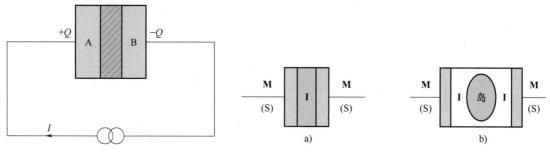

图 2.22　电流源驱动的隧穿结

图 2.23　隧道结

a）纳米金属-绝缘体-金属（MIM）隧道结（单隧道结）

b）纳米半导体-绝缘体-半导体（SIS）隧道结（单电子岛-双隧道结）

通常情况下，库仑堵塞与量子隧穿都是在极低温的条件下观察到的，即该条件为 $(e^2/2C) > k_B T$。若要在温度较高的条件下（即 $k_B T$ 值较大时）观察到上述效应，则可以减小体系的尺度。这是由于体系的尺度越小，电容 C 越小，库仑堵塞能 $E_C(e^2/2C)$ 越大。例如，当量子点的尺寸为十几纳米时，必须在液氮温度下才能观察到上述效应；而当量子点的尺寸为 1nm 左右时，室温下就可以观察到上述效应。

库仑堵塞效应是 20 世纪 80 年代介观领域（介于微观与宏观之间的领域）所发现的极为重要的物理现象之一。利用库仑堵塞和量子隧穿效应可以设计纳米结构器件，如单电子晶体管和量子开关等。图 2.24 所示为单电子晶体管的结构及等效电路。它是在双隧道结的基础上，通过在与库仑岛相连接的电容上增加第三个电极（门电极），构成三极管的装置。从源电极到漏电极的电流不仅依赖于源漏之间的电压 U，还依赖于门电压 U_g，电流 I 可以通过 U_g 控制。单电子晶体管是通过控制单电子运动来放大量子信号的，从而可以实现量子计算机中的量子比特存取与运算，有利于高速并行计算，具有目前计算机所无法比拟的特性。

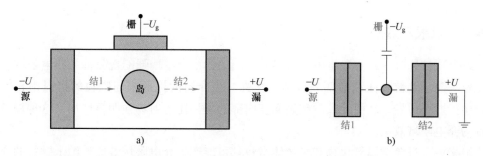

图 2.24　单电子晶体管的结构及等效电路

a) 基本结构　b) 等效电路

由于库仑堵塞效应的存在，体系的电流-电压曲线（I-U 曲线）呈现出台阶状的特点，即电流随电压的上升不再是直线上升，而是呈锯齿状。图 2.25 所示为单电子晶体管的 I-U 曲线随 kT 的变化规律，k 为玻耳兹曼常数，T 为环境温度。当温度较低时，单电子晶体管的 I-U 曲线呈现明显的台阶状，这种台阶称为库仑台阶；当温度升高时，库仑台阶状逐渐消失，I-U 曲线变成典型的欧姆型电阻的线性曲线。库仑台阶是不对称单电子晶体管单电子现象的最典型标志之一，该台阶中，库仑岛每增加一个电子，电流会阶跃式增加。图 2.26 所示为有序介孔薄膜单电子

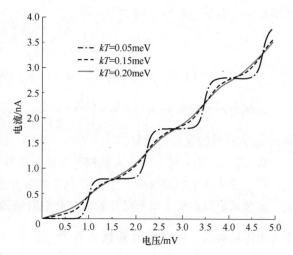

图 2.25　单电子晶体管的 I-U 曲线随 kT 的变化规律

晶体管（OMTF-SET）的 I-U 特性曲线。该曲线出现典型的台阶状，其中箭头所指为电流发生显著变化的位置。图中左上角的小插图为箭头位置对应的电压值，该曲线的线性关系表明了该晶体管库仑台阶宽度的周期性。

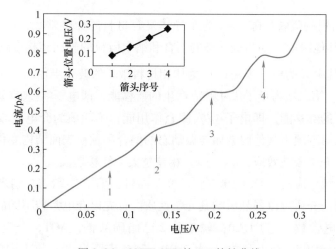

图 2.26　OMTF-SET 的 I-U 特性曲线

2.3.6　介电限域效应

当纳米颗粒分散在异质介质中，由界面引起的体系介电增强的现象称为介电限域。介电限域主要来源于颗粒表面和内部局域场的增强。当介质的折射率与颗粒的折射率相差很大时，产生折射率边界，从而导致颗粒表面和内部的场强比入射场强明显增加，这种局域场的增强称为介电限域效应。

一般来说，过渡金属氧化物和半导体微粒都可能产生介电限域效应。纳米颗粒的介电限域对光吸收、光化学、光学非线性等有重要的影响。因此，分析材料光学现象时，既要考虑量子尺寸效应，又要考虑介电限域效应。通过布拉斯（Brus）公式可分析介电限域对光吸收带边移动（蓝移、红移）的影响，即

$$E(r) = E_g(r=\infty) + \frac{h^2\pi^2}{2mr^2} - \frac{1.786e^2}{\varepsilon r} - 0.248E_{Ry} \tag{2.8}$$

式中，$E(r)$ 为纳米颗粒的吸收带隙；$E_g(r=\infty)$ 为体相的带隙；h 为普朗克常数；r 为粒子半径；m 为粒子的折合质量，$m = \left(\frac{1}{m_e} + \frac{1}{m_h}\right)^{-1}$，其中 m_e 和 m_h 分别为电子和空穴的有效质量；E_{Ry} 为有效的里德伯能量。

式（2.8）中，第一项为大晶粒半导体的禁带宽度；第二项为量子尺寸效应产生的蓝移能；第三项为介电限域效应产生的介电常数 ε 增加引起的红移能；第四项为有效里德伯能量。该公式定量表征了量子尺寸效应与介电限域效应对纳米颗粒光学吸收带的影响。其中对于介电限域效应，随着介电常数 ε 的增大，第三项 $\frac{1.786e^2}{\varepsilon r}$ 减小，即纳米颗粒的吸收带隙 $E(r)$ 增大，从而导致颗粒吸收带蓝移。

式（2.8）描述的体系为单一颗粒，而对于介电复合材料，Takagahara 采用有效质量近似法，把不同介质中的纳米颗粒系统的能量近似表述为（以有效里德伯能量为单位）：

$$E_g = E_g' + \frac{\pi^2}{\overline{R}^2} - \frac{3.572}{\overline{R}} - \frac{0.248\varepsilon_{半}}{\varepsilon_{介}} + \Delta E \tag{2.9}$$

式中，E_g' 为体相材料的吸收带隙；$\varepsilon_{半}$ 为半导体复合材料的介电常数；$\varepsilon_{介}$ 为介质的介电常数；ΔE 为考虑到其他因素（如与振动态的偶合和纳米微粒的表面结构变化等）后的能量修正项；$\overline{R}=R/a_B$，其中 R 为粒子半径；a_B 为体相材料激子的玻耳半径。

式（2.9）中，第二项为量子尺寸效应产生的蓝移能，即电子-空穴空间限域能；第三项为小尺寸效应产生的红移能，即电子-空穴库仑作用能；第四项为介电限域效应后表面极化能导致的红移能；第五项为其他因素如与振动态的偶合和颗粒表面结构变化等相关的能量修正项。其中，对于介电限域效应，$\varepsilon_{半}$ 与 $\varepsilon_{介}$ 相差越大，红移越大。

例如，介电限域效应对 SnO_2 纳米颗粒的光学特性具有重要影响。纳米颗粒的表面积相对较大，颗粒周围的介质可以强烈影响其光学性质。首先以介电常数不同的三种表面活性剂（硬脂酸，ST，介电常数 ε_1 为 1.20；琥珀酸-2-己脂磺酸钠，AOT，介电常数 ε_2 为 2.00；十二烷基苯磺酸钠，DBS，介电常数 ε_3 为 2.01）制备表面介电常数不同的 SnO_2 纳米颗粒

（ST-SnO$_2$、AOT-SnO$_2$、DBS-SnO$_2$）。该三种表面活性剂中，ST 的介电常数最小，与半导体颗粒的介电常数相差最大，即表面极化能增加幅度较大，导致介电限域效应较大，光吸收带红移较大。在图 2.27 所示的光吸收图谱中，ST-SnO$_2$ 的光吸收带红移幅度明显比 AOT-SnO$_2$ 和 DBS-SnO$_2$ 的红移幅度大。

介电限域效应还可以增强材料的荧光性能。例如，科学家研究了将 CsPbBr$_3$ 纳米晶体结构嵌入到 CsPb$_2$Br$_5$ 结构后，材料荧光性能的变化。他们首先采用真空热沉积法制备了 CsPb$_2$Br$_5$ 材料，接着加入 NaBr 并暴露在空气中，形成 CsPbBr$_3$/CsPb$_2$Br$_5$ 结构（图 2.28a）。该结构中，CsPbBr$_3$ 作为核材料，具有大介电常数，而壳材料 CsPb$_2$Br$_5$ 具有较小的介电常数，因此出现了介电限域效应。该效应的存在使得 CsPbBr$_3$/CsPb$_2$Br$_5$ 材料（暴露在空气后）与原 CsPb$_2$Br$_5$ 材料

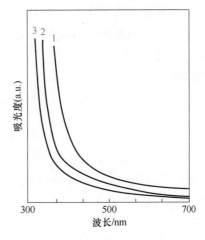

图 2.27　相同粒径不同包覆 SnO$_2$ 纳米颗粒的吸收光谱
1—包覆 ST-SnO$_2$　2—包覆 AOT-SnO$_2$　3—包覆 DBS-SnO$_2$

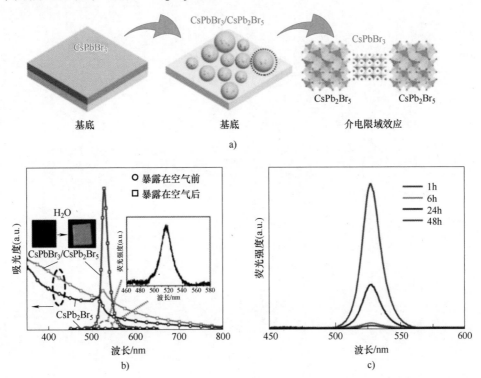

图 2.28　介电限域效应

a）CsPb$_2$Br$_5$ 转变为 CsPbBr$_3$/CsPb$_2$Br$_5$ 的示意图及 CsPbBr$_3$/CsPb$_2$Br$_5$ 的介电限域效应

b）CsPb$_2$Br$_5$（暴露在空气前）和 CsPbBr$_3$/CsPb$_2$Br$_5$（暴露在空气后）的紫外可见光吸收光谱及荧光发射光谱

c）CsPb$_2$Br$_5$ 暴露在空气中不同时间后得到的 CsPbBr$_3$/CsPb$_2$Br$_5$ 的荧光发射光谱

（暴露在空气前）具有显著差异的光学性质。$CsPbBr_3/CsPb_2Br_5$ 材料具有更强的紫外可见光吸收性能（图 2.28b），同时具有更高的荧光强度（图 2.28c）。

此外，过渡金属氧化物（如 Fe_2O_3、Co_2O_3、Cr_2O_3 和 Mn_2O_3 等）纳米颗粒分散在表面活性剂十二烷基苯磺酸钠中会出现光学三阶非线性增强效应。Fe_2O_3 纳米颗粒测量结果表明，三阶非线性系数达到 $90m^2/V^2$，比在水中高两个数量级。这种三阶非线性增强现象归结于介电限域效应。

第 **3** 章 纳米材料的物理、化学、生物性质

纳米结构
典型性能

关于物理特性，纳米体系中电子波函数的相关长度与体系的特征尺寸相当，这时电子不能被看成处于外场中运动的经典粒子，电子的波动性在输运过程中得到充分展现；纳米体系在维度上的限制，也使得固体中的电子态、元激发和各种相互作用过程表现出与三维体系十分不同的性质，如量子化效应、非定域量子相干、量子涨落与混沌、多体关联效应和非线性效应等。

纳米材料微粒具有大比表面积，表面原子数、表面能和表面张力随粒径的减小急剧增加，小尺寸效应、表面效应、量子尺寸效应及宏观量子隧道效应、介电限域效应等导致纳米微粒的热、磁、光、敏感特性和表面稳定性等不同于常规粒子，由此开拓了许多新的基础研究和应用前景。在热学方面，纳米微粒的熔点、开始烧结温度和晶化温度均比常规粉体低得多。这是由于颗粒小，纳米微粒的表面能高、比表面原子数多，这些表面原子近邻配位不全、活性大以及体积远小于普通的块体材料，这就使得纳米粒子熔化时所需增加的内能小得多，因此纳米微粒的熔点急剧下降。而在力学方面，由于大量存在的晶界、极小的晶粒间距和混乱的晶粒排布等现象的出现，纳米结构材料的各种力学性能与普通粗晶材料存在巨大区别，同时不仅要研究金属纳米材料，而且要不断推进纳米陶瓷材料技术的发展。在电学性能上，由于尺寸减小带来的大量晶界阻碍了电子在晶粒之间的传输，最终导致纳米材料在导电、介电、压电、热电以及光电等方面特性的变化。在吸附特性上，纳米尺度所带来的巨大比表面积使其吸附特性得以巨大提升，从而使得纳米材料在分离、吸附等领域具有良好的应用价值。对这些新奇物理特性的探索，将引导我们重新认识和定义现有的物理理论和规律，从而引入全新概念和建立新规律。

催化被认为是纳米科学和纳米技术的核心应用领域之一。伴随纳米技术的发展，纳米结构催化剂因其结构可调、大比表面积和高表面能等独特的优势，在催化领域得到了极大发展和广泛应用。在表面科学中，金属或金属氧化物的单晶表面已被表面科学家广泛采用，将其作为模型催化剂或载体来系统地研究表面、界面结构对催化反应的影响，如合成氨、烷烃异构化、氢解等。

同样，纳米医药的产业化得到了越来越多的关注。例如，纳米芯片具有高通量，可实现在极短时间内完成更多基因和蛋白的快速检测，极具产业竞争力。此外，纳米分子靶向药物、纳米分子影像探针等具有潜在的巨大市场需求，毋庸置疑，纳米医药是 21 世纪的一个朝阳产业。但是，人造纳米材料进入生命体后，是否会导致特殊的生物效应，这些效应对生命过程和人体健康是有益还是有害，有些纳米量级的微小颗粒是否会穿越血脑屏障，进入大脑而影响大脑功能等问题都还是未解之谜。如果这些问题得不到很好的解决，纳米医药的许多研究成果都将无法用于临床，因此纳米材料的生物效应和安全性问题是纳米医药研究面临的一个巨大挑战和纳米医药实现产业化的瓶颈。目前无论国外还是国内，有关纳米材料及技

术对人体健康影响的研究都刚刚起步，实现纳米医药真正服务于人类健康的路还很长，需要相关领域内的从业者为之共同奋斗。

纳米尺度（1nm 至数百纳米）为核心的结构在物理学、化学以及生物医学等领域有着广泛的应用，也是科学和技术探讨的基本问题。纳米材料与器件属于中尺度领域，比宏观物体小，但比分子大。纳米材料物理学的基础主要体现在纳米材料的各种物理化学及生物性能，通过研究纳米结构的典型效应以及结构单元之间的相互作用，利用这些具有新特性、多学科交叉的科学和技术指导人类的研究和应用。

3.1.1 纳米结构的热学性能

研究和了解纳米材料的热学性质及规律，对于深刻认识纳米材料的本质有着十分重要的意义。由于纳米材料具有较大的比表面积，表面原子数、表面能和表面张力随粒径的减小而急剧增加，从而具备纳米材料独有的小尺寸效应、表面效应、量子尺寸效应及宏观量子隧道效应等，使得纳米材料的热学特性不同于相对应的宏观材料，并且在不同领域具有广阔的应用前景。

1. 熔点

（1）纳米材料熔点的变化 对于一种给定的材料，熔点指的是固态和液态的转变温度，当高于此温度时，固体的晶体结构消失，取而代之的是液相中不规则的原子排列。从原子尺度看，纳米材料熔点下降的主要原因是：随着粒度的减小，特别是达到纳米级范围内时，纳米材料的晶界面积比例增大。而纳米颗粒的晶体表面和内界面（如晶界、相界等）处的原子排布与晶体内部的完整晶格有很大差异，且表面原子数较多，这些原子近邻配位不全，表面能较大，为原子运动提供了驱动力，因此纳米材料熔化所需内能变少，导致熔点下降。

如图 3.1a 所示，对 Au 纳米颗粒熔点进行了测定，实线是根据早期热力学公式进行计算的结果。随着尺寸的减小，熔点 T_m 降低得很快，当粒度小于 5nm 后，T_m 降低至 300K 左右。熔点降低的现象在 Sn、In、Pb、Bi 等纳米材料的试验测定中也得到了验证。图 3.1b 所示为 Sn 纳米材料的熔点随粒度大小的变化关系曲线，其趋势与 Au 纳米颗粒相同。图中数据点是试验获得的结果，实线是利用 Hanszen 热力学模拟计算的结果。超细颗粒的熔点下降现象可应用于粉末冶金工业，如实现塑料部件和电子器件的低温焊接等。

但是，并非所有纳米材料的熔点都小于块体材料。图 3.2 所示为此前测定的 Sn 原子团的熔点与平均半径的关系。利用粒子活动性测量方法研究 Sn 原子团的原子数量 n 对熔化后形状的影响，发现在 $15 < n \leqslant 35$ 时其熔点比相应体材高出约 50K，Sn 原子团的扁平形状比增大了至少 3 倍，但是原子团熔点高于体材的机理仍不明确。原子团熔点升高的现象具有重要的潜在技术应用价值。例如，纳米器件可以在比其体材料熔点更高的温度下服役，这对于 Si 和 Ge 等纳米材料体系来说具有更特殊的意义。

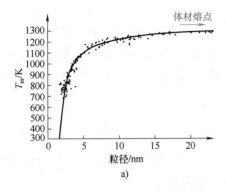
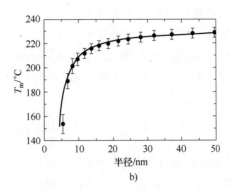

图 3.1　纳米粒子熔点随晶粒度的测定结果

a）纳米 Au 粒子　b）纳米 Sn 粒子

（2）纳米材料熔点的模拟　关于纳米材料熔点的理论研究主要可以分为经典热力学和现代模拟计算两类，目前应用较多的仍然是热力学方法。不论是哪种理论方法，都需要考虑纳米材料在熔化过程中的原子结构重排问题。虽然热力学方法不需要明确纳米颗粒中所含原子的具体位置，但是需要知道描述纳米颗粒固态和液态的热力学参量。

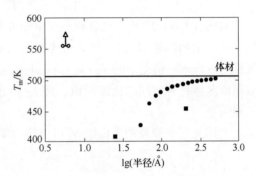

图 3.2　Sn 原子团的熔点与平均半径的关系

1960 年，德国物理学家 Hanszenn 在前人关于固体材料熔点与颗粒的尺寸相关的预言上进一步做了改进工作，并认为固态粒子嵌入薄液态覆盖层中，其熔化温度取为固态球核心与液态层平衡时的温度值，并导出了如下公式：

$$\frac{T_{\mathrm{m}}}{T_0} = 1 - 2V_{\mathrm{s}}\left[(\gamma_{\mathrm{sv}} - \gamma_{\mathrm{lv}})\frac{\left(\frac{\rho_{\mathrm{s}}}{\rho_{\mathrm{l}}}\right)^{\frac{2}{3}}}{H_{\mathrm{m}}r}\right] \tag{3.1}$$

式中，T_0 是块体材料的熔点；V_{s} 是块体材料的摩尔体积；γ 和 ρ 分别是单位面积上的表面能和密度，下角标 s、l、v 分别代表固态、液态和气态三相；H_{m} 是熔点 T_{m} 时的摩尔熔化焓；r 为固态球半径。对于大多数立方晶格的金属来说，有

$$\gamma_{\mathrm{sv}} - \gamma_{\mathrm{lv}} \approx \gamma_{\mathrm{sl}} \tag{3.2}$$

此外，$\rho_{\mathrm{s}} \approx \rho_{\mathrm{l}}$ 和 $(\rho_{\mathrm{s}}/\rho_{\mathrm{l}})^{2/3} \approx 1$，式（3.1）可以表示为

$$\frac{T_{\mathrm{m}}}{T_0} = 1 - 2V_{\mathrm{s}}\frac{\gamma_{\mathrm{sl}}}{H_{\mathrm{m}}r} \tag{3.3}$$

实际上，式（3.3）就是 Gibbs-Thomoson 方程：

$$\frac{T_{\mathrm{m}}}{T_0} = 1 - \left(\frac{1}{r_1} + \frac{1}{r_2}\right)\frac{V_{\mathrm{s}}\gamma_{\mathrm{sl}}}{H_{\mathrm{m}}} \tag{3.4}$$

因为对于球形颗粒，式（3.4）中的主曲率半径 r_1 和 r_2 被认为是相同的，即 $\frac{1}{r_1} = \frac{1}{r_2} = \frac{1}{r}$。

当纳米晶的颗粒尺寸大于 5nm 时，式（3.3）与实验测定结果相符合。但是，当尺寸更小时，发现上述公式与实验事实不符。实际上，式（3.3）是线性关系，反映了粒子表面原子体积对 T_m 贡献的线性部分，它只是一级近似。然而，其他表面状态或表面过程（如表面粗糙度和表面熔化）均被忽略。如果考虑到纳米材料表面首先发生熔化的过程，则改进熔点温度表达式如下：

$$\frac{T_m}{T_0} = 1 - \frac{2V_s\gamma_{sl}}{rH_m(1-\delta/r)} \tag{3.5}$$

式中，δ 是表面熔化层厚度。当 δ 远小于 r 时，式（3.5）即为式（3.3）。当 $r<5nm$ 时，δ 与 r 值相当，式（3.5）比式（3.3）所预测的熔点要低得多。

若将小颗粒视作嵌入于其对应液体中的熔化过程，则得到指数方程的熔点关系式为：

$$\frac{T_m}{T_0} = e^{-\frac{2V_s\gamma_{sl}}{rH_m}} \tag{3.6}$$

将式（3.6）展开，只取到一次项即可得式（3.3），两者的差别只是在于高次项。上述所有关于纳米颗粒熔点 T_m 的关系式在 $r>5nm$ 时都是一致的。而式（3.6）更适合预测超小粒径（$r<5nm$）情况下的 T_m。但是，上述公式不能预测纳米颗粒的过热问题。此外，由于低维度晶体具有不同的比表面积，其 T_m 值也不尽相同，因此式（3.6）无法描述 T_m 的维度依赖关系。

上述公式中涉及的表面能 γ_{sl} 可由热力学关系得到，表达式如下：

$$\gamma_{sl} = \frac{2hS_{vib}H_m}{3V_sR} \tag{3.7}$$

式中，h 是原子直径；S_{vib} 是块体材料的振动熔化熵；R 是理想气体常数。将式（3.7）代入（3.3），能够去掉 H_m：

$$\frac{T_m}{T_0} = 1 - \frac{4hS_{vib}}{3Rr} \tag{3.8}$$

因此，H_m 对 T_m 的影响可忽略不计。

基于纳米晶体材料表面原子热振动的增减，可以建立如下一个模型，用于描述纳米晶体熔点与粒度或维度的关系，即

$$\frac{T_m}{T_0} = e^{-\frac{\alpha-1}{\frac{r}{r_0}-1}} \tag{3.9}$$

式中，α 为材料常数；r_0 表示单个颗粒的所有原子都在表面情况下的临界半径，r_0 与晶体维度 d 的关系为：纳米颗粒 $d=0$，纳米线 $d=1$，纳米薄膜 $d=2$。纳米颗粒和纳米丝的 r 值等于其半径，而纳米薄膜的 r 值为其膜厚值的一半，可以表达为

$$r_0 = (3-d)h \tag{3.10}$$

由式（3.9）可知，纳米晶体的熔点与 r、d 和 α 值均有关。

对于具有自由表面的纳米晶体，由 Mott 关系可得

$$\alpha = \frac{2S_{vib}}{3R} + 1 \tag{3.11}$$

而对于嵌入在基体中，具有固有界面，发生纳米晶过热现象时，得到的关系式为

$$\alpha = \frac{T_0 h_B}{h T_B} + \frac{1}{2} \tag{3.12}$$

式中，h_B 和 T_B 分别为基体材料的原子直径和熔化温度。S_{vib} 的关系式如下：

$$S_{vib} = S_m + R\left(x_A \ln x_A + x_V \ln x_V\right) \tag{3.13}$$

式中，S_m 是纳米材料的熔化熵；$x_A = 1/\left(1 + \Delta V_m / V_m\right)$ 和 $x_V = 1 - x_A$ 分别是离子和空洞的摩尔分数，ΔV_m 是液相和固相的摩尔体积的差值；V_m 是相变前的摩尔体积。对于半导体或半金属，熔化涉及从半导体到金属的转变过程，此时：

$$S_{vib} = \frac{3R}{2} \ln \frac{\sigma_s}{\sigma_1} \tag{3.14}$$

式中，σ_s 和 σ_1 分别是晶体块体材料在固态和液态时的电导率。

（3）纳米材料熔化焓和熔化熵　　上述关于纳米材料熔点的讨论中，涉及了熔化焓和熔化熵。在测定 Sn 纳米颗粒熔点的实验中，也同样可以测定该纳米材料的熔化热随颗粒尺寸的变化趋势，发现当纳米颗粒尺寸减小到一定程度后，其熔化热比块体材料（58.9J/g）降低70%，如图3.3所示。经典热力学的观点认为熔化热是一个固定的常数值，20世纪90年代初，人们使用 MD 模拟计算发现，ΔH_m 随着金属原子团尺寸的降低而减小。计算熔化热时，假定像块体物质一样的固体核心单位体积内的熔化热与温度无关，便可推导出归一化熔化热的表达式如下：

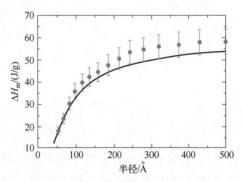

图3.3　Sn 纳米颗粒的熔化热随颗粒尺寸变化的实验测定值与理论计算值的比较

$$\Delta H_m = \Delta H_0\left(1 - \frac{t_0}{r}\right)^3 \tag{3.15}$$

式中，r 是纳米颗粒半径；t_0 是在熔化温度下内部固体核心与薄液包裹层平衡状态时，薄液态层的临界厚度值。图3.3中的实线是根据式（3.15）得到的计算值，其结果与实验数据基本符合。

图3.4a 是实验测定的 Al 纳米晶体的熔化焓和熔化熵随颗粒尺寸的变化关系，图中实线是理论计算结果。对于小尺寸的固态晶体，由于其表面区域的振动谱与体相不同，最大的声子波长被纳米晶体有限尺度切掉，同时，表面区域增加了位形熵和总熵从而使得其熔化焓和熔化熵均降低。该减小的效应随粒径减小而越发显著。为了把估算普通金属晶体材料熔化熵的关系式从形式上推广到具有小尺寸的金属和有机晶体材料，利用式（3.9），推导出描述纳米晶体材料熔化焓和熔化熵的表达式如下：

$$\frac{H_m}{H_0} = \frac{T_m}{T_0}\left(1 - \frac{1}{\dfrac{r}{r_0} - 1}\right) \tag{3.16}$$

式中，H_0 是对应块体材料的熔化焓，其他符号意义同前所述。

$$\frac{S_m}{S_0} = 1 - \frac{1}{\dfrac{r}{r_0} - 1} \tag{3.17}$$

式中，S_0 是对应块体材料的熔化熵，其他符号意义同前所述。由于 $S_m = H_m/T_m$，所以 r 值对 S_m 的影响比 H_m 要小一些。图 3.4b 为实验测定的苯有机纳米晶体的熔化焓和熔化熵的值，同样测定了有机氯苯、庚烷以及萘的熔化焓和熔化熵随颗粒尺寸的变化规律，其结果与苯基本一致。实线是式（3.16）和式（3.17）的理论计算结果。由此可见，不论是金属纳米材料还是有机纳米材料，熔化焓和熔化熵都随其尺寸的减小而降低，且上述公式理论预测和实验结果能够较好地吻合。

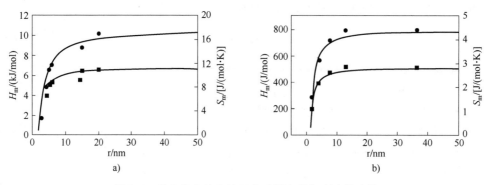

图 3.4　熔化焓和熔化熵的实验测定值与理论值比较
a）金属 Al 纳米晶体　b）苯有机纳米晶体

（4）纳米材料合金相图　相图是材料科学与工程研究固体材料的必备工具，虽然块体材料的热力学相图研究已经较为成熟，但是由于纳米材料本身出现较晚，研究时间相对较短，并且相图的研究和绘制需要大量的实验验证工作，因此，至今为止有关纳米材料合金相图的资料非常有限。

最早关于相图的研究是针对尺寸为 25nm、合金成分在 0~35% Cu 范围内的 Al-Cu 合金体系在富 Al 角区域的相图。研究结果发现，Cu 组元在 α-Al 相中的固溶度显著增加。此后，陆续有学者开展纳米合金相图的相分析研究，并发现宏观合金材料的相图中普遍成立的规律并不适用于纳米合金相图体系。

通过物理蒸发，可以在非晶态 C 膜上蒸发高纯度的金属 Bi 和 Sn，制备出平均尺寸约为 40nm 的合金纳米颗粒，并测定了该 Bi-Sn 纳米合金体系的相图（点线区域），且与普通大尺寸晶体的相图（实线区域）进行了比较，如图 3.5 所示。通过比较不难发现，纳米合金相图的液相线和固相线均出现了向下移动的现象，这说明在整个成分范围内的纳米合金的熔点都有所降低。此外，液相区明显变窄，原有的端际固溶区在纳米合金体系的相图中都明显增大；

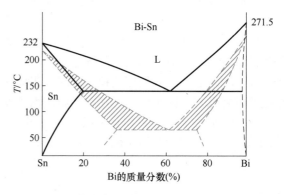

图 3.5　Bi-Sn 纳米合金相图与大尺寸合金相图的比较

原本在室温条件下几乎不固溶的 Bi 和 Sn，在纳米合金体系下，相互固溶度都会变大。需要注意的是，由于纳米材料体系特殊的小尺寸效应等其他因素的影响，纳米合金相图的使用有一定的限制条件，如因纳米颗粒表面存在液相壳层，且其内部的固体内核存在突然熔化的现象，因此，传统合金相图中在两相区内适用的杠杆定律将不能直接用于纳米合金相图中计算固相和液相的含量比例。并且，用此纳米合金体系的相图也无法求出固液两相共存时的合金成分比例。

对前述 Bi-Sn 纳米合金体系的相图进行了改进，结合实验数据和热力学理论模拟计算，得到了温度、成分和颗粒尺寸的倒数三维相图，如图 3.6 所示。其颗粒尺寸的倒数范围为 $0 \sim 0.05/nm$，在该范围内，纳米合金材料的共晶温度为 $412 \sim 320K$，而 Sn 在 Bi 中的固溶度从 1.5% 显著增加到 43%。左边的虚线是平行于 $1/r$（r 为粒径）的参考线，实线上 Bi、Sn 的熔点 T_m 和共晶温度 T_c 的投影，下底边实线是固溶度限和共晶成分的投影。

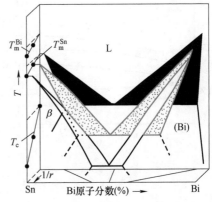

图 3.6　分立 Bi-Sn 合金纳米颗粒的三维相图

2. 热导率

材料的热导率是指材料传导热量的能力，其定义为单位截面、长度的材料在单位温差和单位时间内直接传导的热量。伴随着纳米材料及相关纳米加工技术的快速发展，许多材料和功能器件进入了纳米尺度范围，它们的稳定服役需求对纳米材料的热迁移问题提出了更为严格的要求。例如，计算机芯片和半导体激光器在工作时需要有效地快速散热，以保证器件工作的稳定性，因此需要开发高热导率的材料。但是，用于保温或热屏蔽的热障或热电材料，则需要使其热导率非常小。因此，研究纳米材料的热导性能，对于纳米尺寸新器件的设计和工作都至关重要。

（1）纳米材料热导率的测定　为测定不同成分 W-Cu 压块纳米尺度颗粒的热导率，通过 MAC 可以制备 Cu 含量不同的 W-Cu 压块，包括 W-10wt%Cu、W-20wt%Cu 和 W-30wt%Cu 三种复合压块，其相对密度分别为 95.4%、97.4% 和 98.0%。这些纳米样块的直径为 10mm、高为 1mm，其为表面涂覆了 C 的圆柱体，颗粒粒度为 $30 \sim 40nm$，其微观结构为两种纳米粉末非常均匀的混合体。图 3.7a 显示了三种 W-Cu 纳米颗粒复合压块的热导率（用测量的电阻率经公式计算得出），以及纯 W 和 Cu 的热导率随温度的变化关系，①和③分别是由测定的电阻率经公式计算出的 Cu 和 W 的热导率，②和④则分别是文献报道的 Cu 和 W 的热导率。结果表明，所有纯元素样品的热导率都随着温度的升高而降低，但三种 W-Cu 纳米颗粒复合压块的热导率却随温度的升高而增加。

为了验证利用测量的电阻率计算得到的热导率结果是否正确，采用激光闪光法测量上述材料的热导率，结果如图 3.7b 所示。三种 W-Cu 纳米颗粒复合压块的热导率在 500℃ 之前随温度的升高而增加，但是随着温度的进一步提升，热导率出现了明显下降。在 500℃ 之前，热导率随温度升高而增加的现象可以被认为是由于电子数目提升、电子运动效应增强以及导电途径的增加等共同因素导致的，而当温度高于 500℃ 后，热导率随温度升高而下降的现象是由于声子散射的因素造成的。

此外，利用差分 3ω 方法可测定超晶格三元合金 $AlAs_{0.07}Sb_{0.93}$、四元合金 $Al_{0.9}Ga_{0.1}As_{0.07}Sb_{0.93}$ 以及（AlAs）$_1$/（AlSb）$_{11}$SL 三种纳米合金薄膜的热导率，测定的温度范围为 $80 \sim 300K$。其结果如图 3.8 所示，三种纳米合金薄膜的热导率在试验测定的温度范围内几乎与温度 T 无关，

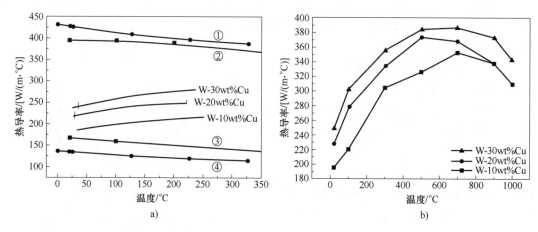

图 3.7　纳米材料的热导率

这是由于非声子-声子散射控制了材料内部的热迁移。这些合金在室温下的热导率比由对应的块体材料的物理模型预测值要低 35%。这种降低现象最可能是由于纳米合金膜与 GaSb 衬底之间的界面热阻造成的。（AlAs)$_1$/（AlSb)$_{11}$SL 超晶格纳米合金薄膜的热导率比同样平均成分的块体超晶格合金 AlAs$_{0.07}$Sb$_{0.93}$ 的热导率低 30%。但是，超晶格的热导率比由跨越超晶格界面的热阻理论所预测的明显偏大，这可能是由于声子隧道穿过 AlAs 薄层所导致。从器件制备的角度来讲，这种热导率随超晶格层厚度减小而降低的现象具有积极的意义。

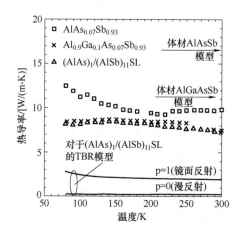

图 3.8　三种纳米合金薄膜的热导率与温度的关系

图 3.9a 是在 25K 和 480K 温度条件下，纳米氧化钇稳定的氧化锆（Yttria Stabilized Zirconia，YSZ）的热导率与晶粒度的关系。热导率随着晶粒尺寸的增大而增加，图中实线为根据理论模拟公式计算的结果。图 3.9b 是五种不同晶粒度的纳米晶在 6~480K 温度范围内的热导率变化情况，它们都呈现出了随温度升高而变大的趋势，但在高温区增长速率较为平缓。当颗粒尺寸为 10nm 时，热导率的值基本上是对应的粗大晶粒或者单晶材料的 50%。由上述结果可知，通过选用界面热阻大的材料和降低材料颗粒尺寸的方式，可进一步提高热障材料的性能，并不一定非要单独选用热导率最小的块体材料。

对于纳米尺寸的 W/Al$_2$O$_3$ 多层结构，其结构的每一单层厚度仅为几纳米，其室温热导率随界面密度的增加而快速下降，如图 3.10 所示。高界面密度时，该材料的热导率已经低至 0.6W/（m·K），这是由于高界面密度对热迁移产生了强烈的阻挡效应，导致了热导率的降低。该结果说明，不同材料纳米薄层之间所产生的高界面密度可以得到超低的热导率性质，这为热障材料的设计和制备提供了思路。

各种纳米材料在 300K 时测定的热导率见表 3.1。

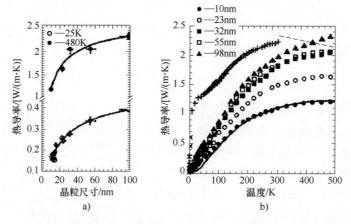

图 3.9　纳米晶 YSZ 的热导率与晶粒度和温度的关系

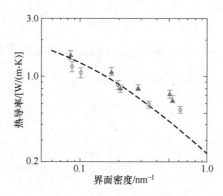

图 3.10　W/Al_2O_3 纳米薄片的室温热导率与界面密度的关系

表 3.1　各种纳米材料在 300K 时测定的热导率

材料	晶格匹配	$\kappa/[W/(m\cdot K)]$
AlSb	—	57
AlAs	—	91
GaSb	—	33
$AlAs_{0.56}Sb_{0.44}$	InP	4.2
$Al_{0.1}Ga_{0.9}As_{0.52}Sb_{0.48}$	InP	3.2
$(InAs)_{11}/(AlSb)_{10}SL$	GaSb	2.7~3.3
$Al_{0.2}Ga_{0.8}As_{0.02}Sb_{0.98}$	GaSb	18.2
$Al_{0.27}Ga_{0.73}As_{0.03}Sb_{0.97}$	GaSb	10.5
$Al_{0.51}Ga_{0.49}As_{0.05}Sb_{0.95}$	GaSb	7.7
$Al_{0.9}Ga_{0.1}As_{0.09}Sb_{0.93}$	GaSb	7.1
$AlAs_{0.07}Sb_{0.93}$	GaSb	9.8
$(AlAs)_1/(AlSb)_{10}$	GaSb	7.3
W/Al_2O_3	—	0.6
YSZ	—	1.1
Si	—	7.3

（2）纳米材料热导率的理论模拟 对于多晶材料，分析时通常假定热导是各向同性的，且所有的晶界都具有相同的热阻。当热通量 q 施加在多晶材料系统时，会在该材料物体上产生一定的温度梯度，其描述关系式如下：

$$q = -\kappa \frac{\mathrm{d}T}{\mathrm{d}x} \tag{3.18}$$

式中，κ 为热导率；$\mathrm{d}T/\mathrm{d}x$ 为物体中产生的温度梯度，这其实就是热传导的 Fourier 定律。基于该定律，可以模拟出加在系统上的温度剖面在一维条件下的情况，如图 3.11 所示。对于二维和三维系统的分析，d 表示粒径。单个晶粒上的温差定义如下：

$$T^* = T_0 + T_{gb} \tag{3.19}$$

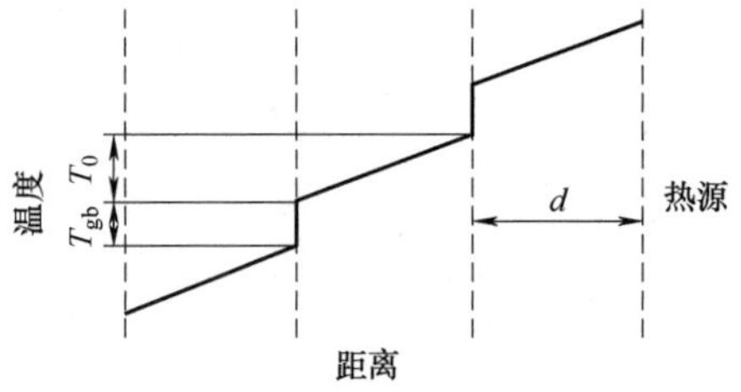

图 3.11 多晶试样施加热通量后一维温度剖面
示意图（虚线表示晶界，d 为晶粒大小）

式中，T_0 为单晶内部区域的温度；T_{gb} 表示晶界处存在的不连续温度的平均值。因为 T^*/d 可以等效为 $\mathrm{d}T/\mathrm{d}x$，所以由式（3.18）和式（3.19），可推导出多晶材料物质的有效可测量的热导率表达式，即

$$\kappa = \frac{-qd}{T_0 + T_{gb}} \tag{3.20}$$

且，由于

$$T_0 = -\frac{qd}{\kappa_0} \tag{3.21}$$

$$T_{gb} = -qR_k \tag{3.22}$$

式中，κ_0 是块体材料或单个晶粒的热导率；R_k 是 Kapitza 热阻。式（3.20）可改写为

$$\kappa = \frac{\kappa_0}{1 + \dfrac{\kappa_0 R_k}{d}} \tag{3.23}$$

Kapitza 热阻是指对于热迁移的阻抗，它在每个晶界或界面上产生温度的不连续，即 T_{gb}，这种温度的不连续又会引起系统热导率的降低。

但由于推导式（3.20）利用了宏观 Fourier 定律，所以只有在空间和时间都处于平衡状态时才能严格应用。而对于小晶粒尺寸，需要引入一个额外因子 β 来考虑小尺寸效应对热流作用温度梯度的影响，用 $T_0 + \beta$ 取代 T_0，则式（3.20）和式（3.21）就变为

$$\kappa = \frac{-qd}{T_0 + \beta + T_{gb}} \tag{3.24}$$

$$T_0 + \beta = \frac{-qd}{\kappa_0} \tag{3.25}$$

设 κ'_0 是小尺寸晶粒内的热导率，与粗大单晶内的热导率 κ_0 相对应。联立式（3.21）和式（3.25）可推导出：

$$\kappa'_0 = \frac{T_0 \kappa_0}{T_0 + \beta} \tag{3.26}$$

将式（3.23）中的 κ_0 替换为 κ_0'，根据式（3.26），可以得到式（3.23）的改进关系式：

$$\kappa = \frac{\kappa_0}{1+\mu+\dfrac{\kappa}{Gd}} \tag{3.27}$$

式中，μ 是无因次量，等于 β/T_0。参数 G 和 μ 可以通过文献中报道的已有 YSZ 单晶值，结合式（3.27）拟合 $\kappa \sim d$ 数据得出。Ho-Soon Yang 等人测定 YSZ 的数据拟合结果表明，μ 值随温度的升高而趋向于零。利用式（3.27），也可得到与式（3.23）同样的拟合曲线。

假设晶粒物质中声子发生迁移时的主要散射机理是由于晶界散射，因此物质的热导主要取决于晶界对声子散射的影响。使用 Green 函数来计算无序纳米晶的热导值，基于已推导出的纳米晶材料热导率的关系式，进一步探讨分析晶粒度、晶粒分布、空位直径和体积浓度、晶界结构以及温度等参数对热导的影响规律。纳米晶热导率公式为

$$\kappa = k_B T \int_0^{1/\theta} \frac{\kappa_i B(x) t \, \overline{S} \varPhi}{h k_B^{-1} \kappa_i a^2 d + k_B \varTheta_D B(x) t \, \overline{S} \varPhi} \mathrm{d}x \tag{3.28}$$

其中

$$B(x) = \frac{9}{2} \theta^4 \frac{x^4 e^x}{(e^x - 1)^2} \left(x - \frac{1}{\theta} \right)^2 \tag{3.29}$$

$$\theta = \frac{T}{\varTheta_D} \tag{3.30}$$

$$\varPhi = \left(1 + \frac{2\sigma^2}{n} \right)^{-1} \tag{3.31}$$

式中，$\overline{S}$ 为晶界的平均面积；$t = <|t_{11}/t_{21}|>$ 只与晶界结构有关，$<>$ 表示热力学平均；κ_i 为体热导率；n 为一维链状原子的原子序列数；a 为玻色算子；σ 为随机变量（均值为 0，且波动独立）在同一地点波动的均方；k_B 为玻耳兹曼常数；$\varTheta_D$ 为 Debye 温度；d 为晶粒尺寸大小。

3. 烧结温度

纳米材料的烧结温度是指把纳米粉末先高压压制成型，然后在低于熔点的温度下使这些粉末互相结合成块，使该压制块材料的密度接近对应的块体材料的最低加热温度。其结果是颗粒之间发生冶金结合，纳米颗粒的尺寸越小，其表面能越高，由于压制后纳米颗粒界面具有较高的界面量，在烧结过程中可以为原子运动提供驱动力，有利于促进界面中孔洞的收缩、空位团的湮灭。因此，在较低的温度下就可以实现烧结，达到压制材料致密化的目的。粉末体的烧结过程大致可以划分为三个阶段，但这三个阶段的界限并不明确，而是一个渐变的过程。

（1）黏结阶段（烧结颈形成阶段）　在烧结初期，纳米颗粒间的界面由最初的点接触或面接触转变成冶金结合，即通过成核、结晶长大等原子迁移过程形成烧结颈。在这一过程中，颗粒的形貌及其内部晶粒基本不发生变化，整个烧结体不发生收缩，密度增加也非常微小，但烧结体的强度和导电性等特性会由于颗粒间结合面增多和结合强度增大而出现明显增加。

（2）烧结颈长大阶段　该阶段中，将有大量原子向颗粒之间形成的冶金结合面迁移，促使烧结颈进一步扩大，颗粒的中心间距继续缩小，并逐渐形成连通的孔隙网格。同时，晶

粒逐渐长大，并且在晶界越过孔隙迁移所经过的区域内，孔隙大量消失。烧结体发生收缩，其密度和强度的增加是该阶段的主要特征。

（3）闭孔隙球化和缩小阶段　当烧结体密度达到块体材料的90%以后，多数孔隙将被完全分隔，闭孔数量增加，孔隙形状趋近球形并不断缩小。在此阶段，通过小孔消失和孔隙数量减少的途径，整个烧结体进一步实现缓慢的收缩，但会残留一些难以消除的隔离小孔隙。

人们利用纳米材料烧结温度降低的现象，对材料进行加工，如常规 Al_2O_3 的烧结温度为 2073~2173K，而纳米 Al_2O_3 的烧结温度为 1423~1773K，加工温度下降了 400~650K，烧结体的致密度可达99.7%。又如，常规 Si_3N_4 的烧结温度高于2273K，而纳米 Si_3N_4 的烧结温度可以降低至673~773K。图3.12是 BICUVOX. 10（$Bi_2V_{0.9}Cu_{0.1}O_{5.35}$）纳米粉体烧结前与烧结后的 SEM 照片。

 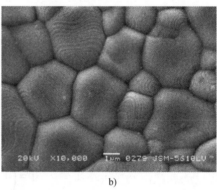

a) b)

图 3.12　BICUVOX. 10（$Bi_2V_{0.9}Cu_{0.1}O_{5.35}$）纳米粉体烧结前与烧结后的 SEM 照片

a）烧结前　b）烧结后

4. 晶化温度

晶化现象是指在一定条件下，材料内部原子会发生重排，向稳定的晶体结构转化的过程。通常人们在恒速升温的热分析曲线上，晶化放热峰的起始温度或峰值温度定义为晶化温度。例如，氮化硅材料由于其稳定性好、机械强度高、耐化学腐蚀性能好，常用于航空轴承等精密耐磨器件及高耐磨橡胶。常规非晶氮化硅在1793K时可以晶化成 α 相，而纳米非晶氮化硅颗粒在1673K加热4h就可全部转变成 α 相。纳米颗粒开始长大的温度随粒径的减小而降低，如图3.13所示，8nm、15nm 和 35nm 粒径的 Al_2O_3 粒子快速长大的开始温度分别为 1073K、1273K 和 1423K。

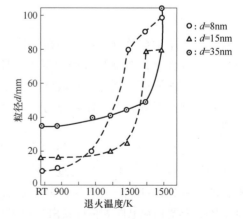

图 3.13　不同粒径的纳米 Al_2O_3 粒径随退火温度的变化

5. 比热容

比热容是材料热学性能的重要参数之一，它和材料的原子结构直接相关，纳米材料由于其特殊的小尺寸结构，其比热容和块体材料有较大差异，开展纳米材料比热容的基础研究和测定工作具有重要的科学和工程实践意义。

　　早在 1987 年，人们就已经完成了对平均尺寸为 8nm 的纳米晶 Cu 和 Pd 以及非晶合金 $Pd_{72}Si_{18}Fe_{10}$ 的比热容 c_p 测定，结果如图 3.14 所示，为了方便比较，图中还列出了普通的多晶 Cu 和多晶 Pd 的 c_p 值。图 3.14a 中的小插图表示了纳米晶 Cu 相对于多晶 Cu 比热容的增量随温度的变化，图 3.14b 中的小插图分别表示了纳米晶 Pd 与非晶合金 $Pd_{72}Si_{18}Fe_{10}$ 相对于多晶 Pd 比热容的增量随温度的变化。在 150~300K 的温度范围内，纳米晶 Cu 和 Pd 的 c_p 与多晶样品的变化趋势一致，都是随温度的升高而增加。

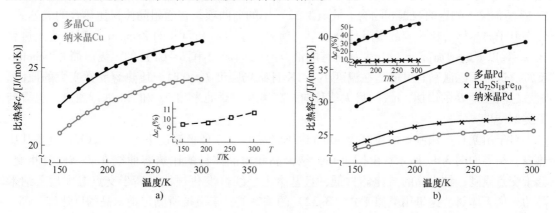

图 3.14　比热容和温度的关系

a）纳米晶 Cu 和多晶 Cu　b）纳米晶 Pd 和多晶 Pd 以及非晶合金 $Pd_{72}Si_{18}Fe_{10}$

　　对于平均尺寸为 13nm 的球磨纳米晶 Ru，在 150~270K 之间测量其比热容，所得结果与上述纳米晶 Cu 和 Pd 的类似，纳米晶的比热容比多晶的大 15%~20%。并测定了纳米晶 Ru 和 AlRu 合金的比热容，相对于多晶 Ru，其比热容的增量 Δc_p 在 210K 时与晶粒度倒数的关系如图 3.15 所示，晶粒度越小，比热容越大，基本上呈线性变化，这说明纳米晶的比热容随颗粒粒度的减小（也就是晶界的增加）而增加。这是由于随着晶界的增加，晶界上的缺陷也同时增加，因此原子间的耦合作用减弱，从而使比热容增加。

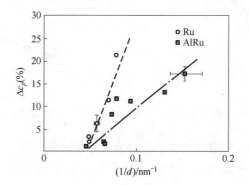

图 3.15　纳米晶 Ru 和 AlRu 合金的比热容增量与晶粒度倒数的关系

　　在极低温度（0.06~10K）和磁场作用下，纳米材料的比热容随温度的变化规律又会发生改变。当磁场强度 B 为 6T 时，观察平均晶粒度为 4~18nm 纳米晶 Cu、Ag 和 Au 的比热容随温度的变化规律发现，温度高于 1K 后，比热容与磁场无关，但纳米晶的比热容比体材的比热容增加的多。这种增加效果来自结合力较弱的表面原子的 Einstein 振动。在温度低于 1K 时，比热容也增加，但是该变化与磁场强度紧密相关，图 3.15 中纳米晶 Ru 的测定结果可以作为一个代表性例子。这种比热容与磁场相关的现象，可以用 Schottky 反常比热容 c_{Sch} 来描述，即纳米晶的比热 c 可以表示为

$$c = \gamma T + \beta T^3 + b_N T^{-2} + c_{Sch} \tag{3.32}$$

式中，γ、β、b_N 均为系数。对于纳米晶 Cu，如果取 $\gamma = 1.55 \times 10^{-5} J/(g \cdot K^2)$，$\beta = 2.5 \times 10^6 J/(g \cdot K^4)$，$b_N = 1.3 \times 10^6 J \cdot K/g$，就可得到图 3.16 中的实线，这与晶粒度为 6nm 的纳米晶在 6T 磁场条件下测定的数据相吻合。式（3.32）中的前两项是普通粗晶体材比热容的表达式，代表电子与晶格对比热容的贡献部分，第三项来源于 ^{63}Cu 和 ^{65}Cu 的 Zeeman 分裂导致比热容在 0.4K 以下的增加部分。c_{Sch} 表示具有能量 $E = g\mu_B B$（$g = 2$ 和 $B = 6T$）的二级非简并 Schottky 反常。这说明磁激励有可能是在温度小于 1K 且磁场强度 $B = 0$ 时，比热容反常变大的原因。随着磁场强度 B 的增加，c_{Sch} 的最大值移向较高温度。对纳米晶 Ag 和 Au 进行测量，也得到了类似结果。

对于用 IGC 方法制备的粒度为 40nm 的纳米晶 Fe，在较低温度下（1.8~26K）测量其比热容，结果如图 3.17 所示。由图可知，纳米晶和粗晶体材的比热容曲线在 7~8K 时相交，低于交点温度，纳米晶的 c_p 比体材低，且基本上呈线性变化规律；高于交点温度后，纳米晶的 c_p 大于体材。这里用类似于式（3.32）的关系式，来模拟所测定纳米晶的比热容，即

$$c_p = \gamma_n T + A_n T^2 + \beta T^3 + A_0 T^{-2} e^{(A-B/T)} \tag{3.33}$$

其中，第一项和第三项是粗晶体材比热容的表达式，第二项和第四项是纳米晶特有的。在较高温度时，由于纳米晶中界面上原子的结合较弱，单个的 Einstein 振子随温度增加产生的贡献增大，导致比热容相对于体材的要大，这与前述各种情况相类似。

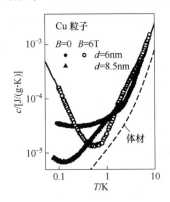

图 3.16　纳米晶 Cu 的比热容与温度的关系

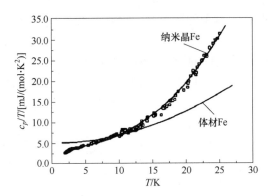

图 3.17　纳米晶和粗晶 Fe 的 c_p/T 与 T 的关系

对于交叉点以下部分，低温区纳米晶比热容减小的原因如下：与体材相比，纳米晶的电子比热容 Sommerfeld 系数 γ 降低了约 50%，这是因为电子比热容 Sommerfeld 系数 γ 的表达式为

$$\gamma \approx \frac{2\pi^2 k_B^2}{3h} \left(\frac{2m}{3\pi^2}\right)^{2/3} N^{1/3} V^{2/3} \tag{3.34}$$

其中，k_B 为玻耳兹曼常数；h 为普朗克常数；m 为质量；V 为晶粒体积；N 为导电电子数。从前述讨论可知，γ 与 N 和 V 有关。引起 γ 变化的因素首先是界面原子，界面上的电子

是局域化的，不像金属体材那样自由；界面的少许氧化就会使得电子导电性降低。因此，高比表面积纳米晶中的自由电子数相对体材会减少。对于粒度为 40nm 的纳米晶，估计 γ 会减少 25%。其次，表面上的电子态密度高于体内的，使得电子热容和磁化系数增加，导致 γ 值增加。再次是晶粒体积的影响，V 减小，则 γ 降低。三个因素相结合的累加效应，使得 γ 降低约 50%。在低温 Einstein 模式的作用下，Debye 振子的贡献减少，由此导致 T^3 项的系数 β 降低了约 40%。因此，很容易理解在很低的温度下，纳米晶的比热容反而比体材降低的现象。

表 3.2 列出了一些纳米晶与粗晶体材的比热容比较，由表可知，纳米晶的比热容大于其体材。除了 Se 元素，所有元素纳米晶的比热容与体材相比都大得多，从 21.7% 到 54%，但 Se 元素的只大了 1.7%，Ni-P 合金只有 0.9%，这些事实仍有待解释，因此关于纳米晶的比热容仍需进一步的深入研究。

表 3.2　纳米晶与粗晶体材的比热容比较

试样	制备方法	粒度/nm	温度/K	$c_p/[\text{J}/(\text{mol}\cdot\text{K})]$	体材 $c_p/[\text{J}/(\text{mol}\cdot\text{K})]$
Pd	IGC	6	250	37（48.0%）	25
Ru	MA	15	250	28（21.7%）	23
$\text{Ni}_{80}\text{P}_{20}$	ANM	6	250	23.4（0.9%）	23.2
Se	ANM	10	245	24.5（1.7%）	24.1
Fe	MA 压实	18±2	500	31.4（22%）	25.9
Co	MA 压实	—	500	42（53%）	27.3
Cr	MA 压实	—	500	38（54%）	24.6

6. 热膨胀

当材料晶粒度进入纳米尺度后，晶界将极大增加，必然会影响原子间的结合作用和围绕晶格平衡点的振动，从而影响纳米材料的热膨胀性能。

使用定量 X 射线衍射的方法测定在 88~325K 温度范围内无孔 hcp 结构纳米晶 Se 样品沿晶轴 a、c 的平均线胀系数和体胀系数随着晶粒度的变化，结果如图 3.18 所示。随着平均粒度从 46nm 减小到 13nm，所有测量的线胀系数都在增大，a 轴方向线胀系数 α_{La} 增加了约 21%（图 3.18a），而 c 轴方向的 α_{Lc} 单调地从 $(-8.8\pm0.1)\times10^{-5}/\text{K}$ 增加到了 $(-2.8\pm0.1)\times10^{-5}/\text{K}$（图 3.18b），体胀系数 α_V 也增加了约 31%（图 3.18c）。一般认为，纳米晶体材料膨胀系数的提高是由于晶界的增加。如果假定晶界和晶粒内部的化学成分及弹性模量相同，那么纳米晶体材料的热膨胀系数可近似地表示为

$$\alpha = F_{\text{gb}}\alpha_{\text{gb}} + (1 - F_{\text{gb}})\alpha_{\text{b}} \tag{3.35}$$

其中，F_{gb} 为晶界的体积分数，$F_{\text{gb}} = 3\delta/D$；$\delta$ 为晶界厚度；α_{gb} 和 α_{b} 分别为晶界和对应体材的热胀系数。通常认为，尺寸变化时，纳米晶的晶界和晶内结构保持不变，即 α_{gb} 和 α_{b} 为常数，从而可以得到以下关系：

$$\Delta\alpha = \alpha - \alpha_{\text{b}} = \frac{(\alpha_{\text{gb}} - \alpha_{\text{b}})\delta}{D} \tag{3.36}$$

由图 3.18c 可知，粗晶体材 Se 的体胀系数为 $7.8\times10^{-5}/\text{K}$，于是可以作 $(\alpha_V - \alpha_{bV})/\alpha_V$-$1/D$

图，得到一条直线，实验数据的确能够拟合一条直线，这说明纳米晶材料的体胀系数与粒度是紧密相关的，且其体胀系数必定随 $1/D$ 的增大而增加，即随着粒度的减小而增加。

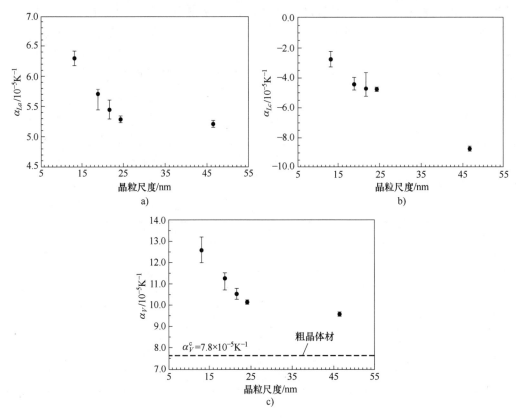

图 3.18 纳米晶 Se 沿晶轴 a、c 的平均线胀系数和体胀系数随晶粒度的变化

同样使用定量 X 射线测定厚度为 30nm 的大角度（$\theta = 22.6°$）［001］孪晶晶界 Au 与体材 Au 的热胀系数，发现晶界区域原子的平均均方位移在 298K 时比体材的大了 50%。255K时，测定平行于界面的热胀系数 $\alpha_{//} = (1.2 \pm 0.2) \times 10^{-5}/K$，这与体材的热胀系数 $\alpha_b = (1.4 \pm 0.1) \times 10^{-5}/K$ 几乎相等。主要原因是，在晶界上晶胞的晶格参数直接与 Au 的单晶胞联系在一起，而垂直于界面的热胀系数 $\alpha_\perp = (4.3 \pm 0.4) \times 10^{-5}/K$ 比体材的大了 3 倍。这证明界面区域原子间势能与体材不同，进一步验证了纳米晶体膨胀系数随粒度的变化主要是由于纳米晶界的存在和增加。虽然也有研究认为，纳米材料的热胀系数小于块体材料，但是目前该说法仍存在争议。

结合理论与计算，测定粒度为 8nm 的 ZrO_2 粉末的线胀系数和晶格热胀系数。首先测量晶格常数，然后利用下述公式计算沿晶轴 a 和 c 的线胀系数以及晶格的热胀系数：

$$\alpha_a = \frac{\Delta a}{(T-RT) a_{RT}} \tag{3.37}$$

$$\alpha_c = \frac{\Delta c}{(T-RT) c_{RT}} \tag{3.38}$$

$$\alpha_V = \frac{\Delta V}{(T-RT) V_{RT}} \tag{3.39}$$

其中，RT 表示室温；a_{RT}、c_{RT} 和 V_{RT} 分别为室温下 a 和 c 晶格常数以及单晶胞体积；Δa、Δc 和 ΔV 分别为 a 和 c 晶格常数以及单晶胞体积在温度 T 时与室温时的差值。如图 3.19 所示，在 298~1623K 的温度范围内，沿 a 和 c 晶轴的平均线胀系数分别为 9.14×10^{-6}/K 和 11.58×10^{-6}/K，而晶格的热胀系数为 34.62×10^{-6}/K。

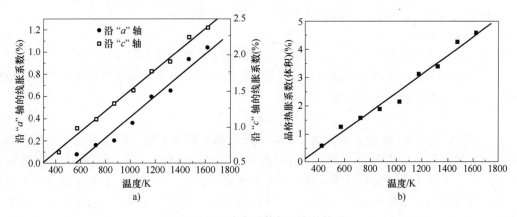

图 3.19　膨胀系数与温度的关系

a) 纳米晶 ZrO_2 沿晶轴 a 和 c 的线胀系数与温度的关系　b) 晶格热胀系数与温度的关系

由上述可知，人们虽然对纳米晶体材料的热胀系数进行了一些实验测定，但基础理论研究相对较少，对所发现实验现象的解释和理解仍不够深入，还需要从理论和实践方面开展进一步的深入研究。

3.1.2　纳米结构的光学性能

固体材料的光学性质与其内部的微结构，特别是电子态、缺陷态和能级结构有密切的关系。在结构上纳米材料与常规的晶态和非晶态有很大的差别，特别是小的量子尺寸颗粒和大的比表面积、界面原子排列和键组态的无规性较大，这就使纳米结构材料的光学性质出现了一些不同于常规晶态和非晶态的新现象。

1. 宽频带强吸收

当金属纳米颗粒尺寸减小到或接近激子波尔半径时，其离子费米能级附近的电子能级由准连续态变为离散能级，产生显著的量子尺寸效应。同时，金属纳米颗粒大的比表面积使处于表面的原子、电子与处于颗粒内部的原子、电子在行为上有很大的差别。以上两个因素使得金属纳米颗粒与传统块体材料呈现截然不同的光学特性。

块体金属具有不同颜色的金属光泽，表明它们对可见光范围内各种波长光的反射和吸收能力不同，如金、银、铂、铜等。但是，小颗粒对可见光具有低反射率、强吸收率。例如，当金颗粒尺寸小于光波波长时，会失去原有的光泽而颜色变暗。金纳米颗粒的反射率小于10%。金属超微粒对光的反射率很低，一般低于1%；大约几纳米粒度的微粒即可消光，显示为黑色，尺寸越小，色彩越黑。

此外，金属纳米颗粒的一个特点是它有导电电子的表面等离子激元，表现为可见光区的一个强吸收带。

当光波（电磁波）入射到金属与介质分界面时，金属表面的自由电子发生集体振荡，电磁波与金属表面自由电子耦合而形成的一种沿着金属表面传播的近场电磁波，如果电子的振荡频率与入射光波的频率相同就会共振，在共振状态下电磁场的能量被有效地转变为金属表面自由电子的集体振动能，这时就形成了一种特殊的电磁模式：电磁场被局限在金属表面很小的范围内并发生增强，这种现象称为表面等离子吸收。金属纳米颗粒的表面等离子吸收依赖于其组成、尺寸、形貌、结构及周围环境的介电性等因素。

2. 蓝移和红移现象

适当波长的光照射在半导体表面，电子在吸收光子后将由价带跃迁到导带，而在价带上留下一个空穴，这种现象称为半导体的光吸收。要发生光吸收必须满足能量守恒定律，也就是被吸收光子的能量要大于禁带宽度 E_g，即

$$h\nu \geq E_g \tag{3.40}$$

式中，h 为普朗克常数；ν 为光的频率。若光子能量小于禁带宽度，则光不能被吸收，而透射过晶体，这时晶体是透明的。半导体纳米颗粒（如 ZnO、TiO_2 等）对紫外光具有强吸收性，这种吸收主要来源于其半导体特性。即在紫外光照射下，电子被入射光子激发，由价带向导带跃迁从而引起紫外光吸收。此外，半导体纳米颗粒大的比表面积导致了平均配位数下降，不饱和键和悬键增多，与常规块体材料不同，它没有一个单一的、择优的键振动模，而是存在一个较宽的键振动模的分布。因此，在红外光场作用下，其对红外光的吸收频率也就存在一个较宽的分布，从而使得半导体纳米颗粒对红外吸收带发生宽化。

当半导体纳米颗粒尺寸与其波尔半径相近时，随着颗粒尺寸的减小，半导体颗粒的有效带隙增加，其相应的吸收光谱和荧光光谱向短波方向移动，即发生蓝移，从而在能带中形成一系列分立的能级。半导体纳米颗粒的蓝移主要有两个原因：①量子尺寸效应。由于颗粒尺寸减小，能隙变宽，已被电子占据分子轨道能级与未被占据的分子轨道能级之间的宽度随颗粒直径减小而增大，这是产生蓝移的根本原因；②表面效应。由于纳米颗粒粒径小，大的表面张力使得晶格发生畸变，晶格常数变小。键长的缩短使得纳米颗粒的键本征振动频率增大，导致光吸收带向短波方向移动。

当半导体纳米颗粒粒径减小至纳米级时，可以观察到光吸收带相对粗晶材料向长波方向移动的现象，即红移现象。半导体纳米颗粒的红移则主要是颗粒内部的内应力引起的。随着颗粒粒径的减小，量子尺寸效应会使吸收带蓝移，但是粒径减小的同时，颗粒内部的内应力会随之增加，从而导致能带结构发生改变，电子波函数重叠加大，使得带隙、能级间距变窄，导致电子由低能级向高能级及半导体电子由价带向导带跃迁引起的光吸收带和吸收峰发生红移。

3. 发光

半导体材料吸收光子后，其价带上的电子跃迁到导带，导带上的电子还可以再跃迁回价带而发射光子，也可以落入半导体材料的电子陷阱中。当电子落入较深的电子陷阱中时，绝大部分电子以非辐射的形式而猝灭了，只有极少数的电子以光子的形式跃迁回价带或吸收一定能量后又跃迁回导带。在载流子回复至基态的过程中，会释放能量，这种能量通常以光的形式发射出去，即半导体纳米颗粒发光。

半导体纳米颗粒发光主要包括光致发光和电致发光。光致发光是指在一定波长光照射下被激发到高能级激发态的电子重新跃入低能级被空穴捕获而发光的微观过程，主要分为荧光和磷光。荧光是指仅在激发过程中发射的光。而磷光则指在激发停止后还继续发射一定时间

的光。电致发光又称为电场发光，通过电场激发，其激发过程与光致发光类似。

半导体纳米颗粒的发光特性与其尺寸、组成和形貌密切相关，不同的量子点发光光谱处于不同的波段区域。如不同尺寸的 ZnS 量子点发光光谱基本涵盖紫外区，CdSe 量子点发光光谱基本涵盖可见光区，而 PbSe 量子点发光光谱基本涵盖红外区。此外，即使是同一种半导体量子点材料，因其尺寸不同，发光光谱也不一样。以 CdSe 为例，当 CdSe 颗粒半径从 1.35nm 增加至 2.40nm 时，其发射光波长从 510nm 增加至 610nm。

半导体纳米颗粒具有宽的激发光谱和窄的发射光谱。能使半导体纳米颗粒达到激发态的光谱范围较宽，只要激发光能量高于阈值，不论激发光的波长为多少，均可使其激发；固定材料和尺寸的量子点的发射光谱是固定的，发射光谱范围较窄且对称。

半导体纳米颗粒发射光谱峰值相对吸收光谱峰值通常会产生红移，发射与吸收光谱峰值的差值被称为斯托克斯位移。相反，则被称为反斯托克斯位移。斯托克斯位移在荧光光谱信号的检测中有广泛应用。与常规材料相比，量子点的斯托克斯位移较大。

4. 纳米分散体系的光学特性

纳米颗粒分散于介质中形成分散体系（溶胶），纳米颗粒在这里又称为胶体或分散相。由于溶胶中胶体的高分散性和不均匀性，使得分散体系具有特殊的光学性质。当分散颗粒的直径大于入射光波长时，光照射到量子表面就会发生反射。如果颗粒直径小于入射光波长，光波则可以绕过颗粒向各个方向传播，发生散射。因为纳米颗粒的粒径比可见光波长要小，所以纳米分散体系主要以散射为主。

对于随机分布的纳米颗粒，其尺寸 r 远小于光的波长（$r < \lambda/4\pi$），因此，光的散射本质上是一种衍射。介质中的每个电子都成为次光的来源，其频率主要来自入射光且在很大程度上保持不变（约 99.9%）。这种形式的弹性散射称为瑞利散射。假设散射中心的浓度很低，因此它们是独立的散射体。对于自然的、非极化的强度为 I_0 的入射辐射，散射光的强度 I_s 由下式给出：

$$\frac{I_s}{I_0} = \frac{9\pi^2 N V^2}{2d^2 \lambda^4} \left(\frac{n^2-1}{n^2+2}\right)^2 (1+\cos^2\theta) \tag{3.41}$$

式中，N 为单位体积的散射中心数；V 为散射中心的体积；n 为散射体与周围介质的折射率之比；θ 为观察角度；d 为散射中心与观测探测器之间的距离。对于各向同性散射中心，$90°$ 散射光在垂直于入射光方向的平面内完全偏振。

其他的散射形式统称为非弹性散射，主要包括拉曼散射。拉曼散射又称为拉曼效应，是指入射光波被散射后频率发生变化的现象，散射频率与散射原子/分子的振动态（如原子的摆动和扭动，化学键的摆动和振动）相关。角频率为 Ω 的光波的扰动使原子进入混合量子化角动量状态，振荡频率为 ω_1、ω_2。因此，能量的再发射发生在频率 $\Omega \pm \omega_1$、$\Omega \pm \omega_2$ 等处。在较低能量 $\Omega - \omega_1$、$\Omega - \omega_2$ 等处的发射称为斯托克斯线，在较高能量 $\Omega + \omega_1$、$\Omega + \omega_2$ 等处（需要额外的热能等能源）的发射称为反斯托克斯线。

当粒径与 λ 相当时，散射强度将会发生相移，可由米氏（Mie）散射理论进行解释。

Mie 提出的米氏散射理论是对处于均匀介质中的各向同性的单个介质球在单色平行光照射下，基于麦克斯韦方程边界条件下的严格数学解。

$$\alpha = \frac{m_1 \pi d f}{c} \tag{3.42}$$

式中，α 为无因次粒径参数；m_1 为颗粒周围分散介质折射率；d 为颗粒直径；f 为光的频率；c 为光速。按照 Mie 散射理论，第一，当散射颗粒的半径远小于入射光的波长时，总散射光强与波长 λ 有关，这就是瑞利散射定律，即散射光强与波长的四次方成反比；第二，当散射颗粒的半径比入射光的波长大时，则散射强度与波长无关。

3.1.3 纳米结构的电学性能

当材料的尺寸减小到纳米级时，由于量子尺寸效应、小尺寸效应等因素的存在，材料的电学性能往往会发生显著变化。例如：金属为导体，而纳米级的金属颗粒由于量子尺寸效应的影响往往在低温时呈现电绝缘性；在库仑堵塞效应的影响下，纳米级的金属颗粒的电阻随着温度的下降会表现出反常增加行为。下面将讨论纳米结构所导致的材料电导、介电等电学性能的变化。

1. 电导性能

对于一般的金属材料，其电阻的温度系数为正，即随着温度的升高，晶格的热振动增强，对电子的散射作用也就增强，因而会导致电阻升高。但是，当材料尺寸降低到纳米量级时，纳米晶体的表面与界面的散射作用会更加显著，材料的电阻率变高。物理学家法奇斯考虑了材料表面对电子的反射作用，首次讨论了尺度对电阻率的影响，桑德海默尔随后对法奇斯的工作进行了推广，形成了能够描述细丝电阻率的 F-S 模型。在该模型中，当细丝直径 d 远大于材料中电子的平均自由程 l 时，即 $\frac{l}{d} \ll 1$ 时，细丝的电阻率 ρ 可以近似用以下公式给出：

$$\rho = \rho_0 \left[1 + \frac{3}{4}(1-p)\frac{l}{d} \right] \tag{3.43}$$

式中，ρ_0 为常规块体材料的电阻率；p 为电子在表面发生反射的概率；l 为电子的平均自由程；d 为细丝直径。

在 F-S 模型的基础上再进一步考虑晶界对电子的散射作用，引入反射参数来描述晶界对电子的散射概率，便产生了可以描述薄膜电阻率的 M-S 模型。在 M-S 模型中，电阻率 ρ 近似由以下公式给出：

$$\rho = 3\rho_0 \left[\frac{1}{3} - \frac{\alpha}{2} + \alpha^2 - \alpha^3 \ln\left(1 + \frac{1}{\alpha}\right) \right] \tag{3.44}$$

$$\alpha = \frac{l}{d}\frac{R}{1-R} \tag{3.45}$$

式中，ρ_0 为常规块体材料的电阻率；R 为反射系数；l 为电子的平均自由程；d 则是晶界的平均距离。

由于量子力学的不断发展，学者们利用量子力学的原理对 M-S 模型中的经验参数进行描述和优化，将量子效应考虑到纳米材料电阻率的描述中，目前至少有四种物理机制会对晶界的电阻率产生影响，而实际系统中产生影响的物理机制可能会更多，对于纳米材料的电阻模型仍需要研究与完善。

此外，对于不同的材料，纳米尺寸对材料电导性能的影响作用并非完全相同，因此，需结合实际的实验测量结果进行分析讨论。对于晶体材料，随着尺度的不断降低，晶界的体积分数逐渐升高，晶界对电子的散射作用效应逐渐变强，当晶粒尺寸小于临界尺寸时，量子尺寸效应将使得材料的电导发生量子化。纳米晶体的金属材料的电导随晶粒粒径的减小而减小，其电阻的温度系数也随之减小甚至出现负数。例如，当 Ag 晶粒的尺寸小于 18nm 时，在 50~250K 温度范围内，其电阻温度系数为负，即电阻率随温度的上升而减小，呈现出半导体材料的特性。研究推测这是由于在临界尺寸时，费米面附近的导电电子的能级发生了变化，电子能级出现能级间隙，量子尺寸效应导致电阻急速上升，引起了纳米晶的电阻和电阻温度系数反常。在对金属 Bi 纳米丝的测量中也发现了类似的现象，随着尺度的降低，Bi 纳米丝发生了金属向半导体性质的转变，这是由于纳米丝直径的减小，导带的最低能量增加，而价带的最高能量减小，相对于块体材料中的能带重叠减小。理论上当 Bi 纳米丝的直径约为 50nm 时，其能带重叠将完全消失，从而呈现半导体的电学性质，即电阻随温度的升高而下降。

材料的尺寸纳米化对于材料是否能体现出超导特性也有一定的影响。超导材料是指在一定低温条件下呈现出电阻为零以及排斥磁力线性质的材料。许多研究表明，纳米材料会失去块体材料的超导性，然而，科学界对于超导现象的产生以及纳米材料不具有超导性的现象还没有明确的解释。对纳米线而言，随着电场强度的增加，材料将会发生从超导体向普通金属的相变。根据现有理论，温度降低到绝对零度时，材料会发生由量子涨落造成的量子相变（Quantum Phase Transition，QPT）。研究表明，在发生 QPT 的过程中，纳米线中会出现磁场导致 Cooper 电子对断裂，从而无法形成超导状态。

2. 介电性能

材料的介电性能是指材料在电场的作用下表现出来的对静电能的储存和损耗的性质，是材料中的束缚电荷对外加电场的响应特性，一般可以由介电常数、相对介电常数和损耗角正切等参数来表征。在一般材料中，存在电子位移极化、离子位移极化、转向极化和空间电荷极化等四种极化机制。由于纳米结构中存在的量子尺寸效应、表面效应等的影响，纳米材料的介电性能相对常规块体材料，具有一些独特的性质，主要表现在介电常数和介电损耗对颗粒尺寸的明显依赖关系。此外，纳米材料的介电性能受电场频率的影响也比常规块体材料更加明显。纳米材料的介电常数和相对介电常数随测量频率的降低而增大，而相对应的宏观常规块体材料的介电常数和相对介电常数一般相对较低，且在低频范围内的上升趋势远小于纳米材料。此外，低频范围内，当颗粒尺寸很小时，其介电常数较低，随着颗粒尺寸的增大，介电常数先增加后降低，其存在一个最大的介电常数尺寸。在介电理论中，电介质材料只有在介电损耗小甚至没有损耗的情况下才能显示出高介电性，此时电介质极化的建立速率能够跟上外加电场的变化。在纳米材料中，主要存在空间电荷极化、转向极化和松弛极化等机制，这些机制使得纳米材料随着电场频率的下降，电极化的建立能跟上外加电场的变化，从而具有高的介电常数（图 3.20）。

（1）空间电荷极化　空间电荷极化的特征是随着温度的上升，介电常数会不断下降。在纳米材料中，其界面上存在着大量的不饱和键，同时，纳米材料内部还存在大量的空穴及空洞等缺陷，这些都会导致电荷在界面上的分布发生显著变化。一般情况下，材料中的正负电荷会在电场的作用下分别向负极和正极移动，界面和缺陷的存在会阻碍电荷的运动使其在某些位置聚集从而形成电偶极矩，即空间电荷极化。在纳米材料中，大量界面和缺陷的存在会导致更多空间电荷极化的产生，从而导致其介电常数通常大于相应的常规块体材料。

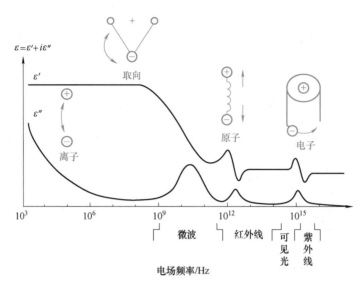

图 3.20　不同频率下的响应机制

（2）转向极化　转向极化的特征是极化强度随温度上升会出现一个极大值。在纳米材料中，由于界面体积分数较大，且界面上存在大量的离子空位，这些空位与附近带有相反电荷的离子间会形成固有偶极，在外加电场的作用下，固有偶极将改变方向从而形成转向极化。

（3）松弛极化　松弛极化包括由弱束缚电子在外加电场下，阳离子之间发生位移变化所形成的电子松弛极化，以及由弱束缚离子在外加电场作用下发生平衡位置之间位移变化所形成的离子松弛极化。在颗粒组元中，电子松弛极化起主要作用，而在界面组元中，离子松弛极化则起到主要作用。随着材料颗粒尺寸的不断减小，界面离子松弛极化作用的贡献会越来越大，在材料尺度减小的过程中会在某一临界尺寸出现介电常数的极大值。

3. 压电效应

压电效应是指电介质材料在机械压力作用下两端表面出现符号相反的束缚电荷，从而产生电压的一种现象。1880 年，法国物理学家皮埃尔·居里和雅克·居里兄弟就在电气石中发现了压电效应。压电效应的实质是晶体介质的极化，根据德国物理学家福格特的研究，在32 种点群的晶体中，只有 20 种不具有对称中心的点群具有压电效应。压电效应自发现以来，科学家们一直在研究压电效应的产生机理及工业应用，例如早在第一次世界大战时就已经有研究人员利用压电效应制作了声波产生器。研究表明，未经退火和烧结的纳米非晶氮化硅具有较强的压电效应，而常规非晶氮化硅不具有压电效应。在纳米非晶氮化硅中，其压电特性并不是由颗粒本身特性产生的，而是由界面产生的。由于纳米非晶氮化硅中存在着大量的界面，而且这些界面上又存在着大量的不饱和键，同时颗粒内部还存在大量的空位和空穴等缺陷，这些都将会导致界面中的电荷分布发生变化从而产生电偶极矩，因此，在外加机械力的作用下，电偶极矩的取向和分布等将会发生变化，宏观上就产生了压电效应。当纳米非晶氮化硅经过退火和烧结等热处理后，空位和空穴等缺陷减少，界面原子排列的有序性增加，产生的电偶极矩减少，因而不再呈现压电效应。

4. 热电效应

热电效应是指物体在受热时，载流子在高温区和低温区之间随着温度梯度发生定向运动，从而产生电荷堆积或电流的一种现象。热电效应的大小可以通过热电转换效率这一参数进行量化表征。当材料尺寸减小到纳米尺度时，载流子的运动必然会受到尺寸效应的影响，其热电性能与常规材料会有所不同。在热电材料领域，研究人员一般用无因次品质因数 zT 值来评估材料的热电性能。zT 值的计算公式为

$$zT = \frac{S^2}{\rho\kappa}T \qquad\qquad (3.46)$$

式中，S 为赛贝克（Seebeck）系数；ρ 为电阻率；κ 为热导率（包括晶格热导和电子热导两部分）；T 为绝对温度。由式（3.46）可以看出，性能优异的热电材料通常需要有大的赛贝克系数、低的电阻率和低的热导率。

在半导体中，赛贝克效应主要是载流子由高温区向低温区扩散所造成的。半导体产生温差电动势后，其能带会由高温端向低温端倾斜，两端费米能级存在差异，费米能级的差异又会影响半导体的温差电动势，从而导致赛贝克效应的增强。此外，由于高温端的声子数多于低温端，载流子扩散的同时声子也在扩散，期间可能会发生声子与载流子的碰撞从而产生能量转移，这种现象称为"声子牵引"，声子牵引会加强载流子在低温端的积累，同样会增强赛贝克效应。因此，半导体往往会具有较强的赛贝克效应。

在金属中，赛贝克效应的机理较为复杂，金属高温端的电子具有更高的能量和速度，电子由高温端向低温端迁移，但在该过程中，电子的平均自由程的变化也会产生很大影响，如果高温端电子的平均自由程随电子能量的增加而减小，那么电子将主要从低温端向高温端扩散，从而产生正的赛贝克系数；如果高温端电子的平均自由程随电子能量的增加而增大，则电子将主要从高温端向低温端扩散，从而产生负的赛贝克系数。此外，金属中载流子的浓度以及费米能级的大小几乎不随温度变化，因此，金属的赛贝克效应较弱。在纳米材料中，由于大量界面以及缺陷的存在，载流子的迁移受到强烈的阻碍作用，因此纳米材料的赛贝克效应相对减弱。并且随着颗粒尺寸的减小，材料的电阻率会升高，热导率也会发生与具体的结构有关的变化，因此，对纳米材料热电性能的研究一般需通过结果来讨论。

5. 光电效应

光电效应是指在高于特定频率的电磁波照射下，物质内部电子吸收光子能量后形成电流的现象。对于半导体材料，在光照辐射下，材料外层电子将吸收能量从基态转变为激发态，当吸收的能量等于或大于半导体带隙时，电子会由价带跃迁至导带，并在价带上留下空穴，实现光电信号的转化。光电材料已经广泛应用于太阳能电池、光电传感器、光处理以及光通信等光电器件中。随着材料尺度的降低，费米能级附近的电子能级由准连续变为离散能级状态，导致导带与价带之间的带隙变宽，材料对电磁波的吸收频率也会变高，从而可用于制备高频光开关。此外，由于纳米材料具有大的比表面积，且表面自由能较高，材料活性较高。同时，由于纳米材料还具有优良的催化特性，其在光电传感上也有广泛的应用。在太阳能电池领域，以染料敏化的太阳能电池为例，其中染料分子受到光辐照激发，能够将电子注入二氧化钛的导带中以完成电子传输。在该过程中，引入二氧化钛纳米管可以大大提高电子的输运效率，进而提高电池的光电转化效率。总的来说，纳米材料在光电器件领域有着很高的研究价值和应用潜力。

3.1.4　纳米结构的磁学性能

当磁性材料尺寸进入纳米范围后，磁学性能展现出明显的尺寸效应，进而使得纳米材料具有许多粗晶或微米材料所不具备的磁学特性。例如，由于纳米丝长度和直径比（L/d）很大，具有很强的形状各向异性。当其直径小于某一临界值时，在零磁场下具有沿丝轴方向磁化的特性。此外，矫顽力、饱和磁化强度、居里温度等磁学参数都与晶粒尺寸相关。这种尺寸效应的形成可归因于"磁畴"。

1. 磁畴

磁畴（magnetic domain）理论是用量子理论从微观上说明铁磁质的磁化机理。所谓磁畴，是指磁性材料内部的一个个小区域，每个区域内部包含大量原子，这些原子的磁矩都像一个个小磁铁那样整齐排列，但相邻的不同区域之间原子磁矩排列的方向不同，如图 3.21所示。各个磁畴之间的交界面称为磁畴壁（magnetic domain wall）。宏观物体一般具有很多磁畴，但磁畴的磁矩方向各不相同，结果相互抵消，矢量和为零，整个物体的磁矩为零，即它不能吸引其他磁性材料。也就是说，磁性材料在正常情况下并不对外显示磁性。当有外磁场作用时，磁畴内一些磁矩转向外磁场方向，使得与外磁场方向接近一致的总磁矩得到增加，这类磁畴得到成长，而其他磁畴变小，使磁化强度增高。随着外磁场强度的进一步增高，磁化强度增大，但即使磁畴内的磁矩取向一致，成了单一磁畴区，其磁化方向与外磁场方向也不完全一致。

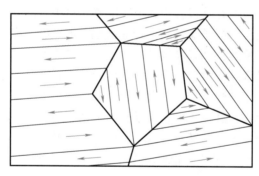

图 3.21　单轴多晶体的磁畴结构

2. 超顺磁性

超顺磁性（Superparamagnetism）是指颗粒小于临界尺寸时具有单畴结构的铁磁物质，在温度低于居里温度且高于转变温度时表现为顺磁性特点，但在外磁场作用下其顺磁性磁化率远高于一般顺磁材料的磁化率。例如，$\alpha\text{-Fe}$、Fe_3O_4 和 $\alpha\text{-Fe}_2O_3$ 颗粒在粒径分别为 5nm、16nm 和 20nm 时变成顺磁体。这时磁化率 χ 不再服从居里-外斯定律

$$\chi = \frac{C}{T - T_c} \tag{3.47}$$

式中，C 为常数；T_c 为居里温度。

磁化强度 M_p 可以用郎之万公式来描述。当 $\dfrac{MH}{k_B T} \ll 1$ 时，$M_p \approx M^2 H / (3k_B T)$，其中，$M$ 为粒子磁矩，H 为外加磁场强度。在居里温度附近没有明显的 χ 值突变。如图 3.22所示，粒

径为 65nm 的 Ni 粒子，其矫顽力很高，磁化率仍然服从居里-外斯定律；而粒径小于或等于 10nm 的 Ni 粒子，矫顽力趋近于 0，进入了超顺磁性的状态。

图 3.23 所示为不同粒径纳米 Ni 粒子的 $V(\chi)$ 随温度变化的曲线，其中，$V(\chi)$ 为与交流磁化率有关的检测电信号。从图中可以看出，65nm 的 Ni 粒子 $V(\chi)$ 随温度的变化在居里温度时有一个突变，而 9nm 和 13nm 的 Ni 粒子 $V(\chi)$ 随温度的变化而缓慢变化，没有出现突变，这说明它们已经出现了超顺磁的现象。

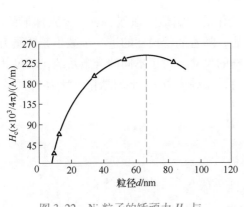

图 3.22　Ni 粒子的矫顽力 H_c 与
粒径 d 的关系曲线

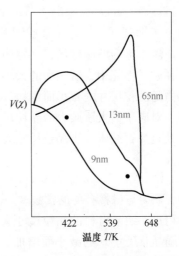

图 3.23　不同粒径纳米 Ni 粒子的
$V(\chi)$ 随温度变化的曲线

超顺磁体的磁化曲线与铁磁体不同，没有磁滞现象，如图 3.24 所示。当去掉外磁场后，剩磁很快消失。例如，以 H/T（H 为磁场强度，T 为绝对温度）为横坐标轴，不同温度的磁化曲线合而为一，可用顺磁体的磁化公式（朗之万函数或布里渊函数）来表示。

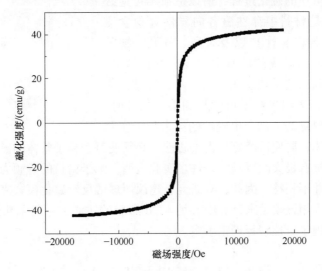

图 3.24　超顺磁性材料的磁滞回线

外加磁场时，在普通顺磁体中，单个原子或分子的磁矩可独立地沿磁场取向；而超顺磁

体以包含大于 10^5 个原子的均匀磁化的单畴作为整体协同取向，所以磁化率比普通顺磁体大得多。超顺磁状态的出现可归结为以下原因：当铁磁体或亚铁磁体的尺寸足够小时，由于热运动的影响，纳米粒子会随机地改变方向。假设没有外磁场，则通常它们不会表现出磁性；但是，假设施加外磁场，则会被磁化，就像顺磁性一样，而且其磁化率远大于顺磁体的磁化率。

3. 矫顽力

矫顽力（coercive force）是指磁性材料在饱和磁化后，当外磁场退回到零时其磁感应强度 B 并不退到零，只有在原磁化场相反方向加上一定大小的磁场才能使磁感应强度退回到零，该磁场称为矫顽磁场，又称为矫顽力，记为 H_c。

在磁学性能中，矫顽力的大小受晶粒尺寸变化的影响最为强烈。对于大致球形的晶粒，矫顽力随晶粒尺寸的减小而增加，达到最大值后，随着晶粒尺寸的进一步减小，矫顽力反而下降。对应于最大矫顽力的晶粒尺寸相当于单畴的尺寸，对于不同的合金系统，其尺寸范围在十几至几百纳米。当晶粒尺寸大于单畴尺寸时，矫顽力 H_c 与平均晶粒尺寸 D 的关系为

$$H_c = \frac{C}{D} \tag{3.48}$$

式中，C 为与材料有关的常数。

可见，纳米材料的晶粒尺寸大于单畴尺寸时，矫顽力也随晶粒尺寸 D 的减小而增加。例如，用惰性气体蒸发冷凝的方法制备纳米 Fe 微粒，随着颗粒的变小，饱和磁化强度下降，但矫顽力却显著增加。如图 3.25 所示，粒径为 16nm 的 Fe 微粒，矫顽力在 5.5K 时达 $1.27 \times 10^5 A/m$。室温下，Fe 的矫顽力仍保持在 $7.96 \times 10^4 A/m$，而常规 Fe 块体的矫顽力通常低于 79.62A/m。同时，因为矫顽力来源于不可逆的磁化过程，所以造成不可逆磁化机理的主要因素是材料中存在磁各向异性（包含磁晶、感生和应力等各向异性）以及杂质、气孔、缺陷等。对于纳米微粒具有较高的矫顽力主要有两种解释：一致转动磁化模式和球链反转磁化模式。一致转动磁化模式的主要内容是，当纳米粒子尺寸小到某一尺寸时，每个粒子就是一个单磁畴。每个单磁畴的纳米粒子实际

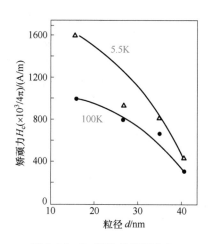

图 3.25　Fe 微粒的矫顽力与粒径的关系曲线

上就是一个永久磁体，要使这个磁体失去磁性，必须使每个粒子整体的磁矩反转，这需要很大的反向磁场，即具有极大的矫顽力。许多实验表明，纳米微粒的矫顽力测量值与一致转动磁化模式的理论值并不相符。因此，有研究者建议用球链反转磁化模式来解释纳米微粒的较高矫顽力，如他们采用该模型来计算中心纳米 Ni 微粒的矫顽力。但采用这种模型计算出来的理论数值也只能用于定性解释理论事实。

4. 居里温度

居里温度（Curie Temperature，T_c）又称为居里点（Curie Point）或磁性转变点，是指磁性材料中自发磁化强度降到零时的温度，是铁磁性或亚铁磁性物质转变成顺磁性物质的临界点。低于居里温度时该物质为铁磁体，而高于居里温度时该物质则为顺磁体，磁体的磁场

很容易随周围磁场的变化而变化（磁敏感度约为 10^{-6}）。居里温度由物质的化学成分和晶体结构决定。

19 世纪末，著名物理家居里在自己的实验室里发现磁石的一个物理特性，就是当磁石加热到一定温度时，原来的磁性就会消失。后来，人们把这个温度称为居里温度。在地球上，岩石在成岩过程中受到地磁场的磁化作用，获得微弱磁性，并且被磁化的岩石的磁场与地磁场是一致的。也就是说，无论地磁场怎样改换方向，只要它的温度不高于居里温度，岩石磁性是不会改变的。根据这个道理，只要测出岩石的磁性，自然能推测出当时的地磁方向。这就是在地学研究中人们常说的化石磁性。在此基础上，科学家利用化石磁性的原理，研究地球演化历史的地磁场变化规律，这就是古地磁说。

对于纳米粒子，由于小尺寸效应和表面效应导致纳米粒子的本征和内禀的磁性变化，从而具有较低的居里温度。纳米材料中存在的庞大表面或界面是引起居里温度下降的主要因素。随着自发极化区域尺度的减小，表面占的体积分数增加，活性增大，材料抵抗外场的能力下降，表现为居里温度的降低。例如，粒径为 85nm 的 Ni 微粒，由于磁化率在居里温度出现明显的峰值，因此通过测量低磁场下磁化率与温度的关系，可以得到其居里温度大约为 623K（图 3.23），略低于常规块体 Ni 的居里温度（631K）。具有超顺磁性的 9nm 的 Ni 微粒，在高磁场（$9.5 \times 10^5 \mathrm{A/m}$）下部分超顺磁性颗粒脱离超顺磁性状态，按照公式 $V = K_1 + MH = 25k_\mathrm{B}T$ 来估算，其中 V 为粒子体积，K_1 为室温有效磁各向异性数，超顺磁性临界尺寸下降到 6.7nm。因此，对平均粒径为 9nm 的样品，仍可根据 σ_s-T 曲线确定居里温度，如图 3.26 所示。9nm 的样品在 260℃ 附近存在突变，这是晶粒长大所致。根据突变前 σ_s-T 曲线外插可求得 9nm 样品的居里温度近似为 300℃，低于 85nm 样品的居里温度（350℃），因此可以定性地证明随粒子粒径的减小，纳米 Ni 微粒的居里温度有所下降。

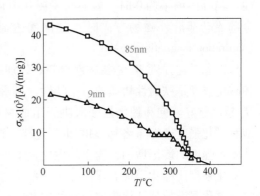

图 3.26　高磁场（$9.5 \times 10^5 \mathrm{A/m}$）下的比饱和磁化强度 σ_s 与温度 T 的关系

实验证明，纳米微粒内原子间距随粒径减小而减小。Apai 等用 EXAFS 方法证明了 Ni 和 Cu 的原子间距随粒径的减小而减小。Standuik 等用 X 射线衍射法证明了 5nm 的 Ni 微粒点阵参数比常规块材收缩 2.4%。根据铁磁性理论，对于 Ni，原子间距减小将导致居里温度的下降。

5. 磁化率

磁化率是表征磁介质属性的物理量，常用符号 χ_m 表示，是一个无量纲的常数。磁化率等于磁化强度 M 与磁场强度 H 之比，即 $M = \chi_\mathrm{m}H$。对于顺磁质，$\chi_\mathrm{m} > 0$；对于抗磁质，$\chi_\mathrm{m} < 0$，其值都很小。对于铁磁质，χ_m 很大，且还与 H 有关（即 M 与 H 之间有复杂的非线性关系）。对于各向同性磁介质，χ_m 是标量；对于各向异性磁介质，χ_m 是一个二阶张量。

纳米微粒的磁性与它所含的总电子数的奇偶性和温度均密切相关。每个微粒的电子都可以看成一个体系，电子数的宇称可为奇数或偶数。电子数为奇数和偶数的粒子，其磁性有不同的温度特点。电子数为奇数的粒子集合体，磁化率服从居里-外斯定律，量子尺寸效应使

磁化率遵从 d^{-3} 规律。电子数为偶数的粒子集合体，磁化率遵从 d^2 规律。它们在高磁场下为泡利顺磁性。纳米磁性金属的磁化率值是常规金属的 20 倍。

此外，纳米磁性微粒还具备许多其他的特性。纳米金属 Fe（8nm）饱和磁化强度比常规 α-Fe 低 40%，纳米 Fe 的比饱和磁化强度随粒径的减小而降低，如图 3.27 所示。纳米 FeF$_2$（10nm）在 78~88K 温度范围内由顺磁转变为反铁磁，即有一个宽达 10K 的温度范围，而单晶的温度范围只有 2K。

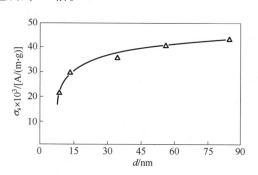

图 3.27　纳米 Fe 的比饱和磁化强度与粒径的关系

6. 饱和磁化强度

磁化强度是描述磁介质磁化程度的物理量。其大小等于被磁化介质中单位体积内的磁偶极矩 **m** 的矢量和，$M = \dfrac{\sum m}{V}$。当外磁场为 0 时，磁畴取向平均抵消，能量最低，不显磁性。当外磁场不为 0 时，磁畴自发磁化方向作为一个整体，不同程度偏向外磁场方向。当全部磁畴都沿外磁场方向时，磁化就达到饱和状态，此时的磁化强度称为饱和磁化强度（saturation magnetization）。

饱和磁化强度 M_s 是指磁性材料在外加磁场中被磁化时所能够达到的最大磁化强度。饱和磁化强度是铁磁性物质的一个特性，是永磁性材料极为重要的磁参量。永磁性材料均要求 M_s 越高越好。饱和磁化强度取决于组成材料的磁性原子数、原子磁矩和温度。在低温区，饱和磁化强度遵循布洛赫（Bloch）定律。铁磁性物质在外磁场作用下磁化，开始时，随着外磁场强度的逐渐增加，物质的磁化强度也不断增大；当外磁场增加到一定强度以后，物质的磁化强度便停止增加而保持在一个稳定的数值上，这时物质达到了饱和磁化状态。这个稳定的磁化强度数值就称为该物质的饱和磁化强度。不同种类的铁磁性物质，其饱和磁化强度的数值也不同。

微米晶的饱和磁化强度对晶粒或粒子的尺寸不敏感。但是当尺寸降低到 20nm 或以下时，由于位于表面或界面的原子占据相当大的比例，而表面原子的原子结构和对称性不同于内部原子，因而将强烈地降低饱和磁化强度。例如，6nm Fe 的饱和磁化强度比粗晶块体 Fe 的饱和磁化强度降低了近 40%；Fe$_{90}$W$_{10}$ 晶体尺寸小于 16nm 时，其饱和磁化强度与矫顽力均急剧下降，如图 3.28 所示。

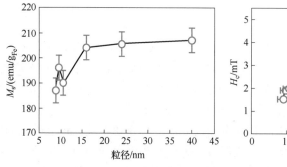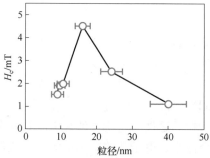

图 3.28　Fe$_{90}$W$_{10}$ 晶体的饱和磁化强度和矫顽力与尺寸的关系

7. 巨磁电阻效应

巨磁电阻（Giant Magnetoresistance，GMR）效应由 Albert Fert 和 Peter Grünberg 在 20 世纪 80 年代后期发现的，利用交替的铁磁和非磁性层多层堆叠交换耦合作用实现的。在一个巨磁电阻系统中，非常弱小的磁性变化就能导致巨大的电阻变化的特殊效应。巨磁电阻本质是指由非磁层进行磁隔离的两个磁金属层组成，电阻取决于两个铁磁薄膜磁化的相对角度。外加磁场会导致一个磁化相对角度的变化，那么电阻就随着外磁场变化而变化，从而表现出磁电阻效应。1936 年 Mott 提出了"二流体"模型的概念，他认为铁磁层中的电子传导有自旋向上和自旋向下两种方式，上旋电子和下旋电子分别称为"多子"和"少子"，由于多子和少子在费米面处的能态密度不同，散射影响了平均自由程，而散射作用取决于自旋方向和磁性原子磁矩的相对取向。如果定义自旋向上的电阻率为 $\rho_\uparrow$，而定义自旋向下的电阻率为 $\rho_\downarrow$，那么根据"二流体"模型，将自旋向上和自旋向下的导电通道看成两个相对独立的电阻并联，在低温极限下总电阻率为

$$\rho_s = \frac{\rho_\uparrow \cdot \rho_\downarrow}{\rho_\uparrow + \rho_\downarrow} \tag{3.49}$$

但在高温下，由于磁子散射，向上自旋态和向下自旋态发生自旋翻转（$\rho_{\uparrow\downarrow}$），由于自旋的混合，两电流的模式不再适用。在这种情况下，Campbell 和 Fert 给出了电阻率的计算公式：

$$\rho_s = \frac{\rho_\uparrow \cdot \rho_\downarrow + \rho_{\uparrow\downarrow}(\rho_\uparrow + \rho_\downarrow)}{\rho_\uparrow + \rho_\downarrow + 4\rho_{\uparrow\downarrow}} \tag{3.50}$$

而材料的总电阻是串联连接的不同层中每个自旋传导通道的电阻之和。此外，两个自旋通道的散射不对称是获得 GMR 效应的必要条件。因此，GMR 效应可以在各种由强磁性金属（Co、Ni、Fe 及其合金）组合的散射不对称组成的多层中发现。

粗略描述该模型，即在铁磁金属中，导电的 s 电子要受到磁性原子磁矩的散射作用，散射的概率取决于导电的 s 电子自旋方向与固体中磁性原子磁矩方向的相对取向。自旋方向与磁矩方向一致的电子受到的散射作用很弱，自旋方向与磁矩方向相反的电子则受到强烈的散射作用，而传导电子受到的散射作用的强弱直接影响材料电阻的大小。没有外加磁场时，相邻磁层存在反平行磁矩，两种自旋状态的传导电子都在穿过磁矩取向与其自旋方向相同的一个磁层后，遇到了一个磁矩取向与其自旋方向相反的磁层，并在那里受到了强烈的散射作用，即没有哪种自旋状态的电子可以穿越两个或两个以上的磁层。在宏观上，多层膜处于高电阻状态。当外加磁场足够大，反平行排列的各层磁矩都沿外场方向排列一致。传导电子中，自旋方向与磁矩取向相同的那一半电子可以很容易地穿过许多磁层而只受到很弱的散射；另一半自旋方向与磁矩取向相反的电子则在每一个磁层都受到强烈的散射作用。有一半传导电子存在一低电阻通道，宏观上，多层膜处于低电阻状态，这就产生了 GMR 现象。

上述模型描述得比较粗略，而且只考虑了电子在磁层内部的散射，即所谓的体散射。实际上，在磁层与非磁层界面处的自旋相关散射有时更为重要，尤其是在一些 GMR 较大的多层膜系统汇总，界面散射作用占主导地位。

纳米颗粒膜也会出现 GMR 效应，纳米颗粒膜是指纳米量级的铁磁性与非铁磁性导体非均匀析出构成的合金膜。在铁磁颗粒的尺寸及其间距小于电子平均自由程的条件下，颗粒膜就有可能呈现 GMR 效应。除了颗粒的尺寸外，巨磁电阻效应还与颗粒的形态相关，对合金

进行退火处理可以促使进一步相分离，从而影响巨磁电阻效应。纳米颗粒合金中的 GMR 效应最早是在溅射 Cu-Co 合金单层膜（膜厚数百纳米）中发现的，它表现出比较大的负效应，室温下，在 160kA/m 的磁场下，MR 比最大达 7%。Cu-Co 合金单层膜中的母相为 Cu，在母相中弥散分布着 Co 纳米颗粒相，后者具有磁矩。当传导电子在 Cu 母相中流过时，出现 GMR 效应。纳米膜中的 GMR 效应主要源于电子在磁性颗粒表面或界面的散射，它与颗粒粒径成反比，或者说与颗粒的比表面积成正比。颗粒粒径越小、比表面积越大，界面所起的散射作用越大。

3.1.5 纳米结构的力学性能

材料的力学性能是评估材料能否承受相对应结构受力要求的重要依据。表征材料力学性能的常见指标包括强度、塑性、硬度、屈服应力、韧性、脆性、疲劳强度、延展性、刚度等。随着纳米技术的快速发展，研究人员已经开发出了基本组成结构的尺度为纳米级（1~100nm）的材料，纳米结构使得材料具有一些特殊优异的力学性能。

纳米材料力学性能的研究工作开始于 20 世纪 90 年代，大量的实验数据已经证明纳米结构会使得纳米材料的力学性能与常规材料有明显的差别。通过总结前期的研究工作，已经得出并发现了一些关于纳米材料力学性能的规律和现象。例如，纳米材料的弹性模量相比于宏观晶体材料更小；晶粒度约为 10nm 的纯金属的强度和硬度比对应的宏观粗晶粒（大于 1μm）的金属高 2~7 倍；纳米尺度的材料具有负的 Hall-Petch 斜率；纳米材料的塑性和韧性都更优秀，且在特定条件下还存在超塑性特征。但是，早期的研究工作中难以得到高质量的纳米材料样品，如纳米材料存在大量空洞和人为掺杂，这都使得纳米材料的力学性能研究结果存在一定的失真。考虑纳米材料在未来各个领域的巨大发展和应用潜力，研究人员需要对纳米材料的力学性能展开进一步的深入研究。

1. 弹性模量

材料的弹性模量用于表征材料抵抗弹性应变的能力。由双原子作用模型可知，材料弹性模量的本质是其原子间的相互作用，且弹性模量 E 和原子间距 a 近似存在如下关系：

$$E = \frac{k}{a^m}(k、m \text{ 为常数}) \tag{3.51}$$

研究材料的弹性模量时，需要参考的参数包括弹性常数 C_{ij}（i、j 取决于晶体的对称性）、弹性模量 E、切变模量 G、体积模量 K 以及泊松比 ν。上述模量对应的应变和应力关系如下：

$$\sigma = E\varepsilon \tag{3.52}$$

$$\tau = G\gamma \tag{3.53}$$

$$p = -K\frac{\Delta V}{V_0} \tag{3.54}$$

式中，σ、τ 和 p 分别为正应力、切应力和体积压缩应力；ε、γ 和 $\Delta V/V_0$ 分别为正应变、切应变和体积应变。

泊松比 ν 是指材料在单向受拉或受压时，横向正应变与纵向正应变的绝对值的比值，因此也称为横向变形系数，其表达式为

$$\nu = \frac{|\Delta a/a|}{|\Delta l/l|} \qquad (3.55)$$

式中，a、l 分别为横向和纵向的原始长度；Δa、Δl 分别为横向和纵向尺寸的变化量。

同时，三个模量和泊松比之间具有以下关系：

$$E = 2(1+\nu)G \qquad (3.56)$$
$$E = 3(1-2\nu)K \qquad (3.57)$$

上述材料力学性能的参数是研究材料弹性性能的重要参数，但是对于具有纳米结构的材料的力学性能研究，则需要更加深入细致的测试分析。目前，测试纳米尺度材料的弹性模量有多种方法，主要包括声速法、拉伸法和压痕法，若细化分类还包括纳米压痕技术、ULSI 技术、原位拉伸 X 射线衍射技术、原子力声波谱显微技术、表面声波谱技术、自由悬垂法以及原子力显微镜挠度法等。研究人员分析纳米尺寸的 Fe、Cu 和 Ni 等样品的测试结果发现，纳米材料的弹性模量比普通的多晶材料略小（<5%）。但是，早期研究主要用惰性气体压实法，其测试结果并非如此，因为该方法难以控制制备纳米材料的孔隙率，导致测试得到的纳米材料的弹性模量比相应的多晶块体材料要小得多，该结果震惊了当时的学术界。但是，随着研究人员意识到纳米材料的孔隙率对弹性模量的影响，以及去除孔隙制备技术的提高，最终得出了以下结论：①纳米材料的弹性模量随着孔隙率的增加而降低，当孔隙率为 1% 左右时，压实后的纳米材料与普通多晶材料弹性模量相差约 2%；②纳米块体材料和普通材料两者的泊松比几乎相同。与此同时，研究人员针对孔隙率对弹性模量的影响关系提出了经验公式，并将其与已有的实验数据进行对照比较发现，该经验公式能较好地描述纳米金属的弹性模量随孔隙率变化的趋势。其中，典型的 Spriggs 经验公式为

$$E = E_0 e^{-\beta p} \qquad (3.58)$$

式中，E 和 E_0 分别为有空隙材料和完全致密体的弹性模量；p 为孔隙率（体积分数）；β 为常数，一般取 3~4.5。

针对纳米材料弹性模量小于普通多晶块体材料的问题，主流学术观点认为，由于纳米材料的晶粒度极小，使其内部存在大量的晶界，又因晶界内的原子排列比晶粒内部的原子排列更加无序，且原子间距也更大，同时，又考虑到弹性模量的结构敏感性较小，因此原子间距的增大会使晶界弹性模量属性下降。总之，纳米材料内存在的大量晶界会显著影响材料自身的弹性模量。此外，早期对 Cu、Ni、Fe 和 Cu-Ni 纳米合金的弹性模量进行测试后发现，当晶粒度大于 10nm 时，纳米材料与普通多晶块体材料的弹性模量差距非常小，但是，在晶粒度小于 5nm 时，纳米材料的弹性模量就会明显低于普通多晶块体材料。这说明纳米材料中存在某一临界晶粒度，在该临界晶粒度之下，晶粒度尺寸对弹性模量的影响比较明显。如图 3.29 所示，当晶粒尺寸小于 20nm 时，归一化的模量逐渐下降，只有当晶粒尺寸小于 5nm 时，纳米材料的弹性模量才会快速大幅下降，研究人员认为纳米材料弹性模量下降的原因是，超小纳米晶粒内部晶界上和三角

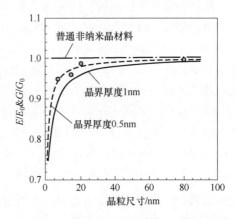

图 3.29　纳米晶 Fe 的弹性模量和切变模量与普通材料模量之比与晶粒尺寸的关系

结上的原子增多并出现拥挤效应。

固体纳米氧化物材料也是一种常见的纳米结构材料,其弹性模量与烧结温度密切相关。在室温条件下,未经过烧结处理的材料的弹性模量低于普通粗晶材料,随着烧结温度的升高,其弹性模量会不断增大。这是由于未烧结的纳米晶界面上的键结合力较弱,这些键主要是配位数不全的非饱和键和悬键,这使得界面上的模量极大降低,该分析结果与上述纳米金属材料的模量分析结果一致。但是,随着烧结温度的增加,界面上的键组态会发生变化,高温下活跃的氧原子会与不饱和键和悬键相结合,导致界面上的原子间距减小,纳米结构材料的弹性模量逐渐上升。纳米氧化物材料中的这一现象相对于纳米金属材料是独特的,因此在实际应用中,应通过探讨模量和烧结温度的关系,进行最佳烧结温度的选择和优化。

2. 强度和硬度

材料局部抵抗硬物压入其表面的能力称为硬度,而强度是指材料在外力作用下抵抗塑性变形和断裂的能力。两者概念有明显区别又相互联系。通常而言,硬度高的材料,其强度也一般较高。

目前,学术界普遍认为纳米材料的强度和硬度通常都大于同成分的普通粗晶材料的强度和硬度。为了便于对后续内容的理解,这里首先介绍建立在位错塞积理论基础上的 Hall-Petch 关系。它适用于描述普通多晶材料的屈服应力与晶粒尺寸的关系,该著名的经验公式如下:

$$\sigma_{s} = \sigma_{0} + Kd^{-\frac{1}{2}} \tag{3.59}$$

式中,σ_{s} 为材料的屈服应力;σ_{0} 为位错运动的摩擦阻力;K 为系数,在该情况下为一正值;d 为晶粒的尺寸。

同样,硬度与晶粒尺寸也有类似的关系式,即

$$H_{V} = H_{V0} + Kd^{-\frac{1}{2}} \tag{3.60}$$

式中,H_{V} 为维氏硬度;H_{V0} 为仅位错存在时材料的维氏硬度。

由式(3.60)和式(3.61)可知,随着晶粒尺寸的减小,材料的强度与硬度都会增强,即"细晶强化"的基础理论。

随着纳米材料的出现,研究人员逐渐发现了该理论关系的缺陷。通过整合前期对纳米材料的测试结果,研究人员对纳米材料的 Hall-Petch 关系进行了补充。

(1)正向 Hall-Petch 关系($K>0$) 对采用蒸发凝聚、原位加压制备的纳米级 TiO_2,高能球磨制备的纳米 Fe 以及 Al 水解法制备的 α-Al_2O_3 和 γ-Al_2O_3 纳米材料的维氏硬度进行测试,其结果都表明:随着晶粒尺寸的减小,材料硬度会相应增强。

(2)反向 Hall-Petch 关系($K<0$) 对采用蒸发凝聚、原位加压制备的纳米 Pd 和非晶晶化法制备的纳米级 Ni-P 进行硬度测试时,其数据结果不符合原先的 Hall-Petch 关系,出现了相反的尺寸效应关系,即随着晶粒尺寸的减小,材料硬度下降。

(3)混合型 Hall-Petch 关系 对纳米级 Ni、Fe-Si-B 和 TiAl 材料进行硬度测试,结果发现所得到的硬度值并不是随着 $d^{-\frac{1}{2}}$ 单调地线性增加或下降,而是出现了随着晶粒度的减小,材料硬度先升高后降低的现象,且存在一个极值拐点,即存在一个临界晶粒尺寸 d_c。当晶粒尺寸 $d>d_c$ 时,呈正向 Hall-Petch 关系;而当晶粒尺寸 $d<d_c$ 时,呈反向 Hall-Petch 关系,

如用蒸发凝聚、原位加压制备的纳米 Cu。同时，也有一些纳米材料呈现出 $K=0$ 的情况，即随着晶粒度的变化，强度与硬度都保持不变。

针对一些纳米材料出现的异常 Hall-Petch 关系，首先从试验过程与样品制备的角度出发，进行合理的分析和讨论：

1）样品制备与处理方式存在差异性影响了纳米材料的内部结构，尤其是会引起界面原子的排列与自由能的不同，最终导致纳米材料性能的差异。早期研究过程中，纳米材料制备技术相对比较落后，制备试样中的孔隙率较高、密度较小、杂质较多，这些因素都使得材料的强度和硬度的测试数据存在失真的可能性。

2）材料性能测试与试验的误差问题。以纳米材料硬度的测试为例，早期研究多采用小块体样品来代替大块体样品进行显微硬度值分析，且一般都没有做拉伸试验，这些因素都会导致硬度测量结果的误差偏大。

传统的位错塞积理论中，通常认为在足够的切应力作用下，Frank-Read 位错源会产生大量的位错，它们会沿着滑移面运动，当遇到晶界或第二相等障碍物时，领先的位错将被阻挡，而后续的位错便会开始在该位置发生堵塞和堆积，从而形成位错塞的积群，并且在障碍物前端形成高度的应力集中现象。但是对于几纳米的晶粒，其尺寸与粗晶材料的晶粒内部位错塞积的相邻位错间距相当，而且纳米尺寸的晶粒中即使有 Frank-Read 位错源也难以在外力作用下移动，因此无法出现大量位错增殖，这就使得纳米材料内部难以产生位错塞积，所以以位错塞积理论为基础的 Hall-Petch 经典关系式就难以解释纳米材料力学性能的反常现象。

早期的研究人员对纳米材料的理解存在一定的偏差，仍然想用 Hall-Petch 公式来解释晶粒细小的纳米材料的力学性能的尺寸效应关系，并因此提出了位错在晶界堆积或形成网络的模型，在原有的公式中引入了 d^{-1} 项，即

$$\sigma_s = \sigma_0 + Kd^{-\frac{1}{2}} + Kd^{-1} \tag{3.61}$$

该模型认为，纳米材料发生形变时，由于材料弹性的各向异性，会在晶界处出现应力集中，从而在晶界上形成了位错网络，如图 3.30 所示。

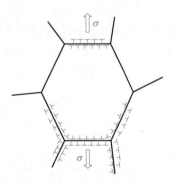

但是这些模型仍然认为纳米材料在外力作用下会产生位错，而且材料内部会对位错产生相应的摩擦阻力，即 σ_0。随着人们对纳米材料力学性能研究的进一步深入，发现在一定的温度条件下，纳米材料存在某一临界尺寸，当晶粒尺寸大于该临界尺寸时，K 为正值，反之 K 为负值，这就是上面所描述的异常的 Hall-Petch 关系。随后计算了纳米晶体中存在稳定位错和位错堆积的临界尺寸，如公式（3.62）所示，结果显示当金属的晶粒尺寸小于 15nm 时，位错塞积将会不稳

图 3.30　发生形变时晶界上形成的位错网络

定，并进一步量化了临界尺寸理论。同时后续有人认为当纳米晶体材料的晶粒尺寸小于 30nm 时，纳米材料中将缺少可移动的位错。

$$L_p = \frac{Gb}{\sigma_p} \tag{3.62}$$

式中，G 为切变模量；b 为伯氏矢量；σ_p 为位错运动的点阵阻力。当 $d<L_p$ 时，位错不稳定，并且会在外力作用下离开晶粒；当 $d>L_p$ 时，位错将稳定地存在于晶粒内。对于金属材料，$b\approx0.2nm$，$L_p\approx15nm$。

综上可知，当材料在纳米尺寸范围内时，在尺寸效应的影响下，将出现位错堆积或位错不稳定，从而使得 Hall-Petch 关系出现反常。目前针对纳米固体材料的反常 Hall-Petch 关系，研究人员有如下的解释：

1) 三叉晶界的存在。三叉晶界示意图如图 3.31 所示。纳米晶体材料中，三叉晶界的体积分数远高于对应的普通多晶材料，当晶粒尺寸减小时，三叉晶界的增殖速度远大于界面体积分数的增殖速度。例如，当晶粒尺寸从 100nm 减小到 2nm 时，三叉晶界的增殖速度比界面体积分数的增殖速度快了约 2 个数量级。同时，也有研究人员从变形机制上尝试解释纳米材料反常的 Hall-Petch 关系，他们认为纳米材料的晶界上存在大量的旋错（三叉晶界），而旋错的运动

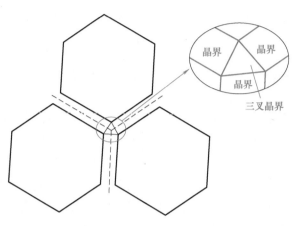

图 3.31　三叉晶界示意图

会导致界面处的软化甚至使晶粒发生方向上的旋转，这些效应使得纳米晶体材料的整体延展性增加，而强度和硬度值下降，从而导致 K 值出现负值。

2) 界面的作用。当晶粒度非常小时，纳米材料将具有极高密度的晶界，这会引发纳米材料内部的晶粒取向混乱，从而增加了界面能，界面上的原子会相对比较活跃，该因素也增加了纳米晶体材料的延展性。

3) 临界尺寸的存在。Gleiter 等人认为，在特定的温度条件下，纳米材料存在一个临界尺寸，低于该临界尺寸会带来界面黏滞性流动的增强，从而导致材料软化；而高于该临界尺寸会带来界面黏滞性流动的减弱，从而导致材料硬化。

此外，早期的实验研究工作中也发现了应变率对纳米材料强度的影响，如图 3.32 所示。

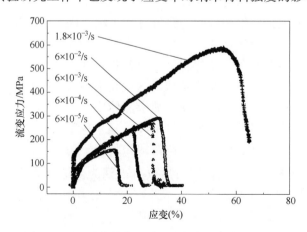

图 3.32　Cu 纳米晶体材料的流变应力与应变的关系

同样，研究应变率时所用各种材料的制备方法和测试方法存在差异，研究人员无法对这些材料性能的数据进行直接比较分析。针对该问题有人采用电镀，制备出了完全致密且晶粒度约为 40nm 的纯 Ni 纳米晶材料，并且使用高分辨率透射电镜（HRTEM）确认了该材料的结构可靠性，在此基础上进行系统的应变率敏感性试验，研究结果表明，40nm 晶粒度的 Ni 纳米晶材料具有更高的应变率敏感性。图 3.33 所示为各种材料归一化的初始屈服应力与应变率的关系，当应变率从 $10^{-5}/s$ 变化到 $10^4/s$，纳米晶材料总体上具有比粗晶材料更高的应变率敏感性。

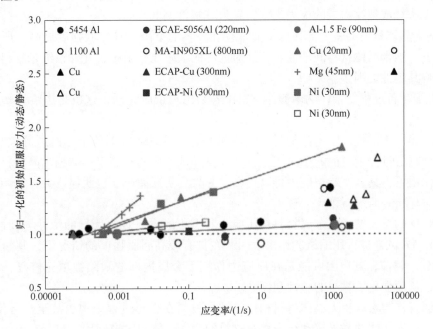

图 3.33　各种材料归一化的初始屈服应力与应变率的关系

除了对纳米金属材料进行研究，纳米陶瓷材料在近 20 年来迅猛发展，且具有广阔的应用前景。纳米陶瓷材料是将纳米级的陶瓷颗粒、晶须、纤维等引入到陶瓷母体，以改善陶瓷材料的整体性能而制造的复合材料。但是，未经烧结的纳米陶瓷生坯的强度和硬度都比常规陶瓷材料低很多，这是由于生坯陶瓷的致密度很低，即使增加外界压力强化生坯的相对密度，也只能达到常规陶瓷材料性能的 50%。同时，纳米陶瓷中的颗粒粒径极小使得其相对密度很低，这会导致陶瓷生坯中的界面原子密度极低，缺陷多，整体不够致密。因此，为了提高纳米陶瓷的强度和硬度，人们往往采取烧结或混入添加剂（包括 Y_2O_3、SiO_2 和 MgO 等常见的氧化物添加剂）的方法来提高纳米陶瓷材料的力学性能。

3. 塑性和韧性

在力学性能方面，结构材料不仅对材料的强度和硬度有特定的要求，而且对材料的塑性和韧性也有一定的要求。纳米结构材料由于其极小的晶粒度和大体积分数的界面存在，导致其自身的塑性、韧性相对于普通粗晶材料一般都有一定的改善。

需要注意的是，不同条件应力下，纳米材料的塑性和韧性有所区别。在拉应力的作用下，纳米金属材料与同成分的粗晶金属材料相比，其塑性和韧性都大幅下降，如纳米 Cu 的拉伸伸长率仅为 6%，是其同成分粗晶 Cu 的拉伸伸长率的 20% 左右。对于粗大的晶粒尺寸，材料塑性通常随晶粒尺寸的减小而增加，这是由于晶粒细化会使晶界的体积分数增加，从而能较好地阻碍裂纹的扩展，但是纳米尺寸的晶体材料的晶界通常被认为不能很好地阻止裂纹的扩展。经过研究人员的实际分析总结，普遍认为在拉应力下纳米晶体的金属材料的塑性比粗大晶体金属材料低的主要原因有以下几个方面：

1）纳米晶金属材料的屈服强度较高，导致其在拉伸时断裂应力大于屈服应力，因此在其进行拉伸测试的过程中，试样会出现来不及发生应变而突然断裂的情况。

2）尺寸效应作用下，纳米晶金属材料在拉伸时，小尺寸的晶粒中往往缺乏可移动的位错，因此无法释放裂纹尖端的应力集中，导致其塑性偏低。

3）纳米晶体材料的密度低，内部通常存在较多的空隙，其屈服强度极高，所以在拉应力的作用下，纳米晶体材料的塑性和韧性对内部的缺陷比较敏感，此外，纳米材料的表面状态也是影响其塑性的因素。

4）由于制备过程复杂，纳米晶体材料中容易出现杂质元素，这也是影响其塑性和韧性的因素之一。

综上所述，为了提高纳米晶材料的塑性和韧性，可以从以下几个方面进行考虑和改进：①严格控制制备过程中可能的杂质元素，并尽量降低材料的孔隙率；②纳米晶材料在快速拉伸速率的作用下，其真实断裂应力得以提高，并且真实断裂应变也明显增大；③调控其表面状态，如对材料表面进行抛光处理。

与之相反的是，纳米晶金属材料在压应力状态下通常表现出优异的塑性与韧性。例如，对纳米 Pd、Fe 试样进行压缩试验结果表明，在具有较高屈服强度的情况下，其断裂应变仍能达到 20%。目前，其原因可能是在压应力作用下金属内部的缺陷被填充修复，材料密度得以提高，从而强化了材料的塑性和韧性。

总体而言，与宏观粗大晶体材料相比，纳米材料在变形过程中很少甚至没有位错行为，该情况下，纳米晶体的晶界运动行为将对材料的力学性能起主导作用，包括晶界的滑动与三叉晶界的转动等行为，同时，在变形过程中还可能出现孪生和短程扩散引起的自愈合现象。虽然，目前已经有一些研究通过包埋不同粒径晶粒的方法制备出了高性能的纳米材料，其兼具高强硬度和高塑韧性的优良性质。但是，总体上纳米金属材料的延展性都不佳，在加工成型过程中容易发生结构性失效，这主要是由于制备过程中较难避免产生的缺陷、无加工硬化能力等因素造成的力学不稳定性，以及纳米材料对于裂纹引发和扩展的抵抗能力低等因素。因此，对于纳米金属材料的变形机理，还应进行更为深入的研究工作。

陶瓷材料是人类最早使用的材料之一，在我国古代就已经成为人们日常生活中的常见用品，但是，人们对于陶瓷材料的总体印象仍然是脆、硬度高且难加工，并且制造工艺复杂。但是，在 1987 年，有团队就报道了同时具有高韧性和低温超塑性的 CaF_2 纳米陶瓷材料。同时，后续还研发了纳米级的 TiO_2，上述两种纳米陶瓷材料都能发生正弦塑性弯曲变形。这些结果激励更多科研人员通过开发纳米陶瓷来解决现有材料韧性差、加工难度大等技术性难题。此外，由于纳米陶瓷的界面较多，使得纳米陶瓷材料的烧结温度比普通陶瓷粉体低上百摄氏度，因此，这使得纳米非金属材料在未来的工业领域具有广阔的应用前景。

4. 超塑性

材料在机械加工过程中产生加工硬化是非常重要的材料力学现象，也是评价工程材料能否满足工程实际的重要指标之一。加工硬化通常是位错的不断增殖和塞积而产生的，它会导致材料的强度在加工过程中增加，而塑性会大大减弱，最终可能会导致工程结构材料的断裂。针对该问题，具有超塑性的材料能够很好地避免加工硬化带来的上述难题和麻烦，使得材料的加工更容易，可以简化加工工艺，从而极大地降低材料的生产成本。

材料的超塑性可以理解为材料在加工变形过程中不发生加工硬化的现象。而材料的塑性是指在应力作用超过一定限度的条件下，材料不发生断裂而继续变形的性质。一般金属材料的塑性不超过百分之几十，如黑色金属不大于 40%，有色金属不大于 80%，即使在高温条件下，金属材料的延伸率也很难达到 100%。但是，部分具有超塑性特征的金属材料的延伸率可以达到 8000%，且仍不产生缩颈现象。

在纳米结构材料被人们广泛研究之前，就已经出现了超塑性这一概念。1920 年，德国罗森汉等人使用 Zn-Al-Cu 合金开展拉伸试验研究，在温度为 260℃、拉伸应力为 0.39 ~ 1.37GPa 时，他们发现了该合金材料的超塑性特征。随后，在 1945 年，苏联科学家包齐瓦尔正式提出了材料超塑性的概念。1928 年，英国物理学家森金斯总结前人广泛的研究工作，给材料的超塑性做了明确的定义：凡金属在适当的温度下会变得十分柔软，且能够在应变速率为 10mm/s 时，产生自身长度 3 倍以上的延伸率，则认为该材料具有超塑性特征。同时明确了通常出现超塑性特征，往往需要温度超过熔点的一半（$T \approx 0.5T_\mathrm{m}$），且材料内部应具有细小的等轴晶粒，此外，材料晶界最好有可动的高角晶界。

目前，研究人员已经明确，普通粗晶合金材料的超塑性受扩散作用控制。在扩散作用下，如果要实现高的延伸率，就需要较低的应变速率（$10^{-5} \sim 10^{-2}$/s），但是从工业应用需求的角度出发，如果能提高超塑性的应变速率，那么生产率也将会得到极大提高，从而为超塑性材料的产业化提供可能。因此，研究人员开始转向纳米结构材料，随着晶粒度的降低，在纳米尺寸范围内，就有可能在高应变率条件下观察到材料的超塑性特征，甚至还有可能在低温甚至室温条件下实现材料的超塑性，但是，截至目前，仅发现少数纳米材料具有超塑性。

例如，有人在研究过程中发现晶粒度为 20nm 的电镀纳米晶 Ni 的超塑性特征，该材料能在 553K（约 $0.36T_\mathrm{m}$）以上的温度条件下，从低塑性变形（范性变形）转变为延伸率为 200% 的超塑性变形，而对应的普通粗晶 Ni 的宏观结构材料没有类似的超塑性特征。这种出现超塑性特征的变化可以归因于晶界滑移的激活、增加扩散以及位错易于产生等多种因素的协同作用。此外，中国科学院金属研究所的卢柯等人用电解沉积技术制备了晶粒度为 28nm 的高纯度、高致密度的纳米晶 Cu，其中内部微观应变为 0.03%，在室温条件下进行冷轧，所得材料的延伸率可达 5100%，该结果实现了纳米金属材料的室温超塑性，如图 3.34 所示，该突破性的研究成果为后续室温超塑性材料的研究提供了启发和重要参考。

20 世纪 80 年代，日本名古屋工业技术研究所首先发现并报道了陶瓷材料的超塑性特征。由他们制备的晶粒度小于 300nm 的 3Y-TZP 多晶陶瓷材料具有超过 120% 的均匀形变，如图 3.35 所示。该研究的发现为解决陶瓷材料的加工成形和力学性能改善提供了重要思路和途径。

陶瓷材料的超塑性主要由界面决定，一般来说，如果材料内部的界面太少，就很难出现超塑性，这是因为内部大尺寸晶粒会成为应力集中的核心区，为后续孔洞的产生提供了主要来源；反之，如果材料内部的界面过多，虽然会出现超塑性，但是其强度的下降也会导致材料难以实用。针对这个材料尺寸的临界问题，有研究成果表明陶瓷材料出现超塑性的颗粒临界尺寸为 200 ~ 500nm。

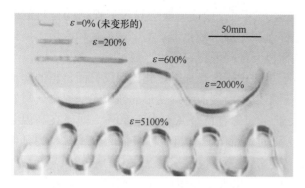

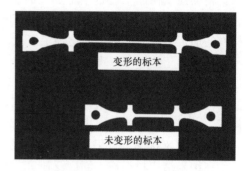

图 3.34　电镀纳米晶 Cu 试样室温下冷轧
不同程度形变量前后的宏观照片

图 3.35　1450℃ 下 3Y-TZP 的超塑性现象

值得注意的是，界面的流动性是材料出现超塑性的重要条件之一，即

$$\dot{\varepsilon} = \frac{A\sigma^n}{d^P} \tag{3.63}$$

式中，$\dot{\varepsilon}$ 为应变速率；σ 为附加应力；d 为粒径；n 和 P 分别为应力和应变指数（对于超塑性陶瓷材料，n 和 P 取值一般为 1~3）；A 为常数。

由式（3.63）可见，A 和 $\dot{\varepsilon}$ 越大，材料的超塑性越强，A 表示与晶界扩散相关的常数，当扩散速率大于形变速率时，界面表现为塑性，反之为脆性。因此，界面中原子的高扩散性利于陶瓷材料超塑性的形成。研究人员认为陶瓷材料超塑性的影响因素主要包括：

（1）界面能和界面滑移　材料拉伸过程中，超塑性产生时界面并不发生迁移，同时也不发生晶粒长大，而是界面中的原子发生运动，从而在宏观上产生界面流变，导致原子的流动性增强，因此界面黏滞性也会随之增强。

（2）界面存在的缺陷　陶瓷内部的孔洞、微裂纹等会造成材料内部的界面间出现不连续，从而破坏了界面黏滞性的滑动，不利于材料超塑性特征的产生。

（3）晶界的特征分布　晶界的特征分布具体包括材料内部含有各种不同类型的界面所占的比例及其几何配置，较宽的分布将不利于陶瓷材料超塑性，这是由于不同类型的晶界的界面能差别较大。从动力学的角度分析，高界面能的晶界在拉伸过程中将为晶粒的生长提供较强的驱动力，同时导致界面处结合强度降低。

从材料的实用性角度分析，3Y-TZP 纳米陶瓷虽然具有超塑性特征，但是过低的加工应变速率使其无法满足工业生产的需求，因此，研究在高应变速率下具有超塑性的材料仍然非常必要。氧化物陶瓷材料主要通过晶界的滑移来实现超塑性变形，而界面滑移将产生局部的应力集中，如果应变速度过快，应力无法得到及时的释放，并且没有其他物质的流动，将会导致愈合速度跟不上孔隙产生的速率，进而产生空洞并影响材料的总体性能。因此，在实际工程中，在界面滑移和其他变形机理相互协调的共同作用下，在实现超塑性的同时，也要兼顾材料的其他性能。

由此，在高应变速率下加工制备超塑性陶瓷材料时，需要注意以下几个方面：

1）减小由晶界滑移或晶粒转动造成的应力集中。减小应力集中需要缩短应力松弛距离，而材料的晶粒尺寸越小或抑制晶粒的长大都可以解决其应力集中问题。

2）提高材料晶界处的物质流动性。在陶瓷材料中加入杂质元素诱导产生大量空位或改变化学键的结构，都可以增强材料的界面原子扩散能力。

3）调控材料晶界的形态。当晶界中存在大量的杂质原子时，晶界可以被视为位错和空位的无限深势阱，可以极大地提高晶界处的原子扩散能力和晶界位错的滑移能力。

近年来，陶瓷材料的高速超塑性研究已经获得了较大的突破和进展，一些研究人员制备出了纳米 ZrO_2-Al_2O_3 和 ZrO_2-Spinel-Al_2O_3 复相陶瓷材料，在高应变速率的压头作用下，不仅完成了大变形量的挤压、拉伸等塑性加工，还能保证构件材料的表面质量，且力学性能无明显下降，如图 3.36 所示。该结果证明了高应变速率下超塑性陶瓷材料在标准塑性成形工艺生产线上应用的可能性，并且为后续的烧结、锻造、扩散连接和气胀成形等进一步加工纳米氧化物陶瓷构件的研究和工业实际生产打下了基础。

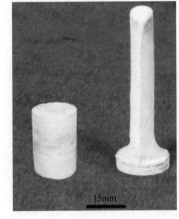

图 3.36　高速超塑性陶瓷材料挤压成形

3.1.6　纳米结构的悬浮动力学特性

纳米颗粒的超小尺寸和高比表面积，赋予了它特殊的悬浮动力学行为特征。微纳米颗粒总是处在不停的、无秩序的运动之中。从分子运动学的角度看，胶体颗粒的运动和分子运动并无本质区别，它们都遵循分子运动的基本理论，但是，胶体颗粒尺寸要比一般分子大得多，因此运动强度也小得多。溶胶中胶体颗粒的悬浮动力学行为主要包括布朗运动（Brownian motion）、扩散（diffusion）和沉降平衡（sedimentation equilibrium）等。

1. 布朗运动

布朗运动是指悬浮在气体或液体介质中的微粒在周围环境中小分子的不断撞击作用下做永不停息的无规则运动的现象。1827 年，植物学家罗伯特·布朗用显微镜观察水中的花粉粒时，首次发现了布朗运动，但无法确定这种运动产生的机制。阿尔伯特·爱因斯坦于1905 年发表了一篇论文，详细解释了布朗运动现象，指出其是由单个分子移动引起的。对布朗运动的正确解释也帮助证实了原子和分子的存在。1908 年，让·佩兰通过实验进一步验证了上述解释。气体或液体分子在不停地做无规则的热运动，它们会随机撞击悬浮的微粒。当悬浮的微粒尺寸足够小时，受到的来自不同方向小分子的撞击作用力将会失去平衡。在某一时刻，悬浮的微粒在某一个方向受到定向的额外撞击力，导致其向反方向运动，在下一时刻，瞬时的作用力方向可能会随机改变，这样又会向其他方向运动，进而引起微粒的无规则布朗运动。

1905 年，在布朗运动中，微粒沿 X 方向移动的平均距离 $\overline{X}$ 与粒子半径 r、溶液介质黏度 η、温度 T 和观察时间 t 之间的关系可以用"Einstein 布朗运动公式"表示，即

$$\overline{X} = \sqrt{\frac{RT}{N_A}\frac{t}{3\pi\eta r}} \tag{3.64}$$

式中，N_A 为阿伏伽德罗常数。

如图 3.37 所示，面积为 S 的截面 AB 将某一溶胶体系分为浓度为 c_1 和 c_2 的两个区域，

且假设 $c_1 > c_2$。若垂直于 AB 平面的某质点在时间 t 内的平均位移为 $\overline{X}$，考虑该质点向右或向左扩散运动的概率相等，故向右和向左扩散的质点数量分别为 $\frac{1}{2}\overline{X}c_1 S$ 和 $\frac{1}{2}\overline{X}c_2 S$。因此，在时间 t 内，由左至右通过截面 AB 的单位面积上的净质点数为

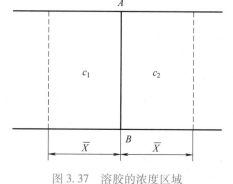

图 3.37 溶胶的浓度区域

$$m = \frac{(c_1 - c_2)\overline{X}}{2} = \frac{(c_1 - c_2)\overline{X}^2}{2x} \qquad (3.65)$$

若 $\overline{X}$ 很小，则

$$m = -\frac{1}{2}\frac{\mathrm{d}c}{\mathrm{d}x}\overline{X}^2 \qquad (3.66)$$

结合扩散定律公式 $\quad m = -D\dfrac{\mathrm{d}c}{\mathrm{d}x}t \qquad (3.67)$

可得

$$\overline{X} = \sqrt{2Dt} \qquad (3.68)$$

式（3.68）被称为 Einstein 第二扩散公式。由该公式可知，当其他条件一定时，微粒平均位移的平方与时间 t 及温度 T 成正比，与黏度 η 及半径 r 成反比。由于式中的变量均可由实验确定，所以可以利用该公式求出微粒半径 r，即动态光散射粒径分析仪的物理原理。当然，也可利用该公式求出阿伏伽德罗常数 N_A。

2. 扩散

当物质分布存在成分差异时，原子将从高浓度处向低浓度处扩散。1855 年，为描述原子的迁移速率，阿道夫·菲克指出，扩散中原子的通量与质量浓度梯度成正比，即

$$J = -D\frac{\mathrm{d}c}{\mathrm{d}x} \qquad (3.69)$$

该式称为菲克第一定律或扩散第一定律。其中，J 为扩散通量 $[\mathrm{kg}/(\mathrm{m}^2 \cdot \mathrm{s})]$，表示单位时间内通过垂直于扩散方向 x 的单位面积内的扩散物质的质量；D 为扩散系数（m^2/s）；c 为扩散物质的质量浓度（kg/m^3）。式（3.69）中的负号表示扩散方向与浓度梯度方向相反。菲克第一定律描述的是一种稳态扩散，即质量浓度不随时间变化。

但是，大多数的扩散过程是非稳态的，即某一点的物质浓度是随时间而变化的，这类过程可以由菲克第一定律结合质量守恒条件推导出的菲克第二定律来描述。在垂直于物质运动的方向 x 上，取一个横截面积为 A、长度为 $\mathrm{d}x$ 的体积单元，设流入及流出此体积单元的通量分别为 J_1 和 J_2，基于质量平衡原理，可得如下关系：

流入质量-流出质量=积存质量

或   流入速率-流出速率=积存速率

显然，流入速率=$J_1 A$，由微分公式可得：流出速率=$J_2 A = J_1 A + \dfrac{JA}{x}\mathrm{d}x$，则积存速率=$-\dfrac{JA}{x}\mathrm{d}x$。

该积存速率也可用体积单元中扩散物质的质量浓度随时间的变化率来表示，因此：

$$\frac{\partial \rho}{\partial t}A\mathrm{d}x = -\frac{\partial J}{\partial x}A\mathrm{d}x \qquad (3.70)$$

将菲克第一定律代入得

$$\frac{\partial \rho}{\partial t} = \frac{\partial}{\partial x}\left(D\,\frac{\partial \rho}{\partial x}\right) \tag{3.71}$$

在上述扩散定律中，均认为扩散是由浓度梯度差引起的，称为化学扩散。与之对应，把不依赖于物质浓度梯度，而仅由热振动引起的扩散称为自扩散。图 3.38 为扩散偶中浓度随距离变化示意图。

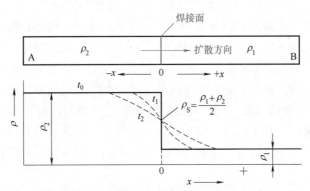

图 3.38　扩散偶中浓度随距离变化示意图

3. 沉降平衡

无论是在气体还是液体介质中分散的微粒，都同时受重力和扩散驱动力两种力的作用。如果微粒的密度比流体介质大，微粒就会下沉，这种现象称为沉降，它使得微粒物质出现分离；扩散力由布朗运动引起，与沉降作用相反，扩散力能促进体系中粒子浓度趋于均匀，因此两种力的作用效果相反。

当这两种作用效果达到平衡状态时，称为"沉降平衡"。在该平衡状态下，各水平面内的微粒浓度保持不变，但是会形成从容器底部向上的浓度梯度，如图 3.39 所示，这种情况和地球表面的大气分布类似，即离地面越高，空气浓度越稀薄，大气压越低。而大气压随海拔高度的分布公式为

$$p_h = p_0 e^{-Mgh/RT} \tag{3.72}$$

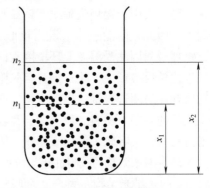

图 3.39　沉降平衡

式中，p_0 为地面的大气压；p_h 为 h 高度处的大气压力；M 为大气的平均分子量；g 为重力常数；R 为气体常数；T 为绝对温度。

由于胶体粒子的布朗运动与气体分子的热运动本质原理相同，因此胶体颗粒随高度的浓度变化规律也可采用式（3.72）的形式进行描述，但是需要进行几点针对溶液胶体的修正。式中的压力比 p_h/p_0，即气体分子的浓度比，而对于胶体体系，该部分应调整为不同高度处的胶体颗粒的浓度比，胶体颗粒的等效"摩尔质量"，在数值上应等于 $N_A\frac{4}{3}\pi r^3(\rho - \rho_0)$，$h$ 表示胶粒浓度为 n_1 和 n_2 两层间的距离，即 $h = x_2 - x_1$。因此，胶体颗粒的浓度随溶液中高度的变化关系为

$$n_2 = n_1 e^{-\left[\frac{N_A}{RT} \cdot \frac{4}{3}\pi r^3 (\rho-\rho_0)\right](x_2-x_1)g} \tag{3.73}$$

式中，N_A 为阿伏伽德罗常数；r 为胶粒半径；ρ 为胶粒密度；ρ_0 为介质溶液的密度。

由式（3.73）可见，胶体颗粒浓度随高度的变化规律与离子半径 r 和密度差（$\rho-\rho_0$）有关，粒子半径越大，浓度随高度变化越明显。

对于胶体微纳颗粒，在重力和离心力的作用下，沉降的情况如下：

1）在重力作用下的沉降。当颗粒尺寸较大时，静置一定时间后，部分大颗粒会沉降到容器底部。但实际上，还有部分粗分散的溶胶，甚至悬浮液，仍能在较长时间内保持稳定而不沉降。这是因为达到平衡需要一定的时间，而粒子越小，沉降所需要的时间就越长。除此以外还有许多因素，诸如介质的黏度、外界的振动、温度波动等所引起的对流都会影响沉降平衡的建立。因此，许多溶胶体系常常经过几天甚至几年的时间才能达到最终的沉降平衡。

2）在离心力作用下的沉降。对于典型的溶胶体系（颗粒尺寸大小在 $1\sim100\mathrm{nm}$），重力场下其沉降速度非常小，几乎可以忽略不计。这意味着溶胶体系具有动力稳定性，也说明上述沉降分析实际上不能完全应用于溶胶体系。溶胶中的胶体颗粒，只能在超大的离心力作用下才能显著沉降。

3）在离心加速度较低时，可采用"沉降平衡法"来测定胶体颗粒的摩尔质量。由于粒子向容器底部沉降会产生物质的浓度差，故反方向的扩散作用（或者说渗透压力）足以与沉降力对抗，因此在一定的时间后，也可达到沉降平衡。

3.1.7　纳米结构的吸附特性

吸附性是指材料表面对周围介质中其他小分子能够吸引黏附的能力。材料的吸附性可以分为物理吸附和化学吸附两大类，其本质区别在于吸附剂与其被吸附的小分子之间是否形成了化学键。其中，物理吸附主要依靠吸附剂与被吸附的小分子之间的范德华力和氢键等的弱作用力，因此吸附能总体来说比较低，对不同的物质没有吸附选择性，并且容易发生解吸附，物理吸附因此受温度等环境因素的影响较大。而化学吸附则是吸附剂与被吸附小分子之间发生化学反应形成了化学键，其吸附能相对较高，吸附稳定性强。化学吸附对不同的小分子物质存在吸附选择性。一般来说，在吸附过程中，物理吸附和化学吸附是共同存在的，两者无明显的界限。材料表面一般会存在大量的不饱和键，它们是材料产生吸附性的关键，而纳米材料通常具有较大的比表面积，因此与常规块体材料相比，纳米材料具有更强的吸附性能。此外，纳米微粒的吸附性还与被吸附物质的物理化学性质、介质环境条件等因素有关。本节将重点讨论纳米结构在固-气表面吸附与固-液界面吸附过程中所体现出的吸附特性。

1. 固-气表面吸附

由于固体材料表面的分子或原子成键存在不饱和的情况，因此有剩余力场，当气体分子在接近固体材料表面时会受到其表面的分子或原子的吸引力，从而被吸附到固体材料表面。固体材料的吸附特性可以用吸附等温线来表示，一般来说，绝大部分材料的吸附都遵循图 3.40 所示的五种吸附等温线之一。

通常，根据材料的吸附等温线，可以推测出吸附剂材料的表面性质和孔分布等信息。利用 BET 模型（Ⅱ型吸附等温线）对材料的比表面积进行测试，即在液氮的超低温度条件下，对材料进行氮气的吸附试验，由此可分析其表面积等信息。

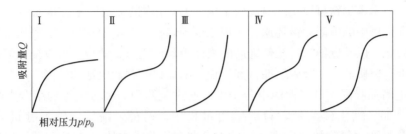

图 3.40　五种不同的吸附等温线

纳米结构材料由于其具有大的比表面积，通常会具有优异的吸附特性。一方面，纳米结构材料的吸附量比宏观材料明显提高；另一方面，从动力学的角度分析，吸附和脱附的速率也有明显的提高。

2. 固-液界面吸附

将固体材料置于液体中，在固-液界面处发生的吸附可以分为电解质吸附和非电解质吸附两种，这主要是由溶剂的性质决定的。

（1）电解质吸附　电解质在溶液中以离子的形式存在，其在材料表面的吸附能力与库仑力的大小有关。由于纳米颗粒具有大的比表面积，且表面存在大量的不饱和原子，因此，在电解质溶液中纳米粒子会失去电中性而带表面电荷，从而会吸引溶液中带有相反电荷的离子。

在发生电解质吸附的过程中，固体材料表面会形成双电层的结构，如图 3.41 所示。材料表面首先是一层具有较强物理吸附作用的吸附层，在距固体表面较远的位置，在材料表面分子的物理吸附与离子自身热运动相互对抗的作用下，会产生吸附能力较弱的扩散层。双电层厚度的倒数，即表示双电层的扩展程度，即

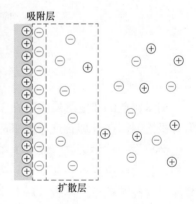

$$k = \left(\frac{2\mathrm{e}^2 n_0 Z}{\varepsilon k_\mathrm{B} T}\right)^{\frac{1}{2}} = \left(\frac{2\mathrm{e}^2 N_\mathrm{A} C Z^2}{\varepsilon k_\mathrm{B} T}\right)^{\frac{1}{2}} \qquad (3.74)$$

式中，e 为电子电荷；n_0 为溶液的离子浓度；Z 为原子价态；ε 为介电常数；k_B 为玻耳兹曼常数；T 为绝对温度；N_A 为阿伏伽德罗常数；C 为强电解质的摩尔浓度。

图 3.41　双电层模型

由式（3.74）可见，k 主要与离子价态和强电解质的摩尔浓度有关，离子价态越高，强电解质的摩尔浓度越高，形成的双电层就越薄。

一般来说，双电层的厚度为 0.2~20nm。对于纳米氧化物，电解质溶液的 pH 值不同会导致其表面呈现不同的电性，从而体现出不同的吸附特性。当 pH 值较低时，粒子表面会形成 $M\text{-}OH^{2+}$ 结构，导致粒子表面带正电，易于吸附阴离子；当 pH 值较高时，粒子表面会形成 $M\text{-}O^-$ 结构，导致粒子表面带负电，易于吸附阳离子；当 pH 值处于中间值时，表面 $M\text{-}OH$ 结构使粒子呈电中性。

纳米颗粒的电解质吸附机制在环境污染处理、生物层析以及电池材料的制备中发挥重要的作用。例如：纳米羟基磷灰石可以固定土壤中的 Ni 和 Zn，从而降低农作物对这两种金属

离子的吸收；纳米零价铁可以实现对高硫土壤中 Cu 元素的吸附固定，从而提高厌氧微生物的活性，促进土壤中的硫酸盐被还原，实现土壤的修复；在电池材料中，利用金属纳米碳化物的高比表面积，以及碳纳米纤维修饰后的表面吸附作用双重效应，可以提高对硫离子的结合能力，利于电解质的有效吸附、储存和传输，从而提高锂硫电池的性能。

（2）非电解质吸附　电中性的小分子可以通过范德华力和氢键等弱结合力吸附在固体颗粒的表面。如二氧化硅纳米颗粒的吸附过程中，对醇、酰胺、醚等有机分子的吸附（图 3.42）就是通过氢键的建立来实现的，这些有机分子中的 O 或 N 原子可以和二氧化硅表面的硅羟基上的 H 原子形成氢键，从而完成吸附。这种由氢键而引起的吸附作用力通常比较弱，且比较容易发生脱附过程。

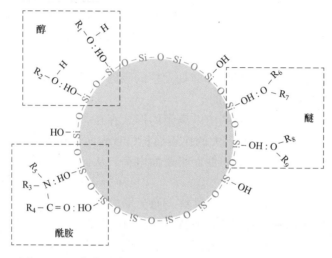

图 3.42　二氧化硅表面对醇、酰胺以及醚的非电解质吸附

纳米颗粒的非电解质吸附在工程实际应用中也具有重要意义。例如，利用海绵石墨烯吸附有机溶剂，在处理石油泄漏事故时发挥重要作用。但需要注意的是，纳米微颗粒的吸附特性也会成为一种污染源，成为人类面临的新的环境问题，如 PM2.5 颗粒通常具有大的比表面积，且活性位点多，非常容易吸附重金属、有毒微生物以及有害分子等，成为新的污染物载体，这些颗粒被人体吸入后非常容易滞留在肺部，甚至扩散到血液循环体系中，对人类健康产生巨大的危害。

3.2　纳米结构的化学特性

纳米结构的化学特性主要来源于其小尺寸造就的表面积效应、高活性表面原子和多缺陷表面。催化是材料化学特性的重要方面，在能源、环境、制药等领域具有重要的应用价值，本节将以纳米材料的催化性能为例展开阐述。

（1）表面积效应　在总体积相同的条件下，颗粒尺寸越小，对应总体的表面积就越大，如图 3.43 所示。例如，体积为 $1m^3$ 立方体颗粒的总表面积为 $6m^2$，将其 1000 等分为小的立方体后，总的表面积就会变成 $60m^2$，其他形貌的颗粒具有类似的性质。同样，同种等质量的粒子，其表面积与粒径成反比。因此，纳米尺度的催化剂可提供非均相催化反应所需的表面，从而增强催化效果，加快反应速率。

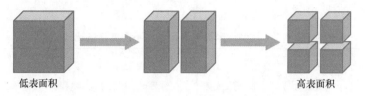

低表面积　　　　　　　　　　　　　　高表面积

图 3.43　实心颗粒表面积随粒径的减小而增大

（2）高活性表面原子　当物质粒径变小时，表面原子数占全部原子数的比例会随着粒径的变小而增加，如图 3.44 所示。例如，五个原子立方大小的团簇表面原子的比例为 98/125，而三个原子立方大小的团簇表面原子的比例为 26/27。显然，纳米粒子相对于块状材料的表面原子数比例更大。同时，表面原子由于缺乏相邻的原子可供键结，导致键结合不完全，极易与其他物质发生化学反应，即表面原子具有较高的化学活性和比表面能，进而可提供许多活性位置进行催化作用，增加催化效率。

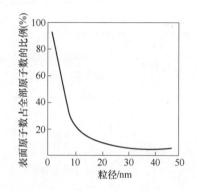

图 3.44　表面原子数占全部原子数的比例与粒径之间的关系

（3）多缺陷表面　研究表明，纳米颗粒表面的光滑度会随着粒径的减小而变差，并且存在着许多凹凸不平的原子台阶（图 3.45），进而增加了催化反应的接触面积。

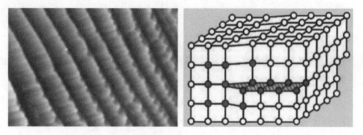

图 3.45　晶体表面不平整的台阶结构

3.2.1　催化的形式和分类

随着纳米颗粒粒径的减小，表面积逐渐增大，吸附能力和催化性能也随之增强。对于金属半导体氧化物纳米颗粒，量子尺寸效应能隙变宽，粒径小，光生载流子更容易扩散到表面，有利于氧化还原反应。纳米催化剂不仅可以大大提高反应效率，而且可以使原来不能进行的反应发生。催化反应往往是在催化剂的表界面上发生的，因此，对催化剂的有效表面和界面控制是提升结构依赖性催化性能的重要方式。

1. 纳米晶体催化晶面

当仅考虑结构特性时，具有清洁表面的无载体纳米晶体代表了最理想的催化剂，表面结构是影响其催化作用的决定因素。即当它们的表面干净时，纳米晶体的性能在很大程度上取决于它们的暴露面。不同的晶面暴露出不同配位数的原子，从而表现出不同的催化性能。控制纳米晶体表面结构的主要方法有选择性封盖法、电化学法、欠电位沉积法和种子生长法等，不同方法的比较见表3.3。

表3.3　控制纳米晶体表面结构不同方法的比较

主要控制方法	特性	举例
选择性封盖法	制备具有特定晶面晶体最直接的方法，通过选择性地吸附特定配体来降低目标晶面的表面能	研究发现，聚乙烯吡咯烷酮在合成 Ag 纳米立方体和纳米棒的（100）晶面过程中起控制作用，加入柠檬酸钠即可获得（111）晶面。一氧化碳气体可以用于合成具有（100）或（111）晶面的铂基纳米金
电化学法	一种独特的合成具有高指数面纳米粒子的方法	由球形 Pt 纳米粒子经方波处理后得到高指数的 24 面体 Pt 纳米晶体。同样的方法，以 $PdCl_2$ 作为前体得到具有高指数面的 Pd 纳米晶体
欠电位沉积法	用于控制单金属和合金纳米结构的形状演变、晶面暴露以及设计高催化单层	通过卤素离子改变 Ag^+ 在 Au 表面的欠电位，使用 Ag^+ 和 Br^- 结合的方式合成具有高指数面（730）的纳米金。并且通过改变 Ag^+ 浓度可选择性地稳定不同的晶面。另外在 Cu 的欠电位和电置换反应的共同作用下，可以合成（431）晶面的 AuPd 合金纳米晶体
种子生长法	一种有效的可以从低指数晶面的晶种中产生具有高催化活性晶面的方法，广泛应用于单金属材料的制备以及核壳双金属纳米晶体外壳金属定义的晶面构筑	通过立方体 Ag 晶种制备具有凹面的 Ag 纳米晶；采用单晶纳米棒生长正八面体的 Au 晶体；具有（100）晶面的立方体纳米 Au 种子可以获得具有高指数（730）晶面的 Au@ Pd 核壳晶体

（1）选择性封盖法　通过选择性地吸附特定配体来降低目标晶面的表面能是制备具有特定晶面晶体最直接的方法。这些特异性的配体主要分为表面活性剂/聚合物类、小分子或离子类和生物分子类等，见表3.4。常用于控制晶体生长的配体虽然通过选择性使用表面活性剂/聚合物可以选择性合成具有特定形状的纳米晶体，但目前仍不清楚这些封盖剂是如何选择性地结合在特定面上的，以及添加剂是如何参与形状控制的。与表面活性剂/聚合物相比，使用小分子类的强吸附物可以更好地了解晶面演变是如何通过化学方式实现的。更重要的是，选择性使用小分子吸附物使得合成纳米晶体成为可能，不仅具有明确定义的晶面，而且具有其他合成策略无法实现的形态。

表3.4　常用于控制晶体生长的配体

配体类型	配体举例
表面活性剂/聚合物	聚乙烯吡咯烷酮、十六烷基三甲基溴化铵、油胺和羧酸类等
小分子或离子	卤化物阴离子、一氧化碳、二氧化氮、硫氢根阴离子、胺类和甲醛等
生物分子	白蛋白、RNA、结合肽和噬菌体等

（2）电化学法   电化学晶面刻蚀是一种独特的可合成具有高指数面纳米粒子的方法。高能和清洁的晶面通常显示出高催化活性。例如，球形 Pt 纳米颗粒经方波电化学处理后得到了具有 24 个高指数面（如（730）、（210）和（520）等）的纳米晶体（图 3.46），而且这些纳米晶在高达 800℃ 的温度下仍是稳定的。

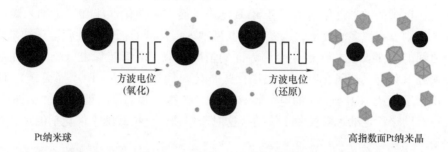

图 3.46   电化学方波电位法合成具有高指数面 Pt 纳米晶的方案

（3）欠电位沉积法   欠电位沉积法主要用于控制单金属和合金纳米结构的形状演变和晶面暴露。欠电位沉积是一种现象，即外来的金属可以单层或亚单层地沉积到目标金属基材上，负电位的大小明显低于本体沉积。例如，Ag 通过欠电位沉积形成的单层可以选择性地保护 Au 的特定晶面，并抑制其进一步生长，从而使得保护的面生长较慢并成为最终结构中的主要暴露晶面。同时，该方法除了可以控制晶面生长，还可以直接用于在不同形状的金属纳米晶体上设计高催化单层，以提高催化活性，特别是在那些本来就具有高指数晶面的晶体。

（4）种子生长法   种子生长法已经广泛应用于单金属材料的制备以及核壳双金属纳米晶体外壳金属定义的晶面构筑，是一种有效的可以从低指数晶面的晶种中产生具有高催化活性表面的方法。多项研究表明，利用尺寸均匀的金属纳米晶体可以制备出具有特定形状和晶面的单金属纳米晶体。值得强调的是，在种子生长法中，所制备的核壳纳米晶体的结构形态除受到使用的特定晶面引导剂的强烈影响，还高度依赖于生长条件，因此不一定延续种子纳米晶体的形态。

2. 纳米晶体催化界面

除了表面位点，纳米粒子和伴随组分之间的界面位点通常是发生催化反应的场所。由外来成分诱导的界面可能赋予纳米催化剂增强的催化活性、选择性和稳定性。为了开发具有高催化性能的纳米结构纳米催化剂，主要考虑三种类型的界面相互作用，包括金属-金属、金属-氧化物和金属-有机界面。为了优化纳米催化剂的催化性能，需要适当选择特定的伴随组分（金属、氧化物或有机吸附物）和初级纳米催化剂，以调控电子效应或空间效应。

当两种不同的金属结合在一起形成双金属纳米结构时，会形成以下几种特殊结构：①合金结构；②核壳结构，仅暴露一种金属；③异质结结构，两种金属及其界面均暴露。双金属纳米结构中的两种金属成分可以相互作用产生协同催化的效果。双金属纳米催化剂中的协同效应通常是由金属之间的电荷转移或结构应变引起的电子结构变化、两种金属的界面协同和界面稳定引起的。其中，金属异质结纳米材料在许多液体有机催化反应中表现出增强的催化活性，如葡萄糖氧化和 $NaBH_4$ 对对硝基苯酚的催化还原。研究发现，主要催化金属组分和伴随金属之间的电荷转移在高催化活性中起重要作用。例如，具有冠珠结构的 Pd-Au 纳米材料在催化氧化中表现出显著增强的催化葡萄糖活性。金属-金属界面在气相催化中也起着突出的作用。据报道，与纯 Pt 相比，具有实质性界面的 Pt-on-Au 树枝状纳米结构对 CO/H_2 混合物中的氢气氧化表现出增强的 CO 耐受性。

在氧化物负载的纳米催化剂中，金属-氧化物界面在其催化性能和稳定纳米颗粒的烧结中起着重要作用。在许多研究中，已经将负载型纳米催化剂的催化活性归因于纳米颗粒与氧化物载体之间的界面效应。与金属-金属界面的情况类似，电荷转移也可能发生在纳米级界面，从金属到氧化物或从氧化物到金属以促进催化。例如，在 $Au-TiO_2$ 界面，当 TiO_2 表面有缺陷，就会发生从 TiO_2 到 Au 的电荷转移，反之亦然。除了提高催化活性，许多金属-氧化物界面还有助于稳定纳米颗粒免于烧结，这对于单独研究负载纳米催化剂的尺寸和支撑效果至关重要。

在金属有机化合物中，配体-金属或金属-配体之间电荷的转移与配体的空间性质，不仅影响其光学特性，而且在各种均相催化反应（如交叉偶联反应、环化、重排和环异构化等）控制反应活性和选择性方面起着关键作用。多数情况下，纳米晶体表面上存在的有机封端配体阻碍了它们的催化活性。然而，同时也有研究表明，纳米粒子表面的封端配体可以有效地控制各种纳米粒子催化液相反应的化学选择性和对映体选择性。

3. 常见纳米晶体催化剂

（1）金属纳米粒子催化剂　使用此类催化剂的以 Pt、Rh、Ag、Pd 等贵金属为主，还有 Ni、Fe、Co 等非贵金属。对于金属催化剂，催化效率与金属在载体中的分散状态和粒径有关。如纳米铑作为催化剂应用到聚合物的氢化反应，由于烯烃双键往往与尺寸较大的官能团烃基相邻接，使双键很难打开，加入粒径为 1nm 的铑微粒后，氢化反应可顺利进行，并且氢化速度与金属铑粒子的粒径成反比。

（2）负载型金属粒子催化剂　通常把粒径为 1~10nm 的金属粒子催化剂先分散到载体材料的表面、空隙中，然后在载体上固定。用作衬底的材料一般为无机材料，以硅酸类为主，其次有金属和金属氧化物、活性炭、沸石等。

（3）金属氧化物纳米粒子及其负载型催化剂　金属氧化物如 TiO_2、CdS、ZnS、PbS、PbSe 等纳米粒子及其负载型催化剂，如 TiO_2 等半导体纳米粒子的光催化效应在化工等方面有着重要应用。

3.2.2　纳米结构的光催化

光催化反应是利用光能进行物质转化的，是在光和光催化剂的共同作用下进行的化学反应。其催化原理为：在光的照射之下，半导体材料价带中的电子吸收光子能量而发生跃迁进入导带（图 3.47），同时在导带产生空穴，生成的一组电子-空穴对可与水分子和氧气发生反应，产生具有高氧化性的物质，进而引发一系列的氧化还原反应。光催化材料的带隙有一定的范围要求，不可太宽或者太窄。通常来说，具有光催化特性的半导体材料的带隙能垒为 1.9~3.1eV。因此，常用作半导体光催化的材料有 TiO_2、Fe_2O_3、ZnS、CdS、PbS、PbSe 和 $ZnFe_2O_4$ 等。其中，TiO_2 具有优异的氧化能力、化学稳定性、低成本和无毒等优点，得到了广泛的研究和应用。

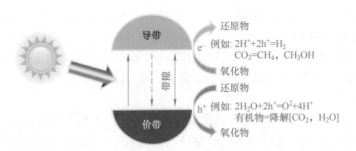

图 3.47　光催化反应示意图

1. 影响光催化活性的因素

（1）半导体的能带位置　半导体的带隙宽度决定了催化剂的光学吸收性能。半导体的光吸收阈值 λ_g 与 E_g 有关，其关系式为 $\lambda_g = 1240/E_g$。半导体的能带位置和被吸附物质的氧化还原电势，从本质上决定了半导体光催化反应的能力。热力学允许的光催化氧化还原反应要求受体电势比半导体导带电势低，而给体电势比半导体价带电势高。导带与价带的氧化还原电位对光催化活性具有重要影响。价带或导带的离域性越好，光生电子或空穴的迁移能力越强，越利于氧化还原反应发生。对于光解水的光催化剂，导带位置必须比 $H^+/H_2O(-0.41eV)$ 的氧化还原势低，才能产生 H_2；价带位置必须比 $O_2/H_2O(+0.82eV)$ 的氧化还原势高，才能产生 O_2。因此发生光解水必须具有合适的导带和价带位置，而且考虑到超电压的存在，半导体禁带宽度 E_g 应至少大于 1.8eV。目前常被用作光催化剂的半导体大多具有较大的禁带宽度，这使得电子-空穴具有较强的氧化还原能力。

（2）光生电子和空穴的分离与捕获　光激发产生的电子和空穴可经历多种变化途径，其中最主要的是分离和复合两个相互竞争的过程。对于光催化反应，光生电子和空穴的分离与给体或受体发生作用才是有效的。如果没有适当的电子或空穴捕获剂，分离的电子和空穴可在半导体粒子内部或表面复合并放出荧光或热量。空穴捕获剂通常是光催化剂表面吸附的 OH^- 基团或水分子，可生成活性氧（ROS）·OH，它无论在吸附相还是在溶液相都易引发物质的氧化反应，是强氧化剂。光生电子的捕获 ROS 剂主要是吸附于光催化剂表面上的氧，它既能够抑制电子与空穴的复合，同时也是氧化剂，可以氧化已经羟基化的反应产物。此外，在实验中，经常在反应体系中额外加入空穴或自由基捕获剂（常用的自由基捕获剂有甲醇、异丙醇和 KI 等）或电子捕获剂（常用的电子捕获剂有 SF_6、Ag^+、H_2O_2 和 O_3 等），用于研究光催化反应机理或加速光催化反应。因为作为良好电子受体的电子捕获剂，它能够快速捕集光生电子，也可以抵消反应体系缺氧的倾向，以至于尽可能地抑制光生电子与空穴复合，使它们各自更有效地参与目标反应。

（3）晶体结构　除了对晶胞单元的主要金属氧化物的四面体或八面体单元的偶极矩的影响，晶体结构（晶系、晶胞参数等）还影响半导体的光催化活性。TiO_2 主要有两种晶型：锐钛矿和金红石。两种晶型结构均可由相互连接的 TiO_6 八面体表示，两者的差别在于八面体的畸变程度和八面体间相互连接的方式不同。结构上的差异使两种晶型有不同的质量密度及电子能带结构。锐钛矿型的质量密度略小于金红石，且带隙能（3.2eV）略大于金红石（3.1eV），这使其光催化活性比金红石高。

（4）晶格缺陷　根据热力学第三定律，除了在绝对零度，所有的物理系统中都存在不同程度的不规则分布，实际晶体都是近似的空间点阵式结构，总有一种或几种结构上的缺陷。当有微量杂质元素掺入晶体时，也可能形成杂质置换缺陷，这些缺陷的存在可能对光催化活性产生非常重要的影响。有的缺陷可能成为电子或空穴的捕获中心，抑制了两者的复合，以至于光催化活性有所提高，但有的缺陷也可能成为电子-空穴的复合中心而降低反应活性。

（5）比表面积　对于一般的多相催化反应，在反应物充足的条件下，当催化剂表面的活性中心密度一定时，比表面积越大则活性越高。但对于光催化反应，它是由光生电子与空穴引起的氧化还原反应，在催化剂表面不存在固定的活性中心。因此，比表面积是决定反应基质吸附量的重要因素，在晶格缺陷等其他因素相同时，比表面积越大则吸附量越大，活性也越高。然而，实际上，由于对催化剂的热处理不充分，具有大比表面积晶体的结晶程度往往较低，存在更多的复合中心，所以活性会降低。

（6）半导体粒径尺寸　半导体颗粒的大小强烈影响光催化剂的活性。半导体纳米粒子比普通粒子具有更高的光催化活性，其原因主要有：①纳米粒子表现出显著的量子尺寸效应，主要表现在导带和价带变成分立能级，能隙变宽，价带电位变得更高，导带电位变得更低，这使得光生电子-空穴具有更强的氧化还原能力，提高了半导体光催化氧化污染物的活性；②纳米粒子的表面积很大，这大大增加了半导体吸附污染物的能力，且由于表面效应使粒子表面存在大量的氧空穴，使反应活性点明显增加，从而提高了光催化降解污染物的能力；③对于半导体纳米粒子，其粒径通常小于空间电荷层的厚度，在此情况下，空间电荷层的影响可以忽略，光生载流子可通过简单的扩散从粒子内部迁移到粒子表面而与电子给体或受体发生氧化或还原反应。而通常认为光生载流子的复合时间为 10ns，这意味着对于半导体粒子，粒径越小，电子和空穴复合的概率就越小，光催化活性就越高。然而纳米粒子光催化剂在开放环境体系的污染控制应用中，正面临着如何有效固定化且同时保持高效活性的问题，而且实际应用中还需要解决纳米粒子严重团聚的问题。

2. 提升光催化性能的常见方式

为了提高 TiO_2 的光催化性能，可以引入结构缺陷，如氧空位和 Ti^{3+}，以降低其禁带宽度，增强光吸收特性。除此之外，TiO_2 纳米材料表面的氧空穴可以作为电子给体为异相催化提供活性位点，提升主体材料的催化性能。向 TiO_2 晶格中掺杂金属或过渡金属是引入氧空穴最直接的方法。通过溶剂加热的方法，在还原性 H_2 中高温处理制备出氧缺陷掺杂的 TiO_{2-x} 单晶，并将其用于氧化还原催化反应中。制备出的氧缺陷掺杂的 TiO_{2-x} 单晶催化剂具有优异的氧化还原催化活性、循环稳定性以及耐甲醇性，优异的催化性能来自于以缺陷为中心的氧还原机理。

对于光催化反应，催化剂的高比表面积能够极大地提高催化剂的活性和吸附能力。将纳米技术应用到催化剂的制备中，能够制备出催化效果更加优异的催化剂。因此，除了使用掺杂或复合的方式提高半导体材料的光催化性能，增加半导体催化剂的比表面积，为其光催化提供更多的活性位点，调控催化剂的晶相等也可以提高其光催化活性。合成过程中，控制模板剂的量不变，通过调控合成条件，如盐酸的浓度、种子的密度以及煅烧温度等可制备出不同形貌、不同尺寸及不同晶相的介孔 TiO_2 单晶。经过光催化测试，由于制备的介孔 TiO_2 单晶具有较高的比表面积、单晶性质、活性晶面暴露于外表面以及相互连接的孔结构，导致其在光解水产氢和降解甲基橙的反应中活性较高。同时研究发现，金红石相二氧化钛的

（001）晶面利于光还原反应，而锐钛矿相二氧化钛的（001）晶面利于光氧化反应。

　　TiO$_2$ 光催化氧化还原反应示意图如图 3.48 所示。

　　高效光催化剂的开发已成为研究热
点，因为其在太阳能资源开发和环境净
化方面的转化效率起着至关重要的作用。
光催化剂的光催化性能主要取决于光吸
收、电荷产生和分离、表面性质以及结
构稳定性等行为。由于其独特的优势
（高比表面积、可调孔隙率和可改性表
面），多孔二氧化硅提供了一个有趣的平
台来构建明确定义的纳米结构，如核壳、
蛋黄壳和其他特定结构，可有效改善一

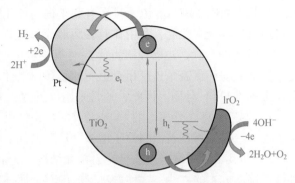

图 3.48　TiO$_2$ 光催化氧化还原反应示意图

个或多个上述光催化行为。通常，具有中空形态的结构利于光散射和表面积的扩大，而用二
氧化硅包覆或结合可以改变光催化剂的表面性质，以增强反应物的表面吸附和催化剂的物理
化学稳定性。

3.2.3　纳米结构的电催化

　　电催化是指能够促进或抑制在电极与电解质体系界面上进行的电子转移化学反应，电极
及搭载的催化剂起传递电子和对反应底物进行活化促进电子的转移而本身并不改变，或者是
催化剂在反应过程中与底物发生作用实现转化的一类化学作用称为电催化作用，是一种高级
的氧化技术。

　　依据催化剂性质及在电催化过程是否发
生氧化还原反应，电催化分为氧化还原电催
化和非氧化还原电催化两种，如图 3.49 所
示。通过调节电极点位，可改变电极反应速
度。根据计算，过电位改变 1V，活化能降低
40kJ，就可使反应速率增加 10^7 倍，如果采用
升温的方法使反应速率增加 10^7 倍，那么必须
把温度从室温升高到 600K 左右，这对反应设
备的要求和能耗将大大提高。而且，调节电
极点位的方法也较易控制电极反应的方向。

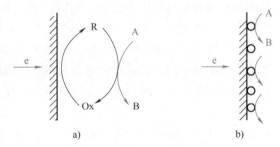

图 3.49　不同化学反应的电催化示意图
a）氧化还原电催化　b）非氧化还原电催化

通过控制电位和选择适当的电极、溶剂和催化剂等，使反应朝着人们希望的方向进行，减少
副反应，从而得到较高产率和较纯净的产品。

　　由于电化学反应的特殊性，电催化反应必须使用导电金属催化剂或合金催化剂。目前电
催化的研究主要使用贵金属催化剂（Pt、Pd 和 Au 等）、碳基催化剂、过渡金属氧化物催化
剂以及这些材料的复合或者杂化材料。

1. 贵金属催化剂

　　在贵金属催化剂研究中，铂元素是目前研究最为广泛和最常用的催化剂，其可以有效地
提高氧化还原反应速率。但是，由于 Pt 的价格较高，限制了它的大规模工业化应用。因此，

在不降低电催化效率的情况下，应尽可能减少 Pt 的用量。同时，催化剂表面电子特性以及催化剂表面原子电子排列或协调性直接影响其电催化效率。因此，改善 Pt 催化剂的表面性质，包括表面电子结构和原子排布有利于提高催化剂的催化活性和稳定性。通过改变电子结构可以改变其吸附性能，利用在其表面形成氧化物，从而提高电催化活性。计算结果表明，开放晶面（如台阶、边缘和扭折等）对氧物种的吸附比基础晶面更加强烈，所以开放晶面是因为被氧物种覆盖而具有相对更弱的氧还原活性。阶梯面上氧还原的主要活性位点位于平台面上的（111）晶面。因此，通常采用以下方法来提高贵金属催化剂的表面结构：

1）调控暴露在外表面的 Pt 晶面或形状，尽可能地使活性最高的晶面暴露在外表面。增加表面积，使暴露在表面的原子增多，从而增加活性位点。

2）与其他金属结合生成合金、核壳结构多金属纳米晶，这是最有效地提高贵金属催化性能、降低成本的方法。这种方法形成的双金属体系不仅结合了不同金属自身的特性，而且不同金属之间发生相互协同作用会产生新的性质。

3）定向制备多孔贵金属催化剂，增加催化剂的比表面积。较大的比表面积为催化反应提供活性位点，存在的多孔结构利于电解液、反应物和产物的高效传质。这不仅可以提高贵金属催化剂的电催化活性，而且可以减少贵金属的用量，降低成本。

除了上面提到的方法，使用其他材料修饰 Pt 等贵金属，如金属簇、分子、离子、有机或无机化合物，也可提高材料的活性和稳定性，使金属催化剂呈现出特殊的性质，例如提高催化剂的亲水性也是提升电催化活性的重要方法之一。

2. 碳基催化剂

碳基的非金属催化剂是最具潜力的，也是目前研究最多的非贵金属催化剂。与贵金属、金属、金属合金、过渡金属、过渡金属氧化物和过渡金属氮化物等催化剂相比，多孔微结构的碳材料具有较高的比表面积、孔容、电导率和孔径分布可控等优点，可作为电催化剂用于氧还原和氧析出的催化反应中。但是，碳材料稳定的结构使其本身往往不具备催化活性。通常采用杂原子（如 B、N、S、Se、P 和 F 等）掺杂来改善其电催化活性。例如掺入的氮原子会影响碳原子的自选密度和电荷分布，使得碳材料表面产生活性位点，这些活性位点可以直接参与催化反应。这里说的碳基非金属催化剂是非金属掺杂的碳材料，而碳基非贵金属催化剂是过渡金属氮碳类催化剂（M-N-C）。这两类催化剂具有类似的组成和结构，都是以碳材料为主体，在碳材料上进行掺杂、负载或包覆金属（非金属）元素。过渡金属氮碳类催化剂本身就掺入了氮元素，而很多掺杂碳材料残留了制备过程中的金属催化剂，所以这两种催化剂的活性中心存在很大的争议，可能是掺入的非金属元素也可能是金属元素。

（1）非金属掺杂碳材料　非金属掺杂碳材料是指一些非金属元素取代碳材料石墨晶格中的某些 sp^2 杂化的碳原子形成的碳材料。碳材料的掺杂能够改变材料的电子特性，可以得到氧还原催化活性和稳定性都比较理想的非金属催化剂。例如，通过向碳纳米管中掺杂氮原子使邻近的碳原子带有相对较高的正电荷密度，结合排列纳米管可以使制备的材料按照四电子途径发生氧化还原反应，并且其起始位点和半坡电势以及极限电流密度都优于商品化的铂催化剂。

除了向碳材料中掺杂单一元素来提高其电催化活性和稳定性，利用不同元素之间的协同效应，在碳材料中掺入不同种类的杂原子可以更加有效地提高碳材料的电催化活性。例如，氮、磷原子共掺杂的石墨烯片层碳材料具有优异的氧还原和氧析出催化性能，$10mA/cm^2$

时，氧析出的超电势为 0.741V，优于其他非金属催化剂的催化活性。这种优异的催化性能主要来源于氮、磷两种元素的协同作用，更多的暴露在催化剂表面的活性位点和石墨烯复合后提高了电导率，并且该催化剂具有高比表面积和多级孔结构，不仅有利于反应物的快速传输，而且为电催化反应提供了场所。

（2）过渡金属氮碳类催化剂　除了非金属掺杂可以提高碳材料的催化活性外，在碳材料中引入过渡金属也可以提高碳材料的电催化活性。材料中元素的组成以及不同组分间的相互作用决定了材料自身的催化活性。与其他过渡金属掺杂的碳材料相比，铁和钴掺杂的碳材料在氧化还原反应中具有更优异的催化活性。但是这两种金属提高碳催化活性的方式不同，如电催化中 Co-N-C 催化剂的活性接近于非金属 N-C 催化剂的活性，表明钴元素不参与电催化反应，只是协助氮元素掺入到碳材料中。与钴元素不同，在碳材料中掺杂的铁元素和氮元素能产生协同作用，掺入的铁元素可以直接参与电催化反应。

除了金属种类，金属的含量对 M-N-C 的结构和性能的影响也很大。M-N-C 中金属含量控制因素很多，由金属前驱体的用量、氮源的种类、碳载体的性质以及热处理的条件共同控制。金属前驱体不仅用于形成活性中心，同时还起到催化材料石墨烯化的作用，所以一般情况下都是过量的。热解过后多余的金属杂质将被酸洗除掉。通常情况下，M-N-C 内金属质量分数都在 10% 以下。M-N-C 一般有一个合适的金属含量，即使是同一种金属，最合适的金属含量也会随着使用的碳载体或氮源的不同而变化。

综上可知，非金属掺杂、过渡金属掺杂以及共掺杂可以有效地提高碳材料的电催化活性，有些非金属掺杂、过渡金属掺杂或共掺杂碳材料的催化活性优于 Pt/C 催化剂。与贵金属催化剂相比，其催化活性较高且成本低，可取代贵金属催化剂应用于电催化领域。

3. 过渡金属氧化物催化剂

常用于氧还原和氧析出等电催化反应的过渡金属氧化物包括 MnO_x、CoO_x、TiO_2、Ta_2O_5 以及混合金属氧化物等。同时通过原位掺入不同过渡金属离子，可以调控纳米晶的光学、电子以及催化性能。

4. 表面微结构对电催化的影响

电催化中，适当的金属-金属异质结有助于提高纳米催化剂的活性和稳定性。在过去的几十年中，大量的研究工作致力于为燃料电池设计具有成本效益的 Pt 电催化剂。其中，Pt-Pd 和 Pt-Au 是最被认可的用于增强电催化的金属-金属异质结。在单晶模型催化中，通过在 Pd（111）表面沉积 Pt 单层，已经报道了氧化还原反应中 Pt 的电催化活性显着增强。在一个特定的电催化反应中，催化剂的形貌和空间界面是影响其催化效果的重要因素，纳米型金属催化剂是实现高效电催化的基础。

3.3　纳米结构的生物学特性

生物医用是纳米材料研究的一个重要领域，已有大量的基础积累，并且临床转化也正在逐步推进，有望革新传统医学技术和药物制剂。该领域关注纳米材料作为载体、诊疗制剂和影像增强剂的生物学特性和作用效能，其中作用效能的强弱取决于生物学特性。本节主要阐述纳米材料靶向递送能力、器官分布的粒径依赖性、生物相容性和纳米毒理学方面的生物学特性，旨在为纳米材料的生物医用凝练共性基础。

3.3.1 靶向递送能力

对于纳米材料，想要穿过血液循环系统进入特定细胞内执行复杂任务的要求有很多。其中，最大的限制条件就是尺寸问题。直径在50nm以内的材料才能通过血管壁，100nm以内的才能被细胞内吞。目前，只有人工合成的纳米器件，即大小在100nm以内的人工合成纳米粒子能够满足上述条件。现在已经有一些真正的纳米分子结构被合成并应用于药物输送、基因转染、抗微生物治疗等多种生物医学环境中。近年来，随着纳米技术的进一步发展，利用纳米科学和技术在生物医学领域的进一步研究，为疾病的诊断和治疗开辟了新的途径。肿瘤学中，纳米药物已被作为一种治疗方法，是将化疗药物或生物制剂转移到肿瘤细胞的重要载体。然而，纳米材料生物学分布取决于个体的生物学障碍，其通过组织的路径包括皮肤、黏膜、肺、肠道、血液等。例如血管内的纳米材料运输，其障碍显示在以下几个方面：①肝脏和脾的免疫清除；②通过内皮细胞渗透到靶组织中；③通过组织间隙渗透；④胞吞作用进入靶细胞；⑤扩散作用通过细胞质；⑥进入细胞核。如此众多的生理学障碍成为限制纳米材料顺利抵达病灶部位的生理学障碍。对于药物施用，纳米材料的好处可能是由于更好的药物溶解性，浓度效应或体内循环时间比药物更长。本节结合纳米材料在生物体内运输过程中所遇到的各种障碍，结合当前纳米科学的发展，简述多功能纳米材料如何克服重重阻碍，穿透组织并进入目标细胞。

1. 纳米材料进入细胞的机制与途径

（1）纳米材料的皮肤渗透　皮肤是身体最大的器官，成人皮肤表面积为 $1.5 \sim 2.0 m^2$，厚度小于2mm，由表皮、真皮和皮下组织三层组成。所有这些组织为外部环境提供防御屏障，药物透过皮肤渗透运输过程中的速率受限于角质层。目前，已经研究设计了几种方法来增强透皮药物的输送，使用渗透促进剂或通过物理手段如超声透入、电穿孔和微针来破坏表皮，已证实其部分方法可以增强纳米粒子的局部递送。

（2）纳米材料的静脉注射　纳米材料可通过静脉注射进入生物体中。其进入静脉的第一道屏障是包含有网状内皮组织系统的肝脏和脾，它们可以迅速地把外源微粒从循环系统中去除。第一道屏障是血管内皮组织，其阻碍纳米材料穿透进入病灶。在正常的生理状态下，一定尺寸的纳米材料并不能穿过毛细血管的内皮组织。然而，当生物体发生病变时，例如癌症的发生或炎症性的肠道疾病，由于其内皮细胞病变后间隙的增加或因炎性细胞激素的活化作用致使内皮细胞失去完整的细胞组织，从而使纳米颗粒可以从血管系统的病变位置通过内皮细胞间隙穿透。纳米颗粒从毛细血管溢出后，面临的第三道屏障是如何穿过稠密的间隙空间和细胞外基质进而到达目标细胞。细胞间隙和胞外基质为组织提供了结构的完整性，对纳米颗粒从毛细血管运输到目标细胞形成重重障碍。

（3）纳米材料穿越组织黏膜　黏膜表面可保护我们身体的所有主要门户，广泛存在于鼻、肺、肠、胆囊、泌尿膀胱和生殖器通道。黏液用于从底层细胞中排除病原体和其他危险物质，仅允许营养物质、蛋白质和必需分子的扩散。它是黏膜组织的主要防御机制，能有效地捕获并去除纳米和微米尺寸的物体，如病毒和细菌。然而，对于病原体，可通过分泌黏液溶解剂（如黏蛋白酶和唾液酸酶）来有效穿透黏液层的策略。例如，流感病毒利用神经氨酸酶蛋白切割黏液层上的唾液酸基团，从而允许黏膜屏障渗透。

（4）纳米材料穿透健康细胞　对于纳米材料，另一重障碍就是血浆薄膜和细胞定位。纳米材料不可能简单地通过扩散作用进入细胞，相反，它们需要通过内吞作用、胞饮作用及吞噬作用。这种内化的机制取决于纳米颗粒的尺寸大小、表面性质以及细胞的种类。假使纳米颗粒可通过稠密的细胞质进入细胞核，那么其尺寸必须小于核膜上的孔径（该孔径约为9nm）。因此，合理设计纳米材料，使其通过这些重重障碍，从而准确地将药物运输到目标细胞并释放进而治疗各种疾病成为最重要的前提。正常内皮细胞的阻碍性能是依靠附着在血管和淋巴管上的单层内皮细胞形成的内皮组织。这层内皮细胞是连续的网状结构，在正常的毛细血管中这层连续的内皮组织包含了一个含有 50~60nm 宽小孔的基膜，可确保小分子营养物质或氧分子顺利通过，同时限制了大分子物质通过。连续的内皮组织在大多数动脉、大脑的静脉和毛细血管、皮肤、肺、心脏和肌肉中都有发现。健康的内皮细胞固定在连续的基底膜上并紧密连接。

（5）纳米材料通过 EPR 效应进入病变细胞　在某些病例条件下，上皮细胞会发生一些变化，而这种变化使得纳米颗粒可以顺利通过该层障碍，这种现象被称为高通透性和滞留效应（Enhanced Permeability and Retention Effect，EPR 效应），由 Matsumura 和 Maeda 共同提出。正常组织中的微血管内皮间隙致密、结构完整，大分子和脂质颗粒不易透过血管壁，而实体瘤组织中血管丰富、血管壁间隙较宽、结构完整性差，淋巴回流缺失，造成大分子类物质和脂质颗粒具有选择性、高通透性和滞留性。这种因为肿瘤血管系统增强的渗透性允许纳米颗粒从血管进入组织中。据报道，肿瘤血管中，这种孔径为 380~780nm。因此，设计依靠 EPR 效应靶向肿瘤的纳米药物尺寸应小于该孔径的大小。近年来，依靠 EPR 效应设计出的抗肿瘤纳米药物广泛应用于医学治疗诊断中。

2. 影响纳米材料在肿瘤组织和细胞中输送的主要因素

（1）肿瘤间质　间质是一个动态和复杂的环境，包含细胞外基质，由微纤维弹性蛋白、胶原蛋白网络、糖胺聚糖和形成交联凝胶样结构的蛋白多糖组成。肿瘤细胞间质比正常细胞基质更致密，是纳米颗粒转运的主要障碍。流体从毛细管滤液以比毛细管流体流速低的速度（0.1~4m/s）流入血管外空间。纳米颗粒由于尺寸较大而在细胞外基质中遇到扩散限制，因此常积累在肿瘤周围，而没有到达核心区域。此外，许多药物可能会与基质结合，从而进一步降低转运率。

（2）间质中的距离　纳米颗粒一般通过扩散和对流来实现在间质中的输送，对于尺寸较小的颗粒，输送主要通过扩散。扩散效能则取决于纳米颗粒的尺寸、形状、电荷、溶解性等，同时还与实体瘤中纤维胶原所形成的网状结构有关。尽管小至几纳米的化学分子可以快速穿过间质空间，但纳米颗粒如 100nm 的脂质体却不能在密集的间质中移动，若间质中的距离过大，将极大地影响其穿透效率。

（3）间质液压　间质液压是使氧气、营养物和废物等从毛细血管通过间质间隙，肿瘤区域的间质液压显著增加，从 5~100mmHg（1mmHg=133.322Pa），由于其升高的间质液压会导致肿瘤区域蛋白质和许多其他分子从间质血管向外流增加，造成肿瘤中的乏氧环境。同时，也会影响纳米材料向其内部扩散。

（4）酸碱度　与正常组织相比，肿瘤细胞内部表现出较低的 pH 值。因为氧气缺乏，肿瘤细胞在无氧环境中主要通过糖酵解代谢，而非有氧呼吸。在糖酵解中产生的氢离子被输送到肿瘤间质，导致其酸性环境的出现。虽然酸度的上升本身不会造成纳米材料输送的性质变化，但有可能会影响材料的稳定性和其他性质，进而造成其运输的改变。

3.3.2 器官分布的粒径依赖性

纳米颗粒进入体内后，可以到达毛细血管以及循环细胞，随后通过循环系统转运并积累到心、肝、脾、肺、肾和脑部等多种器官。小颗粒可以明显延长循环时间，且在一些实例中可以穿透血脑屏障定位到脑中，也可以从毛细血管渗透出，到达细胞间质。所以这些小颗粒可以在体内到达一般无机矿物质无法到达的位置，对于不同粒径大小的纳米粒子，不同器官区域毛细血管内皮细胞的致密程度有差异，其在体内主要分布的器官也不相同。纳米粒子器官分布的影响因素除了粒径大小，也有诸多其他因素，如：粒子表面的带电性质、亲疏水性质；生物体的类别以及健康状况，是否有器官性疾病、发炎等；粒子进入人体的途径；不同器官的积累量会动态变化等。研究显示，口服不同尺寸（58nm、28nm、10nm 和 4nm）的金属胶体金纳米颗粒后，最小粒径（4nm）的金粒子在肾、肝、脾和肺部的积累增加，甚至能在脑中发现该粒子。但最大尺寸（58nm）的粒子几乎全部只存在于胃肠道中。13nm 大小的胶体金珠，经过腹腔注射后，在肝脏和脾脏中金含量最高。而经过聚乙二醇修饰后的金颗粒，静脉注射后，30min 内这些颗粒主要聚集在肝脏，这可能与聚乙二醇化（用聚乙二醇包覆）导致的循环延长有关。一项针对不同粒径纳米颗粒静脉注射后器官分布特征的研究表明，10nm 粒子的分布与较大粒子的分布有明显差异。10nm 颗粒存在于血液、肝脏、脾脏、肾脏、睾丸、胸腺、心脏、肺和大脑等器官系统中，而较大的颗粒仅存在于血液、肝脏和脾脏中。上述结果也同样证实了：纳米粒子的组织分布是大小依赖的，小尺寸粒子显示出最广泛的器官分布。

3.3.3 生物相容性

纳米结构材料在医药生物学中的作用，可以是直接作用，如纳米物质作为组织工程学材料直接用于疾病的治疗或诊断；也可以作为药物的载体或者复合物发挥间接作用。当物质的尺寸减小到纳米尺度，单位体积的比表面积极大，最高可达几千 m^2/cm^3，表面原子占总原子的比例明显升高。巨大的比表面积使得物质的表面能极高、极不稳定，易与其他原子结合，如最常见的纳米颗粒极易发生团聚就是一个明显的例证。这种超高的反应活性使纳米材料进入生命体后，其化学特性和生物活性与化学成分相同的常规物质有很大不同。国内外初步的动物学实验和细胞学实验结果表明，普通无害的微米物质一旦细分成纳米级的超细微粒后，就会出现潜在毒性，且颗粒越小，表面活性越大，生物反应活性也越大；纳米材料进入机体和细胞，通过血脑、血睾和肺血屏障的概率与常规物质相比大大增加。

在这种情况下，人们对纳米材料的生物安全性提出了质疑，如纳米材料进入体内的关键途径、进入体内的纳米颗粒一些特殊的生物化学行为及这些生物化学行为所导致的特殊的毒理学效应等，这都是目前发展纳米科技的同时需要考虑的问题。只有对纳米材料的生物安全性有了清楚的了解，才能有助于纳米产业把纳米材料对生物的影响降到最低，减少政府和公众对此问题的担忧，保障纳米科技健康和可持续发展。

1. 生物相容性的概念

生物机体对纳米粒子的作用涉及生物相容性的问题。相容性是指两种物体在一起共存的性质。具有相容性意味着一种物体或一个系统能够与另一个物体或另一个系统良好地共存而相互之间不产生损伤作用。根据国际标准化组织（International Organization for Standardization，ISO）会议的解释，生物相容性是指生命体组织对非活性材料产生反应的一种性能。纳米粒子的生物相容性是指纳米粒子在生物体内存在时与生物体相互作用的性质，而不管这种纳米粒子是以何种方式或途径进入生物体。纳米结构材料不仅要在生物条件下和物理机械性上长期稳定，而且应对人体的组织、血液、免疫等系统无不良影响，即无毒性、组织相容性、血液相容性等。

纳米材料与机体之间存在反应，会使各自的功能和性质受到影响，不仅使纳米材料变形、变性，还将对机体产生各种潜在的危害。

（1）组织反应　当包括纳米结构材料在内的各种生物医用材料与人体心血管组织接触时，局部组织会产生一种机体防御性反应。例如，材料周围组织将出现白细胞、淋巴细胞和吞噬细胞聚集，发生不同程度的急性炎症。当材料有毒性物质渗出时，局部炎症不断加剧，严重时会出现组织坏死，淋巴细胞浸润，逐步出现肉芽肿甚至癌变。

（2）血液反应　材料与血液直接接触时，血液和材料之间将产生一系列生物反应。通常材料表面在与血浆接触时，首先吸附血浆蛋白，如白蛋白、γ球蛋白、纤维蛋白原等，接着发生血小板黏附、聚集并被激活，同时也会激活凝血因子，随后血小板和凝血系统进一步相互作用，最后形成血栓。

（3）免疫反应　生物机体的免疫系统是安全保护屏障，可防御侵害人体健康的物质和引起疾病的感染源以及其他环境因素。其功能有两种主要机制：第一种是非特异性免疫反应，如单核巨噬细胞、粒细胞和异体巨噬细胞都属于非特异性防御的范畴；第二种是针对诱导物的特异性和适应性机制，如淋巴细胞、巨噬细胞及其细胞因子产物都属于特异性防御的范畴。免疫系统可对侵入的微生物和异物进行不同方式的应答，包括抗体对微生物、病毒表面抗原反应的体液免疫应答以及由 T 细胞、巨噬细胞、单核细胞介导的细胞免疫应答。

免疫毒性物质可对免疫体系产生有害的作用，改变免疫系统微妙的平衡，发生以下有害反应：①由于免疫系统中的一种或多种损伤或功能削弱而发生免疫抑制反应，造成免疫功能抑制或机体的正常防御功能被损害；②由于特殊免疫应答中的化学物质或蛋白引起的刺激，引起超敏和变态反应性疾病；③由于直接或间接刺激自体应答或自体免疫，引起自身免疫性疾病。

生物相容性反应的主要分类如图 3.50 所示。

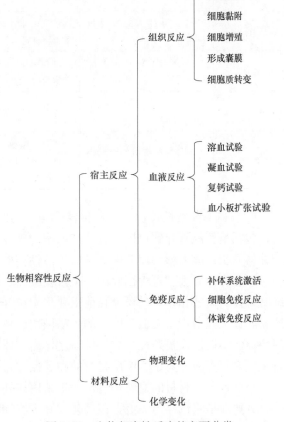

图 3.50　生物相容性反应的主要分类

2. 纳米生物材料生物相容性评价方法

纳米生物材料进行生物相容性评价是纳米生物材料能否进入临床研究的关键环节。许多生物材料进入人体后与人体组织接触出现一些异体反应，如凝血反应、免疫排斥反应、炎症反应等。因此，纳米材料生物功能化评估需要建立相应的生物相容性评价标准和方法。

（1）细胞毒性评价 细胞毒性试验是指应用体外细胞培养的方法，通过检测材料或者其浸提液对细胞生长情况的影响来评价材料对细胞的毒性，是检测生物相容性的一种快速、价廉、重复性好的方法。细胞毒性与被测材料的量尤其是表面积有关。目前几乎所有的生物医用材料都必须通过相关试验来检测其是否具有细胞毒性，该试验方法的优越性已在国际上得到认可，具体包括以下几种方法：①四甲基偶氮唑盐微量酶反应比色法（MTT 法）；②Cell Counting Kit 8（CCK-8 法）；③琼脂覆盖法；④细胞形态学；⑤乳酸盐脱氢酶效能测定（又称为 LDH 测定）；⑥分子滤过法等。常见的细胞毒性检测方法见表 3.5。

表 3.5 常见的细胞毒性检测方法

检测方法	检测范围	优点	缺点
MTT 法	适合检测材料溶出物毒性	过程简单、自动化、快速、精准、灵敏	必须使用材料浸提液，有色沉淀物短时间内会褪色
CCK-8 法	适合检测材料溶出物毒性	过程简单，可直接加入细胞样品中，快速、灵敏度高	必须使用材料浸提液，有色沉淀物短时间内会褪色
琼脂覆盖法	适合毒性大的大批量材料	过程简单，适合多种类型生物材料	敏感性受试样溶出物扩散程度的影响
细胞形态学	适合大批量测试细胞毒性	过程简单，可直接观察细胞毒性	所得为大致的估计值，费工费时
LDH 释放法	适合小批量测试细胞毒性	过程简单、易检测	酶活性不易控制
分子滤过法	适合毒性物质分子量小的材料	快速、敏感，可同时观察材料原发性和继发性细胞毒性	影响析出产物从材料中的扩散

（2）血液相容性评价 血液相容性是生物医用材料与血液接触时对血液破坏作用的量度，包括是否能够导致血栓形成、红细胞的破坏、血小板的减少或激活；能否激活凝血因子和补体系统；能否影响血液中各种酶的活性；能否引起有害的免疫反应等方面。其中溶血试验可以作为体外细胞毒性试验的一个重要补充，如果材料有溶血作用，则提示材料可能具有细胞毒性。血液相容性的研究目前主要集中在补体、血小板、白细胞、凝血因子等方面。血液相容性试验对用于心血管体系的生物医用材料发展有着重要的作用，但由于凝血机制和体内环境的多变性及复杂性，故要求通过体内和体外试验从凝血、血小板、血栓形成、血液学或免疫学等多方面对生物医用材料的相容性进行评价。

目前各国对材料的血液相容性评价采用体外、半体内和体内方法。具体包含：①溶血试验，其原理是将试样与血液直接接触，测定红细胞膜破裂后释放的血红蛋白量，以检测试样体外溶血程度；②凝血试验，凝血时间及动态凝血时间，凝血时间试验是使涂于玻璃试管内壁的试验材料与血液接触，判断材料对全血凝固时间的影响；③复钙试验，测试试样阻止富含血小板的血浆中纤维蛋白与钙离子作用的能力；④血小板扩张试验，通过测试血小板与材料表面相互作用（黏附），探讨材料对血细胞的相容性。

（3）组织相容性评价 组织相容性评价试验包括皮下注入和骨内注入两种试验方法，是评价材料生物相容性和安全性的主要体内方法。该方法是将纳米材料注入动物的合适部位（如皮下、肌肉），在一定时期通过组织学切片观察组织变化。皮下注入试验适用于评价长期与组织接触的材料对皮下组织的反应。注入后定期对动物的生物反应进行评价，包括大体观察和组织病理学评价。骨内注入试验是指在试验动物左右肢的同一位置处（一般选择股骨外侧或者胫骨内侧）一侧注入试样，另一侧注入对照材料，试验完毕后对材料周围组织进行生物反应评价。

（4）过敏反应试验 过敏反应试验必须设立阴性对照组，遵循随机化原则分组。以腹腔注射途径给予试验动物浸提液处理，观察动物的生理反应，特别观察末次注射后的变化，如用爪搔鼻、喷嚏、竖毛、抽搐、呼吸困难、尿便失禁、休克、死亡等反应。

3. 调控纳米材料生物相容性的主要方式

纳米结构材料必须具有良好的生物相容性，才能确保其安全地应用于医学领域。纳米生物材料具有较大的比表面积和更高的表面粗糙度，并且多孔的纳米材料能够为营养物质的流动提供通道，使得细胞更容易黏附在材料表面。纳米结构有纳米线、纳米管、纳米棒和纳米颗粒等。但是这些材料的生物活性、生物学性能和表面粗糙度需要进一步提高，那么如何提高纳米材料的生物相容性又成了一个迫切需要解决的问题。通过科研工作者的大量研究得知，对于纳米材料来说，最有效地降低自身毒性，改善材料表面的亲疏水状态、表面电荷、极性等物理量，提高材料的稳定性和生物相容性的方法就是对其进行表面修饰。

未修饰的纳米颗粒由于具有非常大的比表面积和大量的悬挂键，同时颗粒之间由于范德华力作用产生聚沉。但在具体的应用中，需要纳米颗粒能够在水体系里稳定分散，因此表面修饰是纳米颗粒走向应用必不可少的一步。通常表面活性剂是常见的纳米颗粒稳定剂，但是考虑到实际应用中生物相容性的问题，人们已经很少采用表面活性剂作为分散稳定剂以及相转移剂的方法，因为大多数常用的表面活性剂都具有较强的毒性。这时人们需要采用生物相容性好的材料，这些材料一方面吸附在纳米颗粒的表面使纳米颗粒在水相中稳定地分散，另一方面为纳米颗粒提供了一个良好的生物相容性的界面，同时，这些表面修饰材料往往自身具有独特的功能，从而赋予了纳米颗粒其他的一些特性。目前用于修饰纳米颗粒的材料主要有无机材料、有机分子和聚合物等。

（1）无机材料修饰 具有金属核壳结构的纳米颗粒由于易于修饰、稳定性高等特点，一直受到许多科学家的密切关注。包覆在纳米颗粒外层的有金和钆等金属材料，这些包覆层不仅提高了纳米颗粒在溶液中的稳定性，也利于该纳米颗粒在表面键合多种生物配体，如金作为包覆层可以与含巯基的化学、生物分子发生反应。

（2）有机分子修饰 为了得到分散性好的纳米颗粒，非聚合物的有机分子也被用作稳定剂，包括乙醇、有机羧酸（链烷硬酸、链烷膦酸、油酸和月桂酸）、硫酸、硅烷和一些小分子等。但是如前所述，一些表面活性剂本身具有一定的生物毒性，不适合用作修饰在生物医学上应用的纳米颗粒。因此，硅烷和具有生物相容性的小分子则更适合于生物医学上应用的纳米颗粒的修饰，它们一方面可以以化学键与颗粒结合，使颗粒在水相中稳定分散；

另一方面游离的官能团还可以与其他生物分子发生化学键合，使纳米颗粒表面功能化。除了硅烷，常用的小分子修饰剂有谷氨酸、二巯基丁二酸等。

（3）聚合物修饰　聚合物广泛用于纳米颗粒的稳定剂，在使用中有三种方法：①沉淀方法合成纳米颗粒时，聚合物在纳米颗粒表面形成保护层；②对已合成的纳米颗粒进行聚合物修饰，以获得更好的分散效果；③通过反相微乳聚合过程，可以得到聚合物壳的亲水纳米颗粒。

作为保护剂的聚合物分为天然聚合物和合成聚合物两大类。采用聚合物修饰的纳米颗粒具有很多优点，如在溶液中具有很好的分散性和稳定性，表面聚合物分子像游泳圈一样克服重力作用使纳米颗粒悬浮于溶液中，同时与小分子相比，聚合物可以更好地降低纳米颗粒的表面张力，有效防止颗粒团聚。

除了以上表面修饰，选择安全结构、尺寸和剂量的纳米材料也可以提高其生物相容性。例如，同样是碳材料，未经修饰的单壁碳纳米管的毒性要高于多壁碳纳米管，而多壁碳纳米管的毒性又高于富勒烯，即结构对纳米材料的生物效应有明显影响。选择纳米材料作为加工对象时，在不影响功能的情况下，尽可能采用毒性小的结构。对于不同粒径的某些种类的纳米材料，也会有不同的生物效应，粒径越大，毒性可能越低，并且毒性存在临界尺寸的可能性。因此应用时在不影响性能的前提下，尽可能选择较大的粒径。同样，许多纳米材料还存在剂量效应，剂量越大，毒性也越大。当然并不是所有纳米材料都存在这样的剂量效应关系，但就安全使用而言，尽可能采用低剂量不失为最佳选择。

3.3.4　纳米毒理学

评判一个纳米结构的应用前景，不可避免地需要对其毒性进行分析，即纳米毒理学，它是生物相容性的基础和补充。纵观毒理学的发展历史，传统毒理学是以外源性化学物质为其主要的研究对象。虽然并没有任何特殊说明，但传统毒理学所说的化学物质的毒性作用，一般都是指物质的分子形式所具有的毒理作用。化学物质与生物体相互作用，实际上都是在分子形式下与生物体的相互作用。不管是外源性物质或是生物体的自身组成物质，无一不具有化学性，无一是非化学的。但物质在其纳米尺度粒子形式下，具有既不同于其宏观块体形式又不同于其分子形式的性质。这些特殊的性质，决定了纳米尺度粒子形式的物质有着不同的生物学性质，因而与生物体也具有特殊的相互作用方式。

纳米毒理学研究的是纳米尺度下物质的毒性作用及毒性作用机制，而纳米尺度物质一般情况下都是化学物质分子组成的颗粒或纤维。它是随着纳米技术的出现，并与传统毒理学相互渗透和相互结合而形成和发展起来的一门科学。其主要内容是研究纳米尺度物质对生物体，主要是人体组织、细胞及生物系统的有害效应。纳米尺度物质对生物体同时具有有益效应，而且目前对有些效应还很难确定其有益性或有害性，因此目前纳米毒理学的内容不是限于研究纳米尺度物质对生物体的有害效应，而是将所有关于纳米尺度物质与生物体的相互作用都作为其研究对象。传统毒理学是研究外源性化学物质对生物体有害效应的综合学科，是古代毒物学衍化并经多学科渗透而形成的科学。随着科学技术的迅速发展，现代毒理学已经扩展到以毒物为工具来进行分子生物学研究。毒理学在历史上是医疗治疗学和实验医学的基础。自1975年开始，毒理学领域出现了一个较新的分支，称之为安全性评价和危险性评定。纳米毒理学是在最近几年内才出现的毒理学的一个新的分支，它既具有其本身的特殊性，又具有传统毒理学的一般特征。

1. 纳米毒理学的定义

以纳米尺度物质为主要研究对象，研究纳米尺度物质的人体代谢途径、中毒机制、解毒药物，为纳米尺度物质危害性的预防、诊断和治疗及制定有关卫生标准提供依据的一门科学。纳米尺度上的物质具有不同于其同样物质的分子形式及微米粒子的毒性作用、毒性原理、毒性强度、吸收途径、转运机制、靶组织、靶器官或毒性部位。这就要求纳米毒理学有其独特的研究方法。纳米尺度物质颗粒小，用一般的显微手段难以观察，因此纳米毒理学往往需要借助于一些不同于传统毒理学的研究手段，如扫描探针显微镜、X 射线衍射、透射电镜等高分辨显微手段。纳米毒理学仍把物质的化学毒性视为纳米粒子毒性的一个重要方面，但纳米毒理学同时也重视粒子特性对物质毒性的贡献及其对化学毒性的影响，即纳米毒理学更重视物质的粒子性与化学毒性间的相互影响所造成的物质的综合毒性。当然，纳米毒理学也研究那些化学性质或生物化学性质不十分明显或所谓的"生物情性物质"粒子与人体的相互作用或"毒性"。

2. 纳米材料的毒性特点

外源性纳米粒子的生物效应，可以因不同组织或器官的生物微环境（如 pH 值、离子类型、离子强度等）、组织成分、结构和功能而不同。研究表明，同一种纳米粒子在不同的器官中，其生理学效应不尽相同。纳米粒子可通过不同的方式进入循环系统及各器官系统，蓄积后产生毒性效应，主要特征如下：

（1）隐袭性　隐袭性是纳米粒子造成机体损伤的显著特点。纳米粒子的损伤与一般的化学毒物中毒不同，其并没有显著的临床症状或体征，大多数损伤都是十分隐匿的，很难察觉。纳米粒子隐袭性的原因可能是：①纳米粒子能够进入机体并能持久存在的数量很少，因此纳米粒子引起的疾病都是散在的或局部的，不易引起全身性的症状；②纳米粒子具有极强的吸附性，能够将致病物质吸附于表面，使受损处的浓度高于其他部位和区域而引起局部病变；③纳米粒子所致的损害与异物性反应相似，机体对纳米粒子的反应常以增生为主，并不能将其破坏清除，很难引起全身的免疫反应，所以不易被察觉。

（2）持久性　纳米粒子损害的刺激性，往往比其他粒子和化学物质更具有持久性。纳米粒子，尤其是那些难降解、不溶或难溶的纳米粒子，在体内无法排除，因此其对机体的损伤具有明显的持久性。

（3）穿透性　纳米粒子具有较强的穿透机体屏障系统的能力。由于其粒径很小、表面积较大、表面化学活性较强等特性，几乎可以穿透机体所有的屏障，包括血脑屏障、胎盘屏障、血眼屏障、气血屏障、血睾屏障等，从而进入各器官并产生毒性。纳米粒子的形状越规则，越容易通过机体的屏障作用。

纳米结构材料进入机体的途径及毒性特点如图 3.51 所示。

3. 纳米毒理学的主要研究方法

纳米毒理学研究基于两个基本原理。

第一个基本原理是设计质量合格的试验，物质在试验动物中发生的毒性效应，可以预测对人类健康的影响。这一原理实际上适用于整个试验生物学和医学。试验动物上所用物质的剂量，虽然与人体剂量不同，但一般是有联系的。若以单位体表面积计算，引起人和试验动物毒性效应所需要的剂量大致相同；若以体重计算，人一般比动物要敏感，大约相差 10 倍。

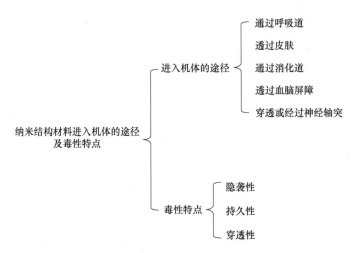

图 3.51　纳米结构材料进入机体的途径及毒性特点

通过已知试验动物和人类之间种属差异的定量资料，可以求出人类的相对安全接触量或接触界限。这对于纳米生物安全性标准的制定具有十分重要的意义。一般来说，对人有致癌作用的物质，对某些物种（虽然不是全部）的试验动物也具有致癌作用。但却不能反过来，即对动物具有致癌作用的物质对人也都有致癌作用。而从管理毒理学和危险性评价的角度出发，若是动物致癌试验阳性，则对人类也具有致癌的危险性。如果致癌作用机制已经搞清，并且证明这种作用机制所涉及的细胞结构或生化反应在人体中不存在，那么在人类危险性评价中就可以不用考虑动物试验的阳性结果。

第二个基本原理是试验动物的高剂量染毒。基于这种原理，对于某些毒性作用不明显的毒性物质，在毒理学试验中需要对试验动物进行高剂量染毒。为了发现对人的可能危害，这种高剂量染毒是合理的、必要的、可靠的和有效的。该原理的依据是质型剂量-反应关系，即随着接触剂量增加，群体中某反应的发生率增高。试验体系的设计必须从实际出发，而在实际情况下试验所用动物的数目总是少于危险人群的数目，而且要少得多。要想通过一群数目非常有限的动物得到统计学上可靠的结果，就得使用较大的剂量使某种毒性效应的发生率足以被检出。但是，这种高剂量染毒的方法会给试验结果的解释带来问题，因为在高剂量下发生的反应在低剂量下不一定发生。因此，毒理学必须有机制毒理学的支持，才能够更为正确且准确地或更有把握地外推至其他动物种属。鉴于目前人们对纳米生物安全性的认识，需要说明的一点是，毒性试验的目的并非是要去证明一种纳米粒子的安全性，而是要描述一种纳米粒子能够在生物体内产生何种特殊的毒性效应。对于一种将要投放市场的纳米产品，究竟需要完成哪些毒理学试验，没有一个普遍适用的整套试验方案。这些毒理学试验，取决于一种产品的最终用途，纳米粒子本身的化学性质、物理性质及与其结构类似的金属或化合物的毒性资料等。对于那些已有标准性文件的产品的毒理学评价，就应遵守文件所规定的准则。

第4章 纳米材料的制备与功能化

纳米材料制备
与功能化

纳米材料的制备与功能化技术是发展纳米材料、推进纳米科学的基础。自上而下和自下而上是目前纳米材料制备技术最为经典的分类。自上而下法（Top-Down）是指一种将较大尺寸（从微米级到厘米级）的物质通过各种技术破碎、研磨、刻蚀，进而缩小或制备成所需的纳米尺度或结构的方法。自下而上法（Bottom-Up）则刚好相反，是指将一些简单的、较小的结构单元（如原子、分子、纳米粒子等）通过弱的相互作用自组装构成相对较大的纳米尺度或结构的方法。基于纳米材料制备技术的飞速发展，越来越多的纳米材料被制备出来，从结构上可划分为四大类：零维原子团簇结构、一维纳米线或纳米带结构、二维纳米片或超薄膜结构、三维纳米结构单元的颗粒或块体材料。

纳米材料制备与功能化技术的发展是应对国际科技发展局势的必然之路。我国早在2000年已经将纳米科技的发展定位于国家发展战略的重要部分，成立了国家纳米科技指导协调委员会，并印发了《国家纳米科技发展纲要（2001—2010年）》，对我国纳米科技的发展做出了顶层设计。2006年，国务院发布了《国家中长期科学和技术发展规划纲要（2006—2020年）》，提出纳米科技在我国有望实现跨越式发展。2010年，国家自然科学基金委员会正式启动实施"纳米制造的基础研究"重大研究计划，致力于提升我国纳米制造基础研究水平。2016年，科学技术部正式启动实施国家重点研发计划，"纳米科技"作为首批重点专项之一，持续推进我国纳米科技在重点产业领域的应用研究。由此可见，纳米科技的发展早已是国家发展战略布局的重要阵地。

纳米材料制备与功能化技术的发展是提升多学科基础研究的桥梁之基。纳米材料的制备技术涉及物理、化学等基础学科。当材料的制备技术走向纳米尺度后，新的技术目标和判定标准也随之产生。针对不同于传统制造的精度和质量要求，全新的制备理论和方法也逐步完善。纳米材料的制备技术促进了不同学科的交叉融合，积极推进了多种学科基础研究的深入和发展。例如，纳米材料学、纳米生物学、纳米电子学、纳米加工学、纳米力学、纳米测量学等，为人类进一步认识和探索未知自然奥秘提供了全新的理论借鉴和支持。

纳米材料制备与功能化技术的发展是促进先进技术迭代的创新之源。纳米材料的制备技术主要包括材料在纳米尺度范围内的结构生长、加工、改性、组装等。纳米材料制备技术的突破和涌现，一方面，意味着现有纳米材料的制备成本将进一步下降，品质将进一步提升；另一方面，意味着更多高性能的新型纳米材料将会产生。因此，更加经济、卓越的纳米材料的诞生势必推动相关纳米科学的技术发展。如生物分子马达、纳米电动机、纳米机器人、分子光电器件、纳米电路、纳米传感器、纳米智能器件和系统等一系列基于纳米材料的新型科技产物广泛应用于生物、医学、环境、能源等多个领域，成为各领域前所未有的先进技术手段，而这些都与纳米材料制备技术的发展息息相关。纳米材料的制备技术不仅为基础学科的深入提供了独辟蹊径的解决方案，也为当今各领域存在的重大挑战问题提供了全新的技术支持。

纳米材料制备与功能化技术的发展是推动经济产业升级的力量之本。纳米材料已广泛应用于信息、材料、环境、能源、生物、医学、农业、航空航天和国防安全等众多领域核心产品的制造，对未来国家战略新兴产业的发展和国际科技地位的确立起到了重要的支撑作用。2016年，美国咨询机构（GAO）指出：纳米制造对经济的贡献度在2025年左右将超越半导体技术，成为经济发展的主要支柱之一。事实上，2017年，全球纳米制造产品的市场产值就已经超过了3.7万亿美元，近年来，该趋势仍呈现快速上升的状态，据美国国家科学技术委员会预测，2020年后全球纳米技术市场规模将超过每年5万亿美元。纳米材料的制备技术是纳米材料发展的前提，因此，世界各国均在大力发展纳米材料制备技术，这既是世界科技舞台上的一场竞技，更是世界经济产业升级的新一轮比拼。

纳米科技是一个包容的、开放的完整体系，孕育着对未来的无限可能。著名的理论物理学家费曼曾预言："毫无疑问，当我们得以对细微尺度的物质加以操纵的话，将大幅扩充我们可能获得物性的范围"。由此可见，纳米材料的制备与功能化技术是纳米科技发展的基石，它的不断发展、提升、迭代，必将引起多个领域的技术革命，进一步促进全球科技的飞跃式发展和产业的跨越式升级。

4.1 固相制备法

4.1.1 球磨法

球磨法（ball-milling）是将颗粒放入球磨罐中，进行长时间球磨的方法。在此过程中，颗粒与球磨罐内壁以及颗粒之间会发生碰撞、摩擦、挤压，使颗粒不断细化，最终形成纳米级别的材料。球磨法一般用于合成纳米材料以及一些常规条件下难以获得的合金和复合材料，最终得到的产物一般为纳米粉末。球磨法主要用于材料减小尺寸、改变形状、混匀复合、合金化等。

根据球磨的速度不同，球磨法可以分为传统的低能球磨法和高能球磨法。高能球磨法（high-energy ball-milling）是一种靠球磨机的转动或振动使介质对粉体进行强烈地撞击、研磨和搅拌，把粉体粉碎成纳米级粒子的方法。其基本原理是机械力化学，即利用机械能来诱发化学反应或诱导材料组织、结构和性能变化的手段来制备新材料。机械力化学可以定义为：一种涉及在高能研磨时与球反复碰撞过程中颗粒的变形、破裂和冷焊的技术。1891年，奥斯特瓦尔德（Ostwald）引入机械化学这个术语，1893年，Carey Lea首次报道金、银、铂和汞的卤化物在研钵中细磨时可分解为卤素和金属，由此，机械作用可以引发的化学反应被世人认知。随后，1984年，Heinicke定义"机械化学"是化学的一个分支，他指出，所有聚集状态的物质，由机械作用产生的化学或物理化学转变，称之为机械力化学，这是目前被最为广泛接受的一种定义。高能球磨法正是利用这个原理，通过机械力作用产生应力、应变、缺陷和大量纳米晶界、相界等，使系统储能变高（约20kJ/mol），粉末活性大幅度提高，从而诱发多相化学反应以制备出新型的纳米材料。高能球磨法可以用于细化晶粒尺寸、改善粒径分布均匀性、降低反应活化能、提高粉末活性、增强材料界面作用，促进固态离子扩散，诱发低温化学反应等，因此被广泛应用于制备高性能纳米材料，该技术具有广阔的工业应用前景。该方法最早用于合金系统的研究，现在被广泛应用于冶金、合金、化工等领域，尤其是金属基、陶瓷基复合材料的制备以及晶体结构的研究，是目前重要的纳米材料制备技术手段之一。

高能球磨法主要使用的设备是球磨机，球磨机中直接和样品接触的部分为球磨介质和球磨罐。球磨过程中，材料与球磨介质、材料与球磨罐之间发生摩擦、挤压、碰撞等运动，能量被传递到材料中，材料因此发生了塑性形变。在这个过程中，材料不断发生破碎—焊合—破碎的过程，材料不断细化，尺寸不断变小，原来的粉末变成纳米级别，粉末表面发生了一系列键的断裂，晶格产生缺陷并不断扩大，使原有平衡被破坏，原料相互侵入形成新的稳定状态，最终制备出纳米材料（图 4.1）。高能球磨法以工艺简单、反应条件温和、步骤简便、产量大等优势，广泛地应用于纳米材料的制备，但也存在一些不足，如产物尺寸不均匀、形貌大小不可控、制备时间长等。

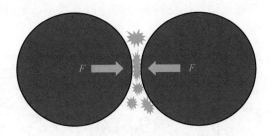

图 4.1　颗粒—磨球的碰撞示意图

高能球磨法的一般操作步骤为：往球磨罐中加入材料→加入磨球→加入液体介质→抽真空并充入惰性气体→设置参数→开始球磨→取出样品→分散纳米颗粒→过滤。每个环节都会影响纳米材料的最终状态。具体如下：①研磨介质：研磨介质种类繁多，有不锈钢球、玛瑙球、碳化钨球、刚玉球、聚氨酯球等，不同研磨介质具有形态、密度、尺寸差异，因此其在腔体内对材料的冲击力和摩擦力有所区别，最终会影响材料的制备。②研磨时间：研磨时间主要影响材料的组分和纯度。随着时间的延长，材料粒径会减小到一个稳定的尺寸，不会无限变小；研磨时间越长，某些情况下将产生更多的副产物而影响最终产物的纯度。例如纳米合金的制备，研磨时间对产物的纯度至关重要。③腔体：腔体对制备的影响主要是形状和材料。一方面，腔体的特异性设计可增强材料和研磨介质之间的摩擦力，从而有利于加速材料的制备；另一方面，腔体的材质需要稳定性好、耐高温、耐腐蚀，不能与材料发生反应，也不能由于机械力自身发生脱落，以免对材料的制备产生污染。④转速：高转速可以带来高效的材料制备与合成。但是，过高的转速一方面会引起腔体内过快升温，另一方面可能引起研磨介质的离心力大于重力，无法对材料进行研磨和撞击，反而效果变差。因此，调控合理的转速十分关键。⑤球料比：研磨介质过多，研磨介质之间能量耗散过大，对材料制备不利；研磨介质过少，对材料的有效能量太少，同样阻碍材料制备。因此，合适的球料比是材料制备的关键。⑥分散剂量：球磨过程中，材料会产生静电作用吸附到管壁和研磨介质上，从而影响制备效果。分散剂可以有效地使材料分散，削弱材料本身的聚集或黏附。但是分散剂的量也十分关键，过少的分散剂无法实现材料较好地分散；过多的分散剂会给材料引入新的杂质，最终影响纳米材料的性能。⑦气氛：为了防止气体对环境的污染，也确保气体环境不会影响材料的合成,球磨通常是在真空或惰性气体下进行。⑧温度:温度通常会影响材料制备过程中晶体扩散速度以及反应进行的速率,因此针对不同体系材料的合成,温度控制具有重要的作用。

球磨方式主要有滚动式、搅拌式、振动式、行星式、气流式等,如图4.2所示。滚动式球磨是利用传动装置带动磨球及材料滚动,滚动过程中,磨球与材料不断发生摩擦、撞击、粉碎,最终材料的粒径降低到纳米级(图4.2a)。搅拌式球磨是利用搅拌器运转带动磨球运动,利用材料在磨球中的摩擦以及冲击,研磨粉碎投入的材料直至生成纳米级材料(图4.2b)。振动式球磨是通过圆筒的高频振动,使得磨球与材料一起振动,不断在筒内翻滚、撞击、摩擦,并使材料粉碎成纳米级颗粒(图4.2c)。行星式球磨是模仿行星自转与公转的运动状态,在同一转盘上有四个球磨罐,转盘围绕转盘的轴心旋转,视为公转,而球磨罐在公转的同时又会围绕着自身的轴心进行旋转,视为自转,这种运动方式像宇宙中行星的运动方式,故称之为行星球磨机(图4.2d)。气流式球磨是将材料从进料口放入,然后高压气体通过进气口带动材料高速运动,使材料发生碰撞以及摩擦,最终粉碎,材料最后会随着气流被带到收集器进行收集(图4.2e)。

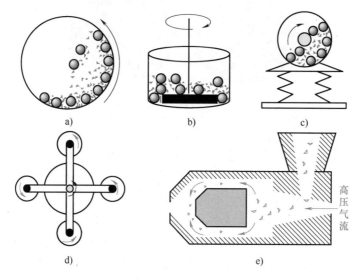

图4.2 球磨方式

a)滚动式 b)搅拌式 c)振动式 d)行星式 e)气流式

行星球磨机是目前比较主流的球磨机,以南京南大仪器有限公司研发的QM系列行星球磨机(图4.3)为例,这种行星球磨机通常用两个或四个球磨罐工作(像离心机那样对角工作),其最大装样量为容积的2/3。球磨后的最小粒度可以达到0.1μm。球磨机需要的试剂通常是一些粒径较小的固体粉末,可以是金属也可以是非金属的粉末,放入球磨机中,再进行球磨。通常只对研磨材料的粒径有相应的要求,一般要求粒径不超过10mm,有的行星球磨机则要求不超过3mm。

根据有无加入液体介质,球磨法可以分为湿法球磨和干法球磨。两种方法各有优缺点,干法球磨在制样的过程中不需要加入其他介质,可直接进行装料,操作相对比较简便,磨出来的纳米材料尺寸也更细,如果想要球磨效果更好,则需要在真空或惰性气体环境下进行操作，否则干法球磨生成的纳米材料容易被氧化。但是，干法球磨所得到的材料比较容易团聚，难以得到纳米级别的材料。湿法球磨则与干法球磨不同，湿法球磨是将材料分散在合适的溶剂中，克服材料之间的范德华力。湿法球磨得到的纳米材料尺寸更加均匀，但是在球磨过程中，需要进行干燥，以去除液体介质。

图 4.3　行星球磨机

高能球磨法目前已成功实现多种纳米材料的制备，主要包括以下三大类：

（1）纳米金属晶体材料　细化尺寸是高能球磨法的一个重要用途，因此高能球磨法可容易地将具有体心立方结构（如 Cr、Mo、W、Fe 等）和密排六方结构（如 Zr、Hf、Ru）的金属制成纳米晶体材料，但该方法不适用于将面心立方结构的金属（如 Cu）制成纳米晶体材料。

（2）纳米合金材料　合金化是高能球磨法的主要用途之一，因此高能球磨法广泛地应用于纳米合金的制备。合金是由两种或两种以上的金属，或金属与非金属，经过一系列物理或化学的方法形成具有金属特性的物质。由单一物相组成的合金称为单相合金，由多种相组成的合金称为多相合金。以物相为分类标准，合金可分为固溶体和金属间化合物。如果合金中物相的晶体结构与组成合金的某一组元的晶体结构相同，那么这种物相就称为固溶体；如果合金中物相的晶体结构与组成合金的所有组元的晶体结构都不相同，合金组元之间发生相互作用而形成新的物相，那么这种新的物相就称为金属间化合物。金属间化合物的组元之间的相互作用形式可以是离子键、共价键和金属键。高能球磨法利用机械力化学很容易实现新型纳米合金材料的制备，如 Fe-Cu、W-Cu、Al-Fe 等，两种不互溶金属通常很难形成固溶体，但是采用高能球磨法就很容易实现。又如金属间化合物，尤其是高沸点的金属间化合物用常规方法很难实现，但是采用高能球磨法，Fe-B、Si-C、Ni-Zr 等多种不同尺寸的金属间化合物都得以成功实现。

（3）纳米复合材料　多种材料复合是高能球磨法的一个重要用途。当两种完全不同种类的材料混合球磨时，采用高能球磨法可以很容易地实现两种材料的复合。例如 Gorrasi 等利用高能球磨法制备了碳纳米管和聚乙烯复合物，其热性能、力学性能、电性能都得到了大幅提升。

4.1.2 热分解法

热分解法是指利用某些化合物在高温下发生分解反应，制备出金属、氧化物等纳米粉末的一种方法。一般来说，固体材料的热分解有以下两种情况：

固体 A→固体 B+(一种或多种)气体↑

固体 A→固体 B+固体 C

第一种情况，气体产物可从体系中排出，从而防止纳米材料的收缩和团聚，容易得到高纯度的产品；第二种情况，会产生两种固体产物，分离、提纯较难。因此，工业上利用固相热解法来制备纳米材料时大多基于第一种情况。此外，该方法在制备多孔材料方面有独特的优势。前驱体受热分解，制备的纳米材料不断在部分分解的前驱体上生成，随着热分解反应的进行，生成的气体聚集在晶体内部，形成气孔，并且由于不断地累积，形成连续的通道，气体也会随之逸出，反应也因为气孔的存在不断进行，最终形成多孔纳米材料。

固体热分解法通常先将前驱体研磨使其尺寸变小，而后将固体放入加热装置中高温加热。固体热分解法的主要反应仪器是加热装置，如马弗炉和管式炉等，如图 4.4 所示。热分解反应所需的试剂为反应前驱体，根据所制备纳米材料的不同，应选用不同的反应前驱体。固体热分解法所需设备简单、易于控制，但是主要用于制备氧化物纳米材料，可制备的材料种类比较受限，且存在粒径较大、易团聚等缺点，通常后期还需进行研磨和粉碎才能得到尺寸较好的纳米材料。

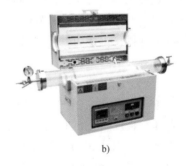

a)   b)

图 4.4　马弗炉和管式炉

a）马弗炉　b）管式炉

常用作固态热分解的原料有草酸盐、碳酸盐等。例如草酸盐的热分解，通常按如下两种机理进行，如果草酸盐的金属元素在高温下具有稳定的碳酸盐存在形式，则按机理 2 进行，其他情况则按机理 1 进行。

机理 1：$MC_2O_4 \rightarrow MO+CO\uparrow+CO_2\uparrow$

机理 2：$MC_2O_4 \rightarrow MCO_3+CO\uparrow$

菱镁矿属于三方晶系的碳酸盐矿物，主要有 $MgCO_3$，是产生 MgO 的主要原料，而 MgO 具有高度的耐火绝缘性能，广泛用作耐火材料。MgO 可通过菱镁矿热分解而得，机理如下：

$$MgCO_3 \xrightarrow{\triangle} MgO+CO_2$$

此外，该技术也应用于非氧化物纳米材料的制备，如一维材料纳米碳管的制备。李亚利等人报道了亚稳非晶碳氮化硅粉 $SiN_{0.63}C_{1.33}$ 在 1 个大气压 N_2 的密闭环境中，1400℃下热分解可产生较多的碳纳米管，该过程热分解前后失重约 30%，这说明样品分解产生了气体产物，并最终得到了非氧化物的纳米材料。

4.1.3　固相反应法

广义上，凡是有固相参与的反应可称之为固相反应。狭义的固相反应是指固体与固体之间发生的化学反应产生新物质的一个过程。固体间的反应通常会经历扩散→反应→成核→生长等步骤，扩散过程从固体间界面开始，由于固态之间的物质交换速度通常缓慢，因此固相反应的速度一般较缓慢（图 4.5）。此外，由于处于固相反应中的反应物不像在溶液反应中的反应物以分子或离子的形态直接接触，其原料以几微米甚至更粗的粉末形态相互接触、混合，反应活性低，故通常需要在高温下进行。例如通过固相反应法制备纳米电极材料尖晶石型 $Li_4Ti_5O_{12}$，为了获得粒径最小、相纯度最高的纳

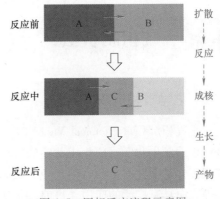

图 4.5　固相反应流程示意图

米材料，将 Li_2CO_3 和 150nm 锐钛矿 TiO_2 进行化学计量混合，在 950℃条件下加热 1h，可得到 81%~88% 相纯度的 $Li_4Ti_5O_{12}$，其平均晶粒尺寸为 600nm。固相反应是在固相界面发生的化学反应，传热传质在固相界面上进行，反应物通过在产物层的扩散，达到一定的厚度。因此，扩散速率通常是固相反应速度和程度的决定因素。

德国化学家、金属物理学家泰曼（Gustav Tammann，1861—1938 年）是研究晶格振动与化学反应相关性的先驱之一，他发现随着温度上升，原子、离子在平衡位置附近的振幅会越来越大，原子、离子离开平衡位置，扩散加强。具体来说，在低于熔点的某一温度，固体发生相变，如果温度继续增加至足够高时，固体熔化。固体发生相变期间，晶格中各个原子开始松动，化学反应性质更强。为了大致描述晶格的松动程度，泰曼引入了温度 a，其指固体晶格开始明显流动的温度。固相反应的开始温度通常远低于反应物的熔点或系统低共熔温度。固相反应的温度与反应物内部晶格开始呈现明显扩散作用的温度一致，这个温度常称为泰曼温度。泰曼发现不同物质的泰曼温度 a 与熔融温度 T_m 有一定的关系，如：金属粉末 $a \approx (0.3 \sim 0.4) T_m$；盐类 $a \approx 0.57 T_m$；硅酸盐 $a \approx (0.8 \sim 0.9) T_m$。

固相反应法工艺流程简单，价格低廉，实验设备要求简单，适合规模化生产，不使用溶剂，简化加速了多个合成步骤，具有高选择性，高生产率。但是，固相反应法也存在一些缺点。固相反应一般在室温下进行得比较慢，反应速度依赖于原子或离子在固体内或颗粒间的扩散速度，为了提高反应速率，多在高温下进行，反应时间长，能耗大，生产成本高。此外，原料粒径相差大会影响粉体混合均匀性，需在混合过程中加入一定比例的表面活性剂，用于细化颗粒粒径，提高粉体混合均匀性。

固相反应影响因素诸多，反应物的化学结构决定了反应方向和速率，如果两种及多种反应物晶体结构相近，则可加快成核速率，从而加快形成晶体产物。颗粒尺寸及分布对反应界面与界面之间的化学反应速率、传质扩散速率有影响。物体颗粒尺寸越小，分布越均匀，比表面积越大，反应界面和扩散界面增加，反应产物层厚度减小，反应速率变大。此外，不同

固相反应合成所需温度不同，如果产物和原料在结构上有较大差异，则成核相对困难，因为在成核过程中，原料的晶格结构和原子排序必须做出很大的调整甚至重新排列，显然这种调整和重新排列要消耗很多能量，因此只能在高温下发生。温度影响质点的热运动，从而影响扩散过程。在固相合成过程中增大压力，有助于缩短颗粒间的接触距离，增加颗粒的接触面积，从而加速物质的传输，提高反应速率。

4.2　气相制备法

4.2.1　化学气相沉积

化学气相沉积（Chemical Vapor Deposition，CVD）是利用各种能量使气相化合物或单质在基材表面发生化学反应生成薄膜的方法。由于用 CVD 方法制备的薄膜具有纯度较高、活化方式多样、工艺简单易行等优点，故 CVD 在微电子技术、保护膜层、超导技术、制备新材料等方面具有广泛的应用。目前，化学气相沉积主要有常压化学气相沉积、低压化学气相沉积、超高真空化学气相沉积、等离子体增强化学气相沉积、激光化学气相沉积、热化学气相沉积、金属有机化学气相沉积、原子层化学气相沉积等。

CVD 技术是利用气态物质在固体表面进行化学反应生成固态沉积物的过程，其原理大致包含三步：①反应气体形成挥发性物质；②把挥发性物质转移至沉积区域；③挥发性物质在固体上产生化学反应并生成固态物质。

CVD 主要包含以下几类反应：

（1）**热分解反应**　化合物与高温衬底表面接触，高温分解产生产物沉积而形成薄膜，反应式为

$$SiH_4 \xrightarrow{800 \sim 1000℃} Si + 2H_2$$

（2）**氧化反应**　化合物与氧化剂发生氧化反应，在衬底产生产物而沉积成薄膜，反应式为

$$SiH_4 + O_2 \rightarrow SiO_2 + 2H_2$$

（3）**还原反应**　化合物与还原剂发生还原反应，在衬底产生产物而沉积成薄膜，反应式为

$$SiCl_4 + 2Zn \rightarrow Si + 2ZnCl_2$$

（4）**水解反应**　化合物与水发生反应，水解产物沉积而形成薄膜，反应式为
$$SiCl_4 + 2H_2O \rightarrow SiO_2 + 4HCl$$

（5）**可逆输送**　在同一反应器维持在不同温度的源区和沉积区的可逆的化学反应平衡状态，反应式为

$$2SiI_2 \leftrightharpoons Si + SiI_4$$

（6）**化学合成**　由两种或两种以上的气态物质在加热的衬底表面发生化学反应而沉淀出固态薄膜，反应式为

$$3SiH_4 + 4NH_3 \rightarrow Si_3N_2 + 12H_2$$

（7）聚合反应　利用放电使气体产生等离子体，诱导单体分子发生聚合，从而沉积成聚合物薄膜，反应式为

$$\text{图式略}$$

1. 常压化学气相沉积

常压化学气相沉积（Atmospheric Pressure CVD，APCVD）是在常压条件下（操作压力接近 1atm，即 101325Pa）进行 CVD 反应的一种沉积方法，是指反应气体（如硅烷、硼烷和氧气等）在常压下发生化学反应而生成一层固态的生成物沉积于衬底而形成薄膜的过程。由于该方法是在常压下进行的，因此，一方面，该方法适合自动化连续生产；另一方面，原材料易于发生气相反应，所以该方法材料沉积速率较高，适合沉积较厚的介质层。但也正是由于反应速度较快，混合反应气体还未到达基板表面时就已发生化学反应而形成生成物颗粒，这些颗粒落在基材表面就会在基板表面上生长，容易形成粗糙的多孔薄膜。

反应气体在基板表面形成薄膜的过程主要有：①反应气体通过强制流动进入反应器；②气体通过边界层扩散；③气体与基板表面接触；④沉积反应发生在基底表面；⑤反应的气体副产物通过边界层从表面扩散出去。反应气体的流动通常通过载气实现，载气是一种以一定流速运动，且可以载带气体样品或汽化后的样品气体。一般操作流程如下：首先将经过清洗的基板置于 CVD 管式炉恒温区中，开启真空泵，再关闭真空泵及阀门，通入氩气至管内压强为常压，再抽真空至本底真空度，如此反复，尽可能排尽管内残留的空气。再按实验计划通入一定量的氮气作为载气，保持常压工作气氛，再开始按实验计划开启升温程序并进行一定时间的退火热处理。当 CVD 管式炉温度达到生长温度时，按实验计划开启一定流量的气体，生长一定的时间。生长完成后，关闭气体阀门，同时将滑轨式管式炉移开，使样品达到快速降温的目的，如图 4.6 所示。由此可见，气体流速、反应气体种类以及温度，都会对材料最后的状态产生影响。

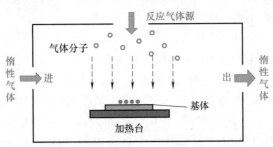

图 4.6　APCVD 反应器装置示意图

以 APCVD 技术制备 SiO_2 涂层为例，有研究人员选择正硅酸乙酯（TEOS）作为主要原料，其主要原因有：①室温下为液态且有一定的蒸汽压；②纯度高；③价格低；④与氧和水蒸气的亲和势较低，不易与氧和水蒸气发生化学反应；⑤无毒。这些特点都使得它能很好地满足化学气相沉积的工艺要求。载气预热至特定温度后，加热至特定温度的 TEOS 蒸汽，并由载气将 TEOS 蒸汽带入沉积室，在沉积室中源物质发生分解并不断形成 SiO_2 涂层。源物质温度为 60℃，沉积温度为 800℃，气体流量为 3.33L/min。其化学方程式为

$$Si(OC_2H_5)_4(g) = SiO_2(s) + 4C_2H_4(g) + 2H_2O(g)$$

在该工艺参数下制得的 SiO_2 涂层表面平整均匀，涂层由细小的颗粒组成，颗粒大小比较均匀，大部分颗粒的粒径都在 $1\mu m$ 以下，各颗粒之间结合非常紧密且无明显孔隙存在（图 4.7a）。另外，从横截面形貌可以看出，涂层连续、厚度较均匀且无明显的厚度差异，涂层与金属基体结合紧密（图 4.7b）。

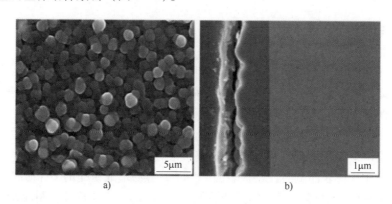

图 4.7 涂层形貌

a）表面形貌 b）横截面形貌

2. 低压化学气相沉积

低压化学气相沉积（Low Pressure CVD，LPCVD）就是将反应气体在反应器内进行沉积反应时的操作压力降低到大约 $133Pa$ 以下而形成薄膜的一种 CVD 反应。LPCVD 的低压高热环境提高了反应室内气体扩散系数和平均自由程，也极大地提高了薄膜均匀性、电阻率均匀性和沟槽覆盖填充能力。并且低压环境下的气体物质传输速率较高，从衬底扩散出来的杂质和反应副产物可以迅速通过边界层被带出反应区，因此在有效抑制自掺杂的同时还可提高生产率。目前，LPCVD 广泛用于二氧化硅、氮化硅、多晶硅、掺杂多晶硅、硼磷硅玻璃、磷硅玻璃以及多种碳材料薄膜，如石墨烯、碳纳米管等。

LPCVD 设备的主要组成部分和普通 CVD 设备一样，主要包括反应物供应系统、气相反应器、气流传送系统。主要操作步骤为：检查冷却水系统→开电源→设定温度并开启加热开关→炉管预热抽真空→氮气回填并放入基体→抽真空→开启气瓶阀门→沉积→打开炉门去除硅片→抽真空→停止加热→关机→关冷却系统。

以 LPCVD 技术制备 $MoSi_2$ 涂层为例，有研究人员以 $SiCl_4$ 和 H_2 为原料，采用 LPCVD 渗硅法在 Mo 基体表面原位反应制备 $MoSi_2$ 涂层。用 Mo 丝将 Mo 合金基体悬挂于沉积炉内进行沉积，沉积所用的前驱体为 $SiCl_4$、反应气体为 H_2、稀释气体为 Ar。前驱体 $SiCl_4$ 通过 H_2 鼓泡的方式带入沉积炉。研究结果表明，温度对涂层的沉积过程和速率均有重要的影响，温度为 $1200℃$ 时沉积速率最高，但随着温度的升高，涂层的沉积速率有下降的趋势（图 4.8）。

3. 超高真空化学气相沉积

超高真空化学气相沉积（Ultra High Vacuum CVD，UHVCVD）是指在气压 $10^{-6}Pa$ 以下的超高真空反应器中进行的化学气相沉积，特别适合于在化学活性高的衬底表面沉积单晶薄膜。UHVCVD 的超高真空条件有利于保持表面干净和生长高纯材料；此外，气体流动方式介于黏滞流与分子流之间，减少了气体之间的干扰，因此沉积的均一性突出。UHVCVD 是目前制备优质亚微米晶体薄膜、纳米结构材料以及研制硅基高速高频器件和纳米电子器件的先进薄膜技术。

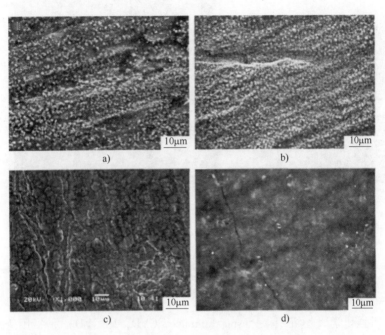

图 4.8　不同沉积温度下涂层表面的 SEM 照片

a) 1000℃　b) 1100℃　c) 1200℃　d) 1300℃

整个 UHCVD 系统可大致分为生长室、装片室、测控温系统、气路系统、计算机控制系统以及尾气处理系统六个部分。

（1）生长室　生长室主要由外炉体、石墨加热器、扁平石英腔组成。外炉体内的真空度一般保持在 $5×10^{-5}$ Pa，生长室内的真空度为 $2×10^{-6}$ Pa。石墨加热器用于提供均匀的温度场，从而保证样品的生长均匀性。

（2）装片室　装片室由真空室、机械手和磁传动小车组成。装片室与生长室相连的一端装有手动旋转密封阀门，当装片室的真空度高于 $1×10^{-5}$ Pa 时，打开密封阀门，样品由磁传动小车送入生长室，这样可保证生长室一直处于高真空状态，以免遭受大气污染。

（3）测控温系统　该系统由光测高温计、热电偶、A-D 和 D-A 转换板以及控制软件组成，主要负责调控生长温度。

（4）气路系统　由质量流量计精确控制各反应气体的流量，同时气路中装有过滤器，用于减少气体中的粉尘。将流量计与分子泵机组相连，可以利用分子泵将整个气路抽至较高真空，以保证气路的清洁。

（5）计算机控制系统　用于控制生长过程中的自动化，以简化设备操作。

（6）尾气处理系统　利用强氧化剂对尾气进行处理，使其达到安全排放标准。

以 UHCVD 技术制备 SiGe 薄膜为例。由于 SiGe/Si 异质结体系具有特殊的物理特性以及能和传统的 Si 工艺兼容等特点，近年来在微电子领域的研究变得越来越重要。研究人员利用 UHVCVD 系统，在 Si 基底上，600℃时成功制备了 SiGe 薄膜（图 4.9）。

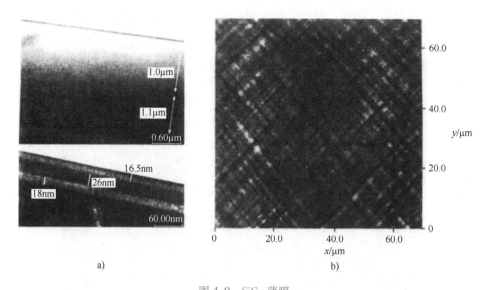

图 4.9　SiGe 薄膜

a）样品和样品盖帽层的 XTEM 照片　b）样品表面的 AFM 照片

4. 等离子体增强化学气相沉积

等离子体增强化学气相沉积（Plasma Enhanced CVD，PECVD）是指用等离子体激活反应气体成为非常活泼的激发态分子、原子、离子和原子团等，然后通过化学反应从而在基材表面形成薄膜的一种技术。PECVD 沉积温度低，对基体的结构和物理性质影响小，膜的厚度及成分均匀性好、膜组织致密、针孔少，膜层的附着力强、应用范围广，可制备各种金属膜、无机膜和有机膜。

PECVD 成膜基本过程主要包括：①在等离子体中，电子与反应气体发生初级反应，反应气体发生分解，形成离子和活性基团的混合物；②各种活性基团向薄膜生长表面和管壁扩散运动，同时各反应物之间发生次级反应；③到达生长表面的各种初级反应和次级反应产物被吸附并与表面发生反应，同时伴随气相分子物的再放出。

影响 PECVD 工艺质量的因素主要有以下几个方面：①极板间距。选择极板间距时，应使起辉电压尽量低，以降低等离子体电位，减少对衬底的损伤。②工作频率。工作频率越高，等离子体中离子的轰击作用越强，沉积的薄膜越致密，但对衬底的损伤会比较大。一般来说，高频沉积的薄膜的均匀性优于低频沉积。③射频功率。射频功率越大，离子的轰击能量就越大，射频功率的增加会使气体中自由基的浓度增强，进而使沉积速率随功率直线上升。当射频功率增加到一定程度时，反应气体完全电离，自由基达到饱和，沉积速率则趋于稳定。④气压。形成等离子体时，气压过大会导致单位时间内参与反应的气体量增加，不利于沉积膜对基材的覆盖；气压太低会导致薄膜的致密度下降，容易形成针状缺陷。⑤衬底温度。衬底温度对沉积速率的影响较小，但对薄膜的质量影响很大，温度越高，沉积膜的致密度越大。

以 PECVD 技术制备二维 MoS_2 为例。Beaudette 等提出了一种用于生产二维 MoS_2 的单步非热等离子体增强化学气相沉积工艺。仅使用元素硫（S_8）和五氯化钼（$MoCl_5$）作为前驱体，利用非热感应耦合等离子体反应器（图 4.10），电感耦合等离子体（ICP）由缠绕在石英反应堆管上的一个长度为 3.8cm 的七圈铜线圈激发。前驱气体流输送到感应等离子体区域中心，Ar 流量保持在 30sccm[⊖]恒定，然后两个固体前驱体被加热以提供足够的蒸汽压，并随 Ar 流进反应系统进行沉积，即可得到二维 MoS₂。

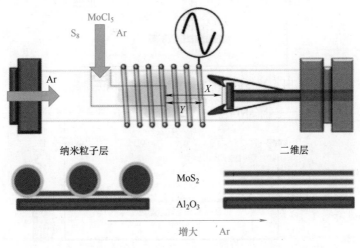

图 4.10　非热感应耦合等离子体反应器

5. 激光化学气相沉积

激光化学气相沉积（Laser CVD，LCVD）是指利用激光束的光子能量激发和促进化学气相反应沉积薄膜的方法。在光子的作用下，气相中的分子发生分解，原子被激活，在衬底形成薄膜。LCVD 除了具有沉积温度低、可沉积材料广、膜层纯度高等优势，还可以局部选区精细定域沉积。LCVD 主要用于薄膜、超细粉末以及碳材料的制备。

LCVD 技术制备纳米材料通常分为五个阶段：①激光与反应介质作用；②反应介质向激光作用区转移；③预分解；④中间产物二次分解并向基体转移；⑤与基体表面沉积原子结合形成薄膜。根据激光在化学气相沉积过程中所起的作用不同，可以将 LCVD 分为热 LCVD 和光 LCVD，它们的反应机理也不尽相同。

（1）热 LCVD　热 LCVD 主要利用基体吸收激光的能量后在表面形成一定的温度场，反应气体流经基体表面发生化学反应，从而在基体表面形成薄膜。热 LCVD 的设备主要有反应室、工作台、抽气系统、供气系统和激光系统等。在聚焦的激光束照射下，基体表面局部温度升高，处于基体加热区的反应气体分子受热发生分解，形成自由原子，聚集在基体表面成为薄膜生长的核心（图 4.11）。一般使用连续波输出的激光器，如氩离子激光器和 CO₂ 激光器。常见的反应原料有卤族化合物、碳氢化合物、硅烷类物质和羰基化合物。

（2）光 LCVD　光 LCVD 是利用反应气体分子或催化分子对特定波长激光的共振吸收，反应分子气体被激光加热，从而诱导发生离解的化学反应，然后在合适的参数下，如激光功率、反应室压力与气氛的比例、气体流量以及反应区温度等条件下形成薄膜（图 4.12）。光 LCVD 的激光束在稍高于基体表面平行入射，其所选激光应能被反应气体高效吸收其能量，从而使反应气体在激光辐照下发生高效分解，实现高速沉积。

⊖　sccm 为 standard cubic centimeter per minute 的简写，是气体体积流量单位。

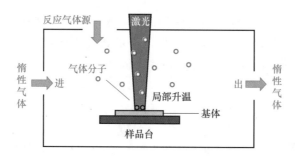

图 4.11　热解激光化学气相沉积装置示意图

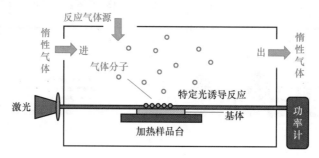

图 4.12　光解激光化学气相沉积装置示意图

以 LCVD 技术制备锆酸钆薄膜为例。有研究人员使用波长为（970±10）nm、输出功率高达 1.20kW 的连续二极管激光器，在 Al_2O_3 衬底经过激光束辐照，使得 $Gd(dpm)_3$ 和 $Zr(dpm)_4$ 分别在 520~560K 和 608~643K 的温度范围内蒸发，然后这两种前驱气体由 Ar 和 O_2 携带进入 CVD 室，在底物上方混合，最后得到包含三种不同组织结构的 Gd_2O_3-ZrO_2 薄膜

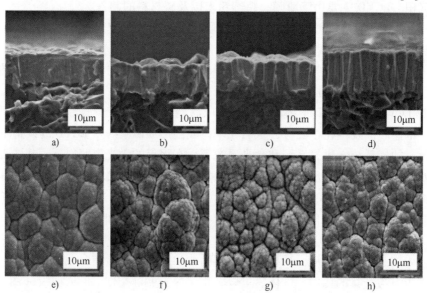

图 4.13　不同预热温度 T_{pre} 下 Gd_2O_3-ZrO_2 薄膜的截面和表面扫描电镜图像

（腔室总压力 P_{tot} = 0.9kPa、激光强度 P_1 = 0.80W/mm² ）

a）截面—T_{pre} = 973K　b）截面—T_{pre} = 1073K　c）截面—T_{pre} = 1173K　d）截面—T_{pre} = 1273K

e）表面—T_{pre} = 973K　f）表面—T_{pre} = 1073K　g）表面—T_{pre} = 1173K　h）表面—T_{pre} = 1273K

（图 4.13）。当腔室总压力 p_{tot} 为 0.9kPa，激光输出功率密度 P_1 为 0.80W/mm² 时，得到的 Gd_2O_3-ZrO_2 薄膜的横截面微观形貌随预热温度 T_{pre} 的增加而呈现更为致密的柱状结构，同时，柱的直径逐渐变小。

6. 热化学气相沉积

热化学气相沉积（Thermal CVD，TCVD）是指利用高温激活化学反应进行气相生长薄膜的方法。该方法沉积温度较高，一般为 800~1200℃。其过程一般包括：混合反应气体到达衬底材料表面；反应气体高温分解并在衬底材料表面上发生化学反应生成固态晶体膜；固体生成物从衬底表面脱离移开，不断通入反应气体，晶体膜层材料不断生长。

热化学气相沉积按其化学反应形式可分为以下几大类。

（1）热解法　将气体源输运到生长区，通过热分解反应生成所需物质，它的生长温度为 1000~1050℃。热分解反应的通式为

$$AB(g) \rightarrow A(s) + B(g)$$

研究人员通过热解法制备了微晶硅薄膜。利用 SiH_4 在高温下分解成 Si 和 H_2 的原理，通过改变热丝温度、氢稀释浓度等参数，以廉价的钨丝作为热丝，分别在玻璃衬底、N 型单晶硅片上生长微晶硅薄膜材料。随着热丝温度升高，氢稀释浓度变大，薄膜呈现明显的（220）择优生长取向，晶粒尺寸逐渐增大，光学吸收边出现红移，光学带隙逐渐变小。

$$SiH_4 \xrightarrow{800~1000℃} Si + 2H_2$$

（2）化学输运法　两种物质在源区反应生成气体，然后以气体的形式输运到一定温度下的生长区，通过热反应生成所需的物质，正反应为输运过程的热反应，逆反应为晶体生长过程的热反应，该方法适合晶体的制备。设反应源为 A，输运剂为 B，（1）为源区，（2）沉淀区，则输运反应的通式为

$$A + xB \underset{}{\overset{(1)(2)}{\rightleftharpoons}} AB_x$$

研究人员通过化学输运法制备了锆薄膜。碘化提纯的设备在碘化过程中起着非常重要的作用。真空密闭容器中，碘蒸汽首先在较低温度下与金属发生反应，生成可挥发的四碘化物。然后待生成的四碘化物扩散至温度较高的炽热母丝上时发生分解，生成纯金属和碘蒸汽，金属沉积在母丝上，母丝不断长大，碘蒸汽则返回低温区继续与原料粗金属反应，过程反复进行，碘起"搬运工"的作用。

$$低温区：Zr(s) + 2I_2 \rightarrow ZrI_4$$
$$高温区：ZrI_4 \rightarrow Zr(s) + I_2(g)$$

（3）合成反应法　几种气体物质在生长区内反应生成所需物质的过程。

研究人员通过合成反应法制备了氮化硅薄膜。利用氢化硅和氨气在高温下反应生成氮化硅和氢气的机理，将氢化硅和氨气在温度为 750℃、总压力为 950Pa 的条件下，沉积制备氮化硅薄膜。这种方法制得的薄膜致密度高、化学计量性好、氢含量少。

7. 金属有机化学气相沉积

金属有机化学气相沉积（Metal Organic CVD，MOCVD）是以低温下易挥发的金属有机化合物为前驱体，在预加热的衬底表面发生分解、氧化或还原反应而形成薄膜的技术。与传统的化学气相沉积方法相比，MOCVD 的沉积温度相对较低、沉积面积大、能沉积超薄层，甚至原子层的特殊结构，具有可在不同的基底表面沉积，可通过切换反应源制备复合薄膜等

优势，在半导体器件、金属、金属氧化物、金属氮化物等薄膜材料的制备与研究等方面具有广泛的应用。

MOCVD 反应源物质（金属有机化合物前驱体）在一定温度下转变为气态并随载气（H$_2$、Ar）进入化学气相沉积反应器，进入反应器的一种或多种源物质通过气相边界层扩散到基体表面，在基体表面吸附并发生一步或多步的化学反应，外延生长形成薄膜，而其余的气态反应物随载气排出反应系统。

MOCVD 的设备主要由反应腔、气体控制及混合系统、反应源、废气处理系统四部分组成。

（1）反应腔　反应腔主要是所有气体混合及发生反应的地方，因此要求腔体稳定性好，不与气体发生化学反应，腔体中的承载样品基板应吸热性好，以便样品快速达到反应温度，而其不能与反应气体发生反应。

（2）气体控制及混合系统　气体控制及混合系统主要用于控制反应气源的进入和副产物气体的排出。

（3）反应源　反应源即反应气体，通过气体控制系统进入反应腔。

（4）废气处理系统　废气处理系统负责吸附及处理所有通过系统的有毒有害气体，以减少对环境的污染。

MOCVD 反应是一种非平衡状态下的生长机制，其外延层的生长速率和组织成分等受到基体温度、反应室压力、金属有机前驱体浓度、反应时间、基体表面状况、气流性质等因素影响，只有充分考虑各种因素的综合作用，了解各种参数对沉积物的组成、性能、结构的影响，才能在基体表面沉积出理想的材料。

以 MOCVD 技术制备三角形截面氮化镓纳米线为例。研究人员以三甲基镓（TMG）和氨源材料作为 Ga 和 N 的前驱体，反应温度为 800～1000℃，沉积时间为 5～30min，得到了较好形态的三角形截面 GaN 纳米线（图 4.14）。图 4.14a 中的插图是沿 [001] 晶带轴拍摄的电子衍射图案，图 4.14d 中的插图是沿 [110] 晶带轴垂直于横截面截取的电子衍射图案。这些纳米线具有较好的光学性能和较高的电子迁移率。MOCVD 技术较易实现扩大到晶片规模的生产，此外，也使得材料掺杂更加容易。

8. 原子层化学气相沉积

原子层化学气相沉积（Atomic Layer Chemical Vapor Deposition，ALCVD，又称 ALD）是一种可以将物质以单原子膜形式一层一层地镀在基体表面的方法。与传统 CVD 技术连续沉积过程不同，ALD 技术是将不同的反应前驱物以气体脉冲的形式交替送入反应室，在沉积基体表面发生化学吸附并反应形成沉积膜的技术，该过程是一个非连续的工艺过程。相对于传统的沉积工艺，ALD 技术制备的膜层在均匀性、阶梯覆盖率、厚度控制等方面都具有突出的优势。例如，采用传统的镀膜方法无法实现在长径比较大的微孔内进行镀膜，而原子层化学气相沉积技术由于是通过在基底表面形成气体材料的吸附层，进一步通过反应生成薄膜，因而可以在较大长径比的内腔表面形成厚度均匀的薄膜。ALD 利用的是饱和化学吸附特性的原子尺度沉积，因此，ALD 技术除了能制备极薄的膜，其最大的特点是几乎可以在任何形态固体的表面进行沉积成膜，包括微孔、凹面、不规则粉末或其他复杂形状等基体，均可实现表面的均匀沉积。基于该技术的特性，ALD 技术已被证实可以广泛应用于各类薄膜（<100nm）、晶体管栅极介电层和金属栅电极、微电子机械系统、光电子材料和器件、嵌入式电容、电磁领域等。

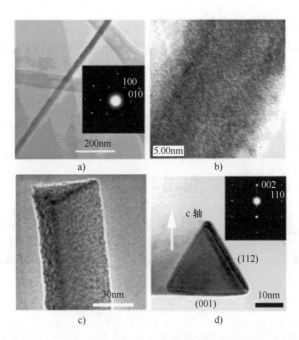

图 4.14　GaN 纳米线及其横截面的 TEM 图像

a）GaN 纳米线的 TEM 图像　b）GaN 纳米线的晶格分辨 TEM 图像　c）、d）GaN 纳米线的三角形截面 TEM 图像

　　原子层化学气相沉积通常由 A、B 两个半反应分四个基元步骤完成。①前驱体 A 脉冲吸附反应；②惰性气体吹扫多余的反应物及副产物；③前驱体 B 脉冲吸附反应；④惰性气体吹扫多余的反应物及副产物，依次循环从而实现薄膜在衬底表面逐层生长。由此可见，沉积反应前驱体物质能否在被沉积材料表面化学吸附是实现原子层沉积的关键，此外，反应源的活性，以及交替频率、工作气压和温度，都会对沉积效果产生重要的影响。

　　ALD 的设备主要由可调节气路输送系统、低温沉积腔体、高温沉积腔体、等离子体辅助腔体、自动化电气控制单元、计算机软件控制系统等组成（图 4.15）。其主要操作步骤为：①开机；②放样品；③开机械泵；④设置温度参数；⑤排水；⑥设置沉积模式参数；⑦设置载气流量和循环次数；⑧开始实验；⑨取样品；⑩抽真空；⑪关仪器。

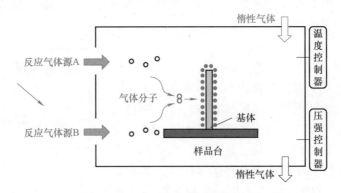

图 4.15　ALD 主要反应部件示意图

　　以单原子 Pt 在石墨烯上的沉积为例，第一步是铂前驱体与石墨烯表面吸附的氧发生反

应；第二步是氧脉冲将前体配体转化为 Pt-O 物种，在 Pt 表面形成新的吸附氧层（图 4.16）。ALD 过程中，调节 ALD 循环可合成具有原子精确设计和控制的 Pt 催化剂的厚度和形貌。该材料和目前最先进的商业 Pt/C 催化剂相比，其催化活性有显著提高。

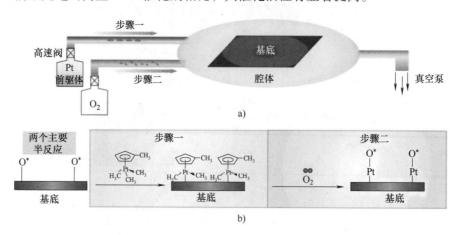

图 4.16　ALD 法示意图

a）ALD 法在基底上沉积单原子 Pt 的示意图　b）沉积过程中的主要反应

4.2.2　物理气相沉积

物理气相沉积（Physical Vapor Deposition，PVD）技术是指在真空条件下，通过物理方法将材料源（固体或液体）表面汽化成气态原子、分子，或部分电离成离子，并通过低压气体（或等离子体）过程，在基体表面沉积一层有特殊功能薄膜的技术。物理气相沉积技术不仅可以沉积金属膜、合金膜，还可以沉积化合物、陶瓷、半导体、聚合物膜等。PVD 技术通常包含三个过程：气相物质的产生、输送和沉积。PVD 工艺制备的膜层与工件表面的结合力大，膜层的硬度高，耐磨性和耐腐蚀性好，膜层的性能稳定，此外，PVD 技术对基体材料影响小，可以在多种基底材料表面沉积，沉积厚度范围宽，从纳米到毫米级均可实现，制备过程环保无污染。目前，物理气相沉积的主要方法有真空蒸镀、溅射镀、离子镀等。发展到目前，PVD 技术已经成为一种备受瞩目的新技术，在航空航天、电子、光学等领域具有良好的应用前景。

1. 真空蒸镀

真空蒸镀法是在真空室中，加热蒸发器中的材料源，使其原子或分子从表面汽化逸出，形成蒸汽流，凝结到基体表面，从而形成固态薄膜的方法，也是物理气相沉积中使用最早的方法。真空蒸镀的基本原理是在真空条件下将金属、金属合金或化合物蒸发，然后沉积在基材表面（图 4.17）。真空蒸镀具有诸多优势，如设备简单、操作方便、可镀材料范围广、沉积参数易于控制、薄膜纯度高、可用于薄膜性能研究、适用于大多数

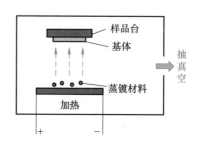

图 4.17　真空蒸镀装置示意图

材料的制备等。但其沉积温度高，薄膜与基板的结合强度低，所以熔点高、蒸汽压低的材料

不适合这种方法。蒸镀过程中，惰性气体压力、原子量、汽化物质的分压、汽化温度或速率等因素都会影响纳米材料的最终状态。

根据蒸发源不同，可分为电阻加热、高频感应加热和电子束加热。①电阻加热源：用高熔点金属（W、Mo、Ta、Nb）制成的加热丝或舟通上直流电，利用电阻加热原理加热材料。电阻加热源主要用于蒸发 Cd、Pb、Ag、Al、Cu、Cr、Au、Ni 等材料；②高频感应加热源：用高频感应电流加热坩埚和蒸发物质；③电子束加热源：热电子由灯丝发射后，被加速到阳极，获得动能轰击到处于阳极的蒸发材料上，使蒸发材料加热汽化，从而实现蒸发镀膜。电子束加热源适用于蒸发温度较高的材料。

真空蒸镀用途非常广泛，例如在有机光伏领域，有机太阳能电池、有机发光二极管等器件的制备往往涉及诸多有机小分子材料，金属材料作为其功能层，由于真空蒸镀具有成膜性均一、材料纯度高的优势，因此通常通过真空蒸镀的方式将这些材料制备成薄膜作为电子传输层、空穴传输层、活化层等，从而得到高性能有机光伏电池或有机显示设备，如图 4.18 所示。

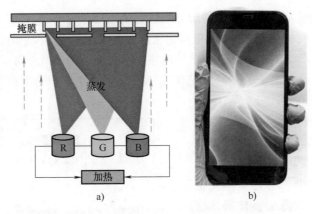

图 4.18　真空蒸镀

a) 有机材料的蒸镀过程　b) OLED 屏幕

现以北京泰科诺科技有限公司的电极蒸镀机为例，介绍磁控离子溅射的一般操作步骤（图 4.19）。镀前处理包括清洗镀件和预处理。具体清洗方法有清洗剂清洗、化学溶剂清洗、超声波清洗和离子轰击清洗等。机器使用步骤如下：①打开空气压缩机，开启循环水冷。②打开主电源开关，拧松舱门把手，充气到大气压（充气前请检查气是否充足）。主电源开关建议在空气压缩机和水循环开关打开 1min 后再开，如果马上打开，就可能会因为空气压缩机工作不充分导致气压不足而报警。③基片上架，开舱，加蒸镀材料，检查晶振，关舱。④确认舱门关紧，自动开机直到气压 $<5\times10^{-4}$Pa。⑤选择金属切换，打开相应的金属挡板，打开蒸镀开关，调到相应的速率进行蒸镀，打开基片旋转，同时按下 ZERO 和基片挡板，按照步骤操作直至完成。⑥关闭基片挡板/旋转，关闭蒸镀开关 5min 后，按下自动关机，持续约 10min，分子泵转速为零。⑦确认舱门为拧松状态，充气直到大气压（充气前请检查气是否充足），开舱取片。⑧关上舱门，打开机械泵和旁路阀，直到压力为 10^{-1}Pa，关闭旁路阀和机械泵。⑨关闭主电源，关闭水循环和压缩机。

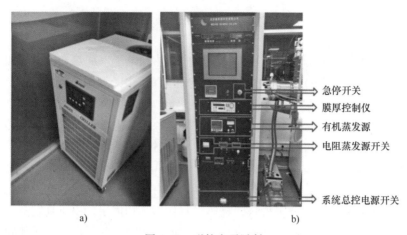

图 4.19 磁控离子溅射

a）蒸镀设备循环冷却水机 b）真空蒸镀控制主机

2. 溅射镀

溅射镀的基本原理是气体分子被高压电离后形成正离子与电子。正离子在电场的作用下加速，以高动能轰击靶材（阴极），使靶材原子能量增加并脱离表面形成溅射层，沉积在基板上形成薄膜。电离产生的电子在受控电场的加速下也会使新的气体分子再电离，从而提高溅射率。由此可见，溅射离子的来源是在真空和高压下气体分子的电离，也就是辉光放电。

辉光放电通常是指在真空度为 $10^{-2}\sim$ 10Pa，两极施加高压时产生的放电现象。因此溅射镀通常伴随着辉光。溅射镀通常使用惰性气体 Ar，因为其具有电离率高、容易产生辉光放电、不与基体或靶材发生反应、价格便宜等诸多优势。在真空条件下，高压电场使氩气辉光放电，这时氩原子电离成氩离子（Ar^+）和电子，Ar^+ 在电场力的作用下，加速轰击以镀料制作的阴极靶材，靶材原子被溅射出来，从而沉积到基体表面（图 4.20）。

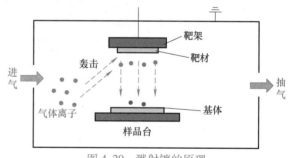

图 4.20 溅射镀的原理

溅射法分为直流溅射、射频溅射和磁控溅射。①直流溅射是指利用直流辉光放电产生的离子轰击靶材进行溅射沉积的技术。直流辉光放电是指在两电极间加一定强度的直流电压时，两电极间的稀薄气体产生的放电现象。辉光放电产生的带电离子经过电场加速撞击靶材表面，使靶材原子被轰击而飞出来，同时产生二次电子，再次撞击气体原子从而形成更多的带电离子，靶材原子携带足够的动能沉积到被镀物（衬底）的表面。②射频溅射是利用射频辉光放电产生的离子轰击靶材进行溅射沉积的技术。射频辉光放电是指通过电容耦合在两电极之间加上射频电压，从而在电极之间产生的放电现象。由于交流电源的正负性发生周期交替，当溅射靶处于正半周期时，电子流向靶面，中和其表面积累的正电荷，并且积累电子，使其表面呈现负偏压，在射频电压的负半周期时吸引正离子轰击靶材，从而使飞出的靶材原子沉积到基底上。③磁控溅射指利用磁控型异常辉光放电的离子轰击靶材进行溅射沉积的技术，是一种高速低温溅射技术。磁控型异常辉光放电是指在阴极靶表面形成一个正交的电磁场后，两电极之间产生的离子同时受磁场和电场作用的放电现象。放电过程中产生的二次电子在电场作用下飞离靶材，其又将受到磁场作用而返回靶面，即在电场和磁场的作用下做摆线运动，增加了气体原子的离子化效率以及带电离子轰击靶面的频率，从而使靶材原子高效地沉积到基片上。

溅射镀多种多样，根据靶材是否发生化学反应也可以分为非反应型溅射和反应型溅射。非反应型溅射是指靶材不发生任何反应，溅射后直接在基板沉积成与靶材相同材料的薄膜；而反应型溅射是指靶材可与腔体中的物质发生反应而制备出化合物薄膜。以溅射镀技术制备 TiO_2-Au Janus 光驱动型微米马达为例，研究人员以 TiO_2 单层微球为基体，使用磁控离子溅射，将金属 Au 沉积在半个 TiO_2 微球表面，形成一半是 TiO_2、一半是 Au 的 TiO_2-Au Janus 微球结构，大幅提升了马达的光能转化效率，从而实现该微米马达在紫外光下纯水体系中的高效驱动。

以中科科仪 SBC-12 型离子溅射仪（图 4.21）为例，溅射镀的一般操作步骤如下：①设备开启前更换靶材时，应打磨靶材及靶头表面，放入基体，关闭舱门；②打开系统总控电源；③打开真空泵抽真空，抽至理想真空度；④打开氩气瓶，进气；⑤若真空度不够理想，则需手动调节"微调进气阀门"，以调节真空度；⑥按下手动开关，观察电流指数，若在理想范围内，则按下开关开始镀膜；⑦溅射完成后，关闭氩气充气开关，关闭电源；⑧放气，取出样品后关闭舱门，再次抽真空。

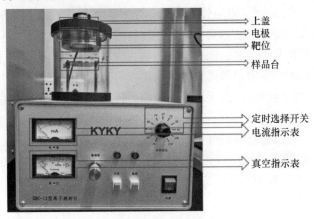

图 4.21　中科科仪 SBC-12 型离子溅射仪

3. 离子镀

离子镀是指在真空条件下使材料源蒸发后电离，在电场作用下，使高能离子轰击衬底表面，从而沉积成薄膜。离子镀设备示意图如图 4.22 所示。简单来说，离子镀的作用过程为：①材料源置于阳极处，工件置于阴极处，当通以高压直流电后，材料源与工件之间产生弧光放电。真空室内充有惰性气体（通常是氩气），在放电电场作用下，氩气电离在阴极工件附近形成阴极暗区。②带正电荷的氩离子在阴极负高压的作用下，高速轰击工件表面，使工件表层粒子和脏物被去除，工件表面得到充分的清洁，以利于后期材料的均匀附着。③开启加热电源，材料源蒸发进入辉光放电区并被电离。④同样在阴极作用下，带正电荷的蒸发料离子随氩离子一起轰击工件，当蒸发料离子的数量超过轰击出来的离子数量时，材料附着于工件形成薄膜。

根据膜层粒子的获得方式不同，离子镀可分为蒸发型离子镀和溅射型离子镀，其中蒸发型离子镀根据放电原理不同又可分为直流二级离子镀、空心阴极离子镀、热丝阴极离子镀、电弧离子镀等。直流二级离子镀是稳定的辉光放电；空心阴极离子镀与热丝阴极离子镀是热弧光放电，产生电子的原因均可简单概括为由于金属材料被加热到很高的温度，导致核外电子的热发射；电弧离子镀的放电类型与前面几种离子镀的放电类型均不相同，它采用的是冷弧光放电。

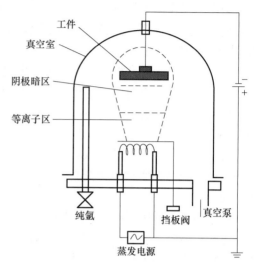

图 4.22　离子镀设备示意图

相对于真空蒸镀，离子镀具有诸多优势。如：①可镀材料多。可在金属基底上镀非金属或金属材料，也可在非金属基底上镀金属或非金属材料。②绕镀性强。离子镀时，原料以带电离子的形式在电场中沿电力线方向运动，因而凡是有电场存在的部位，均能获得良好镀层，而真空镀只能在垂直方向实现膜层的制备。因此，离子镀适合复杂结构的表面薄膜制备。③镀层致密均匀。离子镀的镀层组织致密、均匀性好、无气孔或凸点等瑕疵。④镀层附着性强。离子镀时，蒸发料粒子电离后达到数千电子伏特的动能，在电场的作用下轰击到基板，离子镀的界面扩散深度可达几个微米，比真空镀的附着深度深十倍，因而离子镀工艺的镀层附着性非常强。在镀膜过程中离子镀自带离子轰击作用，对基底有较好的清洁功能，此外，该工艺制备的薄膜具有较好的附着性，所以无论是镀之前，还是镀之后，都较好清洗。

离子镀的一般操作步骤如下：

1）开机前准备：①开机前检查气压（正常为 0.6~0.8MPa）、水压是否正常；②检查油位、油质是否正常；③检查电缆电线是否完好，若有损坏，及时上报处理；④穿戴好口罩、无尘衣、PVC 手套等劳保防护用品；⑤准备好预镀产品，做好前处理，检验出合格的预镀品，制定相关镀膜工艺。

2）开机与镀膜工艺规范：①合上真空镀膜系统总电源，打开控制柜电源及计算机，进入操作界面，启动数据记录，打开维持泵对扩散泵抽真空，真空度为 0.1Pa 时，打开扩散泵加热电源，对扩散泵加热 1h；②打开充气阀对真空室进行充气，打开镀膜室门，拉出转架，测量靶材厚度，清除屏蔽罩、靶材表面的氧化物或其他污染，防止短路；③装上产品/样品，把转架推入真空室，开启转架转动电源，观察转架转动是否正常，测量转架与镀膜室腔体之间的电阻，确认两者之间绝缘，关好真空室门；④抽真空。启动旋片泵，依次开启旁通阀、粗抽阀；当真空度达到要求时，关闭旁通阀，然后打开罗茨泵对真空系统抽真空；当达到油扩散泵的前级真空度时，关闭粗抽阀，然后依次打开前置阀、精抽阀，对真空系统进行抽高真空；⑤当真空度达到工艺要求时，开始进行镀膜工艺操作。设定加热温度，对系统进行加热，设定氩气流量对镀膜室充入氩气，达到工艺要求的镀膜真空时，打开偏压电源、离子源，然后进行离子镀膜工艺；⑥镀膜结束时，先关闭溅射电源、弧电源、离子源、偏压电源、加热电源灯，然后依次关闭精抽阀、前置阀、罗茨泵、旋片泵，进行系统冷却。最后开启充气阀，向镀膜室充入空气，打开镀膜室门，拉出转架，取出产品/样品；若需镀多炉产品/样品，则按步骤③~⑥重复操作。

3）关机阶段：①将转架推入真空室，关上镀膜室门，对系统抽真空；②完成时依次关闭精抽阀、前置阀、罗茨泵、粗抽阀、扩散泵，并对系统进行冷却；③关闭维持泵与电离真空计，保存计算机数据，关闭触摸屏电源、真空镀膜系统总电源和循环冷却水电源等。

4.3　液相制备法

4.3.1　沉淀法

沉淀法是纳米颗粒制备中应用最广泛的方法之一。沉淀法将溶解在溶剂中的物质转变为固体颗粒，在所有湿法生产工艺中，这是最直接、成本最低的大规模生产工艺。根据所使用的盐不同，沉淀法既能产生微粒，又能在低温下产生纳米颗粒。通常沉淀法所使用的盐类是溶于水的无机金属盐，如氮化物、氯化物等。化学沉淀合成法的标准工艺流程如图 4.23 所示，温度、pH 值、溶剂类型、溶剂与试剂的混合速率以及后处理等多种参数，都可能影响最终产生的纳米颗粒的特性。

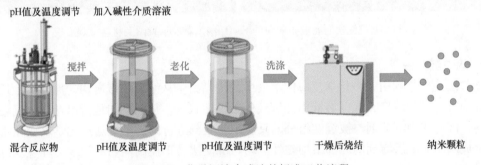

图 4.23　化学沉淀合成法的标准工艺流程

沉淀过程包括三个主要步骤：化学反应、成核和晶体生长。从反应动力学和固相成核生长过程看，化学沉淀通常不是一个可控的过程。因此，化学沉淀法得到的固体颗粒尺寸分布广泛，颗粒形态失控并伴有团聚。为了获得均匀尺寸分布的纳米颗粒，通常要求反应溶液高度过饱和，反应器内均匀的空间浓度分布，以及所有颗粒或晶体的均匀生长时间。沉淀法通常可分为共沉淀法和均匀沉淀法。

1. 共沉淀法

共沉淀法是一种简单而普遍的方法，广泛用于制备各种纳米颗粒。这种方法要求使用含水介质进行沉淀。采用该工艺可以得到均匀的纳米颗粒。简而言之，共沉淀法涉及两种或两种以上的水溶性盐的混合，通常是二价和三价金属离子。大部分含有三价金属离子的可溶性盐发生反应时，最终还原形成至少一种不溶于水的盐并沉淀下来。溶液需要连续搅拌，根据反应条件和还原剂的不同，可以加热并搅拌，也可以不搅拌。通常，采用这种方法，粒子仅显示出有限的结晶性质。共沉淀法制备纳米颗粒的整个过程是在碱性介质中添加常见的还原剂，如氨水、氢氧化钠等来维持所需的 pH 值。纳米颗粒的大小取决于几个因素，即所选盐的比例、溶液的 pH 值、维持的反应介质温度和所用碱的类型。如图 4.24 所示，通过调节 pH 值，合成的 Fe_3O_4 纳米颗粒形态可在球状、纤维状、不规则形状中变化。

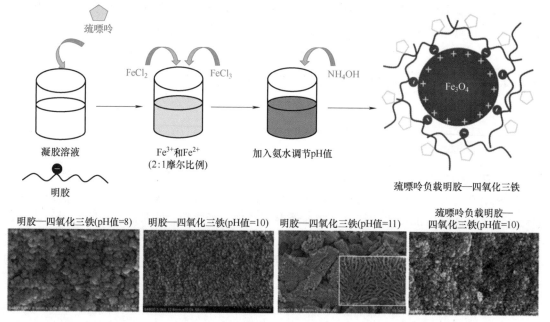

图 4.24　共沉淀法制备胶束包覆的 Fe_3O_4 纳米颗粒示意图及材料微观形貌

2. 均匀沉淀法

　　均匀沉淀法是利用某一化学反应使溶液中的构晶离子从溶液中缓慢均匀地释放，通过控制溶液中沉淀剂的浓度，保证溶液中的沉淀处于平衡状态，从而均匀地析出。与共沉淀法不同，均匀沉淀法中沉淀剂与被沉淀组分的反应不是立刻进行的，一般通过化学反应在水相中缓慢生成从而克服沉淀剂的局部不均匀性。均匀沉淀法易于控制均匀的粒度，环境友好，不需要昂贵的原材料和复杂的设备，可在短时间内低温制备样品，从而实现大规模生产。均匀沉淀法最初是由 Tang 和 Willard 在 1930 年提出的，利用尿素的缓慢分解来沉淀和分析金属离子，以得到铝的沉淀，之后，众多学者一直在努力研究该方法在纳米/微粒制备上的应用，并发现通过控制沉淀参数可以有效地调节其团聚行为。Li 等人通过均匀沉淀法成功地在活性炭气凝胶（ACAs）上均匀沉淀出硫（图 4.25），所制得的材料中硫颗粒的大小均一，可作为电极材料用于锂硫电池。电池在 C/5（335mA/g）的倍率下，第一个循环的放电容量为 1229mA·h/g，循环 100 次后的放电容量为 616mA·h/g。

　　均匀沉淀法的主要优势在于其成本低而且在大规模工业生产中不需要使用昂贵的原材料和先进的设备。以制备纳米晶 ZnO-NiO 混合金属氧化物为例，水热法需要用到造价相对较高的聚四氟乙烯作为内衬的不锈钢高压釜，同时需要较长的反应时间（12h 的合成）；但均匀沉淀法简单、经济、环保、无害，在大批量生产纳米晶混合金属氧化物粉体方面具有很大的潜力。

4.3.2　水热法

　　近年来，以水为溶剂的水热法因其对反应设备要求低、反应条件温和、操作简单、能耗低等

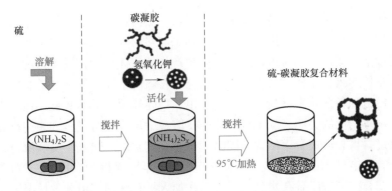

图 4.25　均匀沉淀法制备 S-ACAs 复合材料的示意图

特点获得了巨大的关注和发展。水热法是在高压釜的高温、高压反应环境中，采用水作为反应介质，在高压环境下制备纳米微粒的方法。水热法与溶胶-凝胶法、共沉淀法等其他湿化学方法的主要区别在于温度和压力，其通常使用的温度为 130~250℃，相应的水蒸气压为 0.3~4MPa。

在高温高压的水热体系中，在稀薄气体状态下，水的黏度随温度的升高而增大。由于扩散与溶液的黏度成正比，因此在水热溶液中存在十分有效的扩散，从而使得水热晶体的生长速率比其他水溶液晶体的高。但被压缩成稠密液体状态时，其黏度随温度的升高而降低，有助于提高化合物在水热溶液中的溶解度。高温、高压下，一些氢氧化物在水中的溶解度大于对应的氧化物在水中的溶解度，于是氢氧化物溶入水中的同时会析出氧化物。水热法制备的纳米材料的最小粒径可达到数纳米的水平。例如，有研究人员以柠檬酸盐为稳定剂，采用改进的溶剂热法合成了粒径均匀的高度分散磁铁矿颗粒（图 4.26）。

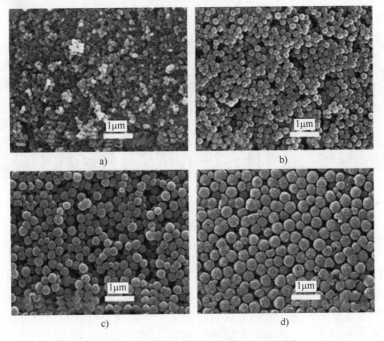

图 4.26　四氧化三铁纳米颗粒的 SEM 图

a）三氯化铁浓度为 0.05mol/L　b）三氯化铁浓度为 0.1mol/L
c）三氯化铁浓度为 0.2mol/L　d）三氯化铁浓度为 0.25mol/L

此外，水热法也常被用于制备功能纳米炭材料，其可以促进前驱体发生水解、分解、脱水、缩聚、芳构化等反应以进行碳化，最终得到水热炭材料。水热反应过程中，水不仅作为反应介质和溶剂溶解碳源，同时可以溶解反应中产生的气体作为传递压力的介质，同时作为催化剂促进前驱体的碳化过程。另外还可以填充在材料的空隙中调节孔道结构。采用双亲性聚合物作为软模板制备多孔炭材料具有工艺简单、耗时较短、成本较低、便于大规模生产等优点，因而获得了广泛的关注。软模板一般会在溶液中形成疏溶剂核和亲溶剂壳的"核-壳"结构，然后通过自组装形成有序结构，同时碳源会在其空隙之间发生交联聚合，将模板除去后即可形成具有孔道结构的炭材料。Kubo 等于 2011 年以果糖为碳源，三嵌段聚合物 F127 为软模板，成功合成了有序微孔炭材料，进而在加入扩孔剂均三甲苯的情况下合成了有序介孔炭材料。赵等在以 β-环糊精为前驱体，F127 和 P123 为双模板，在盐酸存在的情况下合成了有序介孔炭材料（图 4.27）。

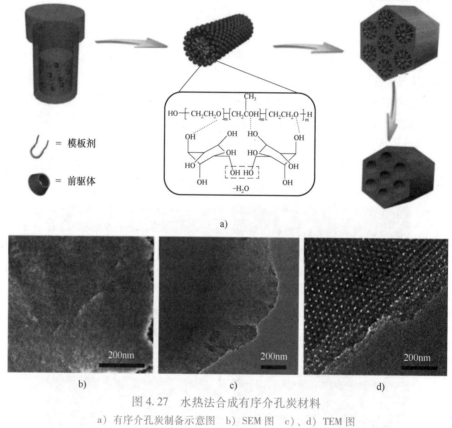

图 4.27　水热法合成有序介孔炭材料
a）有序介孔炭制备示意图　b）SEM 图　c）、d）TEM 图

水热法除了用于制备有序介孔炭材料外，也用于制备具有其他形貌和孔道的特色炭材料。王等以核糖为碳源，以 P123 和油酸钠为双模板，在模板剂和碳源的协同作用下，合成了各向异性的瓶状炭材料（图 4.28a），后来以葡萄糖为原料制备了中空球状或碗状炭材料。张等在以上工作的启发下，用相似的方法也得到了中空碗状及球状炭材料。此外，有研究人员以维生素 C 为前驱体，以二茂铁和三辛胺为模板，通过水热法得到了尺寸为 $1\sim2\mu m$ 的碗状炭材料（图 4.28b）。这些各向异性的炭材料不仅在电化学领域，在多相催化领域也具有优异表现。

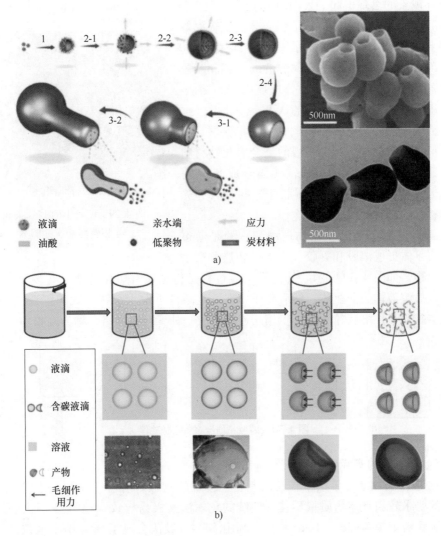

图 4.28　水热法制备其他材料的制备过程示意图和电镜图

a）瓶状空心炭材料　b）碗状空心炭材料

4.3.3　溶胶-凝胶法

1. 溶胶-凝胶法概述

溶胶-凝胶法（sol-gel 法，胶体化学法）是一种利用液相化学过程制备玻璃、陶瓷等无机材料的湿化学技术。溶胶（sol）是具有液体特征的胶体体系，分散的胶体粒子（1～100nm）是固体或大分子。而凝胶（gel）则是一种具有固体特征的胶体体系，被分散的胶体粒子形成连续的三维空间网络结构，其空隙被液体或气体填充。该方法最早可追溯到 19 世纪 60 年代，Elbelmen 首次将 SiCl₄ 与乙醇混合后，利用其水解制备出 SiO₂ 材料。但在当时，他的发现只引起了少数化学家的兴趣，并没有得到进一步系统的研究。由于凝胶干燥时间较长，溶胶-凝胶技术并没有在材料合成中发挥其应用价值。19 世纪末 20 世纪初，

Liesegang 环现象的出现引起了人们对凝胶的极大兴趣。所谓 Liesegang 环，是指在凝胶中通过周期性沉淀反应得到的环状、带状、分支、辐射等形状的条状结构，如图 4.29 所示。直到 20 世纪 30 年代，Geffcken 和 Dislich 利用金属醇盐的水解和凝胶化分别制备了氧化物薄膜和多组分玻璃陶瓷，溶胶-凝胶法才逐渐受到工业和学术界的认可。

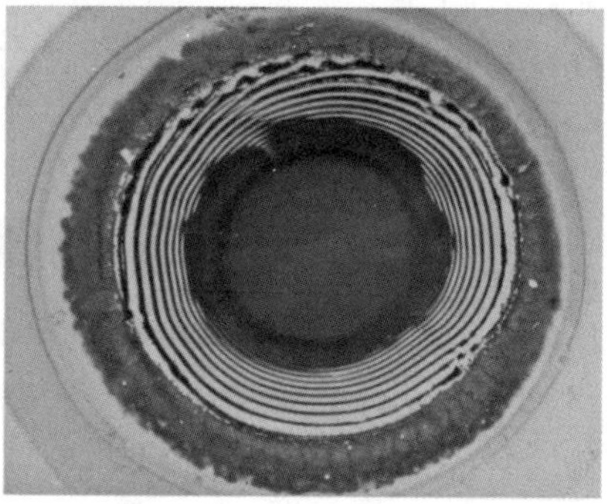

之后，该方法成功应用于玻璃、氧化物涂层、功能陶瓷粉料以及传统方法难以制得的复合氧化物材料的制备。其中从液态金属硅有机前驱体合成 SiO_2 可能是最古老和研究最多的溶胶-凝胶法，并且其为先进陶瓷等材料的制备提供了新的途径。

图 4.29　明胶上的 Liesegang 环-银铬酸盐沉淀图案

溶胶-凝胶法制备金属氧化物玻璃和陶瓷是通过水解化学前驱体形成溶胶和凝胶，再干燥和热解产生无定形氧化物，如图 4.30 所示。其化学反应过程是将金属有机化合物（主要是金属醇盐）或部分无机盐溶液作为前驱体，然后前驱体在一定条件下发生水解（或醇解），水解产物缩合聚集成溶胶粒子，溶胶粒子进一步相互连接形成一种聚合物网络，称为凝胶。

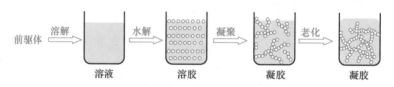

图 4.30　溶胶-凝胶法的基本过程

2. 溶胶-凝胶法的实际应用

溶胶-凝胶法可用于零维纳米颗粒的制备，传统的物理研磨可使颗粒尺寸减小，但该方法对设备的要求较高且产物质量不佳；传统的化学法又极易导致颗粒团聚，而溶胶-凝胶法则可以克服颗粒聚集等问题。Dixit 等首次利用溶胶-凝胶法合成了 SiO_2 纳米颗粒，开发了一种快速简便的方法来精确控制颗粒的生长，从而控制其尺寸，如图 4.31 所示。该方法以正硅酸四乙酯（TEOS）为前驱体，在等容乙醇-水体系中，氢氧化钠为催化剂，合成介质较为简单。溶胶-凝胶法具有省时且环保的优点。

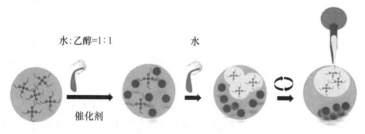

图 4.31　SiO_2 纳米颗粒的制备

另外，溶胶-凝胶法也可用于纳米线（棒）、纳米管、纳米片的制备。当采用溶胶-凝胶法合成纳米线时，由于该方法反应温度低，可避免纳米线尺寸不一、结构不稳定等问题。当采用溶胶-凝胶法合成多壁碳纳米管（MWCNT）时，反应物负载在基板上，与有机基团之间利用螯合反应等发生交联，之后再用高活性催化剂热解，使其内部形成中空结构，效果较好。当采用溶胶-凝胶法合成纳米片时，可以解决纳米片结构密集堆积的问题。该方法通过加入活性较高的化学物质，由静电作用力和偶极矩以及小的正电荷所引起的疏水排斥作用使纳米材料结构相互分散，进而形成纳米片。由于溶胶-凝胶法是从溶液反应开始的，所以该方法被认为是一种很有前途的薄膜制备技术，通常用于玻璃和无机薄膜的制备。常用的简单有效的涂层技术包括浸涂、旋涂、喷涂和滚涂。Brinker 等在 20 世纪 90 年代早期报道了这一现象，阐明了浸涂溶胶-凝胶薄膜沉积的基本化学和物理原理。例如，在浸涂和旋涂中，可以分别通过改变抽丝速度和纺丝速度来调整涂层的厚度。然而，所使用的溶胶的性质也强烈地影响涂层轮廓的形成。

最后，溶胶-凝胶法在介孔材料合成领域也有诸多应用，Kong 课题组利用该方法报道了一种有序介孔二氧化硅/氧化铝（MS/AAO）框架纳米流体异质结构膜（图 4.32），其中正硅酸四乙酯（TEOS）作为前驱体和硅源，利用其水解、缩合后形成低聚物，经煅烧工艺处理得到介孔二氧化硅，借助介孔二氧化硅与 AAO 之间的界面超组装作用，将有序介孔二氧化硅膜紧密地包裹在 AAO 表面，具有优异的离子选择性和渗透能转换能力。

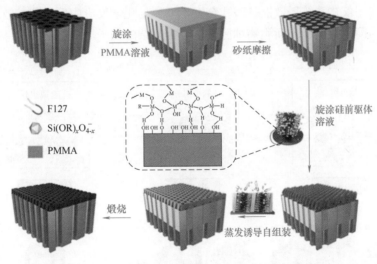

图 4.32　MS/AAO 异质结构膜的合成过程示意图

溶胶-凝胶法制备纳米材料包括有机途径和无机途径。对于有机途径，主要是利用有机醇盐水解，如 TiO_2 纳米颗粒的制备中，钛酸四丁酯经水解缩聚形成 $Ti(OH)_2$ 凝胶，经研磨和烧结得到 TiO_2 纳米颗粒。对于无机途径，则是利用无机盐水解，如 SiC 粉末的制备，先利用溶胶-凝胶法制备得到前驱体，再经高温碳热的还原，得到 SiC 微粉。该方法与有机醇盐制备方法相比较为简便，并且成本更低。

3. 溶胶-凝胶法的优缺点

溶胶-凝胶法可以在低温条件下制备出粒度细、化学均匀性好的高纯度产品，因此备受关注。溶胶-凝胶法具有精确性好、稳定性好、反应温度低、目标产品纯度高等突出优点，被认为是最有潜力的合成材料方法之一。在过去的几十年里，溶胶-凝胶法（结合其他技术包括微波加热、超声破碎法、旋转涂布、浸渍涂敷、层流涂料、强场感应）用于制备各种不同形态的先进材料，其中包括磁性和光学结构型的纳米粒子、空心球、纤维、纳米线和薄膜等。利用溶胶-凝胶法合成纳米材料具有诸多优点：①溶胶-凝胶过程中的溶胶是由溶液制得的，胶体粒子内和胶体粒子间的化学成分完全统一，因此所得产物具有较好的化学均匀性。②所得纳米材料具有较高纯度，尤其是纳米粉制备过程中无需机械混合，不易引入杂质。③当制备纳米颗粒时，颗粒细，其胶粒尺寸小于100nm。④较低的反应温度利于材料成分及结构的调控。⑤产物活性高。⑥当用无机盐作为合成原料时，其合成成本大大降低，并且工艺合成及设备简单。但是从另一方面来说，该工艺也存在一些缺点，如需要昂贵的前驱体和添加剂，而且难以控制目标粉体的结构。

4.3.4　自组装法

"自组装"不是一个形式化的主题，其定义有无限的弹性。自组装主要包括静态和动态两种方式，如图4.33所示。静态自组装主要涉及处于全局或局部平衡且不耗散能量的系统，如分子晶体以及大多数折叠的球状蛋白质等。静态自组装中，有序结构的形成可能需要能量（如以搅拌的形式），但一旦形成，便为稳定态。在动态自组装中，元件间负责结构或图案形成的相互作用仅在系统耗散能量时才会发生。振荡化学反应中反应和扩散之间的竞争形成的模式是最为简单的例子，而生物细胞则是较为复杂的例子。

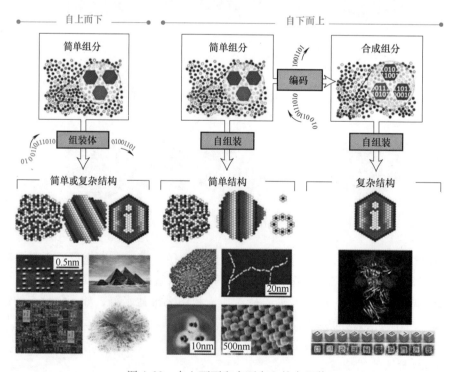

图4.33　自上而下和自下向上的自组装

1. 动态自组装

目前对自组装的理解大多来自于对静态系统的研究，然而最大的挑战及机遇却在于对动态系统的研究。研究自组装最重要的理由是它在生活中有着不可替代的作用。例如，有丝分裂期间，一个细胞的组成部分通过复制，可以组装成另一个细胞、细菌群或鱼群等。我们知道，活细胞是一个袋子，里面有许多化学反应物质，布满了环境传感器，允许热量和某些化学物质通过其细胞壁。我们也明白，细胞是一个封闭的、自我复制的、能量耗散的、自适应的结构。然而，几乎不知道如何将这两组特征联系起来。"生命"是如何从一个化学反应系统中产生的？自组装可能是将化学反应的相对简单与分裂细胞的复杂性联系起来的一条线索。在分子水平上，静态自组装描述脂质双分子层的形成、碱基的配对和一些蛋白质的折叠；而细胞中关键结构的行为，包括肌动蛋白丝、组蛋白以及信号通路中的染色质和蛋白质聚集则均属于动态自组装范畴。因此，动态自组装过程的层次结构是细胞操作的基础。

动态自组装在非生命系统中也很常见，如溶液中和催化剂表面的振荡反应，瑞利-伯纳德对流细胞，颗粒流化床中形成的模式，以及大气中的风暴细胞等。分子水平的动态自组装如图 4.34 所示。

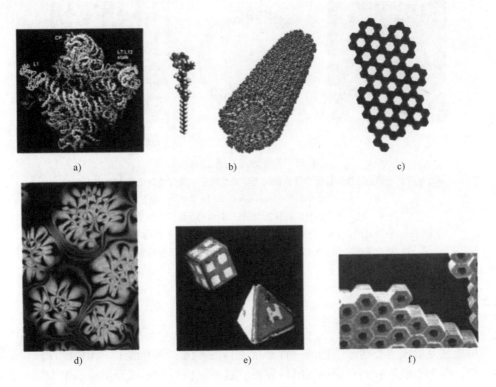

图 4.34　分子水平的动态自组装

a）核糖体的晶体结构　b）自组装肽两亲性纳米纤维
c）通过毛细管相互作用在水/全氟（十氢化萘）界面上组装的一组毫米大小的聚合板
d）在各向同性衬底上的向列相液晶薄膜　e）由平面基片折叠而成的微米金属多面体
f）由毛细管力组装而成的微米板的三维集合体

2. 静态自组装

科学研究表明，现阶段很难在活细胞中研究自组装，主要原因在于在生物系统中改变多种参数是不切实际的，因此，人们希望有一组自组装的组件，能够很容易地改变这些参数，以便理解（并能够操纵）组件的过程。基于这个目的，分子自组装则变成了静态自组装必不可少的部分。

化学家和工程师倾向于通过设计和合成（或制造或建造）新系统来解决问题，物理学家则倾向于观察现有系统，生物学家会通过混合现有的部分来进一步修改，每种风格在静态自组装中都很重要。分子水平的静态自组装如图4.35所示。

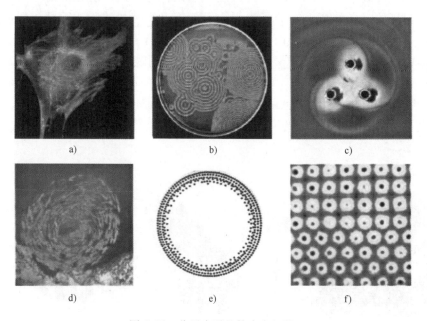

图 4.35　分子水平的静态自组装

a）带有荧光标记的细胞骨架和细胞核的光学显微照片（微管的直径为 24nm，呈红色）

b）3.5in 培养皿中 Belousov-Zabatinski 反应中的反应扩散波

c）3mm 大小的旋转磁化磁盘通过涡-涡相互作用的简单集合

d）鱼群　e）由直径为 1mm 的带电金属珠在介质支架上的环形路径上滚动形成的同心环

f）对流细胞在金属支架上形成的微图案（细胞中心之间的距离为 2mm）

4.3.5　模板法

1. 硬模板法

硬模板法是形成空心纳米结构的一种非常流行的方法。该方法中，固体刚性颗粒被用作核心模板，并为形成外表面壳层提供牺牲模板。这些模板可在形成壳层后通过煅烧、溶解或蚀刻轻易去除掉，从而在介观结构中引入空腔。图4.36说明了合成空心介观结构纳米颗粒的硬模板路线。在该路线中，硬模板的参与是必要的，并且是最终介观结构尺寸和形态控制的一个重要参数。形成外部壳层之后，选择性去除模板核是另一个重要步骤。因此，硬模板法合成路线包括多个步骤。所得介观结构的性质，如空腔的大小和颗粒的单分散性，通常是可调的，并且取决于所使用的硬模板。目前所报道的文献中主要有三种最常用的硬模板：二氧化硅微球、碳材料微球和聚合物微球（通常是聚苯乙烯微球）。

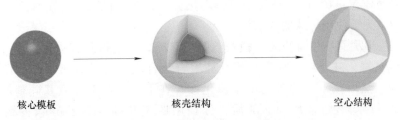

核心模板　　　　　　核壳结构　　　　　　空心结构

图 4.36　硬模板法合成示意图

　　Yu 等人描述了一种无表面活性剂合成拨浪鼓型磁性介孔中空碳纳米颗粒的方法，该方法采用磁铁矿纳米颗粒作为核，四正丙氧基硅烷和间苯二酚-甲醛作为前驱体形成外部壳层（图 4.37）。与间苯二酚-甲醛前驱体相比，四正丙氧基硅烷的聚合和缩合速度相对较快，因此四正丙氧基硅烷首先被包覆在磁铁矿纳米颗粒表面，形成磁铁矿@二氧化硅核壳结构。随后，间苯二酚-甲醛也与二氧化硅纳米颗粒聚合，形成磁铁矿@二氧化硅@碳硅聚合物的核-壳-壳结构。二氧化硅纳米颗粒及其聚集体在外壳层中的结合导致大介孔的形成。在碳化和选择性蚀刻二氧化硅组分后，形成拨浪鼓型磁性介孔中空碳纳米颗粒。有研究表明，只要改变碳化温度，该纳米颗粒的孔径、比表面积和孔体积等参数都可以顺利改变。

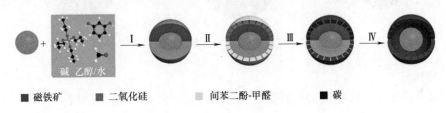

■ 磁铁矿　　■ 二氧化硅　　■ 间苯二酚-甲醛　　■ 碳

图 4.37　拨浪鼓型磁性介孔中空碳纳米颗粒合成示意图

　　碳材料微球是另一个吸引人的牺牲硬模板，它们可以在水热条件下由生物相容性的前体（如葡萄糖和多糖）制备。这些球体具有固有的各种官能团，如表面上的-OH 和-C＝O 基团，其可以吸附多种前驱体用于进一步的加工合成（图 4.38）。这种中空结构可以很容易地使目标分子快速扩散，并使气体分子吸附到材料的内外表面。

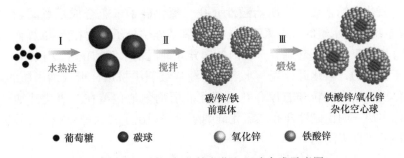

碳/锌/铁　　　　　铁酸锌/氧化锌
前驱体　　　　　　杂化空心球

● 葡萄糖　　● 碳球　　● 氧化锌　　● 铁酸锌

图 4.38　铁酸锌/氧化锌杂化空心球合成示意图

　　聚合物微球也可作为制备中空材料的优秀核心模板，因为其易于合成，粒径均一且易于调节。其中，聚苯乙烯微球的开发应用最为广泛，由于其可以很容易地获得所需粒径的聚苯乙烯微球和较为均一的直径分布，因此可以方便地控制所得到的空心复合材料的尺寸。此外，聚苯乙烯微球在400℃以上环境中可自动热分解，或可将其溶解在 N,N-二甲基甲酰胺或四氢呋喃中，无须使用特殊的蚀刻剂。

Zhang 等人开发了一种简便的"模板溶解"策略，以获得具有垂直有序介孔的中空周期性介孔有机二氧化硅颗粒。首先采用乳液聚合法合成了粒径分布窄、粒径为 250nm 的聚苯乙烯微球。然后在十六烷基三甲基溴化铵存在下，将双三乙氧基硅基乙烷在聚苯乙烯微球表面进行水解-缩合反应。随后，分别用四氢呋喃和热乙醇除去聚苯乙烯微球和十六烷基三甲基溴化铵，形成比表面积为 $1246.7m^2/g$、比孔隙体积为 $1.38cm^3/g$、孔径为 2.36nm 的均匀中空周期性介孔有机二氧化硅颗粒（图 4.39）。该合成路线具有高度的综合灵活性，因为通过调节双三乙氧基硅基乙烷的加入量和聚苯乙烯微球的直径，可以轻松调整中空周期性介孔有机二氧化硅壳的厚度和中空周期性介孔有机二氧化硅颗粒的内腔直径。

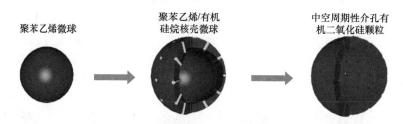

图 4.39　中空周期性介孔有机二氧化硅颗粒合成示意图

2. 软模板法

与硬模板法相比，软模板法是制备功能性蛋黄壳结构或中空多孔材料的一种简单而灵活的方法。这些工艺利用前体分子/添加剂形成的胶体系统作为模板。最常见的软模板是具有亲水头和疏水链的表面活性剂、微乳液滴、胶束等。当堆芯材料与软模板混合物混合时，模板会自发附着到堆芯上，从而使核壳纳米颗粒在特定条件下具有明确的结构。与硬模板法相比，在软模板法中消除模板非常容易。然而，由于软模板的多分散性和动态性，形成的材料的形态和单分散性并不理想。

Qiu 等人报告了一种通用的界面超级组装构建策略，以软模板法合成了具有一个开口的不对称空心二氧化硅纳米瓶。三明治磁性介孔二氧化硅纳米瓶合成示意图如图 4.40 所示。在水/油乳液系统中，水解的（3-氯丙基）三甲氧基硅烷分子排列在水-油界面上，随后在排列的（3-氯丙基）三甲氧基硅烷分子层内各向异性地沉积水解的正硅酸丁酯以形成薄的二氧化硅壳。由于膨胀的二氧化硅外壳，水溶液逐渐从液滴中挤出，形成纳米瓶的瓶颈和开口。随后将四氧化三铁纳米颗粒和有序介孔二氧化硅层均匀地包覆在二氧化硅纳米瓶的内外表面。该非对称多层三明治磁性介孔二氧化硅纳米瓶表现出了强大的负载和传输能力，可以作为去除污染物的优良吸附剂。

Yan 等人通过空间可控软模板法定向超组装策略，成功制备了具有高度均匀粒径的多组分金-二氧化硅蝌蚪状纳米颗粒（图 4.41）。由于其高度各向异性的性质，这种结构可控的纳米结构为未来的生物传感、纳米反应器和药物输送的应用提供了一个强力的平台。

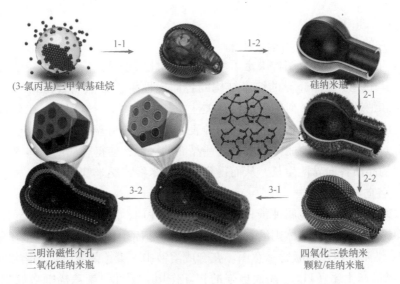

(3-氯丙基)三甲氧基硅烷

硅纳米瓶

三明治磁性介孔
二氧化硅纳米瓶

四氧化三铁纳米
颗粒/硅纳米瓶

图 4.40　三明治磁性介孔二氧化硅纳米瓶合成示意图

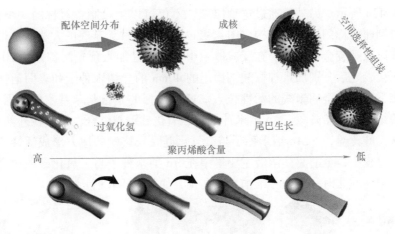

配体空间分布　　成核

空间选择性组装

过氧化氢　　尾巴生长

高　　　　　　　　聚丙烯酸含量　　　　　　　　低

图 4.41　金-二氧化硅蝌蚪状纳米颗粒合成示意图

4.4　一维、二维纳米材料的合成汇总

4.4.1　一维纳米材料的制备方法

前文所述的制备方法主要是基于零维纳米材料的合成策略。随着纳米合成技术的发展，研究人员已经开发出大量非零维的纳米材料，并用于很多重要的领域。主要包括一维纳米材料和二维纳米材料。其中一维纳米材料是一类在空间纳米尺寸范围内有两维处于纳米尺度范围的材料，最主要的微观形貌有纳米棒、纳米管、纳米纤维、纳米线和纳米带等。一维纳米材料具有广泛的应用前景，其制备极其重要。目前，一维纳米材料的制备方法包括配体介导的各向异性生长法、无基底各向异性生长法、基于基底的各向异性生长法、水热合成法、静

电纺丝法、化学气相沉积法等。

1. 配体介导的各向异性生长法

纳米材料的尺寸大小以及结构决定了其性能，因此实现可控的纳米形貌结构依然是一项挑战性任务。其中基于配体介导的纳米结构的各向异性生长方法制备得到的贵金属纳米晶体，如纳米棒和纳米线得到了研究者的广泛关注。其主要的生长机理是：在金属种子溶液中加入一定浓度的表面活性剂或封盖剂，而这种表面活性剂或封盖剂与金属种子的某一些晶面特异性的结合，阻碍了金属前驱体溶液与这些晶面的接触，使得金属前驱体溶液沿着没有覆盖表面活性剂的晶面各向异性生长，从而得到一维纳米线或纳米管材料。

2. 无基底各向异性生长法

在反应体系中直接加入金属种子和合适的表面活性剂，表面活性剂会特异性地与金属种子的某一晶面结合。金属前驱体则沿着没有被覆盖的晶面生长，最终得到金属纳米线结构。图 4.42a 为 Ag 纳米线生长的激励示意图。在合成溶液中，聚乙烯吡咯烷酮溶液可以与 Ag 种子的（100）晶面产生比（111）晶面更强的相互作用。因此，聚乙烯吡咯烷酮主要是覆盖在（100）晶面上，Ag 前驱体则会沿着（111）晶面逐渐生长，最终得到一维的 Ag 纳米线结构，如图 4.42b 所示。另外，通过这种原理，不仅可以生长制备对称的一维纳米线结构，还可以生长得到非对称的纳米线结构。图 4.42c 是通过一种无基底的方法制备得到了一种复合的二氧化硅以及螺旋金纳米线。在反应体系中，首先是加入预先制备好的 20nm 左右的二氧化硅纳米颗粒，之后分别加入柠檬酸钠稳定的 40nm 的金纳米种子和表面活性剂作为覆盖剂，以产生接下来生长金纳米线的活性位点。这里选择的是巯基苯基乙酸，因其可以与 Au 产生特异性的结合。初始阶段，Au 纳米种子与二氧化硅颗粒结合，暴露在外部的 Au 纳米种子被巯基苯基乙酸覆盖，在 Au 纳米种子与二氧化硅颗粒接触的地方形成活性位点，因此在接下来的生长过程中，金前驱体溶液主要集中在 Au 纳米种子与二氧化硅颗粒之间，不断生长，逐渐得到最终的非对称复合一维纳米线结构，如图 4.42d 所示。

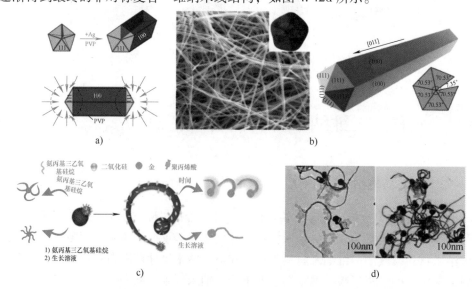

图 4.42　无基底各向异性生长法制备金属纳米线

a）Ag 纳米线生长的激励示意图　b）一维 Ag 纳米线扫描电子显微镜形貌图

c）生长复合一维纳米线结构的激励示意图

d）无基底各向异性生长法制备得到的非对称复合一维纳米线结构形貌图

3. 基于基底的各向异性生长法

除了上述在均相溶液中反应直接得到纳米线外，还可以先将金属种子沉积到一定的基底上，在基底上原位生长金属纳米线，最终得到纳米线阵列器件，其具有更加广泛的用途。它的生长机理与上述方法类似，都是借助配体介导的各向异性生长法以得到一维纳米线。如图 4.43 所示，在二氧化硅基底上，首先沉积 Au/Pt 纳米颗粒，之后加入四氯金酸抗坏血酸，在二氧化硅与 Au/Pt 纳米种子之间产生 Au/Pt 纳米线生长的活性位点，Au 或 Pt 前驱体溶液在活性位点之间不断聚集生长得到一维 Au/Pt 纳米线阵列。

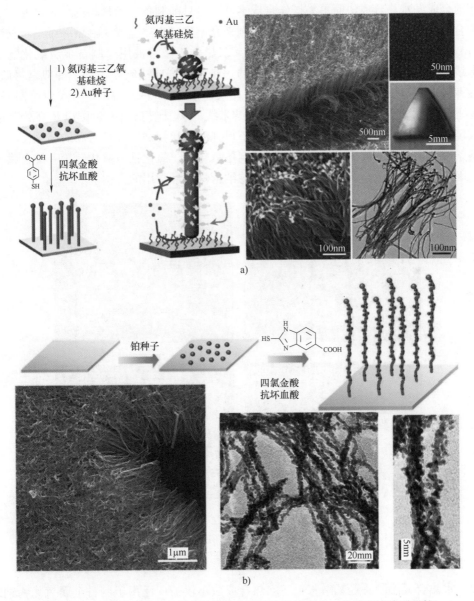

图 4.43　在基底上通过配体介导的各向异性生长法制备一维纳米线阵列器件

a）在 SiO₂ 基底上生长一维 Au 纳米线阵列　b）在 FTO 玻璃上生长一维 Pt 纳米线阵列

4. 水热合成法

水热合成法为液相反应体系提供了一种高温（>100℃）、高压的环境，不仅能够加大反应速率，还有利于晶体的生成，是一种常见的制备纳米材料的合成方法。其中，液相反应体系反应物的浓度、温度、pH 值以及反应时间是影响最终产物形貌、结构、尺寸的最主要因素。水热/溶剂热制备纳米材料的基本原理是：反应物在密闭的反应釜中进行反应，整个反应过程是通过化学物质的传输完成的。在高温、高压的反应环境下，液态或气态溶剂是传递压力的介质，在这种条件下，大部分的反应物都溶解在溶剂中，因此整个反应是在气相和液相溶剂的临界状态下进行的。水热反应主要适用于一些复合氧化物、难溶的物质以及高温下不稳定物相的合成。水热合成法简单易操作且成本低，是目前制备纳米材料的一种普遍方法，常被用于合成一维纳米材料。下面将以具体实例来介绍通过水热合成法制备一维纳米材料。

（1）水热合成法制备金属氧化物纳米线　水热合成法常被用于制备金属氧化物纳米棒及纳米线。常见的氧化锰纳米线可通过简单的一步水热合成法制备得到。一般是将硫酸钾、过硫酸钾以及一定量的一水合硫酸锰混合，在反应釜中 200℃ 左右 3~4 天便可制备得到，图 4.44 是通过水热合成法制备得到的氧化锰纳米线的场发射扫描电镜图以及高分辨透射电子显微镜图，由图可知，通过水热合成法制备得到的氧化锰纳米线具有高的结晶性以及规整的晶格条纹。除了制备氧化锰纳米线，还可制备氧化锌、氧化钴、氧化钛等一维金属氧化物材料，因此水热合成法是制备一维金属氧化物纳米材料最常用的方法。

图 4.44　水热合成法制备一维金属氧化物纳米线材料（氧化锰纳米线）
a）场发射扫描电镜图　b）高分辨透射电子显微镜图

（2）水热合成法制备羟基磷灰石　水热合成法不仅被广泛用于制备金属氧化物纳米线，而且常被用于制备羟基磷灰石纳米材料。羟基磷灰石纳米材料的合成对于医药输送以及蛋白吸附具有重要的意义。因此研究羟基磷灰石纳米材料的合成是一个重要的课题，而水热合成法是最常用的一种方法。

　　在合成羟基磷灰石纳米材料的过程中，其反应体系的 pH 值以及水热合成的温度对其形貌起着至关重要的作用。Wu 等人采用生物相容性生物分子核黄素-59-磷酸-钠盐（RP）作为磷源，通过一步水热合成法便可得到羟基磷灰石纳米线或纳米棒。图 4.45a 是采用 RP 作为磷源制备羟基磷灰石纳米材料的原理，合理控制反应体系的温度和 pH 值即可制备得到羟基磷灰石纳米线及纳米棒。图 4.45b、c 分别为在不同反应体系和温度下得到的一维羟基磷灰石纳米材料的形貌图，由此可知温度以及 pH 值对水热反应具有非常重要的影响。但是水热合成法主要用于制备一维金属氧化物材料，在聚合物纳米纤维制备中很少有报道。

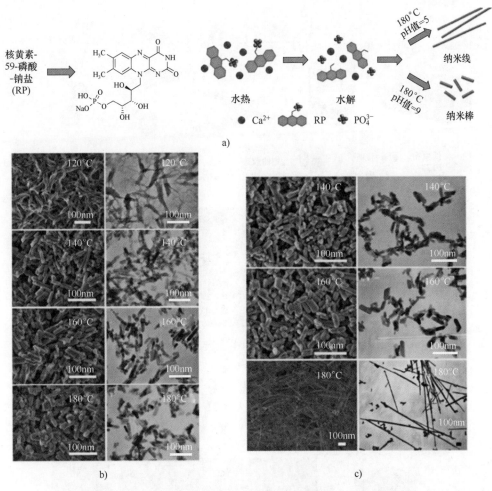

图 4.45　水热合成法制备一维羟基磷灰石纳米材料

a）制备原理　b）pH 值 =5 的条件下，不同水热温度得到的一维纳米棒羟基磷灰石的形貌

c）pH 值 =9 的条件下，不同水热温度得到的一维纳米棒羟基磷灰石的形貌

　　（3）水热合成法制备碳纳米纤维　水热合成法一般是制备一维金属氧化物纳米材料的普遍方法，但是其也可以制备一维非金属纳米材料。例如，Kong 课题组通过水热合成法制备了一种碳纳米纤维，其主要原理是采用 F127 作为软模板（图 4.46），均三甲苯和聚电解质聚（4-苯乙烯磺酸-马来酸）钠盐分别作为疏水端和亲水端的扩孔剂，核糖作为碳源，通

过氢键相互作用与胶束连接，之后这些柱状胶束采用六角形聚集方式形成短束，柱状胶束将沿着纳米纤维阵列基纳米线的长轴向端到端组装，从而在核糖及其衍生低聚物的交联和聚合驱动下形成更长的介孔纳米线。还可以采用连续超组装方法将该纳米线组装到阳极氧化铝基底上，组装成纳流控器件用于离子传输以及能源转换。

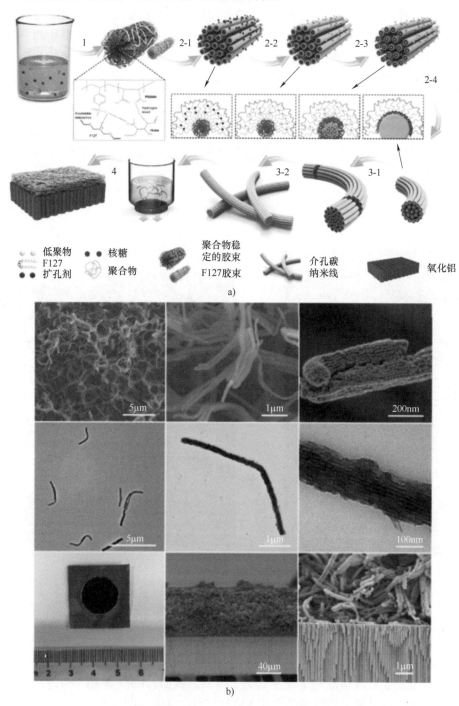

图 4.46　水热合成法制备碳纳米纤维材料

a）水热合成法制备碳纳米纤维合成示意图　b）碳纳米纤维形貌图

5. 静电纺丝法

静电纺丝法被广泛用于制备聚合物纳米纤维材料。静电纺丝设备主要由推进泵、注射器、高压电源和接收装置等部分组成。高压电源的正极与注射器相连接，负极与接收装置相连接，因此施加高压之后，在注射器与接收装置之间形成比较高的电场。将配置好的高分子聚合物溶液作为纺丝溶液，在高压电源的作用下，聚合物液滴将会带上较高的电压，在电场的作用下毛细管的泰勒锥的尖端被加速，在外加电场足够高的情况下，液滴将会克服表面张力，形成喷射细流，在喷射过程中溶剂挥发或固化，最终在接收板上得到纤维状的聚合物纤维。

静电纺丝法制备聚合物纳米纤维的方法比较成熟，影响最终纳米纤维形貌和结构的因素比较多，包括配置聚合物的溶剂种类，纺丝箱体的环境温度、湿度和气体流速等，以及静电纺丝的设置参数（如施加电压、压泵速率以及针头与接收板之间的距离等）。由于通过静电纺丝制备得到的聚合物纳米纤维具有高的比表面积、高宽比以及孔隙率，在水处理、离子交换以及能源转换器件领域具有潜在的实际应用价值。

（1）双喷嘴静电纺丝法制备聚合物纳米纤维　静电纺丝法被广泛用于制备一维聚合物纳米纤维薄膜。常见的静电纺丝装置一般都只有一个喷头，但是这种方法限制了纳米纤维膜的组成，为了获得多组分的纳米纤维，Yang 等人设计了一种双喷嘴的静电纺丝装置（图 4.47a），该装置可以同时纺出两种聚合物纤维，最终得到的纤维毡会同时具有两种聚合物纤维的功能，呈现出多功能性，双喷嘴静电纺丝装置制备得到的聚丙烯腈/尼龙双聚合物纤维毡扫描电镜图如图 4.47b 所示。

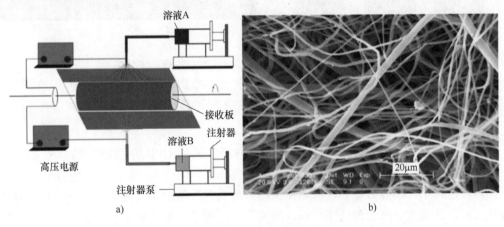

图 4.47　双喷嘴的静电纺丝装置及扫描电镜图

a）双喷嘴的静电纺丝装置　b）扫描电镜图

（2）静电纺丝溶胶法制备金属氧化物一维纳米材料　静电纺丝法不仅可以制备聚合物纳米纤维，还可以制备金属氧化物一维纳米材料。采用静电纺丝法制备金属氧化物一维纳米材料主要包括三个过程：①制备一种合适的高分子无机盐溶胶，需要选择合适的高分子聚合物以及有机溶剂，能够与金属盐形成均匀的溶胶凝胶；②静电纺丝溶胶制备有机-无机复合纤维；③将复合纤维在适当条件下煅烧得到无机材料。如图 4.48a 所示，采用静电纺丝法将含有金属前驱体的溶胶纺成丝，在不同温度下煅烧便可得到不同形貌的金属氧化物纳米材料。另外由于聚合物种类以及溶剂对于纺丝溶胶而言至关重要，因此应选择合适的聚合物，不同的聚合物比例也会对最终金属氧化物的纳米形貌起着重要的作用。如图 4.48b 所示，采用聚丙烯腈（PAN）和聚乙烯吡咯烷酮（PVP）两种聚合物链与金属前驱体形成纺丝溶胶，其结果表明，如果单独使用聚乙烯吡咯烷酮聚合物，则不能正常地纺出纤维，另外调节聚合物的重量比可以改变最终金属氧化物的纳米结构，这说明聚合物的选择对于金属氧化物的制备是至关重要的。此外，煅烧温度对于最终纳米结构的形貌也非常重要，如图 4.48c 所示，温度对其最终的纳米结构起着决定性作用。

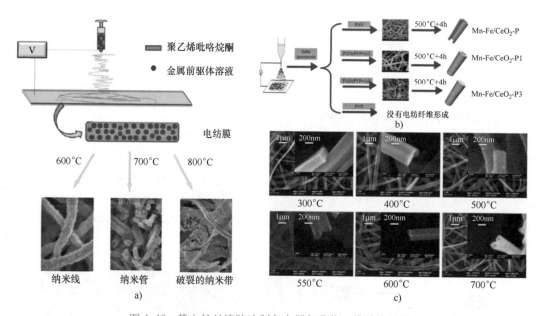

图 4.48　静电纺丝溶胶法制备金属氧化物一维纳米材料

a）CaSnO₃ 纳米管的制备示意图以及不同温度下的形貌图　b）梯度静电纺丝方法制备 Mn-Fe/CeO₂ 纳米管

c）不同煅烧温度下得到的一维氧化锡纳米材料

6. 化学气相沉积（CVD）法

化学气相沉积法也常被用于制备一维纳米材料。采用 CVD 方法制备纳米管或纳米线时，一般需要一种多孔的基底，如多孔硅、阳极氧化铝（AAO）等，另外还需要前驱体试剂。在制备过程中，高温煅烧会使前驱体试剂分解成自由基随着气流流动，遇到作为成核位点的基底时，试剂就会沉积到基底表面，随着时间的积累，逐渐地生长成核，长成最终的纳米线或纳米管结构。图 4.49a 是采用 CVD 方法在硅基底上生长碳纳米纤维的示意图。图 4.49b 是以阳极氧化铝（AAO）为硬模板，以三聚氰胺作为前驱体试剂，采用 CVD 方法制备得到的 C_3N_4 纳米管；通过合理地调整 AAO 基底的位置，便可以得到非对称的 C_3N_4 纳米管，如图 4.49c 所示。化学气相沉积法同时也是制备纳米管膜常用的一种方法。

7. 其他方法

除了上述方法外，常用的制备一维纳米材料的方法还包括电弧放电法、激光蒸发法等。

（1）电弧放电法　图 4.50 为电弧放电法制备碳纳米管的装置示意图。首先在反应室内装好比较短的铜棒或石墨棒作为阴极，然后将整个反应室内充入高压氦气（66.4kPa），再将石墨烯阳极伸入到含有液氮的反应室内，当阳极与阴极互相接触，就会产生电弧，在电弧区就会生成碳纳米管，最后碳纳米管会沉积到反应室的底部，通过漏斗状的阀门便可将碳管取出。

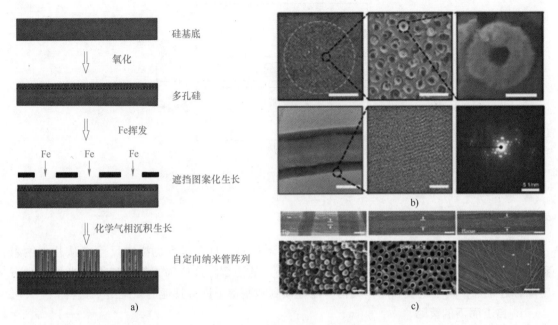

图 4.49　采用 CVD 方法制备一维纳米材料

a）在硅基底上生长碳纳米纤维　（b）在 AAO 基底上生长 C_3N_4 纳米管　c）在 AAO 基底上生长非对称的 C_3N_4 纳米管

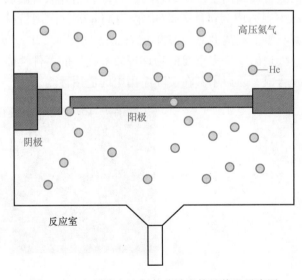

图 4.50　电弧放电法制备碳纳米管的装置示意图

（2）激光蒸发法　图 4.51 所示为激光蒸发法制备碳纳米管的装置示意图。首先将一根金属催化剂和石墨混合的石墨靶放置于长形石英管中间，将该管放置于管式炉内。当炉温升到 1200℃时，将惰性气体充入石英管内，并将一束激光聚焦于石墨靶上。在激光的照射下，石墨靶将生成气态碳，这些气态碳和催化剂粒子被气流从高温区带向低温区，在催化剂的作用下生长成为单壁碳纳米管。

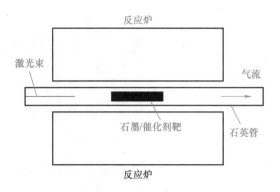

图 4.51　激光蒸发法制备碳纳米管的装置示意图

4.4.2　二维纳米材料的合成

二维纳米材料被定义为一类独立的片状纳米材料，具有很高的横向尺寸（从几十纳米到几十微米甚至更大）与厚度（几埃到几纳米）的比率。最广为人知的二维纳米材料是石墨烯，近年来，基于组成和晶体结构，已经预测和制备了许多其他的二维纳米材料。

1. 自上而下的策略

（1）机械剥离法　机械剥离法是制备二维纳米材料的重要方法，其步骤为使用透明胶带反复粘贴剥离块体材料，得到层状薄片。当层状材料的层与层之间是依靠较弱的范德华力，而层内依靠较强的共价键或离子键相结合时，可以利用外力打破层间的弱作用力，使得单层或少层材料从块体中剥离成为可能。2004年，Geim 等首次用机械剥离法（图 4.52a），成功地从高定向热裂解石墨上剥离并观测到单层石墨烯（图 4.52b）。尽管机械剥离法制备的高质量二维纳米材料表现出了许多重要的物理现象和优异的器件性能，但由于对技术的要求以及无法做到大规模合成，阻碍了其在实际应用中的适用性。

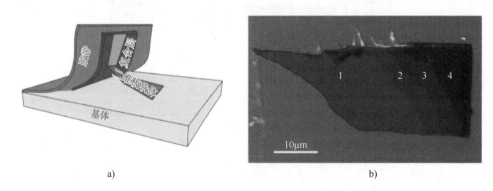

a)　　　　　　　　　　　　　　　　　　b)

图 4.52　机械剥离法原理及得到的石墨烯薄膜的光学图像

（2）液相剥离法　液相剥离法是将块体材料置于液相环境中进行剥离的方法，通常包括三个步骤：①将材料分散在溶剂中；②经过超声波、剪切力以及电化学手段辅助剥离；③离心分离得到层状材料。在超声波的作用下，溶剂中会产生气泡，气泡的破裂会产生作用力，将大块体材料剥离成二维材料，实现有效剥离的关键参数是匹配层状材料和溶剂之间的表面能。根据汉森溶解度参数理论，只有在能量净成本非常小的情况下，这种剥落才会发生。这种方法可以在低浓度下分散出小尺寸而高质量的石墨烯薄片。后来，这种超声辅助剥离法被扩展到剥离其他二维材料，如 h-BN、MoS_2、WS_2、b-P、GaS、$TaSe_2$、$MoTe_2$、过渡金属氧化物（TMOs，如 MoO_3、WO_3、MnO_2）、拓扑绝缘体（Bi_2Te_3、Bi_2Se_3、Sb_2Te_3）以及金属有机骨架（MOFs）。

（3）球磨剥离法　球磨剥离法的机理是基于平行于层的剪切力。在容器旋转期间，内部磨球相互碰撞，如果它们的面内方向与磨球的动量方向平行，层状材料就可能会剥离。原则上，所有的层状材料都可以通过球磨剥落，因为磨球在高转速下的动量很大。这就是为什么其他方法很难剥离的基准二维材料 h-BN 可以通过球磨有效地剥离。到目前为止，球磨剥离法已经剥离了多种层状材料（图 4.53），包括石墨烯、h-BN 和 MoS_2。

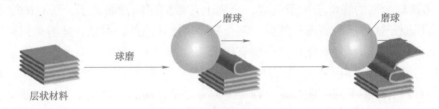

图 4.53　球磨剥离法的原理

球磨剥离法最显著的优点是可以大量制备二维纳米材料，但是，由于在球磨机中垂直于层方向的大冲击力会导致材料断裂，所获得材料的横向尺寸相对较小。一般情况下，这种方法生产的二维材料的横向尺寸小于 200nm，并且由于磨球与磨球之间的碰撞，材料的质量也会下降。为了提高球磨产品的质量，可通过引入包括固体和溶剂在内的缓冲材料来降低磨球的动量。

（4）插层辅助剥离法（图 4.54）　强氧化剂可用于插入层状材料的主体，从而扩大材料的层间间距。如果发生产气反应或施加外部剪切力，材料可能会剥落成薄片甚至单分子层。有关氧化剥离的最早研究可以追溯到 19 世纪 60 年代，当时使用氧化剂将石墨氧化成石墨氧化物，也称为石墨酸。在对膨胀的晶体施加剪切力后，例如搅拌或超声波，层与层之间的弱作用力可能被打破，产生分散在溶剂中的单独的层，常用的氧化剂是高锰酸钾和浓硫酸的混合物，硝酸也是一种很好的插层剂，可以增加层间距，促进氧化剂插层到石墨中，也被用于氧化剥离。这种方法可以低成本、高产率地生产单层 GO。此外，GO 表面的-OH 和-COOH

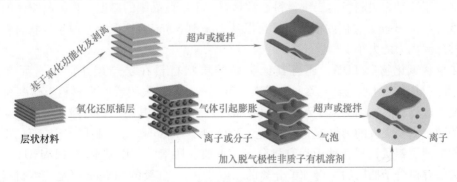

图 4.54　插层辅助剥离法的原理

等氧化官能团使其带负电荷，水溶性好，还可用于进一步的加工。然而，这些氧化官能团和缺陷严重降低了石墨烯的电学和热学性能，虽然可通过还原反应生成 rGO，恢复石墨烯的部分原始结构以及电导率，但仍远低于原始石墨烯。此外，强氧化剂和石墨之间的反应会释放大量的热量，因此在扩大生产规模时，可能会因为反应过程中的局部过热而产生爆炸，因此该方法有一定的局限性。

碱金属原子或离子也可以插入层状材料，其主要优点是尺寸小，这使它们更容易进入层间距较小的主体材料。通过在水中加入碱金属插层材料，碱金属与水反应产生的氢气泡将扩大层间距，使其在溶剂中剥离成二维材料。使用最多的碱金属是锂（Li），它是所有碱金属中粒径最小、反应活性最高的。一系列层状材料已经成功剥离成了二维材料，包括各种金属硫化物（MoS_2、WS_2、$NbSe_2$、VSe_2、Bi_2Te_3、WSe_2、Sb_2Se_3、Ta_2NiS_5 和 Ta_2NiSe_5）、石墨烯和 h-BN。考虑碱金属的强电子给予效应，原则上，如果层间没有离子，所有的层状材料都可以被碱金属原子插层然后剥离。然而，碱金属是高度还原的，可以快速溶解或降解层状材料，如金属氧化物、金属氢氧化物和金属有机骨架（MOF）。此外，剥离的二维金属硫化物由于碱金属与硫/硒的反应产生了大量的阴离子空位，从而降低了材料的性能。将碱金属原子插入层状材料有许多不同的途径，一种典型的方法是在高温、真空中直接加热层状材料和纯碱金属或 $LiBH_4$ 的混合物，另一种方法是在液体介质中插入层状材料，前者可能导致材料的分解，且高温操作比较危险，后者的操作条件相对温和，但溶剂的组成很大程度上决定了制备材料的尺寸和质量。

（5）层间含有离子或分子材料的剥离　离子交换诱导的插层可以剥离特定类型的层状材料，例如氧化物和氢氧化物，层与层之间存在离子或分子。由于这些材料对氧化酸和还原性碱金属比较敏感，因此很难通过基于氧化或还原的剥离方法进行剥离。此外，层与层之间的离子与层中的原子具有很强的静电吸引力，这与面内键合力相当，使得它们很难通过机械力辅助的方法剥离。这些材料的剥离是基于扩大其层间距以削弱层间相互作用的原则，剥离的难易程度取决于材料的面电荷密度。电荷密度越高，离子和层之间的相互作用越强，剥离成隔离层的难度越大。最具代表性的研究是 Sasaki 等人在基质层之间用碱金属离子剥离钛基材料。他们用稀盐酸将碱金属离子与质子交换，基于 OH^- 和 H^+ 之间可以生成水的反应，用 TBAOH 剥离质子化的钛基材料，这种方法极大地扩展了可剥离的层状材料的范围，因为层与层之间有许多具有碱金属（氧化物）或阴离子原子（LDH）的前体。到目前为止，已经用这种方法制备了大量的二维氧化物和 LDH，如钛氧化物、锰氧化物、铌酸钙、钨氧化物、氧化钌等。用这种方法制备的二维材料通常具有一个单位晶胞的厚度，根据前驱体的结构不同，厚度为 0.5~3nm，它们的横向尺寸可以从 2nm 到 50mm，这取决于原始层状材料、插层基底和外部剥离力的大小。

除了层状氧化物和 LDH，还有其他类型的层状材料在层与层之间具有元素，如陶瓷 MAX 相（M 代表过渡金属元素；A 代表主族元素；X 代表碳或氮）材料。这些材料不能被离子交换过程剥离，因为离子和层之间有非常强的键合，其中一些是强共价键，要打破连接各层的键，需要强大的力量或化学反应。2011 年，Naguibet 等人利用 HF 在 Ti_3AlC_2 块体材料中刻蚀掉了铝层，与各种极性有机分子，如肼、尿素、二甲基亚砜（DMSO）、异丙胺或其他大的有机分子插层后，得到了分离的二维 Ti_3C_2。分离的 MXene 层是二维材料，A 元素被选择性地刻蚀掉，最终具有混合的终止官能团，如-OH、-O 和-F，根据剥离方法的不同，这些二维材料的横向尺寸可以从几百纳米到几微米。但 HF 是非常危险的酸，后来又用强酸（HCl）和氟化盐（LiF）的混合物对 MAX 进行了剥离。后来又发展了基于碱辅助的水热合成和电化学合成方法，实现无氟条件下合成 MXene。在过去的几年里，还报道了一种以 Lewis 酸性盐为腐蚀剂的非水熔盐腐蚀方法来制备表面端面可控的手风琴状 MXene，由手风琴状的 MXene 通过适当的分层策略可以得到单层纳米薄片，分层的难度与表面官能团的组成直接相关。然而，目前 MXene 的制备仍然主要采用含氟刻蚀诱导剥离的方法，因为这样得到的材料尺寸较好，产率较高，但未来仍需致力于开发绿色、高效的合成方法取代含氟刻蚀技术。

2. 自下而上的策略

（1）**化学气相沉积法**　化学气相沉积（CVD）法是物质处于气态或蒸汽态时在基材表面发生化学反应而生成固态沉积物的方法。这种基于自下而上的方法，可以大量合成纳米材料。化学气相沉积过程主要分为三个重要阶段：①反应气体形成挥发性物质，向基体表面扩散；②挥发性物质在基体表面产生吸附；③在基体表面上发生化学反应生成固态沉积物。常见的 CVD 反应主要有热分解反应、氧化反应、还原反应、化学合成反应以及聚合反应等。

CVD 法可以制备出高质量、低成本的二维复合材料，是一种很有前途的制备方法。到目前为止，CVD 法生长的二维复合材料具有横向尺寸大、层数可控、生长速度快、性能优良等特点，因此，CVD 法在二维复合材料的商业化方面显示出很大的潜力。然而，由于多前驱体的升华和扩散过程等复杂的生长机制，CVD 法生长的二维复合材料的可控性、可重复性和高质量仍然是一个巨大的挑战，阻碍了其广泛应用。

化学气相沉积生长 MoS_2 的示意图如图 4.55 所示。

图 4.55　化学气相沉积生长 MoS_2 的示意图

（2）**湿化学合成法**　湿化学合成法是有液相参加的、通过化学反应来制备材料的方法，包括水热法、溶剂热法、溶胶-凝胶法、电化学沉积法等。二维材料的生成一直具有挑战性，尤其是在溶液相中，因为它需要高度各向异性的生长过程。以各向异性溶液相生长法合成单层 MSe_2（M=Mo、W）纳米片为例，通过调节配位的封端配体与二维层状过渡金属硫化物（TMDs）边缘的结合亲和力，可以实现选择性的生长途径。当将封端配体的官能团由羧酸变为醇和胺，并相应地调节其与边缘的结合亲和力时，纳米片的层数就可以得到控制。以油酸为原料可制备单层 MSe_2（M = Mo、W）纳米片，而使用油醇、油胺等结合力较强的配体则可形成多层纳米片，如图 4.56 所示。图 4.56a 为球棒模型可视化单层 WSe_2 及三棱柱结构，图 4.56b 为化学方程式，图 4.56c～e 分别为用油胺（Ⅰ）、油醇（Ⅱ）和油酸（Ⅲ）合成的 WSe_2 纳米片的 TEM 图像、XRD 图谱和 UV-Vis 吸收光谱。

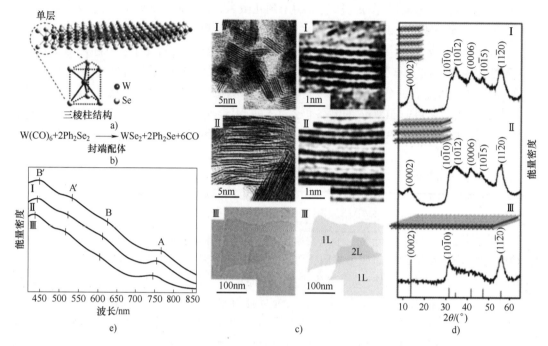

图 4.56　利用不同的封端配体横向控制尺寸和厚度合成 WSe$_2$ 纳米薄片

Ⅰ—油胺　Ⅱ—油醇　Ⅲ—油酸

4.5 纳米材料的功能化修饰

4.5.1 纳米材料表面修饰的必要性

由于纳米材料的特殊性质，其在化学催化、能源转化与利用、生物医疗、仿生材料等方面有着极大的应用潜力，人们对纳米材料的合成有着极大的兴趣。但是，一方面纳米材料具有不稳定性，需要对其表面进行修饰；另一方面，为了获得更加优异的应用性能，也需要对特定的纳米材料表面进行特殊的改造。上述两方面的因素使得纳米材料的表面修饰也成为一个独立的科学研究方向。

1. 稳定纳米材料修饰方法的必要性

1) 纳米材料的尺寸一般比较小，大多在 200nm 以下。如此小的尺寸下，大多数表面原子处于高能量的状态，即说纳米材料表面的吉布斯自由能较高，表面原子更"喜欢"与不同分子、原子相结合，导致合成后的纳米材料更容易发生团聚，从而使其失去了原有的利用价值。

2) 纳米材料表面原子的配位存在着不饱和性，相比于纳米材料内部的原子，表面的原子拥有更少的"邻居"，使得其更趋向于与不同颗粒表面的原子相结合，这成为纳米材料容易聚集的幕后推手。

3) 纳米材料表面的平整与粗糙程度也影响着纳米材料的稳定性。在众多纳米材料中，科学家们发现纳米材料表面的"缺陷"在催化领域有着一定的应用，但是这些"缺陷"似乎也是一个动态存在的现象，催化过程也伴随着"缺陷"的诞生与消失。

这些有趣的现象都充分说明，如果想更好地利用纳米材料，就必须理解如何修饰纳米材料以获得更加稳定的纳米材料。

2. 纳米材料表面修饰在化学催化方面的必要性

纳米材料具有良好的催化效应，很大程度上源于其小尺寸效应，当表面暴露更多原子时，会产生诸如量子效应、更强的表面吸附能力。随着研究的深入，科学家们发现为了暴露出更多具有催化作用的原子，只有将更多单个原子分散负载于载体，才能展现出更好的催化效果，而为了更多单原子暴露出来，就需要对单个原子进行修饰和束缚。

最近发现石墨烯可提供大量的锚点，通过与多种原子相结合，从而可稳定多种金属原子，这种材料可很好地修饰单原子的催化剂，制造出大量孤立的金属原子催化点位。分散的单原子催化剂可促进 CO_2 的转化效率，使其得到极大的提高。一方面，石墨烯作为碳载体，锚点可以足够小，可以为大量孤立的金属原子提供大量的固定位置；另一方面，采用这种修饰方法，提供了稳定的金属原子间距，避免了团聚。通过策略修饰化学催化剂，特别是诸如单原子催化剂，金属团簇等的先进催化剂是进一步提高纳米催化剂在不同反应中的催化性能的方向，如图 4.57 所示。

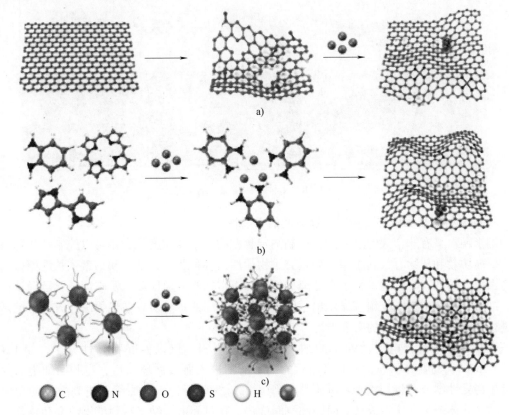

图 4.57　一种修饰单原子催化剂的方法

a）"自上而下"的合成策略，通常从现有的碳载体开始，如石墨烯片或碳纳米管，然后创建碳空位以捕获过渡金属原子
b）"自下而上"的方法，从金属和有机前驱体开始　c）基于石墨烯量子点的交联和自组装

3. 纳米材料表面修饰在能源转化与利用方面的必要性

众所周知，纳米材料在能源转化与利用方面有着极为重要的应用，可以将纳米材料应用于超级电容、锂电池、太阳能电池等诸多能量储存设备中。在众多形貌各异的纳米材料中，一维纳米线有着独特的优势，因其具有结晶度可控、长径比可控、长度可控，而且在传输电子时可以保持径向传输等特点，引起了科学家们广泛的兴趣。为了更好地利用纳米线的这些特点，并且不断扩展纳米线的应用，各种纳米线的修饰方法被科学家们开发出来。

均质单组分纳米线（简单纳米线）电极材料通常难以满足高性能要求。通过构建特殊的一维纳米结构，研究人员为纳米线提供了更大的接触面积和更高的稳定性。它体现了结合多种优势设计功能性一维纳米结构的重要性。通过不同材料的组合核壳纳米线可提供大表面积和更稳定的结构，提供连续的电子和离子传输通道。在分级/异质结构纳米线中，由体积变化引起的应变能量可相对快速地释放，并且在电化学循环中具有良好的可逆性。多孔/介孔纳米线克服了部分电极材料的离子和电子传导性低以及体积能量密度低的限制。中空结构纳米线也称为纳米管，其中空空间可以负载其他活性材料，使其具有更好的电化学性能。纳米线阵列、纳米线网络和纳米线束巧妙地结合纳米线单体，可进一步增强其整体电化学性能。

多种材料修饰的纳米线如图 4.58 所示。

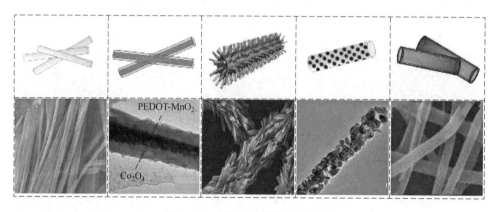

图 4.58　多种材料修饰的纳米线

4. 纳米材料表面修饰在生物医疗方面的必要性

纳米颗粒具有非常大的溶解度，控制纳米颗粒的大小及粒度分布，可以控制药物释放速率，提高功效和药物有效利用率，如具有生物活性的各种肽类、治疗胰岛素依赖性糖尿病的胰岛素等。例如，磁性纳米粒子在分离癌细胞和正常细胞方面经动物及临床试验已经获得成功，纳米颗粒在生物医疗领域显示出了引人注目的应用前景。所以在生物医疗方面对纳米药物进行修饰具有极为重要的必要性。

表面具有丰富正电荷及氨基的纳米药物载体材料，可以偶联特异性分子，如 DNA、RNA、iRNA、药物分子等。表面修饰后的纳米药物进入血液循环以后，与肿瘤细胞表面受体发生特异性结合，将药物释放于肿瘤组织内部，实现药物于肿瘤组织更高效率的靶向蓄积。纳米载体药物递送系统具有时间和空间优势。在时间上，纳米材料能够改变药物释放速率，包括对于难溶性药物的增溶及对于药物的缓释；在空间上，纳米材料能够改变药物的体内分布，使药物在靶向器官组织蓄积，减小对非靶向器官和细胞的毒副作用。

在生物上应用的纳米粒子需要有良好的生物相容性，近期科学家们模拟病毒的结构原理将硅球表面变得粗糙，其表面粗糙的结构使得硅球表面更有利于与蛋白质、遗传物质分子通过电荷作用相结合，从而使得表面修饰的硅球具有良好的生物相容性，最终大大提高了硅球进入细胞内的概率，为药物在体内更好地释放开辟了新的路径。

介孔二氧化硅具有很好的生物相容性，并且介孔可以负载药物，是一种具有较强潜力的纳米药物载体，研究人员通过对其表面改性，将具有肿瘤靶向作用的透明质酸（Hyaluronic Acid，HA）修饰到其表面，通过 HA 和低聚透明质酸酶（oHA）修饰到其表面合成了两种不同表面结构的靶向药物载体，研究表明这种方法对癌症细胞的抑制和清除起着极好的作用，进一步说明对纳米材料表面修饰的必要性。

5. 纳米材料表面修饰在仿生材料方面的必要性

大自然的鬼斧神工造就了神奇的世间万物，也启发了科学家的奇思妙想。进化过程赋予自然万物精妙的结构和独特的性能，在每一个精妙的结构中都蕴含着大自然的智慧。仿生材料应运而生，并因其优异的特性受到广泛关注，进而成为材料科学领域的一大研究热点。单一组分的纳米结构不能在结构强度、物理性质方面对天然材料做到百分之百的模拟，而研究人员往往通过表现修饰制备出性能相近于甚至超过天然材料的仿生材料，这就使得表面修饰在仿生材料领域极为必要。

蜘蛛丝是典型的高性能天然纤维，具有高强度、高韧性、高延伸率和高阻尼等特性。蜘蛛丝由于具有理想的强度和质地特性而备受关注。目前对于蜘蛛丝结构的模仿主要使用蛋白质材料，而非蛋白质材料的人造蜘蛛丝很难制备。研究人员使用聚丙烯酸与乙烯官能化的纳米二氧化硅交联形成的水凝胶成功制备了人造蜘蛛丝（图 4.59）。该研究通过水蒸发控制的自组装模拟了蜘蛛丝的分层芯-鞘结构，并且通过离子掺杂和扭曲捻转进一步增强了纤维性能。该人造蜘蛛丝的拉伸强度为 895MPa，延伸率为 44.3%，弹性模量为 28.7GPa，韧度为 370MJ/m^3，阻尼率为 95%，具有与天然蜘蛛丝相似的力学性能。该研究提供了人造蜘蛛丝的非蛋白制造途径，其在动能缓冲和减振领域有巨大的应用潜力。

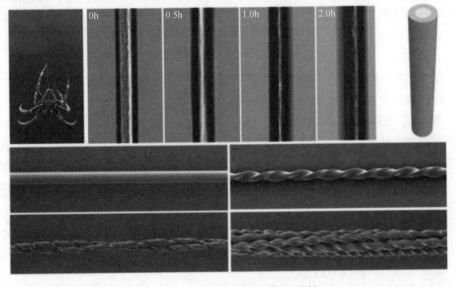

图 4.59 对人造蜘蛛丝的表面改性

具有仿"荷叶效应"的超疏水材料表面在自清洁、防潮、油水分离、防污/防腐等领域有着广泛的应用。诸多研究成果表明，基于仿生策略构筑的复合微纳结构表面是实现材料超浸润特性的高效策略之一。但是，目前在生物医学领域基于单一仿生策略制备的现有超疏水材料，其表面的耐久性和生物相容性尚不能完全满足应用需求。如何简便、高效地构筑具有无毒性、长使用寿命及多功能性的超疏水涂层是当前医学生物领域的研究热点。研究团队首先分别采用氨基硅烷（AS）、聚二烯丙基二甲基氯化铵（PDDA）及贻贝黏着蛋白质黏合剂（iMglue）对基底进行表面修饰（图 4.60），修饰改性后的基底表面带正电荷且呈亲水特性，静态水接触角（WCA）≤50°；经过层层自组装技术沉积分别带正负电荷的 SiO_2 和 TiO_2 纳米粒子。所制备的三种含 SH 官能团 $SiO_2(TiO_2/SiO_2)_2$ 涂层的表面均呈现超疏水状态，水接触角（WCA）分别为 156.1°±1.1°、163.5°±3.1° 及 154.8°±0.8°。

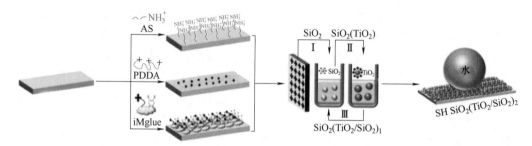

图 4.60　表面修饰的仿荷叶超疏水材料

通过对表面修饰在化学催化、能源转化与利用、生物医疗、仿生材料等方面的阐释，说明了表面修饰的重要性和必要性，也展现出了表面修饰强大的应用潜力，为纳米合成有关学科的进步发挥着重要的启发性作用。

4.5.2　纳米材料的修饰法

纳米材料的功能化修饰，是指利用各种物理或化学方法对纳米材料进行功能化处理，以改变纳米材料的性质，如分散性、生物相容性等，降低纳米材料之间的相互作用，有利于制备功能更加强大的纳米复合材料。纳米材料的修饰法分为物理修饰法和化学修饰法。

1. 物理修饰法

物理修饰法是指利用吸附、包覆等物理手段对纳米材料表面进行改性，赋予材料更优异的性能。物理修饰法主要包括吸附法和包覆法两种。

（1）吸附法　吸附法是指通过氢键、范德华力等非共价作用，将异质材料吸附在纳米材料的表面，防止纳米材料的团聚。基于物理吸附作用的改性方法，通常使用吸附在纳米材料上的表面活性剂来实现。表面活性剂具有两亲性，由亲水、亲油基团组成，通常亲水性的一端含有极性基团，如氨基、羧基等。在纳米材料的物理吸附功能化过程中，表面活性剂的极性基团通过静电作用优先吸附到纳米材料表面，在纳米材料表面形成一层分子膜，通过降低纳米材料的物理吸附力，可以减弱或阻碍吸附物中纳米颗粒之间的相互作用。此外，一些高分子聚合物，也可以通过氢键等相互作用吸附在纳米材料表面，从而改变纳米材料的表面性质，增强纳米材料的相容性。

柠檬酸钠是常用的阴离子型表面活性剂，可以精确地调节纳米颗粒的大小，赋予纳米粒子更为明确的功能性，常用于纳米粒子的稳定过程。例如，柠檬酸阴离子可以通过中心羧酸根（-COO⁻）吸附在金纳米粒子表面，还存在一些通过分子间相互作用悬挂在外层的柠檬酸阴离子，离子结构中的羧酸根和羟基（-OH）以及柠檬酸盐层间存在的排斥力（图 4.61），也会对金属纳米颗粒的稳定性和金属纳米粒子之间的相互作用产生影响。基于柠檬酸稳定的纳米颗粒，通常用作可调的基础材料，广泛应用于包括纳米粒子组装、纳米粒子团聚、纳米粒子生长机制、纳米粒子催化活性、配体交换反应等多种界面的研究和应用。

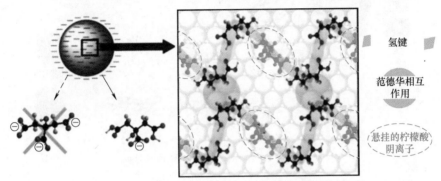

图 4.61　柠檬酸根与金属纳米颗粒间吸附作用示意图

十六烷基三甲基溴化铵（Cetyltrimethylammonium Bromide，CTAB）带有带正电荷的季氮和长烷基（C_{16}）链，是一种四取代的阳离子表面活性剂，通过氨基吸附在纳米材料的表面，从空间位阻、纳米材料表面能的方面，在稳定纳米材料以及调控纳米材料的形状中起着关键性的作用。纤维素纳米晶（Cellulose Nano-crystal，CNC）作为一种新型纳米结构材料，由于其优异的力学性能、高比表面积、质轻和生物相容性等，近年来备受关注。盐酸（HCl）水解是制备纤维素纳米晶的常用方法，其优点在于，操作简单安全、低酸耗和低水耗以及所得CNC 具有比硫酸水解更良好的热稳定性。然而，使用盐酸水解制备的纤维素纳米晶也存在一些待解决的问题。如 CNC 表面带负电荷的基团含量较低，使得 CNC 在水体系中极易发生团聚，分散性较差，胶体稳定性不好，阻碍了纤维素纳米晶体的进一步应用。因此对纤维素纳米晶的功能化修饰显得尤为重要。例如有研究人员将 CTAB 用于提高纤维素纳米晶的稳定性，带正电荷的 CTAB 和带负电荷的纤维素纳米晶之间的静电相互作用将确保它们具有良好的亲和力。CTAB 吸附到纤维素纳米晶上会产生位阻效应（以补偿带电基团的缺乏），从而提高纤维素纳米晶在水中的稳定性，以最大限度地减少 CNC 聚集。其中，在较低浓度（0.13~0.47m mol/L）时，从 CNC 的 TEM 图像和粒度分布图可以看出，CTAB 提供了有效的空间位阻，减少了 CNC 的团聚行为。而当 CTAB 的浓度较高（>0.5m mol/L）时，由于CTAB 的"桥联"作用，CNC 则会发生聚集，如图 4.62 所示。

此外利用聚合物与纤维素纳米晶和纤维素纳米纤维（Cellulose Nanofiber，CNF）之间的吸附作用，如静电作用、疏水相互作用、氢键等，可以实现聚合物和纳米纤维素的逐层组装（Layer-by-Layer，LBL），得到结构和性质可调的多层薄膜。逐层组装技术已被广泛用于构建由纤维素纳米晶或纤维素纳米纤维与不同聚合物（如阳离子聚合物或生物中性聚合物）交替层组成的薄膜。由于所得到的多层薄膜可以在纳米级调节其内部结构，因此在不同的实验参数下可以精确地定制复合膜的组成和形貌，在柔性纳米材料、药物输送、光学保护涂层方面具有广泛的应用前景。

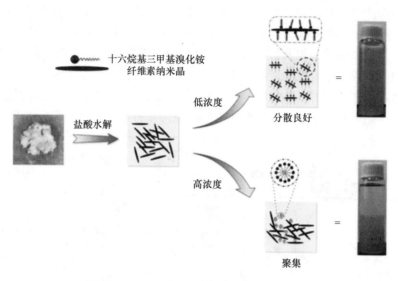

十六烷基三甲基溴化铵
纤维素纳米晶

盐酸水解

低浓度

高浓度

分散良好

聚集

图 4.62　CTAB 和 CNC 表面吸附过程示意图

（2）**包覆法**　包覆法是指将一种物质沉积到纳米材料表面，形成与颗粒表面无化学结合的异质包覆层。利用溶胶或聚合物可以通过范德华力、氢键或静电作用，实现对纳米材料的包覆，改善纳米材料的性能。利用聚合物进行物理包覆时，可以采用原位聚合，首先聚合物的单体吸附到纳米材料的表面，形成吸附单体层，而后再聚合形成聚合物包覆物。因此，初始吸附的单体层对聚合物包覆物的形成起着至关重要的作用，该层可以采用两亲性共聚物或非离子表面活性剂对纳米材料进行预处理来形成。

有研究人员以天然高分子化合物壳聚糖为改性剂，采用原位自组装聚合工艺，成功制备了由二氧化硅球和导电聚吡咯颗粒组成的类向日葵形的高电导率有机-无机复合材料。这种材料由均匀覆盖导电聚合物的无机核层组成，由于该材料的光学和电学性质不同于单独组分的纳米颗粒或宏观聚合物，故受到研究人员的广泛关注。壳聚糖分子链中带正电的氨基（$-NH_3^+$）可通过静电相互作用吸附在带负电的二氧化硅球表面。除此之外，壳聚糖分子链中含有丰富的羟基和氨基，它们与二氧化硅的硅醇基之间存在氢键作用，也有利于壳聚糖的吸附。此外，壳聚糖分子中的乙酰氨基提供了在二氧化硅上形成聚吡咯颗粒的活性中心，聚吡咯氮原子通过与乙酰氨基的氢键作用与二氧化硅微球结合。壳聚糖还起到了二氧化硅-聚吡咯颗粒稳定剂的作用。壳聚糖中的氨基在一定的 pH 值范围内被质子化，因此壳聚糖对外界pH 值刺激具有较强的响应能力。但若采用上述方式，在固定过程中，会大量消耗分布在表面的壳聚糖表面的官能团氨基，因此还有研究工作者利用交联反应将二氧化硅修饰后，再将壳聚糖包覆在二氧化硅表面。

多巴胺也是一种常用的纳米材料包覆剂，在较为温和的反应条件下，可以附着在大部分纳米颗粒和块状纳米材料的表面上，除了利于纳米催化剂的长期储存，还会起到增强纳米材料性能的作用。多巴胺与其单体相似，容易通过金属配位或螯合、氢键、π-π 堆积和醌氢电荷转移络合物等非共价结合作用在底物上扩散，从而形成有效的附着层。这是因为多巴胺分子中的儿茶酚基团对几乎所有类型的表面都有很强的黏附力，无论底物的化学成分如何。有研究人员利用多巴胺独特的包覆特性，在负载型金/二氧化钛纳米催化剂表面构建牺牲碳层，解决了负载型催化剂高温下不稳定的问题。聚多巴胺组装体形成刚性的碳壳，覆盖在金纳米粒子表面，将金纳米粒子分离，避免团聚。碳层随后通过空气中的氧化焙烧来去除，此外由于在高温下金纳米粒子会进行原子结构的重新排列，与载体表面缺陷存在强烈的相互作用，因此金纳米粒子能量更加稳定，抗烧结性能得到显著改善，催化性能得到明显提升。

通过氢键、范德华力等非共价作用，采用物理修饰吸附、包覆等方法，改变纳米材料的表面性质，提高纳米材料的相容性，相比于化学修饰，其操作简单。然而物理修饰只能通过静电力、范德华力等非共价作用吸附或包覆纳米材料，当系统的压力、pH 值、温度等外界环境条件发生变化时，有可能会发生显著的相分离的状态。

2. 化学修饰法

随着纳米复合材料的发展，纳米材料的表面改性越来越受到关注。早在 2001 年，Frank Caruso 教授就提出表面改性是粒子表面工程的最新策略。Schmidt 团队尝试使用溶胶-凝胶法合成二氧化硅纳米粒子时，首先提出表面改性的概念，将合适的配体接枝到纳米材料表面，以防止纳米颗粒团聚。通常，表面化学改性是指通过功能化试剂与材料表面发生化学反应，从而改变纳米材料表面的结构和状态，赋予材料特殊功能，以达到表面改性的目的。目前，有多种方法可用于表面化学改性，下面主要介绍偶联剂法、表面接枝改性法和酯化法三种化学修饰法。

（1）偶联剂法　偶联剂法是使用偶联剂将无机纳米材料与有机物之间进行复合，从而进行表面改性的一种方法。偶联剂必须具备两种基团，一端与无机纳米材料表面基团进行化学反应相连，另一端可以与有机物发生反应或相容。众多偶联剂中，以硅烷偶联剂和钛酸酯偶联剂最具有代表性。

有机硅烷（通式为 R_nSiX_{4-n}，$n = 1$，2，3，其中，R 为有机基团，X 为易水解的基团）常被用作偶联剂。1945 年左右，联合碳化物公司和陶氏化学公司就率先推出了一些硅烷偶联剂，随后，一系列硅烷偶联剂相继问世。有机硅烷可以与多种官能团结合，如氰基、氨基、羧酸、环氧基等，且在市场上很容易买到。通过有机硅烷偶联剂可在两种不同性质的材料或在一种材料上偶联功能分子，形成有机-偶联剂-无机的结合层，从而使纳米材料具有特定的功能。

有机硅烷已广泛用于无机颗粒的表面化学改性，如二氧化钛（TiO_2）、二氧化硅（SiO_2）、二氧化锡（SnO_2）、二氧化锆（ZrO_2）、三氧化二铝（Al_2O_3）、陶瓷等。有机硅烷用于改性是基于改性剂与材料表面活性基团之间的化学反应。如图 4.63 所示，反应包括四个部分：①有机硅烷 Si 上的 R 基团发生水解并形成反应性硅烷醇（Si-OH）；②硅烷醇基团相互缩合并产生硅烷醇低聚体；③硅烷醇低聚物和颗粒表面的-OH 基团形成氢键；④脱水反应或固化干燥后形成 Si-O-M（金属）共价键。

（2）表面接枝改性法　纳米粒子的表面改性在纳米技术中非常重要。表面接枝改性法是指通过化学反应将高分子链接到纳米材料表面，从而改变其表面结构与状态的方法。接枝于（Grafting from，GF）和接枝到（Grafting to，GT）是制备表面改性纳米粒子的两种主要方法，如在纳米纤维素晶体（NCC）上接枝聚右旋乳酸（PDLA）链进行改性。

如图 4.64 所示，研究人员通过纳米纤维素晶体和右旋丙交酯的开环反应，基于 GF 法制备了纳米纤维素晶体-接枝-聚右旋乳酸（NCC-*g*-PDLA）的纳米杂化物。GF 法是一种模块化方法，通过纳米粒子表面的基团与高分子链直接反应实现接枝，可以在接枝步骤之前制备聚合物链，接枝 30000Da⊖或更多的聚合物链。在 GF 法中，纳米纤维素晶体可以获得高接枝度和短侧链，以提高其与聚合物基体的相容性。而 GT 方法是指单体在引发剂作用下直接从无机粒子表面聚合，诱发生长。这种方法可以帮助纳米材料表面获得长侧链以增加链缠结，但接枝密度低。

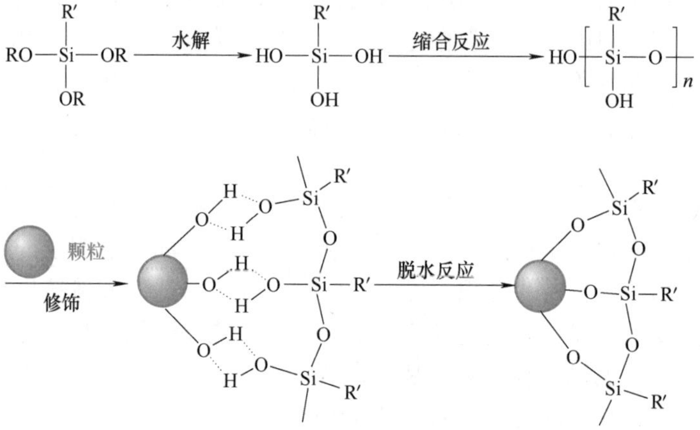

图 4.63　有机硅烷作为陶瓷表面改性剂的机理

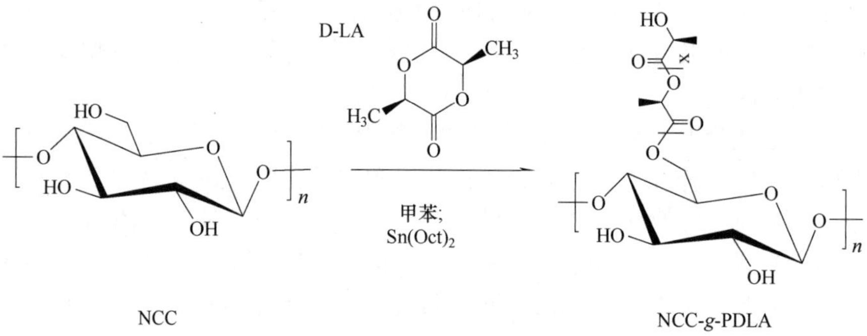

图 4.64　NCC-*g*-PDLA 纳米杂化物在 NCC 表面的 ROP⊖合成路线

聚 2-(二甲氨基) 甲基丙烯酸乙酯 (PDMAEMA) 和聚 2-(二乙氨基) 甲基丙烯酸乙酯 (PDEAEMA) 是两种典型的智能聚合物，受外部温度或 pH 值变化刺激会发生构象变化。聚 2-(二甲氨基) 甲基丙烯酸乙酯被评估具有与天然无毒壳聚糖相似的细胞毒性，具有良好的环境相容性。目前，季铵化 PDMAEMA 与一系列固体表面的共价连接，包括玻璃、纸、聚合物球、氧化铁纳米颗粒和膜，已显示出高水平的抗菌活性。

　　Haddleton 团队通过将含叔胺的聚合物化学连接到 TiO₂ 表面，分别用 GF 和 GT 方法制备了涂有不可浸出杀菌剂的二氧化钛 (TiO₂) 纳米颗粒。如图 4.65 所示，通过 Cu(0)-LRP 在 DMSO 或水性体系中引发聚合 DMAEMA 和 DEAEMA 合成了具有末端多巴胺基团的叔胺聚合物，然后将获得的邻苯二酚聚合物通过 GT 方法改性 TiO₂ 纳米颗粒，图 4.65 所示为通过

　　⊖　Da 全称道尔顿 (Dalton)，是分子量常用的单位。
　　⊖　ROP 英文全称为 ring-opening polymerization，中文含义为开环聚合。

Cu(0)-LRP 合成具有末端多巴胺基团的叔胺聚合物，用于 TiO_2 纳米颗粒的表面功能化。

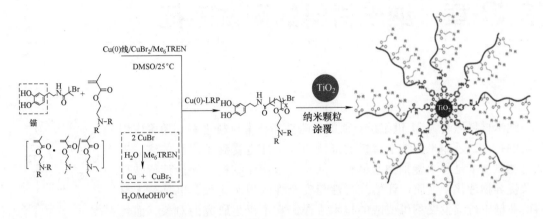

图 4.65 具有末端多巴胺基团的叔胺聚合物

（3）酯化法 酯化法是指利用酯化反应对纳米材料进行表面改性。纤维素是生物圈中最丰富、可再生和可持续的生物聚合物，被用作机械/化学改性的前体，如合成硝酸纤维素，可应用于各种领域，包括塑料、涂料、炸药和推进剂等。由于纤维素链内和纳米纤维素表面上的每个 AGU（Anhydroglucose，脱水葡萄糖）均存在三个羟基，纤维素代表了一个独特的平台，可用于引入多种化学修饰。下面以纤维素改性为例，来介绍酯化法。

酯化过程中，反应发生在整个纤维素聚合物链上，以形成常规的纤维素酯，或发生在纤维素纤维的外部，使内部的纤维素晶体结构保持完整。均相和非均相酯化均可用于合成大量纤维素酯。此外，非均相条件下的反应大部分可以用于天然纤维素的表面改性，这也是纳米纤维素分离和化学改性的主要策略之一。纤维素羧酸酯的一个典型例子是醋酸纤维素。醋酸纤维素通常在硫酸作为催化剂的条件下，用醋酸和醋酸酐的混合物转化纤维素来制得。在酸性催化条件下与羧酸酐进行酰化反应期间，通常纤维素水解也同时发生，这会导致链降解。过去几年开发了一些新的合成途径，可以进行更有效的酯化，以引入具有更复杂化学结构的新官能团。为了抑制降解，可以将吡啶和三乙胺作为溶剂介质以及酸酐酯化的酰化催化剂。如图 4.66 所示，Söyler 等人报道了纤维素的快速有效溶解和活化策略。在基于二氧化碳的可转换溶剂中与琥珀酸酐在室温下进行仅 30min 的酯化反应，纤维素就可成功地转化为琥珀酸纤维素，取代度（DS）的范围为 1.51~2.59，具体取决于反应条件和琥珀酸酐的摩尔比。

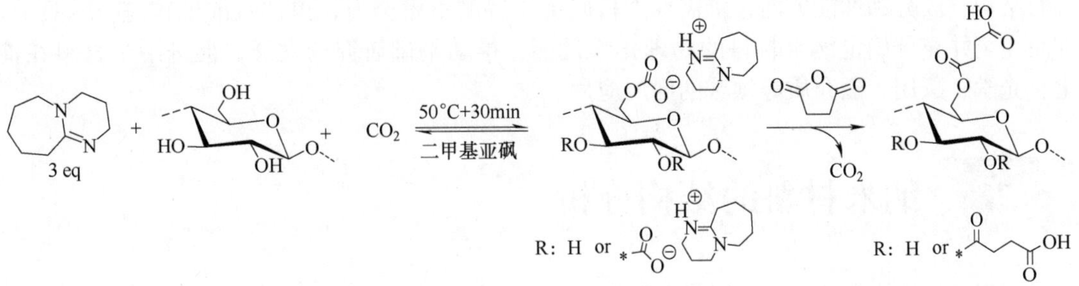

图 4.66 纤维素的溶解和活化

第 5 章 纳米材料的测试表征

纳米材料被誉为 21 世纪最重要的战略性高技术材料之一。随着应用领域的扩大，近年来，纳米材料的毒性与安全性也受到了广泛关注。表征与测试技术是科学鉴别纳米材料、认识其多样化结构、评价其特殊性能及优异物理化学性质、评估其毒性与安全性的根本途径，也是纳米材料产业健康持续发展不可或缺的技术手段。它不仅是研究的对象，而且是观察和探索世界，特别是微观世界的重要手段，各行各业都离不开它。

纳米材料的表征

随着纳米材料科学技术的发展，要求改进和发展新分析方法、新分析技术和新概念，提高其灵敏度、准确度和可靠性，从中提取更多信息，提高测试质量、效率和经济性。

纳米科学和技术是在纳米尺度上研究物质（包括原子、分子）的特性和相互作用，并且利用这些特性进行多学科交叉。纳米材料具有许多优良的特性诸如高比表面积、高电导、高硬度、高磁化率等；纳米科学大体包括纳米电子学、纳米机械学、纳米材料学、纳米生物学、纳米光学、纳米化学等领域。纳米科技是未来高科技的基础，而适合纳米科技研究的仪器分析方法是纳米科技中必不可少的实验手段。因此，纳米材料的分析和表征对纳米材料和纳米科技的发展具有重要的意义和作用。

对纳米材料的结构、成分和性能等的分析方法多是基于常规材料的分析方法发展而来的。例如纳米材料的结构分析和鉴定包括透射电子显微镜、扫描电子显微镜、扫描隧道显微镜、原子力显微镜、X 射线衍射、电子衍射、拉曼光谱等。纳米材料成分分析按照分析手段不同可分为光谱分析、质谱分析和能谱分析等。纳米材料的性能分析又可分为力学分析、电学分析、磁性分析、热学分析等。虽然随着技术的不断进步，各种分析设备的更新迭代，纳米材料的结构、成分和性能等分析方法有了长足的进步，但是不可否认，由于纳米材料的特殊性，需对这些常规方法进行筛选和优化，从而达到充分测量分析纳米材料基本物理化学性能的目的。而且由于检测方法均存在自身的局限性，不能完全满足纳米材料的特定性能表征，每个指标都需综合几种方法，才能对该指标进行全面的评价。因此，在测试分析纳米材料的结构、成分和性能方面，仍需广大科研工作者的不懈努力，勇往直前地攻克技术难关，进而完全并充分确定纳米材料的物理化学性能，推动基础研究的发展，促进纳米材料在催化、光学、医用、磁介质等领域的深层应用。

5.1　纳米材料的结构分析

利用纳米技术制备纳米材料属于高新技术领域，纳米颗粒的尺寸至少有一个维度在 1~100nm 范围内，因此单凭肉眼或者普通的光学显微镜是无法直接观测的，随着科技的发展，利用电子显微镜对纳米材料的结构和形貌进行观察，能更好地了解材料的微观组成成分。纳米材料的结构可以划分为表面结构和内部结构，其物理化学性质包括形貌、粒径、成分、晶型等，性质对材料的性能具有重要作用，因此对纳米材料的结构进行分析有助于研究材料的整体性能，获得纳米材料的特征信息。对纳米材料的结构分析方法与常规材料的分析方法相似，可分为直观结构分析技术和间接结构测定技术。

5.1.1 纳米材料的直观结构分析技术

随着科学技术的发展，人类对微观世界的认识不断深入。1674 年，列文虎克发明了世界上第一台光学显微镜，显微镜的发明帮助人们观察到肉眼难以分辨的物质，开创了人类使用显微镜研究微观世界的新纪元。显微镜的分辨率表示为 $d = 0.61\lambda/(N\sin\alpha)$，式中，$N\sin\alpha$ 是透镜的孔径数，光学显微镜的最大值为 1.3。采用可见光为照明束，波长 λ 为 400 ~ 760nm，通过玻璃透镜将可见光聚焦成像，分辨率约 500nm，但普通的光学显微镜无法看清纳米级别的物质。

1. 电子显微镜

为了观察更微小的物体，必须利用波长更短的波作为光源。1897 年，Thompson 在研究阴极射线时，发现了电子，打破了原子不可分的经典的物质观，证明了原子并不是构成物质的最小单元，它具有内部结构，是可分的。电子的发现开辟了新的纪元，而加速运动的电子也是一种波，其波长可以达到 10^{-3}nm。1924 年，德国科学家 De Broglie 提出物质波的概念，将波粒二象性推广到一切实物粒子，由此得到了计算电子波波长的公式：$\lambda = h/p$，其中 h 为普朗克常数；p 为电子的动量。电子显微镜正是利用了这个公式，通过发射高能电子，可以得到比光波小得多的波长，从而提高分辨率。例如一个 60kV 能量的电子，其波长可以达到 0.005nm，而光波波长一般为几百纳米，显然差了好几个数量级。1926 年，Busch 发现轴对称非均匀磁场能够使电子波聚焦。正是利用这个原理，有了电子显微镜中非常重要的部分——磁透镜，这为电子显微镜的研发奠定了理论基础。磁透镜的效果和光学仪器中的凸透镜是一样的，起聚焦的作用，只不过凸透镜是让光线聚焦起来，而磁透镜是利用施加的磁场，让发射过来的电子束发生偏转，然后聚焦在一点，即焦点。电子显微镜（Electron Microscope，EM）适合观察纳米级别的物质，可分为透射电子显微镜（Transmission Electron Microscope，TEM）和扫描电子显微镜（Scanning Electron Microscope，SEM）。它们具有各自不同的特点，透射电子显微镜以透射电子为检测对象，而扫描电子显微镜以二次电子及背散射电子为检测对象。下面分别介绍透射电子显微镜和扫描电子显微镜在纳米材料分析方面的应用。

（1）透射电子显微镜 透射电子显微镜广泛应用于纳米材料的结构表征，不仅能清晰观察颗粒的形貌大小，还能给出颗粒的晶体结构和组成成分，结合图像分析法直接统计分析，得出颗粒的粒径分布。

1932 年后，德国的 Knoll 和 Ruska 等人首次发表了有关电子显微镜的理论和试验研究，同时成功制造出第一台透射电子显微镜。1934 年，电子显微镜的分辨率达到了 50nm，Ruska 也因其在电镜光学基础研究方面的贡献获得了 1986 年的诺贝尔物理学奖。1939 年，德国西门子公司研制出世界上第一台商用透射电子显微镜，其分辨率优于 10nm。1954 年，该公司进一步研制出 Elmiskop I 型透射电子显微镜，其分辨率优于 1nm。经过半个多世纪的发展，电子显微镜已经广泛应用于自然科学的许多基础研究中，极大地推动了相关学科的发展，帮助人们进一步认识和了解微观世界。

透射电子显微镜主要由电子枪、电磁透镜、样品仓和成像系统等部分组成，如图 5.1 所示。其原理是电子枪产生的电子束经磁透镜会聚后均匀照射到试样某一待观察微小区域上，入射电子与很薄的样品相互作用并穿透，透过强度分布与样品形貌、结构对应。透射出试样的电子经磁透镜放大，通过投影镜投射在荧光屏上，转变为人眼可见的光强分布，于是在成像板上显出与试样形貌、结构对应的图像。

虽然电子显微镜的分辨率不受波长的限制，但是会受到磁透镜的限制。因为磁透镜不可能是完全理想的，这时电子就没有办法真的只会聚到同一个点上，可能会有一个小范围的分布，形成了像差，最后会有一个分辨率极限，一般用衬度传递函数来定义。在透射电镜中，电子的加速电压很高，采用的试样很薄，所接收的是透过的电子信号，因此主要考虑电子的散射、干涉和衍射等作用。在透过试样的过程中，电子束与试样物质发生相互作用，穿过试样后带有试样特征的信息。由于人的眼睛不能直接感受电子信息，需要将其转变成眼睛敏感的图像，图像上明暗的差异称为图像的衬度，该衬度可分为质厚衬度、衍射衬度和相位衬度。

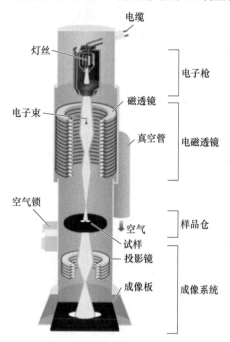

图 5.1　透射电子显微镜成像原理

1）质厚衬度是由材料的质量厚度差异造成的透射束强度的差异而形成的。对于无机金属材料，原子序数越高，原子量越大，图像衬度越高；对于非金属有机材料，电子云密度越大，图像衬度越高。

2）衍射衬度是由于试样各部分满足布拉格条件的程度不同而形成的。当一电子束照射在单晶体薄膜上时，透射束穿过薄膜到达感光荧屏上形成中间亮斑；衍射束则偏离透射束形成有规则的衍射斑点，如图 5.2 所示。入射线照射到晶体上时，晶体的一组面网 (h,k,l) 满足布拉格方程，在入射线成 2θ 角方向处产生衍射，留下一个衍射斑点。利用电子衍射功能可以判断样品的结晶状态：单晶为排列完好的点阵；多晶为一组序列直径的同心环；非晶为一对称的球形。

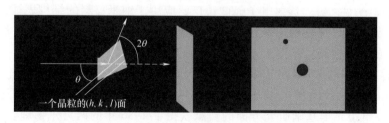

图 5.2　衍射衬度像的示意图

3）相位衬度。观察 1nm 以下的细节，所用的薄晶体试样厚度小于 10nm。在这样薄的试样条件下，入射电子穿过薄试样只受轻微的散射，不足以产生衍射衬度。但是轻微散射电子与透射电子之间存在相位差，经物镜的会聚，在像平面上发生干涉。由于样品各点的散射波与透射波的相位差不同，干涉后的合成波也不同，这就形成了相位衬度。由这种衬度形成的图像称为相位衬度像。

高分辨 TEM 是观察材料微观结构的方法，得到的高分辨显微像是由合成的透射波与散射波的相位差所形成的，不仅可以获得晶胞排列的信息，还可以确定晶胞中原子的位置。因此常用于微晶和析出物的观察，可以揭示微晶的存在以及形状，常通过晶格条纹间距来获得。

相位衬度像可分为晶格像（单胞尺度的像）和结构像（原子尺度的像）。晶格像指能观察到单胞的二维晶格像，但不含原子尺度的信息。结构像指像中含有单胞内原子排列的信息。通过将观察像与模拟像对照，就可以获得像的衬度与原子排列的对应关系。

透射电子显微镜观察样品前，首先需要将样品滴在铜网上，铜网的作用相当于光学显微镜的载玻片，此外铜网上覆盖了一层薄膜，可防止样品从铜网的孔中漏出去，这层薄膜称为支持膜，其对电子透明，厚度小于 20nm，具有惰性化学性质，不会干扰待测样品的检测，导热性能良好。制样之前，首先将颗粒在水或者其他分散介质中超声分散开，滴加到铜网上晾干，再进行拍摄观察。图 5.3 所示为 Au 纳米粒的透射电子显微镜图，粒子粒径分布比较均匀，为圆球形。若要得到粒径分布均匀的图像，在样品制备时就要分散均匀，使颗粒独立分散不团聚，这与样品的浓度和分散介质有关。在样品干燥的过程中，有时候很难分散形成单层颗粒，粒子间出现团聚，统计时误将团聚体当成一个颗粒，从而造成颗粒粒径偏大。利用图像分析法统计颗粒粒径，主要是基于衬度的差异进行灰度统计，识别颗粒的边缘进行处理，算出单个颗粒的投射面积，从而计算得到颗粒的平均粒径，该方法具有随机性和统计性，能自动算出颗粒的大小。

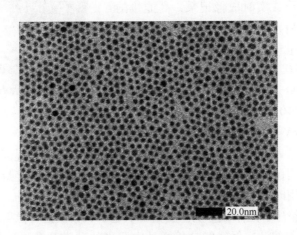

图 5.3　Au 纳米粒的透射电子显微镜图

利用 TEM 表征纳米材料的形貌和粒径已经成为通用的直观手段之一，分辨率高，最低到 1~3Å（1Å=0.1nm），放大倍数可达几百万倍，亮度高，可靠性和直观性强，是颗粒度测定的绝对方法。但其同时也存在相应的缺陷，如缺乏统计性，立体感差，制样难，不能观察活体，可观察范围小，取样量少，可能不具有代表性，粒子团聚严重时，观察不到粒子真实尺寸。

（2）扫描电子显微镜　扫描电子显微镜是介于透射电子显微镜和光学显微镜之间的一种观察手段，是观察材料表面形貌特征常用的仪器，最高分辨率可达 0.6nm，能同时进行形貌观察和元素分析，有很大的景深，视野大，成像富有立体感，可直接观察各种凹凸不平表面的细微结构。扫描电子显微镜已广泛应用于材料、冶金、矿物、生物学领域。

SEM 的发展稍微晚于 TEM，1932 年，德国的 Knoll 提出了 SEM 可成像放大的概念，在 1935 年制成了极其原始的模型。1938 年，德国的 Adenauer 制成了第一台采用缩小透镜用于透射样品的 SEM。由于不能获得高分辨率的样品表面电子像，SEM 一直得不到发展，只能在电子探针 X 射线微分析仪中作为一种辅助的成像装置。此后，在许多科学家的努力下，解决了 SEM 从理论到仪器结构等方面的一系列问题。最早期作为商品出现的是 1965 年英国剑桥仪器公司生产的第一台 SEM，它使用二次电子成像，分辨率达 25nm，使 SEM 进入了实用阶段。1968 年在美国芝加哥大学，Knoll 成功研制了场发射电子枪，并将其应用于 SEM，可获得较高分辨率的透射电子像。1970 年他发表了用扫描透射电子显微镜拍摄的铀和钍中的铀原子和钍原子像，这使 SEM 又进展到一个新的领域。

图 5.4 为扫描电子显微镜示意图，其工作原理是电子枪发射出的电子束经过聚焦后会聚成点光源；点光源在加速电压下形成高能电子束；高能电子束经由两个电磁透镜被聚焦成直径微小的光点，透过最后一级带有扫描线圈的电磁透镜后，电子束以光栅状扫描的方式逐点轰击到样品表面，同时激发出不同深度的电子信号。此时，电子信号会被样品上方不同信号接收器的探头接收，通过放大器同步传送到计算机显示屏，形成实时成像记录。高能量的电子束轰击样品表面后，原子核与核外电子会发射出背散射电子、二次电子等多种物理信号。背散射电子是从距样品表面 $0.1 \sim 1\mu m$ 深度范围内散射回来的入射电子，其能量近似入射电子能量；而二次电子是从距样品表面 10nm 左右深度范围内激发出来的低能电子（<50eV），与原子序数没有明显关

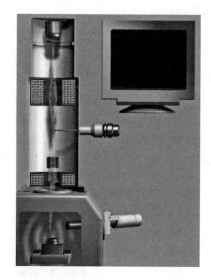

图 5.4　扫描电子显微镜的示意图

系，其产生数量对样品表面几何形状具有极大的敏感性。因此要想提高扫描电子显微镜的清晰度，最主要的是利用极细且亮度极高的电子束进行扫描，具有高能量、高亮度的微小电子束与样品表面相互作用时，才能在入射的微小区域内产生数量更多的二次电子信号。

在扫描电子显微镜中，用来成像的主要是二次电子，其次是背散射电子和吸收电子；用来做分析的主要是 X 射线，X 射线能分析样品中元素的种类和含量。探测器将这些信息接收，经放大器放大，送到阴极射线管，调制显像管的亮度。其中二次电子的产生对表面形状很敏感，突出的尖棱、小粒子和斜面产生的二次电子较多，因为这些部位的电子离开表层的机会多，因而亮度大。平面产生的二次电子较少，亮度低。深的凹槽产生的二次电子也较多，但不易检测到，亮度较暗。

扫描电子显微镜分析观察样品的原理是通过电子束轰击样品表面从而激发出电子信号进行成像，该方法不要求电子束穿透样品，因此可使用块状样品进行检测，也适用于微米级别

的材料，如细胞等。对于样品的制备方法，也比较简单，通常将样品溶液或固体粉末分散在硅片上，因为硅片表面较平整，产生二次电子数量低，对样品观察影响小。但用扫描电子显微镜观察样品时，一般要求样品具有导电性，因为高能电子束打在样品上时，电荷不能沿着导体迁移离开导致大量电荷聚集在样品表面而形成局部充电，将会干扰二次电子的检测，影响成像的清晰度。所以，载物台上需要预先粘上导电胶使产生的电荷转移分散。对于导电样品，可以直接分散在导电胶或硅片上进行观察，而非导电样品需要对其进行特殊处理，使其能够导电，通常会在其表面喷涂一层导电薄膜，常见的是金膜或铂膜，这两种金属膜容易喷涂，能形成均匀涂层，同时可避免对样品表面产生干扰，适合进样观察。图 5.5 所示为聚苯乙烯微球和金纳米笼的扫描电镜图，拍摄模式为二次电子，材料表面形貌清晰可见。

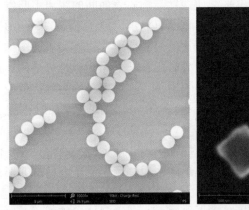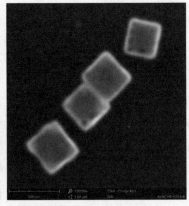

图 5.5　聚苯乙烯微球和金纳米笼的扫描电镜图

扫描电子显微镜的分辨率较高，通过二次电子像能够观察试样表面 60Å 左右的细节。对于直径极小、亮度极高的场发射电子枪，其分辨率不比透射电子显微镜差，可达到 0.6nm。放大倍数变化范围大，一般为 10~150000 倍，且能连续可调，因此扫描电子显微镜应用范围很广，不仅可用于纳米级别的材料，而且广泛用于微米级别的材料。观察试样的景深大，图像富有立体感，可用于观察粗糙表面，如金属断口、催化剂等。样品制备简单，但是不导电的样品需喷金或铂处理，价格高。

2. 扫描探针显微镜

1982 年，Binning 和 Rohrer 在 IBM 位于瑞士苏黎世的实验室发明了世界上第一台具有原子分辨率的扫描隧道显微镜，利用针尖和表面间的隧道电流随间距变化的性质来探测表面的结构，获得了实空间的原子级分辨图像。这一发明使显微科学达到了一个新的境界，并对物理、化学、生物、材料等领域的研究产生了巨大的推动作用。为此 Binning 和 Rohrer 于 1986 年被授予诺贝尔物理学奖。扫描隧道显微镜和原子力显微镜统称扫描探针显微镜，扫描探针显微镜是在扫描隧道显微镜及其基础上发展起来的各种新型探针显微镜的统称，其最大的特点是通过实体探针与样品表面相互作用，利用量子力学的原理来成像，使用简便，成本低廉，分辨力可达到原子级别。

扫描探针显微镜与电子显微镜的成像原理不同，其对微纳米粒的观察是间接观察，通常扫描探针显微镜在检测试片表面特性时，先扫试片表面形貌。以扫描隧道显微镜与原子力显微镜为例，微探针会先接近试片表面，在两者距离极为接近时（约 10nm），探针尖端会和试片表面的局部原子团发生交互作用（分别为电场与超距力场），此作用会对探针产生反应（如隧道电流与范德华力）。反应程度和针尖与试片间的距离相关，将此感测信号回传给控制系统，进而得到试片局部表面的高度，再配合二维扫描平台的移动则可构画出表面形貌。工作可在真空、大气或室温下进行，对样品无损坏，可以给出样品表面的三维形貌、表面粗糙度、颗粒尺寸和分布，因此成为材料表面表征的一种强有力的工具。

（1）扫描隧道显微镜　扫描隧道显微镜（Scanning Tunnelling Microscope，STM）的主要原理是利用金属针尖在样品表面进行扫描，当原子尺度的针尖在不到 1nm 的高度上扫描样品时，此处电子云重叠，外加一电压（2mV～2V），针尖与样品之间产生隧道效应而有电子逸出，形成隧道电流。电流强度和针尖与样品间的距离有函数关系，当探针沿物质表面按给定高度扫描时，因样品表面原子凹凸不平，使探针与物质表面间的距离不断发生改变，从而使电流不断发生改变。将电流的这种改变图像化即可显示出原子水平的凹凸形态。根据量子隧道效应产生隧道电流，利用隧道电流作为测量信号，即可获得样品表面图像。

经典力学中，当势垒的高度比粒子的能量大时，粒子是无法越过势垒的，而在量子力学中，粒子穿过势垒出现在势垒另一侧的概率并不为零，这种现象称为隧道效应。隧道效应是微观粒子（如电子、质子和中子）波动性的一种表现。空隙厚度增加时，隧道电流大大减小，因此电流的改变对应于样品表面的起伏。

扫描隧道显微镜的基本结构包括：探针，探针尖端非常尖锐，通常只有一两个原子，其决定了扫描隧道显微镜的横向分辨率；压电三角架，加电场，使压电材料变形，产生收缩和膨胀，以控制探针的运动。

根据样品表面光滑程度不同，扫描隧道显微镜有两种不同的扫描方式：恒流扫描和恒高扫描。恒流扫描即保持隧道电流不变，调节探针的高度，使其随样品表面的高低起伏而上下移动。对于表面很粗糙的样品，通常采用恒流扫描。而恒高扫描即保持探针水平高度不变，平移探针进行扫描，最后直接得到隧道电流随样品表面起伏的变化。当样品表面很光滑时，可采取恒高扫描，该扫描方式具有成像速度快的优点。图 5.6 所示为纳米微粒的扫描隧道显微镜图像。

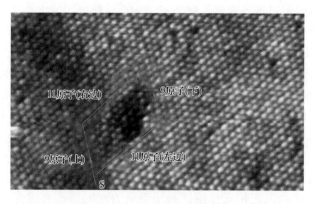

图 5.6　纳米微粒的扫描隧道显微镜图像

扫描隧道显微镜的探针与样品必须导电，适用于导体和半导体表面结构的观察，对于非导电的材料则需要在样品上覆盖一层导电薄膜，但导电薄膜的粒度和均匀性会影响样品表面的许多细节，其应用范围受到限制。

扫描隧道显微镜通常被认为是测量表面原子结构的工具，具有直接测量原子间距的分辨率。但必须考虑电子结构的影响，否则容易产生错误的信息。因为扫描隧道显微镜图像反映的是样品表面局域电子结构和隧穿势垒的空间变化，与表面原子核的位置没有直接关系，并不能将观察到的表面高低起伏简单地归纳为原子的排布结构。

扫描隧道显微镜具有很多优点，这是目前为止能进行表面分析的最精密的仪器，横向分辨率可达到 0.1nm，纵向分辨率可达到 0.01nm。既可观察到原子，又可直接搬动原子，还可以实时得到实空间中表面的三维图像，观察单个原子层的局部表面结构。在真空、大气、常温等不同环境下均能工作，甚至水中也可以，而且对样品无损。但同时也存在一些缺点，如要求高、防振、高真空、防温度变化。电导率在 10^{-9}S/m 以上的样品可满足常规扫描隧道显微镜测试的要求。如果样品的导电性很差，最好使用银或金导电胶将其固定，并进行镀金处理。在恒流模式下，不能准确探测样品表面微粒之间的沟槽。在恒高模式下，需采用非常尖锐的探针。

（2）原子力显微镜 原子力显微镜（Atomic Force Microscope，AFM）是表征薄膜性质的重要手段之一，主要由带针尖的微悬臂、微悬臂运动检测装置、监控其运动的反馈回路、使样品进行扫描的压电陶瓷扫描器件、计算机控制的图像采集、显示及处理系统组成，各部分分别负责检测原子之间力的变化量、监控微悬臂的运动情况、保证样品原子与探针之间的原子力恒定、对样品进行扫描、接收并分析扫描所得的信号，并以特定的方式输出。

1981 年，IBM 公司苏黎世研究所的科学家成功开发出扫描隧道显微镜，为原子力显微镜的问世奠定了基础。1982 年，由扫描隧道显微镜派生出了原子力显微镜（前者为导体用，后者为非导体用）。1986 年，Binning、Quate 和 Gerber 等人提出原子力显微镜的概念，开始使用微悬臂梁作为探针，在斯坦福大学发明了第一台原子力显微镜，不但分辨率高，可测量绝缘体，还可测量表面原子力，测量表面的弹性、塑性、硬度、黏着力和摩擦力等。1988 年，国外开始对原子力显微镜进行改进，并研制出激光检测原子力显微镜。1989 年，白春礼等人研制出了我国第一台原子力显微镜，并跻身国际先进行列。

图 5.7 所示为激光检测原子力显微镜探针工作的基本原理，将一个对微弱力极敏感的弹性微悬臂一端固定，另一端的针尖与样品表面轻轻接触。当针尖尖端原子与样品表面间存在极微弱的作用力（10^{-8} ~ 10^{-6}N）时，微悬臂会发生微小的弹性形变。利用激光将光照射在微悬臂的末端，摆动形成时，会使反射光的位置改变而造成偏移量，此时激光检测器会记录该偏移量，也会传给反馈系统，最后再将样品的表面特性以影像的方式呈现出来。

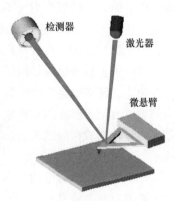

图 5.7 激光检测原子力显微镜
探针工作的基本原理

它是一种用于研究包括绝缘体在内的固体材料表面结构的分析仪器，通过检测待测样品表面和一个微型力敏感元件之间极微弱的原子间相互作用力来研究物质的表面结构及性质。将一个对微弱力极敏感的微悬臂一端固定，另一端的微小针尖接近样品，这时它将与其相互作用，作用力使得微悬臂发生形变或运动状态发生变化。扫描样品时，利用传感器检测这些变化，就可获得作用力分布信息，从而以纳米级分辨率获得表面结构信息。

二极管激光器发出的光束聚焦在微悬臂的背面，然后反射到由光电二极管构成的光斑位置检测器。科学家们通过探针处极为尖细的针尖（通常只由几个原子组成）来"触摸"材料表面，再通过与探针相连的微悬臂，测量微悬臂的位置变化来间接了解材料表面的具体情况。AFM 通过测量一个很短的距离内（0.2～10nm）针尖（<10nm）与材料表面原子之间作用力，来获取材料表面三维纳米尺度成像。针尖由微悬臂支撑，当针尖缓慢触碰材料表面时，仪器会记录下针尖与表面相互作用力的变化。分子间作用力（即范德华力）随着原子间距离的变化而变化，在两原子相互接触时主要表现为排斥力，两原子非接触时主要表现为吸引力。

那么如何测量产生的作用力呢？如图 5.8 所示，探针是由微悬臂支撑的，该悬臂具有很好的弹性性能，已知其弹性常数，通过胡克定律 $F = -kx$ 来解决这个问题。x 的测量就是图 5.7 中所提到的利用激光或者直接使用压电材料来得到位置变化，从而测得力的大小。

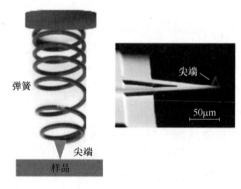

弹簧

尖端

样品

尖端

50μm

图 5.8　原子力显微镜测力原理

接触式原子力显微镜，由于是接触式，探针尖端悬在一低弹性常数的悬臂末端，悬臂的有效弹性常数比样品原子还低，当探针扫描样品表面时，与原子的距离变近，会彼此产生微弱的吸引力，这种吸引力会不断增加，直到太靠近时，它们的电子云会产生静电排斥。当原子间的作用力达到平衡时，其距离约为一个化学键的长度（几埃）。当总范德华力变成零时，原子保持接触，探针与样品间的吸引力约为 10^{-8}N。

当原子力显微镜探针的针尖与样品接近时，在针尖原子和样品表面原子之间相互作用力的影响下，悬臂梁会发生偏转引起反射光的位置发生改变；当探针在样品表面扫过时，光电检测系统会记录激光的偏转量（悬臂梁的偏转量）并将其反馈给系统，最终通过信号放大器等将其转换成样品的表面形貌特征。原子力显微镜最核心的部件是原子力探针，如图 5.9所示。

原子力显微镜的成像具有以下特点：与传统的电子显微镜，特别是扫描电子显微镜相比，原子力显微镜具有非常高的横向分辨率和纵向分辨率。横向分辨率可达到 0.1～0.2nm，纵向分辨率高达 0.01nm。原子力显微镜具有很宽的工作范围，可以在诸如真空、空气、高温、常温、低温以及液体环境下扫描成像。样品制备简单，原子力显微镜所观察的样品不需要包埋、覆盖、染色等处理，可以直接观察。原子力显微镜具有对样品的分子或原子进行加工的力行为。

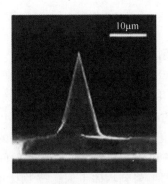

图 5.9　原子力探针的图像

原子力显微镜的应用范围为：

1）原子力显微镜在观察生化反应过程中的应用。利用原子力显微镜可观察转录过程。但是，如果用原子力显微镜观察 DNA 分子的转录过程，就必须解决一个问题。利用原子力显微镜观察样品时，样品必须固定在基底上，但是，转录是由 DNA 经过碱基配对生成 RNA 的过程，该过程必定是动态的。

科学研究者运用一定的方法将 DNA 沉降下来（并不影响其生物活性），在云母片上进行观察，可观察到 RNA 聚合酶沿着 DNA 移动的过程。

2）原子力显微镜在研究分子识别中的应用。分子间的相互作用在生物学领域相当普遍，如受体和配体的结合、抗原和抗体的结合、信息传递分子间的结合等，这是生物体中信息传递的基础。原子力显微镜可以作为一种力传感器来研究分子间的相互作用。

3）原子力显微镜在研究物质超微结构中的应用。原子力显微镜可以直接观察表面缺陷、表面重构、表面吸附体的形态和位置，以及由表面吸附体引起的表面重构等。原子力显微镜可以观察许多不同材料的原子级平坦结构，例如用原子力显微镜对 DL-亮氨酸晶体进行研究，可观察到表面晶体分子的有序排列，其晶格间距与 X 射线衍射数据相符。另外，原子力显微镜还成功地用于观察吸附在基底上的有机分子和生物样品，如三梨酸、DNA 和蛋白质的表面。

4）原子力显微镜在细胞生物学中的应用。原子力显微镜对体外动态细胞的分析具有非凡的能力。这些研究大都把样品直接放置在玻片上，不需要染色和固定，样品制备和操作环境简单。例如，观察血小板的运动，可以看到微丝结构、颗粒传输到细胞质外侧及活化中细胞成分的再分配。

原子力显微镜技术在生物学领域的应用有赖于样品制备方法和适合针尖—样品相互作用的缓冲液的研究。原子力显微镜现已成为一种获得样品表面结构的高分辨率图像的有力工具。而更为吸引人的是其观察生化反应过程及生物分子构象变化的能力，因此，原子力显微镜在生物学领域中的应用前景毋庸置疑。而对于原子力显微镜技术本身，以下几个方面的进展将更加有利于它在生物学中的应用：大多数生物反应过程相当快速，提高原子力显微镜的时间分辨率有助于观察这些过程；生命科学研究有其自身特点，需设计出适合生物学研究的原子力显微镜；高分辨率是原子力显微镜的优势，其分辨率在理论上能达到原子水平，但目前还没有实现，如何做出更细的针尖将有助于分辨率的进一步提高。

5.1.2　纳米材料的间接结构测定技术

1. X 射线衍射

1895 年 11 月 8 日，德国物理学家伦琴在研究真空管高压放电现象时偶然发现了 X 光，由此获得了 1901 年诺贝尔物理学奖。

灯丝中发出的电子达到一定的能量后，电子受高压电场的作用高速轰击靶面，将靶面材料中的 K 层电子空出，处于激发态，其他层的电子跃入，能量降低，发出 X 光。

X 射线的波长和晶体内部原子面之间的间距相近，晶体可以作为 X 射线的空间衍射光栅，即一束 X 射线照射到物体上时，受物体中原子的散射，每个原子都产生散射波，这些波互相干涉而产生衍射。衍射波叠加的结果使射线的强度在某些方向上加强，在其他方向上减弱。分析衍射结果便可获得晶体结构。这些是 1912 年德国物理学家劳厄提出的一个重要科学预见，随即被实验证实。1913 年，英国物理学家布拉格父子，在劳厄的基础上，不仅成功地测定了 NaCl、KCl 等的晶体结构，还提出了作为晶体衍射基础的著名公式——布拉格方程：$2d\sin\theta = n\lambda$。

X 射线及其衍射 X 射线是一种波长（0.06～20nm）很短的电磁波，能穿透一定厚度的物质，并能使荧光物质发光、照相机乳胶感光和气体电离。用高能电子束轰击金属靶产生 X 射线，它具有靶中元素相对应的特定波长，称为特征 X 射线，如铜靶对应的 X 射线波长为 0.154056nm。对于晶体材料，当待测晶体与入射束呈不同角度时，那些满足布拉格衍射的晶面就会被检测出来，体现在 XRD（X-ray Diffraction，X 射线衍射）图谱上就是具有不同衍射强度的衍射峰。对于非晶体材料，由于其结构不存在晶体结构中原子排列的长程有序，只在几个原子范围内存在短程有序，故非晶体材料的 XRD 图谱为一些漫散射馒头峰。

所需的 X 射线一般由高稳定度 X 射线源提供，改变 X 射线管阳极靶材质可改变 X 射线的波长，调节阳极电压可控制 X 射线源的强度。利用高速电子撞击金属靶面产生 X 射线的真空电子器件称为 X 射线管或 X 光管，其分为充气管和真空管两类。克鲁克斯管就是最早的充气 X 射线管，其功率小、寿命短、控制困难，现已很少应用。1913 年，库利吉发明了真空 X 射线管，管内真空度不低于 10^{-4} Pa。阴极为直热式螺旋钨丝，阳极为铜块端面镶嵌的金属靶。阴极发射出的电子经数万至数十万伏高压加速后撞击靶面产生 X 射线。这种真空 X 射线管经过多次改进，至今仍在应用。现代出现一种在阳极靶面与阴极之间装有控制栅极的 X 射线管，在控制栅上施加脉冲调制，以控制 X 射线的输出和调整定时重复曝光。X 射线管可用于医学诊断、治疗，零件的无损检测，物质结构分析、光谱分析、科学研究等方面。X 射线对人体有害，使用时必须采取防护措施。

简单来说，X 射线管由四部分组成，如图 5.10 所示。主要为：①产生电子的阴极，一般是螺旋形状的钨丝，加热后可以发射电子；②阳极靶，用于吸收阴极电子，通过高速电子的撞击产生 X 射线，撞击时会产生大量热（主要的能量消耗形式），故靶需要水冷；③阴极周围的聚焦罩，其作用是对电子的聚焦，使靶面上产生聚焦斑，X 射线从聚焦斑射出；④X 射线管体，它是真空的，一般由玻璃或金属制成，窗口由铍密封。

样品须是单晶、粉末、多晶或微晶的固体块。金属样品如块状、板状、圆柱状则要求磨成一个平面，面积不小于 10mm×10mm，如果面积太小可以将几块粘贴在一起。样品可以是金属、非金属、有机及无机材料粉末。研究所用的各种原料一定要经过鉴定，如材料分子

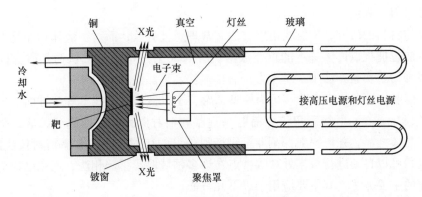

图 5.10　热阴极 X 射线管示意图

式、晶型、结晶度、粒度等，图 5.11 所示为 ZnO 的 XRD 图谱。X 射线衍射技术可以分析金属固溶体、合金相结构、氧化物相合成、材料结晶状态、金属合金化、金属合金薄膜与取向、焊接金属相、各种纤维结构与取相、结晶度、原料的晶型结构检验、金属的氧化、各种陶瓷与合金的相变、晶格参数测定、非晶态结构、纳米材料粒度、矿物原料结构、建筑材料相分析、水泥的物相分析等。非金属材料的 X 射线衍射技术可以分析材料合成结构、氧化物固相相转变、电化学材料结构变化、纳米材料掺杂、催化剂材料掺杂、晶体材料结构、金属非金属氧化膜和高分子材料结晶度、各种沉积物、挥发物、化学产物、氧化膜相分析、化学镀电镀层相分析等。

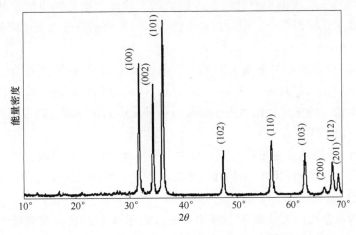

图 5.11　ZnO 的 XRD 图谱

　　X 射线通过晶体时在某些特殊方向上产生强衍射，衍射线在空间分布的强度和方位与晶体结构密切相关，利用此原理可测定分析物相和结晶度，还可对点阵参数进行精密测定。有研究利用 XRD 对氧化锆基纳米羟基磷灰石功能梯度生物材料进行物相分析，结果发现 Y-ZrO_2/nHA 功能梯度生物材料由四方相氧化锆、纳米羟基磷灰石、磷酸三钙、单斜相氧化锆和 $CaZrO_3$ 组成，其中单斜相氧化锆和 $CaZrO_3$ 的含量均较少，而 $CaZrO_3$ 可能是由羟基磷灰石分解出的 CaO 与单斜相氧化锆结合而成的，部分单斜相氧化锆被消耗导致四方相氧化锆比例增加，而 $CaZrO_3$ 也具备强的力学性能，所以 $CaZrO_3$ 的形成间接加强了 Y-ZrO_2/nHA 功能梯度生物材料的强度。

对于晶体材料的研究，X 射线衍射方法非常理想且有效；而对于液体和非晶态固体的研究，这种方法也能提供许多基本的重要数据。所以 X 射线衍射法被认为是研究固体最有效的工具。各种衍射实验方法中，基本方法有单晶法、多晶法和双晶法。

X 射线衍射仪以布拉格实验装置为原型，融合了机械与电子技术等多方面的成果。衍射仪由 X 射线发生器、X 射线测角仪、辐射探测器和辐射探测电路四部分组成，是以特征 X 射线照射多晶体样品，并以辐射探测器记录衍射信息的衍射实验装置。衍射仪法以其方便、快捷、准确和可以自动进行数据处理等特点在许多领域取代了照相法，现在已成为晶体结构分析等工作的主要方法。其主要应用于以下几方面：

1）晶粒度的测定。晶粒越细小，则衍射线形越宽化，但是显微应力也会引起线形宽化。物质中的分子、原子、离子等质点在空间做周期性规则排列的结构形态称为晶态。可把晶面看成是衍射光栅，因此晶体对 X 射线会产生衍射。而非晶态为近程有序、远程无序的结构。其有序的范围只有有序单位（如配位多面体）尺寸的几倍距离。例如 Si-O 四面体大小为 0.3nm，一个方石英的晶胞尺寸约为 0.8nm，而石英玻璃有序的范围只有 1~2nm，超过这个距离后有序性逐渐消失成为无序。因此非晶态固体经 X 射线照射后不产生衍射峰，只形成宽而漫射的隆起包。

2）颗粒度的测定。纳米材料由于颗粒细小，极易形成团粒，采用通常的粒度分析仪将会给出错误的数据。采用 X 射线小角散射法可以克服团粒造成的困难，准确地给出纳米材料的颗粒尺寸。如果 X 光束的准直性略差，则会增大原光束附近的本底，从而掩盖小角散射的信息。因此要求狭缝很细小，但是这样又使得入射光束的强度大幅度降低，也会降低小角散射的信息。

3）微区纳米物相分析。X 射线衍射的入射 X 光束经过单毛细管透镜，可将强度提高 4~5 倍，此光束照射到大块样品中的某一小区域，以消除择优取向，增加各晶面的衍射概率。它不仅可用于微区域探测，也适用于通常的各种聚焦光学探测，如常规的物相定性定量分析、高低温相变测量等。

4）物相鉴定。采用残余物相鉴定法，减少了漏检及误检；采用峰位及积分面积法相结合，将全谱拟合法及积分面积峰位法的优点集合在一起；利用各物相的参比强度值 RIR，可以完成半定量分析。

物质结构分析最常用的方法是 X 射线衍射法。由于 X 射线的高穿透能力，X 射线衍射分析实际上是一种微米级的表层分析。近几十年来，由于高功率、高精度、高稳定性和高灵敏度 X 射线衍射仪的出现，特别是计算机应用于衍射仪的控制和数据处理后，X 射线衍射分析有了许多新进展，如定性分析中的计算机检索、定量分析中的泽温（ZeVin）法等新方法，多晶衍射数据全结构分析的里特沃尔德（Rietveld）方法，物相结构分析中的多晶衍射花样指标化。用 X 射线衍射分析材料表面的晶体结构时，应考虑 X 射线的分析厚度，特别是薄膜材料，当基体材料与薄膜材料中有相同的化学成分，并且薄膜的厚度在 $1~2\mu m$ 时，应注意排除基体背底衍射峰的干扰，物理气相沉积的薄膜其化学组成往往偏离物质的化学计量，有时还会产生择优取向，导致 X 射线衍射峰位偏移及各衍射峰的峰强度发生变化，这是分析中需要注意的问题。

2. 电子衍射

1927 年，戴维孙和革末在观察镍单晶表面对能量为 100eV 的电子束进行散射时，发现了散射束强度随空间分布的不连续性，即晶体对电子的衍射。与此同时，汤姆孙和里德用能量为 2 万 eV 的电子束透过多晶薄膜做实验时，也观察到了衍射图样。电子衍射的发现证实了德布罗意提出的电子具有波动性的设想，构成了量子力学的实验基础。

电子衍射或电子束衍射可得到微观形貌和结构信息，用于研究材料的技术。这是由于粒子和波的双重性质而发生的现象，粒子（在这种情况下为电子）也可以称为波。因此，可以将电子视为诸如声波或水波之类的波。类似的技术包括 X 射线衍射和中子衍射。

固态物理和化学中，电子衍射通常用于研究固体的晶体结构。产生电子衍射（受限场电子衍射或选区电子衍射）图案最典型的实验设备是透射电子显微镜（TEM），也有配备探测器的透射电子显微镜（TEM）和扫描电子显微镜（SEM），这些探测器可以获取电子背散射衍射（EBSD）图案。在 TEM 和 SEM 中，电子被静电势加速以获得所需的能量，并被设置为特定波长，然后再照射到目标样品上。

由于晶体具有周期性结构，因此它起着衍射光栅的作用，并以可预测的方式散射电子。观察到的衍射基于图案，晶格引起的衍射图案（布拉维点阵可确定）。尽管可以精确地测量衍射强度来估计晶体结构，但是与 X 射线衍射的情况一样，会出现相位问题。另外，电子衍射中，当晶体变厚时，电子束多次散射的影响不容忽视，因此，衍射强度的计算需要基于动态衍射理论而非运动衍射理论。由于这些原因，电子衍射法在分析晶体结构中的有效性会受到限制。另一方面，由于电子束的多次散射，X 射线衍射中通常观察到弗里德定律被破坏，因此可以确定晶体的对称中心是否存在。

与使用 X 射线或中子衍射研究材料不同，电子是带电粒子，它们通过库仑力与物质相互作用。换句话说，发射的电子会同时受到带正电的原子核和周围电子的影响。另一方面，X 射线与价电子的空间分布相互作用，中子由于与原子核的强相互作用而散射。此外，因为中子的磁矩不为零，所以它也被磁场散射。由于这种交互方式不同，因此每种都有自己的用途。

晶体对电子的衍射与对射线的衍射一样，也要满足衍射几何条件（布拉格公式）和物理条件（结构因子），多晶体的衍射花样为一系列半径不同的同心衍射环，单晶体的衍射花样则是一系列规则排列的衍射斑点，如图 5.12 所示。最重要的是用于衍射的电子波长比 X 射线波长短得多，使电子衍射角很小，从而使单晶电子衍射花样在结构分析方面比 X 射线容易得多。

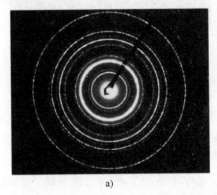
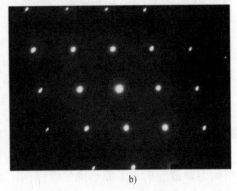

a)　　　　　　　　　　　　　　　　　b)

图 5.12　电子衍射花样

a）Au 蒸发膜的多晶花样　b）Fe-Mn-Si-Al 合金中 ε 相的单晶花样

图 5.13 是普通电子衍射仪装置示意图。电子枪发射电子，经聚光镜会聚后照射到试样上。若试样内某晶面 (h,k,l) 满足布拉格条件，则在与入射束呈 2θ 角方向上产生衍射。透射束（零级衍射）和衍射束分别与距试样为 L 的照相底片相交于 O' 和 P' 点。O' 点称为衍射花样的中心斑点，用 000 表示；P' 点则以产生该衍射的晶面指数来命名，称为 hkl 衍射斑点。衍射斑点与中心斑点之间的距离用 R 表示。由图可知

$$R/L = \tan 2\theta$$

对于高能电子，2θ 很小，代入布拉格公式近似有 $\lambda/d = 2\sin\theta \approx R/L$，即 $Rd = \lambda L$。

电子衍射可用于小尺寸颗粒的物相鉴定，由于弥散粒子颗粒极小（直径远小于 $1\mu m$），分布较密，选区光阑套住的不是一个粒子（即一个小晶体），而是大量的粒子；即使能套住一个粒子，其衍射强度也是不够的。如果弥散粒子足够多，就能获得比较完整且连续的环花样，如图 5.14 所示。如果弥散粒子不是十分多，得到的为不连续的环花样，标定前，可用圆规在正片上使其成为连续环。至此，利用前述的未知晶体测定方法就可以鉴别弥散粒子所属的物相。实际分析中，应了解试样的化学成分、热处理工艺等其他资料，以利于物相鉴定。

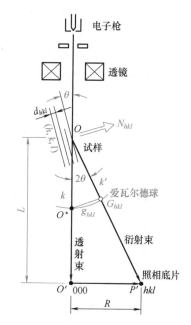

图 5.13　普通电子衍射仪装置示意图

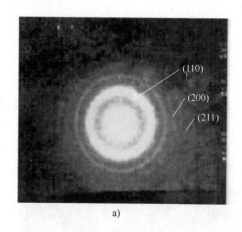

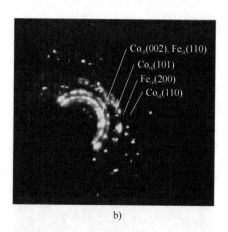

图 5.14　室温溅射和 823K 溅射 $FeCo-Al_2O_3$ 颗粒膜的衍射花样

a）BCC α-Fe(Co) 衍射花样　　b）BCC α-Fe(Co) 和 HCP α-Co 复合衍射花样

一般观察的试样大多为多晶体，晶粒尺寸一般是微米数量级，但通过选区电子衍射，用选区光阑套住某一晶粒，获得的就是单晶电子衍射花样。电子衍射仪在纳米材料中的应用如下：

1）由衍射图像分析表面原子的二维结构。晶面原子的集合称为二维晶格，二维晶格的周期性可用二维布拉菲格子描述，常见的布拉菲格子有五种，每种都有其对应的倒格子。荧

光屏上显示的低能电子衍射图像是二维倒格子的投影。从荧光屏上衍射斑点的分布可推出表面原子的二维排列，从斑点之间的距离和电子波长可算出表面单元网格的大小。

2）用动力学方法确定表面原子层间距。当仪器的入射电子能量变化时，衍射斑点之间的距离和衍射斑点的强度也随之变化，其衍射斑点强度 I 随电子能量 E 变化的曲线称为 $I\text{-}E$ 曲线。动力学方法是运用多重散射理论，使理论模型的 $I\text{-}E$ 曲线逐渐符合实验数据。

3）由衍射斑点的形状分析表面缺陷。对衍射斑点形状的研究（也就是对衍射斑点强度分布的研究）可了解表面单元网格、畴结构、小岛、平台等方面的情况，从而获得表面缺陷和表面相变的信息。

3. 拉曼光谱

拉曼光谱是一种无损的分析技术，它是基于光和材料内化学键的相互作用而产生的，可以提供样品化学结构、相和形态、结晶度以及分子相互作用的详细信息。拉曼是一种光散射技术，激光光源的高强度入射光被分子散射时，大多数散射光与入射激光具有相同的波长（颜色），不能提供有用的信息，没有发生能量交换（弹性碰撞），这种散射称为瑞利散射。然而，还有极小一部分（大约1/109）散射光的波长（颜色）与入射光不同，发生了能量交换（非弹性碰撞），其波长的改变由测试样品（所谓散射物质）的化学结构决定，这部分散射称为拉曼散射，如图 5.15 所示。

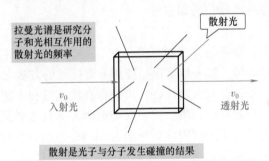

图 5.15　拉曼光谱的光透射和散射

1928 年，印度物理学家拉曼用水银灯照射苯液体，发现了拉曼效应，因此获得了 1930 年的诺贝尔奖。20 世纪 30 年代，我国物理学家吴大猷等人在国内首先开展了对原子、分子拉曼光谱的研究。1934 年，科学家普拉坎克才比较详尽地评述了拉曼效应，对振动拉曼效应进行了比较系统的总结。在 1945 年之前，拉曼光谱仍未引起人们的注意，因为拉曼散射光对称地分布在瑞利散射光的两侧，但其强度比瑞利散射光弱得多，通常只为瑞利光强度的 $10^{-6} \sim 10^{-9}$，检测困难。随着激光的问世，1964 年，以激光作为拉曼光谱仪的激发光源，研发出了激光拉曼光谱仪，其克服了上述缺点，提高了检测的灵敏度，使激光拉曼光谱获得了新的起点，重新得到了重视。

（1）傅里叶变换拉曼光谱　傅里叶变换拉曼光谱是 20 世纪 90 年代发展起来的新技术，采用傅里叶变换技术对信号进行收集，多次累加以提高信噪比，并用波长为 1065nm 的近红外激光照射样品，大大减弱了荧光背景。

（2）表面增强拉曼光谱　表面增强拉曼散射（SERS）效应是指在特殊制备的一些金属良导体表面或溶胶中，吸附分子的拉曼散射信号比普通拉曼散射（NRS）信号大大增强的现象，从而克服了拉曼光谱灵敏度低的缺点。

（3）激光共振拉曼光谱　当选取的入射激光波长非常接近或处于散射分子的电子吸收峰范围内时，拉曼跃迁的概率大大增加，使得分子的某些振动模式的拉曼散射截面增强高达 10^6 倍，这种现象称为共振拉曼效应。

（4）共焦显微拉曼光谱　在光谱本质上，共焦显微拉曼光谱仪与普通的激光共振拉曼光谱仪相似，激发激光束通过显微镜聚焦为一个微小光斑，这就是显微的意思。

（5）高温拉曼光谱　在冶金、玻璃、地质、化学、晶体生长等领域，需要用拉曼光谱研究固体的高温相变过程和熔体的键合结构等。这些测试均需在高温下进行，因此发展出了高温拉曼光谱仪。

纳米材料中颗粒组元和界面组元由于有序程度的差别，两种组元中对应同一键的振动也有差别。这样可以利用纳米晶粒与相应常规晶粒的拉曼光谱的差别来研究其结构特征或尺寸大小。拉曼光谱还可用于薄膜厚度、固相反应、细微结构分析等方面。

拉曼散射法可测量纳米晶晶粒的平均粒径，计算式为

$$d = 2\pi \frac{B}{\Delta\omega}$$

式中，d 为纳米晶的平均粒径；B 为一常数；$\Delta\omega$ 为纳米晶拉曼谱中某一晶峰的峰位相对于同样材料常规晶粒的对应晶峰峰位的偏移量。

4. 激光粒度仪

粒度检测的方法很多，常见的方法包括筛分法、显微镜法、沉降法、光阻法、电阻法、透气法、X 射线小角散射法等。激光粒度仪是应用非常广泛的方法之一，具有操作简便，测试速度快，测试范围广，重复性和准确性好，可进行在线测量和干法测量等优点。对提高产品质量、降低能源消耗、控制环境污染、保护人类健康等具有重要意义。

激光粒度仪是用物理的方法测试固体颗粒的大小和分布的一种仪器。我国在 20 世纪 80 年代中期起步，经过短短几十年的发展得到了很多消费者的认可，市场占有率也在不断增加。近年来，伴随科研技术的不断深入，粒度仪的发展趋势也呈上升走向。据不完全统计，全世界已有数万台各类激光粒度仪应用于石油、医药、环保、食品、建筑、涂料等行业，并以每年几千台的速率在增加。作为一种以激光为探测光源的新型粒度测试仪器，激光粒度仪因其测试速度快、测试范围宽、重复性和真实性好、操作简便等特点，在粉体加工、应用与研究领域得到了广泛的应用。作为粉体材料粒度表征的重要工具，已经成为当今最流行的粒度分析仪。

激光粒度仪主要由激光器、样品池、光学系统、信号放大及 A-D 转换装置、数据处理及控制系统组成。目前，激光粒度仪技术已经逐渐成熟，基础性创新成果已鲜有问世，但是技术性的革新却依然层出不穷，与行业相关的应用型研究也十分活跃。

激光粒度仪是基于光衍射现象设计的，当光通过颗粒时产生衍射现象（其本质是电磁波和物质的相互作用）。衍射光的角度与颗粒的大小成反比。不同大小的颗粒在通过激光束时其衍射光会落在不同的位置，位置信息反映颗粒大小；相同大小的颗粒通过激光束时其衍射光会落在相同的位置，衍射光强度反映出样品中相同大小的颗粒所占的百分比。

（1）动态光散射　动态光散射（DLS，也称为 PCS—光子相关光谱）测量布朗运动，并将此运动与粒径相关。这是通过用激光照射粒子，分析散射光的光强波动实现的。散射光波

动：如果小粒子被光源（如激光）照射，粒子将在各个方向散射。如果将屏幕靠近粒子，屏幕即被散射光照亮。现在考虑以千万个粒子代替单个粒子。屏幕将出现如图 5.16 所示的散射光斑。

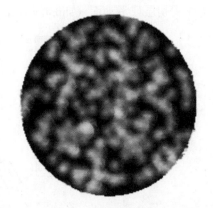

虽然由 DLS 生成的基础粒径分布是光强度分布，但使用米氏理论，可将其转化为体积分布（volume distribution），也可进一步将这种体积分布转化为数量分布（number distribution）。但是，数量分布的运用有限，因为相关方程采集数据中的小错误将导致数量分布的巨大误差。

说明光强、体积和数量分布之间差异的简单方式是，考虑只含两种粒径（5nm 和 50nm）、但每种粒子数量相等的样品。图 5.17a 所示为数量分布结果，可以发现两种粒子有相同的峰区，因为两种粒

图 5.16　粒子的散射光斑

子数量相等。图 5-17b 所示为体积分布的结果，可以发现 50nm 粒子的峰区比 5nm 的峰区大 1000 倍。这是因为，50nm 粒子的体积比 5nm 粒子的体积（球体的体积等于 $4/3\pi r^3$）大 1000 倍。图 5-17c 所示为光强度分布的结果。50nm 粒子的峰区比 5nm 的峰区大 1000000 倍。这是因为大颗粒比小粒子散射更多的光，粒子散射光强与其直径的 6 次方成正比（瑞利近似）。

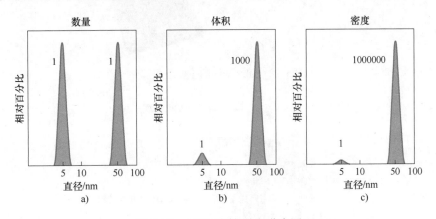

图 5.17　三种不同的粒径分布图

DLS 系统的主要组成部件如图 5.18 所示。由激光器发射的光来照射样品池内样品粒子。大多数激光束直接穿过样品，但有一些被样品中的粒子所散射。用检测器来测量散射光的强度。由于粒子向所有方向散射光，所以理论上将检测器置于任何位置都可以检测到散射。

（2）Zeta 电位和双电层　Zetasizer Nano 系列通过测量电泳迁移率并运用 Henry 方程计算 Zeta 电位。采用激光多普勒测速法对样品进行电泳迁移率实验，可得到带电粒子电泳迁移率。

粒子表面存在的净电荷，影响粒子界面周围区域的离子分布，导致接近表面抗衡离子（与粒子电荷相反的离子）浓度增加。于是，每个粒子周围均存在双电层，如图 5.19 所示。围绕粒子的液体层分为两部分：一部分是内层区，称为 Stern 层，其中离子与粒子紧紧地结合在一起；另一部分是外层分散区，其中离子不那么紧密地与粒子相吸附。在分散层内，有一个抽象边界，在边界内的离子和粒子形成稳定实体。当粒子运动（如由于重力）

时，在此边界内的离子随着粒子运动，但此边界外的离子不随着粒子运动。这个边界称为流体力学剪切层或滑动面（slipping plane）。在这个边界上存在的电位即称为 Zeta 电位。

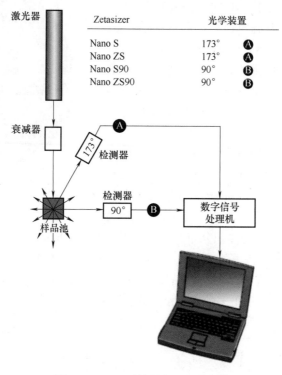

图 5.18　DLS 系统的主要组成部件

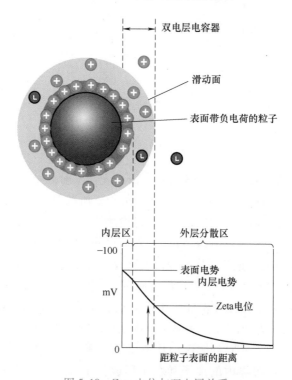

图 5.19　Zeta 电位与双电层关系

Zeta 电位的大小表示胶体系统的稳定趋势。胶体系统是指物质三相（气体、液体和固体）之一良好地分散在另一相而形成的体系。常见的有两种状态：固体分散在液体中和液体分散在液体中（即乳剂）。

如果悬浮液中所有粒子具有较大的正的或负的 Zeta 电位，那么它们将倾向于互相排斥，没有絮凝的倾向。但是如果粒子的 Zeta 电位值较低，则没有力量阻止粒子接近并絮凝。稳定与不稳定悬浮液的分界线通常是：+30mV 或−30mV。即 Zeta 电位大于+30mV 正电或小于−30mV 负电的粒子，通常认为是稳定的。

激光粒度仪具有测量速度快、动态范围大、操作简便、重复性好等优点，现已成为全世界最流行的粒度测试仪器。但同时也存在分辨率相对较低，不宜测量标点粒度分布范围很窄的样品等缺点。

5.2 纳米材料的成分分析

纳米材料的光、电、声、热、磁等物理性能与组成纳米材料的化学成分和结构具有密切关系，以二氧化钛光催化反应为例，采用纯二氧化钛作为纳米催化剂时，光降解所需的波长位于紫外区，但是在二氧化钛中掺杂其他元素后光降解所需的波长则可能发生红移进入可见光区。例如日本曾报道在二氧化钛中掺杂少量钴，不仅提高了紫外光降解的效率，还使降解所需波长提离到 400nm 以上。有文献报道，相比单元素掺杂，双元素掺杂的二氧化钛对可见光降解有更好的效果。研究者发现，二氧化钛中同时存在铬和锑时，其光催化的效率比仅存在铬元素有了显著提高。研究还发现，这类掺杂元素的浓度和价态对光催化的效率也有显著影响，纳米发光材料中的杂质种类和浓度还可能对发光器件的性能产生影响。

据报道，在 ZnS 中掺杂不同的离子可调节这一材料在可见光区域的各种颜色，如 ZnS：Cu，Cl 显示蓝绿色，Zns：Cu，Al 显示绿色，Zns：Cu，Mn、Cl 显示黄橙色等。具有核壳结构的 CdSe-CdTe 纳米晶体是一种重要的发光材料，最近发现，Cd、Se、Te 三种元素掺杂比例不同的纳米粒子时即使粒径完全一致，发光频率也不同，可调节三者的元素比例获得可见光区内具有不同发光频率的荧光纳米材料。因此，确定纳米材料的元素组成，测定纳米材料中杂质的种类和浓度，是纳米材料分析的重要内容。

按照分析对象和要求的不同，可以分为微量样品分析和痕量成分分析两种；按照分析手段不同，又分为光谱分析、质谱分析和能谱分析；按照分析的目的不同，又分为体相元素成分分析和表面成分分析等方法。

5.2.1 体相元素成分分析

体相元素成分分析是指对体相元素组成及其杂质成分的分析，包括原子吸收、原子发射 ICP、质谱以及 X 射线荧光与 X 射线衍射分析方法；前三种分析方法需要对样品进行溶解后再测定，因此属于破坏性样品分析方法；而 X 射线荧光与 X 射线衍射分析方法可以直接对固体样品进行测定，因此又称为非破坏性元素分析方法。下面将分别介绍光谱分析和质谱分析在纳米材料成分分析方面的应用。

1. 光谱分析

由于每种原子都有自己的特征谱线，因此可以根据光谱来鉴别物质和确定它的化学组成，这种方法称为光谱分析。光谱分析时，可以利用发射光谱，也可以利用吸收光谱。这种方法的优点是非常灵敏而且迅速。如果某种元素在物质中的含量达 10^{-10} g，就可以从光谱中发现它的特征谱线，从而把它检出。光谱分析在科学技术中有广泛的应用。例如，检查半导体材料硅和锗是不是达到了高纯度的要求时，就要用到光谱分析。历史上，光谱分析还帮助人们发现了许多新元素。例如，铷和铯就是从光谱中看到了以前所不知道的特征谱线而被发现的。光谱分析对于研究天体的化学组成也很有用。19 世纪初，研究太阳光谱时，发现它的连续光谱中有许多暗线。最初不知道这些暗线是怎样形成的，了解吸收光谱的成因后，才知道这是太阳内部发出的强光经过温度比较低的太阳大气层时产生了吸收光谱。仔细分析这些暗线，把它与各种原子的特征谱线对照，人们就知道了太阳大气层中含有氢、氦、氮、碳、氧、铁、镁、硅、钙、钠等几十种元素。

光谱分析在体相成分中的应用主要包括原子吸收光谱（AAS）、电感耦合等离子体原子发射光谱（ICP-AES）和 X 射线荧光光谱（XFS）。

（1）原子吸收光谱（AAS） 原子吸收光谱法是一种基于待测基态原子对特征谱线的吸收而建立的分析方法。原子中的电子按一定的轨道绕原子核旋转，各个电子的运动状态由 4 个量子数来描述。不同量子数的电子，具有不同的能量，原子的能量为其所含电子能量的总和。原子处于完全游离状态时，具有最低的能量，称为基态。在热能、电能或光能的作用下，基态原子吸收了能量，最外层的电子产生跃迁，从低能态跃迁到较高能态，它就成为激发态原子。激发态原子很不稳定，当它回到基态时，这些能量以热或光的形式辐射出来，成为发射光谱。原子吸收光谱仪器由光源及光源调制、原子化系统（类似样品容器）、分光系统及检测系统组成，如图 5.20 所示。

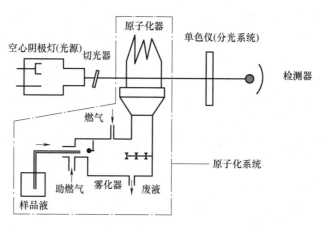

图 5.20　原子吸收光谱仪器结构示意图

1）光源及光源调制。对原子吸收光谱光源的要求是：①发射稳定的共振线，且为锐线；②强度大，没有或只有很小的连续背景；③操作方便，寿命长。一种是用空心阴极灯作为光源，由阳极（吸气金属）、空心圆筒形（使待测原子集中）阴极（W+待测元素）、低压惰性气体（谱线简单、背景小）组成。它的工作过程是：高压直流电（300V）→阴极电子→撞击惰性原子→电离（二次电子维持放电）→正离子→轰击阴极→待测原子溅射→聚集空心阴极内被激发→待测元素特征共振发射线。另外一种是用无极放电灯作为光源，由于没有电极提供能量，该灯依靠射频（RF）或微波作用于低压惰性气体并使之电离，高速带电离子撞击金属原子产生锐线。该灯的特点是无电极；发射的光强度高（比空心阴极灯高 1~2 个数量级）；但可靠性及寿命比空心阴极灯低，只有约 15 种元素可制得该灯。

来自火焰的辐射背景（连续光谱、直流信号）可与待测物吸收线一同进入检测器，尽管单色仪可滤除一部分背景，但仍不能完全消除这些背景对测定的干扰。为此，必须对光源进行"调制"。光源调制是指将入射光所产生的直流信号转换成交流信号，通过电学方法将其与来自火焰的直流信号滤掉（RC 电路），从而避免火焰背景干扰。

2）原子化系统。原子化系统是将样品中的待测组分转化为基态原子的装置。其分为火焰原子化系统和石墨炉原子化系统两种。火焰原子化系统由喷雾器、雾化室和燃烧器三部分组成。喷雾器是将试样溶液转为雾状，要求稳定、雾粒细而均匀、雾化效率高、适应性高（可用于不同密度、不同黏度、不同表面张力的溶液）。雾化室内部装有撞击球和扰流器（去除大雾滴并使气溶胶均匀）。将雾状溶液与各种气体充分混合而形成更细的气溶胶并进入燃烧器。该类雾化器因雾化效率低（进入火焰的溶液量与排出的废液量的比值小），现已少用。燃烧器质量主要由燃烧狭缝的性质和质量决定（光程、回火、堵塞、耗气量）。

石墨炉原子化系统包括电源、保护系统和石墨管三部分。电源通常用 10~25V、500A，用于产生高温。保护系统中保护气（Ar）分成两路，管外气防止空气进入，保护石墨管不被氧化、烧蚀。管内气流经石墨管两端及加样口，可排出空气并驱除加热初始阶段样品产生的蒸汽，金属炉体周围通水，以保护炉体。石墨管多采用石墨炉平台技术。在管内置一放样品的石墨片，管温度迅速升高时，样品不直接受热（热辐射），所以原子化时间相应推迟。或者说，原子化温度变化较慢，从而提高重现性。另外，从经验得知，当石墨管孔隙度小时，基体效应和重现性都得到改善。

3）分光系统。与其他光学分光系统一样，原子吸收光谱仪器中的分光系统也包括出射、入射狭缝、反射镜和色散元件（多用光栅）。单色仪的作用在于将空心阴极灯阴极材料杂质发出的谱线、惰性气体发出的谱线以及分析线的邻近线等与共振吸收线分开。

4）检测系统。使用光电倍增管可直接得到测定的吸收度信号。原子吸收光谱仪器分为单光束和双光束两种。单光束结构简单、体积小、价格低；易发生零漂移，空心阴极灯要预热。双光束的零漂移小，空心阴极灯不需预热，降低了方法检出限，但仍不能消除火焰的波动和背景的影响。

原子吸收光谱法广泛用于水环境中重金属的监测。用 FAAS 单标准连续稀释校正法可测定水样中的镁，免除了标准系列的配制，提高了分析速度，同样还可测定环境水中的 Cu、Cd、Pb 和 Zn。利用吸附有二硫腙的微晶萘萃取色层富集，甲基二甲胺洗脱，FAAS 测定了天然水中的铜。液膜富集是一种新技术，能有效地富集水中的微量元素。用氮煤油溶液、磷和液状石蜡、硫酸搅拌制乳液，在 pH 值为 9 的富集水中痕量镍，取有机相破乳，分层后取水相 FAAS 测定镍。用 STPF 技术分析了海洋悬浮物 Cu、Pb、Cd 的化学状态，测定了它们在可交换态、碳酸盐结合态、铁锰氧化物态、有机硫化物态和残渣态中的含量。元素的不同形态，生物和环境效应差别很大，决定了它们在生态环境中和生物体内的行为和归宿。

（2）电感耦合等离子体原子发射光谱（ICP-AES）　顾名思义，ICP-AES 是等离子体光源（ICP）与原子发射光谱（AES）的联用技术，就是利用等离子体形成的高温使待测元素产生原子发射光谱，通过对光谱强度的检测，可以确定待测试样中是否含有所测元素（定性）及其含量是多少（定量），因此，ICP-AES 仍是原子发射光谱范畴，它与原子吸收光谱同祖同宗。1860 年，克希霍夫（Kirchoff）和本生（Bunsen）用钠光灯照射含有食盐的火焰，发现这些火焰中的钠原子具有原子吸收现象，首先已知钠光灯中的钠原子具有原子发射现象。他们还利用原子发射现象首先发现了铯和铷两个新元素。其实早在 1826 年，泰尔博（Talbot）就指出某些波长的光线是某些元素的特征，从那以后，原子发射光谱就为人们所重视。最早原子发射光谱的光源是火焰，后来出现了电弧光源和火花光源，但是这些经典光源都有基体干扰严重、灵敏度不高等缺点，限制了原子发射光谱的应用。1955 年，澳大利亚物理学家沃尔什（Walsh）提出了原子吸收分光光度新的测试方法后，原子吸收光谱法得到了迅速发展，很多光谱分析化学家纷纷改行进行原子吸收光谱的研究，给原子发射光谱分析带来了严重的冲击。但是，仍然有一批化学家坚守发射光谱分析这一领域，如美国依阿华州立大学的法塞尔（Fassel）教授等，他还不断呼吁坚持对原子发射光谱分析的研究。正是这样一批化学工作者的坚持不懈，才出现了等离子体原子发射光谱分析这个光谱分析新兴领域。我国等离子体光谱分析技术研究几乎与世界同时起步。1974 年，北京化学试剂研究所的许国勤等人，用一台 2.5kW 的高频加热设备改装成 ICP 发生器，获得了很好的检出限。1977 年，吉林省铁岭市电子仪器厂生产了我国第一台自激式等离子体发生器（功率为 6kW，频率为 2MHz）的 ICP 装置商品仪器并鉴定通过。目前，联用技术已得到广泛应用。可以说，只要是分离仪器和检测仪器都可以实现联用。联用的目的是发挥仪器的一些特殊性能，提高检测效能。如流动注射装置除了可以与 ICP-AES 联用，还可与 ICP-MS、AAS 等联用。

电感耦合等离子体原子发射光谱仪器由光源、等离子体炬焰、点火装置组成。

1）光源。如果要产生光谱，就必须提供足够的能量使试样蒸发、原子化、激发。光源是提供激发能量的装置，依靠它来创造待测元素原子蒸发和激发的条件。发射光谱分析已有一百多年的历史，但由于经典光源存在基体干扰严重、灵敏度不够等缺点，即使原子吸收理论不断突破，原子发射光谱分析却一度出现波折，直到 20 世纪 70 年代等离子体光源的引入，才使原子发射光谱分析得以迅猛发展。从这一点来看，等离子体光源具有经典光源无法比拟的优势。最常用的等离子体光源是直流等离子焰（DCP）、感耦高频等离子炬（ICP）、容耦微波等离子炬（CMP）和微波诱导等离子体（MIP）等。等离子体是指被电离的气体，这种气体不仅含有中性原子和分子，还含有大量的电子和离子，因此等离子体是电的良导体。之所以称为等离子体，是因为其中含有的正负电荷密度几乎相等，整体上看整个体系为电中性。

2）等离子体炬焰。形成稳定的等离子体炬焰必须满足三个条件：高频电磁场、工作气体及能维持气体放电的石英炬管。图 5.21 是典型的等离子体炬焰示意图。其主体是一个直径为 2.5~3cm 的石英炬管，外面套有由纯铜管（内通冷却水）绕成的高频线圈（2~5 匝），线圈与高频发生器相连。石英炬管由三层同心石英管构成，有三股气流（通常为氩气）分别通入这三层石英管中，从外而内分别称为冷却气、辅助气和载气。样品溶液变成气溶胶随载气一

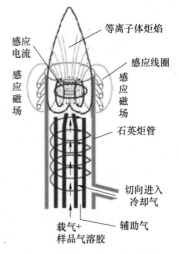

图 5.21 等离子体炬焰示意图

起通入石英炬管。

3）点火装置。常温下氩气不导电，即使存在强大的电磁场也无法形成等离子体炬，必须设法引入或"制造"一些电子或离子。这个制造电子或离子的装置称为点火装置。热致效应点火是将一根石墨棒伸入炬管内，由于石墨棒能导电，在高频磁场的作用下，石墨棒产生很强的涡流并很快被加热而发射出电子，电子在磁场的作用下与气体原子碰撞，产生更多的电子和离子，形成等离子体炬。

等离子体原子发射光谱具有以下优点：①对元素周期表中多数元素有较好的检出限。平均检出限是原子吸收光谱的 $1/10 \sim 1/6$，特别是对于易形成耐高温氧化物的元素，检出限要低几个数量级；②具有良好的精密度。当检测器积分时间为 $10 \sim 30s$，分析浓度为检出限的 $50 \sim 100$ 倍时，净谱线信号的相对标准偏差可达 1% 以下；分析浓度为检出限的 $5 \sim 10$ 倍时，标准偏差为 4%~8%。若改用摄谱法，同样浓度的标准偏差为 5%~19%；③基体干扰少。ICP-AES 中，试样溶液通过光源的中心通道而受热蒸发、分解和激发，相当于管式炉间接加热，加热温度高达 $5000 \sim 7000K$，因此化学干扰和电离干扰都很低，可直接用纯水配制标准溶液，无需添加抗干扰试剂，或者几种不同基体的试样溶液采用同一套标准溶液来测试；④线性范围宽。高温区域的扩大，使得分析元素向周围低温区域扩散的概率减小，自吸现象减弱，分析浓度增加。等离子体光源的光谱分析标准曲线线性范围可达 $5 \sim 6$ 个数量级。⑤多元素可同时测定或连续测定。由于基体干扰低，元素与元素之间相互干扰少，若采用混合标准溶液便可进行多元素同时测定，即全谱直读；或连续逐个测定，即单通道连续扫描。

金属材料主要由合金材料、有色金属及黑色金属组成，具体包括金属锰、钢铁及合金、铝、铅、铜、钛、镁等。在生产领域，对 ICP-AES 进行有效应用，能够实现各元素的日常测定分析，该检测技术是黑色金属或有色金属领域最为常用的检测方法。陈安明研究了低合金钢中痕量硼的测定方法，测定钢中的硼含量，通常会使用分光光度法，传统形式的分光光度法需要较长的试样处理流程，操作过程较为复杂，分析效率和检出限不高，且精密度较差，很难满足现代冶金分析的需求，采用标准加入法以及 ICP-AES 对低合金钢中的痕量硼进行测定，使测定过程中的元素分析谱线、共存元素干扰、背景校正、仪器分析条件以及试样溶样方法得到有效的优化，经过试验发现，优化后确定了硼的检出限，具体为 $0.002mg/L$。邹玲玲等研究人员将硫酸和盐酸进行混合溶样处理，采用 ICP-AES 测定了高纯钛中的多项杂质元素，使高纯钛难以溶解的问题得到了有效解决，并通过痕量杂质和高纯钛的分离，使钛基体积钛谱线对测定元素的干扰得到了控制，获得的分析结果较为满意。

（3）X 射线荧光光谱（XFS）　利用外界辐射激发样品中的原子使原子发出特征 X 射线（荧光），通过测定这些特征 X 射线的能量和强度，可以确定样品中微量元素的种类和含量，这就是 X 射线荧光分析。用 X 射线照射试样时，试样可以被激发出各种波长的荧光 X 射线，需要把混合的 X 射线按波长（或能量）分开，分别测量不同波长（或能量）X 射线的强度，以进行定性和定量分析，为此使用的仪器称为 X 射线荧光光谱仪。其可分为波长色散型光谱仪和能量色散型光谱仪。波长色散型光谱仪由 X 射线管激发源、分光系统、探测器系统、真空系统和气流系统等部分组成，如图 5.22 所示。根据分析晶体的聚焦几何条件不同，分为非聚焦反射平晶式、半聚焦反射弯晶式、全聚焦反射弯晶式和半聚焦透射弯晶式等。其原理是：试样受 X 射线照射后，元素的原子内壳层电子被激发，并产生壳层电子跃迁而发射出该元素的特征 X 射线，通过探测器测量元素特征 X 射线波长（能量）的强度与浓度的比例关系，便可进行定量分析。波长色散型 X 射线荧光光谱适用于原子序数 Z 大于 4（铍）但小于 92（铀）范围内所有化学元素的定性、定量分析。X 射线荧光进入探测系统中经光电转换和二次分光，其分辨率高，定性与定量分析的精度和灵敏度高。

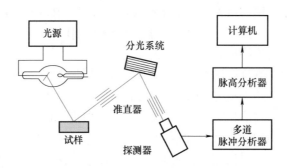

图 5.22 波长色散型光谱仪示意图

能量色散型光谱仪是借助于分析试样发出的元素特征 X 射线的波长和强度来实现，根据不同元素特征 X 射线的波长来测定试样所含的元素。图 5.23 是能量色散型光谱仪示意图，对比不同元素谱线的强度可以测定试样中元素的含量。通常能量色散型光谱仪结合电子显微镜使用，可以对样品进行微区成分分析。常用的能量色散型光谱仪探测器是硅渗锂探测器。当特征 X 射线光子进入硅渗锂探测器后便将硅原子电离，产生若干电子-空穴对，其数量与光子的能量成正比。利用偏压收集这些电子-空穴对，经过一系列转换器以后变成电压脉冲供给多道脉冲分析器，并计数能谱中每个能带的脉冲数。它适用于原子序数大于 11（钠）但小于 92（铀）化学元素的快速定性、定量分析。它不需要使用分光晶体，仪器造价低，所有化学元素的最大计数率不超过 20000 计数/秒，仪器灵敏度差。

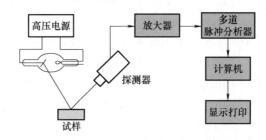

图 5.23 能量色散型光谱仪示意图

X 射线荧光光谱仪由光源、滤波片、分光系统和探测器组成。

1）光源。两种类型的 X 射线荧光光谱仪都需要用 X 射线管作为光源。灯丝和靶极密封在抽成真空的金属罩内，灯丝和靶极之间加高压，灯丝发射的电子经高压电场加速撞击在靶极上，产生 X 射线。

2）滤波片。滤波片位于 X 光管与试样之间。利用金属滤波片的吸收特性可减少靶物质的特征 X 射线、杂质线和背景对分析谱线的干扰，降低很强谱线的强度。一般仪器配有 4块滤波片：①200μmAl，测定能量为 6~10keV 内的谱线，降低背景和检测限；②750μmAl，测定能量为 10~20keV 内的谱线，降低背景和检测限；③300μm Cu，削弱 Rh 的 K 系线，测定能量在 20keV 以上的谱线；④1000μm Pb，停机状态时使用，保护光管免受粉尘污染，还可避免检测器的消耗。

3）分光系统。分光系统的主要部件是分光晶体，其作用是根据布拉格衍射定律 $2d\sin\theta = n\lambda$，通过晶体衍射，把不同波长的 X 射线分开。晶体的选择决定可测定的波长范围，即可测定的元素。

4）探测器。探测器是 X 射线荧光光谱仪中测定 X 射线信号的装置，它的作用是将 X 射线荧光光量子转变为一定数量的电脉冲，表征 X 射线荧光的能量和强度，实质上是一种能量-电量的传感器。探测器的工作原理是，入射 X 射线的能量和输出脉冲的大小为正比关系，利用这个正比关系进行脉冲高度分析。探测器分为流气正比计数器和闪烁计数器两种。流气正比计数器的工作气是 90% 的氩气，抑制气是 10% 的甲烷，即氩甲烷混合气。其结构由金属圆筒负极和芯线正极组成，筒内为氩甲烷混合气。当 X 射线射入管内时，氩原子电离，生成的氩离子在向阴极运动时，又引起其他氩原子电离，雪崩式电离的结果是产生一脉冲信号，脉冲幅度与 X 射线能量成正比。为了保证计数器内所充气体浓度不变，气体一直保持流动状态，流气正比计数器适用于轻元素的检测。

X 射线荧光分析广泛应用于地质、冶金、矿山、电子机械、石油、化工、航空航天、农业、生态环境、建筑等领域的材料化学成分分析。直接分析对象：①固体：块状样品（规则或不规则，如钢铁）、有色行业（纯金属或多元合金等）、金饰品等；②固体：线状样品，包括线材，可以直接测量；③粉末：矿物、陶瓷、水泥（生料、熟料、原材料、成品等）、泥土、粉末冶金、铁合金或少量稀松粉末，可以直接测量，也可以压片测量或制成玻璃熔珠；④稀土。

2. 质谱分析

质谱分析技术的发展要从质谱仪的发展开始。质谱仪是一种将物质粒子（原子、分子）电离成离子，通过适当的稳定或变化的电磁场将它们按空间位置、时间先后等方式实现荷质比分离，并检测其强度来做定性、定量分析的分析仪器。1885 年 Wien 在电场和磁场中实现了正粒子束的偏转。1912 年 Thompson 使用磁偏仪证明了氖有相对原子质量为 20 和 22 的两种同位素。世界上第一台质谱仪是 Dempster 和 Aston 于 1919 年制作的，用于测量某些同位素的相对丰度。20 世纪 40 年代初将其用于石油工业中烃的分析，大大缩短了分析时间。20 世纪 50 年代初，质谱仪开始商品化，并广泛用于各类有机物的结构分析。同时质谱方法与 MMR、IR 等方法结合成为分子结构分析最有效的手段。1960 年对离子在磁场和电场中的运动轨迹，已发展到二级近似计算方法。1972 年，Mastuo 和 Wollnik 等合作完成了考虑边缘场的三级轨迹计算法。这些为质谱仪器的设计提供了强有力的计算手段。20 世纪 80 年代，新的质谱技术出现：快原子轰击电离子源、基质辅助激光解吸电离源、电喷雾电离源、大气压化学电离源；LC-MS 联用仪、感应耦合等离子体质谱仪、傅里叶变换质谱仪等。非挥发性或热不稳定分子的分析进一步促进了 MS 的发展。20 世纪 90 年代，由于生物分析的需要，一些新的离子化方法得到快速发展。目前一些仪器联用技术如 GC-MS、HPLC-MS、GC-MS-MS、ICP-MS 等正大行其道。1949 年前，我国质谱技术处于空白。1969 年，中国科学院上海冶金所、上海电子光学技术研究所、中国科学院科学仪器厂、北京分析仪器厂先后研制成功了双聚焦火花离子质谱仪。1977 年，中国科学院科学仪器厂和天津大学先后制成了飞行时间质谱仪。目前，我国诸多生产厂商可以生产多种型式的质谱仪，如同位素质谱仪、双聚焦质谱仪、离子探针质谱仪、飞行时间质谱仪、四极质谱仪、色谱-质谱联用仪等。

近代物理学、真空技术、材料科学、计算机及精密机械等方面的进展，使质谱仪器的应用领域不断扩展。目前，质谱技术向扩大测定的相对质量范围的方向发展，已适应生命科学（包括生物化学、生物技术、临床分析、新陈代谢研究等）的发展要求。

质谱分析在体相成分中的应用主要包括电感耦合等离子体质谱（ICP-MS）和离子探针质谱。

（1）电感耦合等离子体质谱（ICP-MS） ICP-MS 是一种利用电感耦合等离子体作为离子源的元素离子质谱分析方法。电感耦合等离子体质谱仪是测定超痕量元素和同位素比值的仪器，由样品引入系统、等离子体离子源系统、离子聚焦和传输系统、质量分析器系统和离子检测系统组成，如图 5.24 所示。样品预处理后，采用电感耦合等离子体质谱仪进行检测，根据元素的质谱图或特征离子进行定性、内标法定量。样品由载气带入雾化系统雾化，以气溶胶形式进入等离子体的轴向通道，在高温和惰性气体中被充分蒸发、解离、原子化和电离，转化成带电荷的正离子，通过铜或镍取样锥收集的离子，在低真空约 133.322Pa 的压力下形成分子束，再通过直径为 1~2mm 的截取板进入质量分析器，经滤质器质量分离后，到达离子探测器，根据探测器的计数与浓度的比例关系，可测出元素的含量或同位素比值。

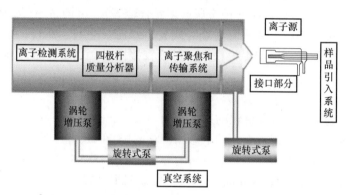

图 5.24　电感耦合等离子体质谱仪结构示意图

ICP-MS 所用的电离源是感应耦合等离子体（ICP），它与原子发射光谱仪所用的 ICP 一样，其主体是一个由三层石英套管组成的炬管，炬管上端绕有负载线圈，三层管从里到外分别通载气、辅助气和冷却气，负载线圈由高频电源耦合供电，产生垂直于线圈平面的磁场。如果通过高频装置使氩气电离，则氩离子和电子在电磁场的作用下又会与其他氩原子碰撞产生更多的离子和电子，形成涡流。强大的电流产生高温，瞬间使氩气形成温度可达 1000K 的等离子炬焰。样品发生蒸发、分解、激发和电离，辅助气用来维持等离子体，需要流量约为 1L/min。冷却气沿切线方向引入外管，产生螺旋形气流，使负载线圈处外管的内壁得到冷却，冷却气流量为 10~15L/min。

该离子源产生的样品离子经质谱的质量分析器和检测器后可得到质谱；具有很低的检出限（达 ng/mL 或更低）、基体效应小、谱线简单，能同时测定许多元素，动态线性范围宽、能快速测定同位素比值。地质学中用于测定岩石、矿石、矿物、包裹体及地下水中微量、痕量和超痕量的金属元素，以及某些卤族元素、非金属元素及元素的同位素比值。

ICP-MS 技术在高纯金属中痕量杂质元素分析方面发挥了独特作用。吴伟明等采用三重串联电感耦合等离子体质谱（ICP-MS/MS）法直接测定 5N$^{\ominus}$（99.999%）及以上高纯钕中 14 种稀土杂质元素。采用 O_2 和 NH_3 反应池串联质谱 MS/MS 模式，有效克服了基体对待测元素的干扰。通过优化仪器参数，铽、镝和钬的背景等效浓度分别为 22ng/L、40ng/L 和 4ng/L。符靓则建立了高纯四甲基氢氧化铵（TMAH）中超痕量金属元素的分析方法。体积分数为 25% 的高纯 TMAH 溶液样品经超纯水稀释后直接进样，应用 ICP-MS/MS 法测定其中 12 种超痕量金属元素。12 种金属元素的检出限为 0.3~57.2ng/L。王金磊等研究了硒酸化分离——ICP-MS 测定高纯硒中的铝、铁、锡、碲、锑、钛、镓、铅、锗等 9 种痕量杂质元素的方法。利用基体硒酸化生成硒酸具有低沸点的特性分离基体，有效克服了基体对待测元素的干扰和对仪器进样系统的污染；还研究了酸的加入量对分离效果的影响，在 H_2SO_4 高温冒烟下，酸的加入量为 4mL 时，可以实现基体 99.99% 分离，基体对 74Ge 和 76Ge 的干扰可以完全消除。杨加桂等用石墨消解仪斜坡升温 7min 至 120℃，并在 120℃ 保持 20min，以 10% HCl-HNO$_3$ 混合酸为介质，实现了 ICP-MS 对影响海绵钯品级的 18 种杂质元素的测定。选择 45Sc、89Y、159Tb 作为内标并控制测定液钯基体质量浓度，可有效校正基体效应；铝、镍、铜、锌、钌、铑、铂、银、锡、铱、金、铅、铋以标准模式进行测定，镁、硅、铬、锰、铁以 NH_3 反应模式进行测定可消除质谱干扰。

（2）离子探针质谱 利用电子光学方法将惰性气体等初级离子加速，并聚焦成细小的高能粒子束轰击样品微区表面（几千电子伏特），使之激发和溅射二次离子，再经加速和能谱分析，如图 5.25 所示。分析区域可降低到直径 1~2μm 和深度小于 5nm 的范围。用质谱检测，从而得到元素组成及含量。在分析深度、灵敏度、范围、时间等方面，均优于电子探针。通常以氧作为初级离子，检测极限为 10^{-19}g，相当于几百个原子，分析深度小于 0.005μm。

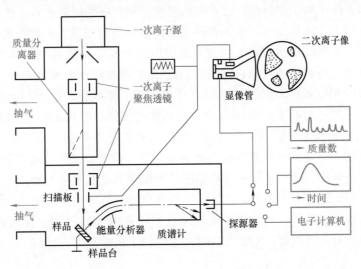

图 5.25 离子探针质谱仪结构示意图

利用高灵敏度而做微量成分分析是离子探针的一大特征。例如：对低合金钢中微量合金成分的定量分析，分析精度很高，与标准值相比，其误差仅为百分之几；铜中残余氧气以及

$\ominus$ N 表示金属材料的浓度。

表面污染的高精度分析，可分析铜中 20~2000ppm 范围内的氧，氧浓度大于 100ppm 时，定量精度是 20%~25%。

5.2.2 表面成分分析

随着材料科学的发展，除固体内部的缺陷和杂质影响材料性能之外，固体的表面（包括晶界和相界等内表面）状态对材料性能也有重要影响。例如，金属材料的氧化和腐蚀、材料的脆性和断裂行为、半导体的外延生长等都与表面几个原子层范围内的化学成分及结构有密切关系，从而要求从微观、原子和分子的尺度上认识表面现象，为此，需要发展研究表面成分和结构的新物理方法。研究表面现象时，由于涉及的层深很浅，故需严格控制样品的制备和分析过程，防止外来污染造成的假象和误差。因此，用于分析的仪器必须具有极高的真空度（$10^{-9} \sim 10^{-10}$ mmHg）；同时，由于被检测信息来自极小的采样体积，信息强度微弱，故要求信息检测系统具有很高的灵敏度。由于上述两方面的原因，表面分析技术一直到 20 世纪 60 年代以后，随着超高真空技术和电子技术的发展才开始出现，并在随后的 10 年中得到了较快的发展。

1. X 射线光电子能谱

X 射线光电子能谱（XPS）也被称作化学分析用电子能谱（ESCA）。该方法是在 20 世纪 60 年代由瑞典科学家 Kai Siegbahn 教授发展起来的，其在光电子能谱的理论和技术上具有重大贡献，1981 年，Kai Siegbahn 获得了诺贝尔物理学奖。40 多年来，X 射线光电子能谱无论在理论上还是实验技术上都已获得了长足的发展。XPS 已从刚开始主要对化学元素进行定性分析，发展为表面元素定性、半定量分析及元素化学价态分析的重要手段。XPS 的研究领域也不再局限于传统的化学分析，已扩展到现代迅猛发展的材料学科。目前该分析方法在日常表面分析中所占比例约 50%，是一种最主要的表面分析工具。X 射线光电子能谱仪也取得了巨大的进展。X 射线源已从原来的激发能固定的射线源发展到利用同步辐射获得 X 射线能量单色化并连续可调的激发源；传统的固定式 X 射线源也发展到电子束扫描金属靶所产生的可扫描式 X 射线源；X 射线的束斑直径也实现了微型化，最小的束斑直径已能达到 6μm，使得 XPS 在微区分析上的应用得到了大幅度的加强。图像 XPS 技术的发展，大大促进了 XPS 在新材料研究上的应用。在谱仪的能量分析检测器方面，也从传统的单通道电子倍增器检测器发展到位置灵敏检测器和多通道检测器，使得检测灵敏度得到大幅度的提高。计算机系统的广泛采用，使得采样速度和谱图的解析能力也有了很大的提高。由于具有很高的表面灵敏度，XPS 适合有关涉及表面元素定性和定量分析方面的应用，同样也可以应用于元素化学价态的研究。此外，配合离子束剥离技术和变角 XPS 技术，还可以进行薄膜材料的深度分析和界面分析。因此，XPS 方法可广泛应用于化学化工、材料、机械、电子材料等领域。

XPS 作为一种现代分析方法，具有如下特点：①可以分析除 H 和 He 以外的所有元素，对所有元素的灵敏度具有相同的数量级；②相邻元素的同种能级的谱线相隔较远，相互干扰较少，元素定性的标识性强；③能够观测化学位移。化学位移与原子氧化态、原子电荷和官能团有关。化学位移信息是 XPS 进行结构分析和化学键研究的基础；④可做定量分析。既可测定元素的相对浓度，又可测定相同元素、不同氧化态的相对浓度。

X 射线光电子能谱仪主要由激发源、电子能量分析器、探测电子的监测器和真空系统等几个部分组成。其原理是用 X 射线去辐射样品，使原子或分子的内层电子或价电子受激发射。被光子激发出来的电子称为光电子。X 射线光子的能量为 1000~1500eV，不仅可使分子的价电子电离，而且可把内层电子激发出来，内层电子的能级受分子环境的影响很小。同一原子的内层电子结合能在不同分子中相差很小，故它是特征的。光子入射到固体表面激发出光电子，利用能量分析器对光电子进行分析的实验技术称为光电子能谱。

XPS 实验中样品的预处理（对固体样品）方法有：①溶剂清洗（萃取）或长时间抽真空除表面污染物；②氩离子刻蚀除表面污物，注意刻蚀可能会引起表面化学性质的变化（如氧化还原反应）；③擦磨、刮剥和研磨，对表理成分相同的样品可用 SiC（600#）砂纸擦磨或小刀刮剥表面污层；对粉末样品可采用研磨的方法；④真空加热，对于耐高温的样品，可采用高真空下加热的办法除去样品表面吸附物。

X 射线光电子能谱仪结构框图如图 5.26 所示。

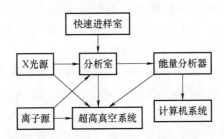

图 5.26　X 射线光电子能谱仪结构框图

物质表面的化学组成改变和晶体结构变形都会影响材料的性能，如黏附强度、防护性能、生物适应性、耐蚀性能、润滑能力、光学性质和润湿性等。一种材料可能包含几种优良性能。材料表面性能的好坏会直接或间接地影响材料用途，表面改性处理可以获得较好的材料表面性能。例如，聚乙烯薄膜的加工成本较低，采用加热来封口，这是一种比较常见且便捷的塑料，但其有表面惰性、印刷性能差、黏附强度较低的缺点。为得到更好的表面性能，需要对聚乙烯薄膜进行表面改性。XPS 分析技术广泛应用于材料的表面改性，主要有以下几点原因：①XPS 对表面的测量灵敏度高，用其进行表面改性是一种有效方法；②由于 XPS 分析技术可以获得相应的化学价态信息，因此通常用于检测改性时的表面化学变化；③由于 XPS 只能检测样品表面 1~10nm 的薄层，故 XPS 可以测量改性表层的化学组成分布情况。

XPS 分析技术对聚合物表面改性的研究也成为该领域的热点。Grace 采用 XPS 分析技术改性处理的过程为：采用氮和氧等离子体对聚苯乙烯进行表面改性处理，即在样品表面引入氮元素和氧元素，随后对相应的峰进行拟合分析得出相应的结论。彭桂荣等采用 XPS 分析技术对真空紫外辐射引起的氟化聚合物的样品表面改性进行分析，发现表面改性导致样品表面的氟含量有所减少，此时将氟化聚合物暴露在空气中又可以引入氧元素。李亚萍等采用 XPS 分析技术表征、改性得到了氟硅改性水性聚氨酯乳液。总之，XPS 分析技术对材料表面改性分析具有非常广泛的应用空间。

2. 电子探针 X 射线显微分析

电子探针 X 射线显微分析仪（简称电子探针仪，EPA 或 EPMA）利用聚焦到很细且被加速到 5~30keV 的电子束，轰击用显微镜选定的待分析样品上的某"点"，利用高能电子与固体物质相互作用时激发出的特征 X 射线波长和强度的不同，来确定分析区域中的化学成分。电子探针仪工作原理示意图如图 5.27 所示，电子枪产生高能电子束（5~50kV），经电磁透镜聚焦成小于 14nm 的微束（激发源），用于轰击样品待分析微区，在样品表面几个立方微米的范围产生特征 X 射线、二次电子和背散射电子等。利用电子探针仪可以方便地分析从 Be 到 U 之间的所有元素。它的设计思想首先由法国的卡斯坦（Castaing）在他的老师格乌尼里（Guiner）的指导下，于 1949 年于巴黎大学的毕业博士论文中提出来的。第一台商品型电子探针仪由法国卡梅卡（CAMECA）公司在卡斯坦的直接指导下于 1956 年首先制成。同一时期，苏联的洛夫斯基（Lopofckuji）也独立地提出了电子探针的概念，并装置了一台结构大体类似的仪器。卡斯坦的第一台电子探针仪并不具有电子束扫描的功能，其后 1959 年英国的卡斯列特（Cosslett）

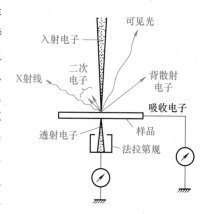

图 5.27 电子探针仪工作原理示意图

和邓克姆布（Duncumt）又将其进一步改进，使其具有在试样表面一定面积上扫描的功能。

电子探针仪主要由电子光学系统、X 射线谱仪、试样室、电子计算机及扫描显示系统和真空系统等组成。

（1）电子光学系统　电子光学系统包括电子枪、电磁透镜、消像散器和扫描线圈等。其功能是产生一定能量的电子束、足够大的电子束流、尽可能小的电子束直径，即产生一个稳定的射线激发源。电子枪由阴极（灯丝）、栅极和阳极组成。它的主要作用是产生一定能量的细聚焦电子束（探针）。从加热的钨灯丝发射电子，栅极聚焦和阳极加速后，形成一个 $10~100\mu m$ 的交叉点，再经过二级会聚透镜和物镜的聚焦作用，在试样表面形成一个小于 $1\mu m$ 的电子探针。电子束直径和束流随电子枪的加速电压而变化，加速电压可变范围一般为 1~30kV。

（2）X 射线谱仪　常用的 X 射线谱仪有两种：①利用特征 X 射线的波长不同来展谱，实现对不同波长 X 射线分别检测的波长色散谱仪，简称波谱仪（Wavelength Dispersive Spectrometer，WDS）；②利用特征 X 射线能量不同来展谱的能量色散谱仪，简称能谱仪（Energy Dispersive Spectrometer，EDS）。综上所述，波谱仪分析的元素范围广、探测极限小、分辨率高，适用于精确定量分析。能谱仪虽然在分析元素范围、探测极限、分辨率、谱峰重叠、定量分析结果等方面不如波谱仪，但其分析速度快（元素分析时能谱仪是同时测量所有元素），可用较小的束流和微细的电子束，对试样表面的要求不如波谱仪严格，因此特别适合与扫描电子显微镜配合使用。目前扫描电子显微镜与电子探针仪可同时配用能谱仪和波谱仪，构成扫描电镜—波谱仪—能谱仪系统，使两种谱仪优势互补，是非常有效的材料研究工具。

（3）试样室　用于安装、交换和移动试样。试样可以沿 X、Y、Z 轴方向移动，有的试样台可以倾斜、旋转。现代的试样台可用光编码定位，准确度优于 $1\mu m$，对表面不平的大试样进行元素面分析时，Z 轴方向可以自动聚焦。试样室可以安装各种探测器，如二次电子探测器、背散射电子探测器、波谱仪、能谱仪及光学显微镜等。光学显微镜用于观察试样（包括荧光观察），以确定分析部位，利用电子束照射后能发出荧光的试样（如 ZrO_2），能观察入射到试样上的电子束直径大小。

（4）电子计算机及扫描显示系统　电子计算机及扫描显示系统是将电子束在试样表面和观察图像的荧光屏（CRT）进行同步光栅扫描，把电子束与试样相互作用产生的二次电子、背散射电子及 X 射线等信号，经探测器及信号处理系统后，送到 CRT 显示图像或照相记录图像，进行图像处理和图像分析的系统。

（5）真空系统　真空系统可保证电子枪和试样室有较高的真空度，高真空度能减少电子的能量损失和提高灯丝寿命，并减少电子光路的污染。真空度一般为 $0.01 \sim 0.001 \mathrm{Pa}$，通常用机械泵-油扩散泵抽真空。油扩散泵的残余油蒸汽在电子束的轰击下，会分解成碳的沉积物，影响超轻元素的定量分析结果，特别是对碳的分析影响严重。用液氨冷阱冷却试样附近的冷指，或采用无油的涡轮分子泵抽真空，可以减少试样碳的污染。

电子探针仪可用于组分不均匀合金试样的微区成分分析，对试样中成分梯度的测定，相图低温等温截面的测定，金属/半导体界面反应产物的测定。

5.3　纳米材料的性能测试

5.3.1　原位力学性能测试

随着微纳米技术的飞速发展，微纳尺寸材料的应用已成为研究人员关注的焦点。相比于传统材料，微纳尺寸的材料如纳米线、纳米管、薄膜等材料，由于其尺寸效应而具有众多优异性能，得以应用于各种领域，尤其作为微纳米机电系统（MEMS/NEMS）的关键器件，广泛应用于传感器/执行器、能量收集和存储装置、柔性电子产品等设备。微纳材料的力学性能影响器件的强度、弹性等特性，通过对力学性能的测试可以分析材料受外力后的变形情况。因此，微纳材料的原位力学性能测试意义重大，只有将微纳材料的力学性能表征出来，才能精准地预测单体/复合微纳器件的预期功能。进一步而言，原位力学性能测试不仅有助于评估纳米材料的力学性能，更能帮助研究人员理解微纳材料的力学性能与尺寸效应的基本机制。

微纳材料的微结构和尺寸决定了其不能直接使用常规材料力学表征手段和仪器。随着电子测试设备的不断进步，原位（In Situ）测试技术应运而生，借助原子力显微镜（AFM）、透射电子显微镜（TEM）、扫描电子显微镜（SEM）、X 射线衍射仪（XRD）等材料性能表征技术，能够有效地对纳米材料力学行为进行分析。原位表征不仅可以得到样本位置信息，还可以观察材料在表征过程中的实时变化。原位力学性能测试主要分为以下几类：

1. 纳米压痕法

纳米压痕法（Nano Indentation）也称深度敏感压痕技术（Depth-Sensing Indentation，DSI），可以表征材料在小尺度下抵抗变形的能力，准确获得不同部位的力学性能参数，是一种对真实纳米材料在原位测定力学性能的试验方法。纳米压痕最常见的用途是测量材料的硬度和弹性模量，并在其他力学参数如形变硬化指数、蠕变参数和残余应力等方面，也有一定的应用研究。

传统压痕技术是通过压头对材料表面加载，然后读取压痕区域，以此分析材料力学性能的方法。与传统的压痕技术相似，纳米压痕法经过优化改良，已经达到纳米级别的测试表征。纳米压痕试验所需的主要器件为待测材料、传感器、执行器和压头尖端。其中执行器用于施加和测量机械负载和压头位移。压头尖端一般为锋利、对称的形状，由金刚石制成。将纳米级别的金刚石尖端压入材料表面，同时从加载到卸载的整个循环过程中连续记录载荷和位移。根据 Oliver 和 Pharr 提出的方法分析载荷、位移数据，即可计算评估材料的弹性模量和硬度。传统的非原位纳米压痕方法虽然可以研究测量材料的硬度或弹性模量，提供定量的载荷-深度曲线，但加载和卸载曲线的不连续与材料中发生的离散事件有关。然而，由于测试过程中无法观测到实际现象，故确定这些离散事件的变形机制在本质上是具有一定推测性的。如果将纳米力学测试与电子显微镜的直接观察相结合，则可以为对材料力学行为提供独特的视野，包括断裂发生、裂纹扩展、分层、堆积、弹塑性下降、剪切带形成，甚至时间敏感的现象，如黏弹性行为等。即在微压痕测试过程中，原位扫描电子显微镜成像不仅可以对真实接触面积、堆积和剪切带的形成进行实时监测，而且能够原位观察材料裂纹的产生，并将该事件与力-位移曲线进行时间关联，从而进一步更全面地评估微纳材料的力学性能。此外，还可以使用额外的检测器来获取样品的晶体学和成分信息，用于特定位点的测试。

早在 1968 年科研人员就报告了将压痕式设备集成到扫描电子显微镜（SEM）中的装置。2008 年，Rzepiejewska-Malyska 等人将纳米压痕仪整合至 SEM 上，并提出仪器的材料选择对加载到 SEM 中至关重要。首先，所使用的材料必须是非铁磁性的，或者是造成低电磁干扰的。否则，它们可能会影响电子光束并导致图像失真。其次，由于 SEM 的空腔环境为高真空，仪器所用的材料需耐受该环境，支撑结构选用的材料和主要设计的元素多为钛、铜和铝。陶瓷和真空兼容环氧树脂可用于电气隔离。现代高分辨率的 SEM 通常具有较小的真空室，以最大限度地减少振动并限制抽真空时间，这对压头硬件施加了严格的尺寸限制。整个纳米压痕仪包括运动台、支撑结构和样品台均被小型化，以便它们可以放入并安装在 SEM 的腔室内。该团队使用了一个定量的微型力-位移传感器，该传感器具有独立的静电力驱动和电容式位移传感功能，如图 5.28 所示。

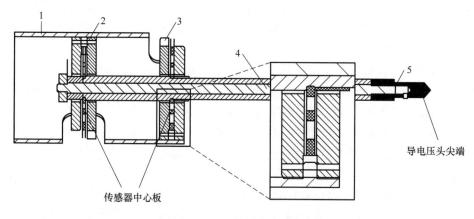

图 5.28　可移动电容式传感器的截面图

1—传感器本体　2—用于位移测量的多板电容器　3—用于负载驱动的多板电容器　4—导电螺纹杆　5—导电探针

目前，先进的纳米压痕仪可以给出整个加、卸载过程的载荷-位移曲线以及硬度与弹性模量随压痕深度变化的曲线，提供了丰富的、精确的信息，是探索表层材料比较完整的力学特性的重要方法之一，广泛用于纳米薄膜、纳米线、纳米柱和纳米球等纳米材料的力学性能测试。

2. 三点弯曲法

三点弯曲法是一种常见的力学性能测试方法，该方法比较符合材料及其制品在实际工况下的受载情况，因此广泛应用于新型材料的力学性能测试。

传统的三点弯曲测试是在试验台上安放两个支座，作为试件弯曲的两个支点，将试件置于支座上，然后通过加载机构上安装的弯曲压头对试件施加弯曲载荷。材料在承受三点弯矩作用后，其内部应力状态主要表现：弯曲的外侧为正应力，边缘最大，中心为零，内侧受压且应力方向发生变化，以此分析材料的力学性能指标。传统的三点弯曲测试中，由于弯曲试验设备的尺寸大，限制了其与容腔类显微镜的兼容性。但目前国内外的学者利用小型弯曲测试装置，结合 SEM、AFM 等高倍成像装置进行三点弯曲原位测试研究，不仅可以获得纳米结构的变形行为信息，评估纳米结构的力学性能（如弹性模量和屈服强度等），还可以通过成像装置获得试件的变形、损伤、微孔洞的萌生、扩展等微观力学变化，最大限度地提高数据的可靠性，并有助于对意外结果做出合理的解释。

作为超大规模集成电路和微纳米机电系统的重要组成部分，金属薄膜在传输、互连、辐射、屏蔽等方面发挥着重要作用，对集成器件的性能和可靠性有重要影响。随着设备中器件尺寸逐渐缩小到微米、亚微米甚至纳米级别，金属薄膜的性能和变形行为不可避免地会受热、电和残余应力的影响而退化。薄膜/基板的损坏或失效行为的重要性引发了大量的研究，由此拉开了对微观结构演化过程的深入理解。以往的理论研究指出，薄膜/基板结构的失效主要是界面处黏结层之间热胀系数和弹性性能的不匹配引起的。但很少对小尺寸金属薄膜/基板的失效特性进行研究。2007 年，Huang 等采用 SEM 对 Cu 和 Cu/Ni 薄膜进行了三点弯曲的原位观察，进一步揭示金属薄膜/基板结构的失效机理。该研究中 SEM 原位观察试验设计在带有电液伺服试验系统的真空室（图 5.29）。该设备的承载架可承载（10±1）kN，位移范围为 25mm，控制精度高达 0.1%，并且可以自动记录施加力-位移曲线。SEM 图像的信号通过 A-D 转换器的直接存储器传输到计算机。整个测试通过自动或人工方法监测或记录整个变形过程，包括裂纹的产生和扩展。研究发现在 Cu 和 Cu/Ni 薄膜中，薄膜/基板界面附近的位置发生了快速变形，而变形的转移最终导致表面起皱，提出薄膜/基板结构中起皱、分层和开裂的失效机理。而且基板变形后，界面黏附阻力也成为决定失效机理的重要因素。

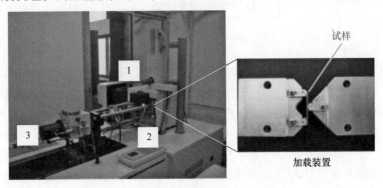

图 5.29　SEM 原位三点弯曲加载试验设备
1—SEM　2—加载装置　3—液压缸

3. 原位弯曲法

原位弯曲法是一种检测微纳米梁力学性能的方法。微纳米梁作为微纳米机电系统（MEMS/NEMS）的重要器件，其尺寸很小，导致表现出不同于宏观物体的力学性能，如表面效应、尺寸效应等。同时，微器件在制造和使用过程中容易不可避免地产生损伤，因此测试分析微纳米梁的力学性能对器件的设计和优化具有重要意义。

20 世纪 80 年代末，科研人员将微探针安装在 SEM 真空腔内，通过探针对悬臂梁施以载荷使之弯曲直至断裂，根据接触力和梁的变形情况来分析样品的一系列力学性能。2000 年，Namazu 等为了检测单晶硅的力学性能，通过原子力显微镜（AFM）进行场增强阳极处理制备出硅梁，随后采用 AFM 的金刚石探针悬臂对硅梁进行了弯曲试验（图 5.30）。从纳米到毫米尺度的硅梁在试验中以脆性方式断裂。硅梁的弹性模量不受试样尺寸的影响。然而，试样尺寸对弯曲强度的影响较大，纳米尺度下的弯曲强度是毫米尺度下的 20~40 倍。

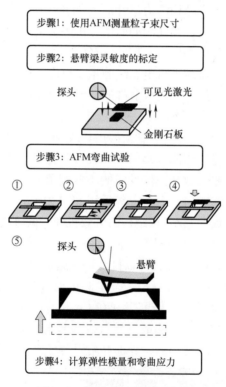

图 5.30　弯曲试验程序示意图

由于 AFM 自身具有高分辨率的形貌表征和氧化加工能力，AFM 在微纳米尺度弯曲测试分析应用上比 SEM 系统更为快速方便，使用 AFM 探针以准静态方式对被测样本施加载荷，再根据载荷与被测样本弯曲量的关系，即可计算出弹性模量等参数。目前，AFM 系统已逐渐成为微纳材料弯曲测试的首要选择。

4. 拉伸法

拉伸测试是指利用拉伸测试装置对试样施加沿轴线方向的拉伸载荷，在拉伸载荷作用下使试样发生变形直至破坏的整个测试过程，它是材料力学性能研究中应用最广泛的一种测试技术。

2000 年，Yu 等人在 SEM 下以双针机构拉伸单根多壁碳纳米管，得到了包括弹性模量、抗拉强度、最大应变、失效方式在内的多种信息。他们首先将单根多壁碳管两端分别粘到两根相对放置的 AFM 探针针尖上，之后沿碳管轴向移动，其中一根探针使被测管体不断伸长直至断裂。整个加载过程中，载荷大小可由探针的弹性常数与针尖位移算得，碳管的形变由 SEM 实时记录，最后结合力-应变曲线处理得到材料的弹性模量、断裂强度等力学性能（图 5.31）。拉伸法可以得到直观且全面的信息，已被越来越多的学者用于研究纳米线、纳米管等的力学性能和在力作用下结构的变化，但其缺点在于设备复杂、测试成本较高。

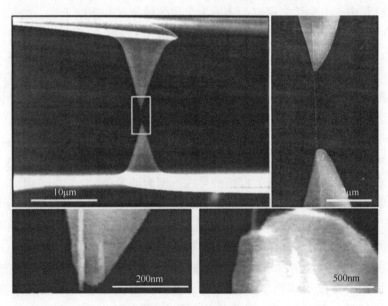

图 5.31　单根多壁碳管安装在 AFM 两个尖端之间

5. 谐振法

谐振法是最早用于一维纳米材料力学性能测试的方法。其基本原理是将被测对象视为欧拉梁，由谐振特征计算出弹性模量。目前，谐振法已经广泛应用于研究薄膜材料微结构的力学性能。

谐振法的本质是弯曲法的动态加载试验，利用不同的激励方式，如静电激励、热激励（电热、光热等）以及声波激励等，实现待测悬臂梁的弯曲振动，通过测量振动固有频率，依据振动模型的理论分析，结合悬臂梁尺寸计算获得材料的力学参数。1996 年，Treacy 等对多壁碳纳米管进行了测试。该研究将单根多壁碳管的一端固定后，利用 TEM 记录了碳管自由端在热场作用下的微弱振动，随后经数学推导得到了弹性模量值。1999 年，Poncharal 等将一根碳纳米管连接到细金线上，随后安装在一个小型电绝缘支架上以施加电势。该组件被插入到定制的 TEM 样品夹中，样品夹上设有压电驱动平移台和微米驱动平移台，用于准确定位光纤相对于对电极的位置。通过施加交变电压，使被测对象在不断变化方向的电场力作用下发生振动。当电压的频率等于被测物的固有频率或高阶谐波频率时，被测对象即出现相应振形的大幅共振。研究发现弹性弯曲模量的下降，表明纳米管中弹性模态的改变涉及波状的扭曲。值得注意的是，谐振法测量微纳结构的力学性能时，不仅要求微结构试样的尺寸精细，而且其理论模型分析也更为复杂。

5.3.2　原位电学性能测试

当微纳材料应用于电子器件时，需要对其电学性能有一个全面的认识，因为材料进入微纳米尺度后，会表现出奇特的电学行为。例如，层状半导体二维纳米结构具有超薄的厚度，甚至达到原子级，这将有利于器件的栅极调制。此外由于该结构表面非常光滑、没有化学悬键，使载流子免于表面粗糙度及陷阱态的影响，而获得较高的载流子迁移率。因此，电学性能测试是微纳材料物理性能研究的重要组成部分。

一维纳米材料中，电学性能研究最多的为半导体纳米线和碳纳米管。纳米线具有在横向上被限制在 $100\mu m$ 以下（纵向没有限制）的一维结构，根据组成材料的不同，纳米线可分为不同的类型，包括金属纳米线、半导体纳米线和绝缘体纳米线。作为构建纳米器件的重要纳米结构，其结构、性能决定了纳米器件的可靠性、稳定性，因而研究纳米线的结构、成分以及性质在外加电场条件下的响应具有重要的意义。电学性能报道较多的半导体纳米线有氧化锌（ZnO）纳米线、硅纳米线、碳化硅纳米线。碳纳米管是由纳米级同轴碳管组成的碳分子，具有类似于石墨的层状结构，其本身可表现为金属性或绝缘性，由于其独特而优异的电学性能，碳纳米管在电子器件中得到了广泛的应用。如果加工过程中在其中加入一些金属或氧化物，该形态下的碳纳米管可视为极细的导线，即为纳米线。

随着原位电子显微技术的发展，对纳米材料进行通电测试并实时观察成为可能。原位测试可以在 SEM、AFM、HRTEM 中进行，但目前为止，原位 TEM 能在测试的同时提供较高的原子分辨率，因此其已经成为在微观尺度下观察微纳材料的重要工具。

电学性能测试中，很多情况下触点的电传输特性决定了装置的功能，但触点电导行为的影响是多方面的，这使得该电学性能不容易表征。目前通过扫描探针等技术可以对超小触点的电学性能进行初步探讨，但其使用限制因素众多。由于接触体和接触本身的形状、尺寸和原子结构通常是未知的，因此诸如氧化膜和污染物的存在，非弹性形变引起的物体变形，导电接触面积的不精确等干扰因素，均有可能影响接触导电特性，从而导致试验测量的不确定性。2016 年，Alsem 等设计出一种新的原位 TEM 电表征装置，包含一个可移动的探针，允许进行特定位置的电接触测量，以研究纳米材料电接触点的电学特性。该装置通过在 TEM 中原位再建两种接触配置，即采用由 Pt/Ir 或掺杂 Si 组成的纳米尖端接触面构成 W 衬底，从而在进行电流-电压扫描的同时获得纳米接触点的实时图像，如图 5.32 所示。

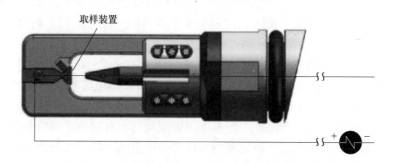

图 5.32　带有样品/探针和接线配置的原位纳米操纵器偏置 TEM 支架尖端

5.3.3　原位磁性性能测试

随着半导体加工工艺和纳米技术的不断提高，磁电子学器件基本结构单元的尺寸逐渐减小，目前已达到纳米级别。在该尺度下，量子效应的作用开始凸显，尺度开始明显影响其各方面的物理性能。全面、精确地掌握磁结构单体的磁学性能是构建合格电气元件的前提，更有利于推动电子学器件的应用和发展。

磁力显微镜是一种扫描探头显微镜（SPM），它的探头是一个微小的铁磁性针尖，在磁性材料表面上方扫描时能感受到样品杂散磁场的微小作用力，探测该力就能得到产生杂散磁场的表面磁结构信息。要了解磁力显微镜，必须从扫描隧道显微镜谈起。扫描隧道显微镜是由 Binnig 和 Rohrer 于 1982 年发明的，是扫描探头显微镜家族中的第一个成员。扫描隧道显微镜基于量子隧道效应，当一个原子尺度的金属针尖非常接近样品，且有外电场存在时，就有隧道电流发生，其强烈依赖于针尖与样品之间的距离，如 0.1nm 距离的微小变化就能使电流改变一个数量级，因而探测电流，就能得到具有原子分辨率的样品表面三维图像。扫描隧道显微镜能获得表面电子结构信息，可在大气、真空、低温及液体覆盖下使用，广泛应用于表面科学、材料科学、生命科学及微电子技术等领域。事实上，扫描隧道显微镜的发明极大地推动了纳米科技的发展，然而，由于在操作中需要施加偏电压，所以扫描隧道显微镜只能用于导体和半导体。1986 年问世的 AFM 是 SPM 家族中的第二个成员，其原理是当针尖顶部原子的电子云压迫样品表面原子的电子云时，会产生微弱的排斥力（如范德华力、静电力等），且力随样品表面形貌变化，如果用激光束探测针尖悬臂位移的方法来探测该原子力，就能得到原子分辨率的样品形貌图像。由于原子力显微镜不需要加偏压，所以适用于包括绝缘体在内的所有材料，应用领域广阔。更重要的是原子力显微镜能够探测任何类型的力，于是派生出一系列的力显微镜，如磁力显微镜（MFM）、电力显微镜（EFM）、摩擦力显微镜（FFM）等。

磁相互作用是长程的磁偶极相互作用，因而如果原子力显微镜（AFM）的探针是磁性的，而且磁针尖在磁性材料表面上方以恒定的高度扫描，就能感受到磁性材料表面的杂散磁场的磁作用力。因此探测磁力梯度分布就能得到产生杂散磁场的表面磁畴结构、表面磁体、写入的磁斑等表面磁结构信息，这就是 MFM 的原理。纳米尺度的磁针尖加上纳米尺度的扫描高度，使磁性材料表面磁结构的探测精细到纳米尺度，这是 MFM 的特点和意义。采用 MFM 检测时，对被检测物体表面的每一行都进行两次扫描。第一次扫描采用轻敲模式，得到样品在这一行的高低起伏并记录下来；第二次扫描采用抬起模式，让磁性探针抬起一定的高度（通常为 10~200nm），并按样品表面起伏轨迹进行扫描，由于探针被抬起且按样品表面起伏轨迹扫描，故第二次扫描过程中针尖不接触样品表面（不存在针尖与样品间原子的短程斥力）且与其保持恒定距离（消除了样品表面形貌的影响），磁性探针因受到长程磁力的作用而引起振幅和相位的变化，因此，将第二次扫描中探针的振幅和相位变化记录下来，就能得到样品表面漏磁场的精细梯度，从而得到样品的磁畴结构。一般而言，相对于磁性探针的振幅，其振动相位对样品表面磁场变化更敏感，因此，相移成像技术是磁力显微镜的重要方法，其分辨率更高、细节也更丰富。

抬起模式的原理如下：①在样品表面扫描，得到样品的表面形貌信息，这个过程与在轻敲模式中成像一样；②探针回到当前行扫描的开始点，增加探针与样品之间的距离（即抬起一定的高度），根据第一次扫描得到的样品形貌，始终保持探针与样品之间的距离，进行第二次扫描。在该阶段，通过探针悬臂振动的振幅和相位的变化，可得到相应的长程力的图像；③在抬起模式中，应根据待测力的性质选择相应的探针。与其他磁成像技术相比，MFM 具有分辨率高、可在大气中工作、不破坏样品而且不需要特殊的样品制备等优点。EFM 和 MFM 原理相似，它采用导电探针以抬起模式进行扫描。由于样品上方电场梯度的存在，探针与样品表面电场之间的静电力会引起探针微悬臂共振频率的变化，从而导致其振幅和相位的变化。

5.3.4　原位热学性能测试

微纳米机电系统（MEMS/NEMS）作为尺寸和效应上具有纳米技术特点的一类超小型机电一体的系统，广泛用于微型涡轮机、微型发电机、热执行器、微加热器，以及汽车和航空航天应用中的传感器/执行器等，因而通常需要在各种温度范围内进行工作，这就对构建 MEMS/NEMS 的关键微纳材料，如纳米线、纳米管、纳米薄膜等材料的热学性能提出了更为苛刻的要求。纳米材料样品的热学性能测试与宏观样品的传统标准化测试方法有许多相似之处。然而，随着试样尺寸的减小，测试出现了额外的限制和要求，如对样本的操作（制备、处理和抓取）、力的大小、位移及压力的分辨率和应变测量提出了更精准的要求。除此之外，对小样本的加热以及稳定可靠的温度测量也提出了挑战。基于先进仪器（如扫描或透射电子显微镜）开发的新原位测试，为微纳材料的热学性能研究提供了技术支持。电子显微镜的高真空腔室不仅可以允许原位样品杆加载试样，实现原位精准操作，还可以避免试样受热产生不必要的热氧化。而电子显微镜的高分辨率成像则可以直接观察热学性能测试的整个过程，对热学性能测试提供更为直观可靠的评估。

2007 年，Khalavka 等利用高温试样台原位加热样品杆，观察了金纳米棒和银纳米棒的热稳定性。实验发现当金纳米棒、银纳米棒表面包裹碳层时，它们的热稳定性得到提高。金属原子从表面逐渐蒸发，导致纳米棒变短，最终留下空碳壳层。当表面无碳层包裹时，表面原子扩散机制导致金属纳米棒在未达到熔点前就会出现熔化，形成球状。2010 年，Kim 等通过化学气相沉积法制备单层石墨烯，并在其表面沉积金颗粒，随后转移至多孔碳膜网格上。采用刀片将多孔碳膜网格切割成小块，并将其连接到带有导电环氧树脂的铝线上，随后该样品被插入 TEM 进行原位实验。利用 TEM 内部的纳米操作平台，用移动钨探针与石墨烯进行电接触，诱导原位焦耳加热，使石墨烯表面预沉积的金颗粒热降解，从而评估原位温度。该研究通过推导焦耳加热功率与温度的关系，证明化学气相沉积生长的石墨烯在高达（或超过）2600K 的温度时仍能保持稳定的性质，如图 5.33 所示。图 5.33a 为覆盖石墨烯的多孔碳膜网格的 SEM 图像，多孔碳膜网格经刀片切割后连接到铝线上，以插入 TEM 支架上。图 5.33b 为石墨烯样品和移动钨探针的 TEM 图像，图 5.33c 为石墨烯转移到硅氧化物/硅基底的拉曼光谱。

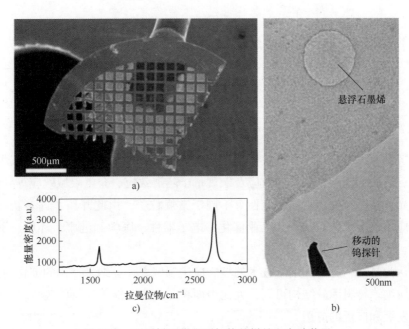

图 5.33　石墨烯原位焦耳加热的样品和实验装置

第6章 纳米材料的典型应用

纳米材料具有大的比表面积，表面原子数、表面能和表面张力随粒径的减小急剧增加，小尺寸效应、表面效应、量子尺寸效应及宏观量子隧道效应、介电限域效应等导致纳米微粒的热、磁、光、敏感特性和表面稳定性等不同于常规粒子，由此开拓了许多新的应用前景。纳米材料的应用前景十分广阔，如工业催化、电子器件、医学和健康、环境、资源和能量、生物技术等。

催化被认为是纳米科学和纳米技术的核心应用领域之一。纳米结构的催化剂尤其是贵金属和过渡金属纳米材料因其结构可调、大比表面积和高表面能等独特的优势，在催化领域得到了极大的发展和广泛的应用。

日趋严重的能源短缺和环境污染问题，促使人们积极探索使用清洁的新能源来取代传统的化石能源。纳米材料的迅速发展为能源转换和利用开辟了一条崭新的途径。通过对纳米材料的形貌、尺寸、结构以及表面功能化基团的精细调控，开发出了多种多样的纳米功能材料，如热电、压电、光电纳米材料，这些材料在新能源转换、存储和开发方面具有广阔的应用前景。

纳米材料同样为解决环境所面临的各种问题提供了很好的理论基础和技术支持。将纳米材料应用到环境保护和环境治理领域，改进或研究出全新的大气污染、水污染和固体废弃物的预防及治理方法，提高功能纳米材料对环境污染物的吸附、催化降解和分离分析等性能，是环境领域发展的重要方向。

纳米机械是纳米材料的前沿和热点研究方向。将各种刺激响应与纳米材料相结合，可以制备各种智能纳米材料，如纳米机器人、纳米马达、纳米发电机、纳米传感器、纳米反应器、纳米开关等，并在医疗、可穿戴、信息电子、催化等领域具有很好的应用前景。

随着纳米科学的发展，纳米技术与疾病治疗相结合产生的新型学科——纳米医学逐渐引起研究者的兴趣。其中，利用纳米制备技术将药物与有机、无机材料等以一定的方式结合所获得的纳米药物引起了广泛的关注。与传统药物相比，纳米药物可以显著提高药物的溶解度，促进药物的吸收，并提高生物利用度；还可以增强药物对病变部位的导向性和对组织的渗透性，控制药物的释放，进而提高疗效，降低副作用。

总之，随着微纳米加工技术的飞速发展和纳米材料合成方法的日益成熟，我们将逐渐揭开纳米材料特殊物理化学性能的奥秘，从而开发出具有更好应用性和前景的纳米材料。未来将各种刺激响应和纳米复合材料相结合，为具有更高复杂性和功能性的新一代智能材料打开新的视野。

6.1 化工催化领域的纳米材料

6.1.1 贵金属纳米材料

贵金属是指金（Au）、银（Ag）、铂（Pt）、钯（Pd）、铑（Rh）、锇（Os）、钌（Ru）和铱（Ir）八种金属的统称，其因独特的催化性能被广泛应用，被认为是"现代工业的维生素"。这些元素分布在第五周期和第六周期，原子序数为 44~79，横跨比较大。从外表看其色泽美丽，化学性质特别稳定，通常不易与其他物质发生化学反应，可广泛应用于工业。在地壳中这些贵金属储存量稀少，所以其价格较贵，"贵金属"因此而得名。纳米尺寸的贵金属材料通常称为贵金属纳米材料，它表现出一些传统材料不具备的特性吸引了学者浓厚的研究热情。大量关于贵金属纳米晶体的可控合成被陆续发展研究，有些已广泛应用于燃料电池、工业催化、生物医学、信息储存、电子学、自组装等领域。纳米结构贵金属材料本身具有的独特的物理和化学属性，使其在催化方面表现出优异的性能，为人们研发和应用新型且高效的纳米材料提供了一个可行的平台，以更好地服务于人们的需求。因此，研究贵金属纳米材料具有非常深远的意义。

1. 贵金属纳米材料在燃料电池中的应用

能源是人类社会生存和发展的物质基础，更是当今世界经济发展的命脉。燃料电池是一种不通过燃烧，而直接将储存在燃料和氧化剂中的化学能等高效、环境友好地转化为电能的发电装置，只要不断供给燃料，就能不断产生电能，是继水力发电、火力发电和核能发电之后的第四种发电方式，也是最为环保、可靠的发电方式，受到各国政府的高度重视。

燃料电池主要包含四个部件：涂覆了电催化剂的阴极和阳极、阴阳极之间的电解质隔膜和集流板，如图 6.1 所示。工作时，燃料在阳极被催化氧化，产生的电子通过外回路到达阴极，氧化剂则在阴极催化剂的作用下发生还原反应，接收电子，从而向外电路输出电流，直接将化学能转换为电能，其过程不受卡诺循环的限制。与一般电池不同，燃料电池的电极活性物质并不储存在电池内部，而是全部由电池外部供给的。燃料电池工作时，需连续向电池内输入燃料和氧化剂，

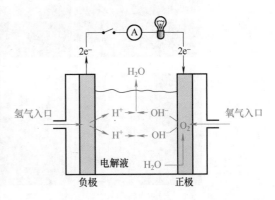

图 6.1 燃料电池工作原理示意图

并同时排出反应产物。常用的燃料有氢气、天然气和某些有机小分子液体（如甲醇、乙醇等），而纯氧和净化的空气等则常被用作氧化剂。

为了获得催化性能较高、成本较低的燃料电池催化剂，人们致力于设计各种结构新颖、尺寸均一及性能较好的理想催化剂。贵金属纳米材料对于燃料电池的阳极和阴极都具有较高的催化作用。相对于块体材料，贵金属纳米材料具有较大的比表面积、丰富的活性位点，其

催化活性有很大的增强，贵金属在催化过程中的利用率也得到了提高。构建大比表面积的贵金属基纳米材料有两种主要途径：一种是将尺寸很小的贵金属纳米颗粒负载或生长在导电载体上；另一种是设计合成"三维"结构，如空心、多孔、框架结构等。催化剂材料所暴露的晶面决定了表面的原子构型和电子结构，这直接影响反应物分子的电化学吸附和分解反应。因此，控制贵金属基催化剂纳米颗粒具有不同的晶面，或具有不同的几何外形，是探索高性能贵金属基催化剂的一种有效途径。另外，将贵金属之间或与其他组分结合在一起，构建合金、异质和核壳等纳米结构，也是近几年的研究热点。大量实验结果表明，这种方法在有效减少贵金属含量、降低催化剂成本的同时，能够调节多组分界面处贵金属的原子构型和电子结构，进而影响催化剂性能。不同组分间的协同效应也会影响催化反应发生的路径，从而有效增强催化剂的催化性能。

目前，燃料电池贵金属纳米催化剂主要分为三种：铂基纳米催化剂、钯基纳米催化剂、贵金属纳米粒子与碳材料杂化/复合的纳米催化剂。

（1）铂基纳米催化剂 作为催化效率最高的催化剂，Pt 被众多学者所关注，与其他金属催化剂相比，铂族催化剂具有活性高、寿命长、可以重新回收利用等特点。以 Pt_3Cu_{97} 为前驱体，采用脱合金的方法制备出了三维介孔结构的 Pt-Cu 双金属纳米线，其电镜图如图 6.2 所示，图 6.2a～c 分别为其平面、截面、轻微压碎状的 SEM 照片，图 6.2d 为其 TEM 照片，图 6.2e、f 分别为其低倍和高倍下的 STEM 照片。由图可知，其拥有韧带和纳米孔结构，纳米孔的尺寸大约为 2nm，这种结构会使其表面的缺陷点更多，使 Pt-Cu 纳米线的催化活性更高。电化学测试结果表明，与商用的 Pt/C 催化剂相比，孔状结构的 Pt-Cu 微米线表现出了更高的电催化活性。

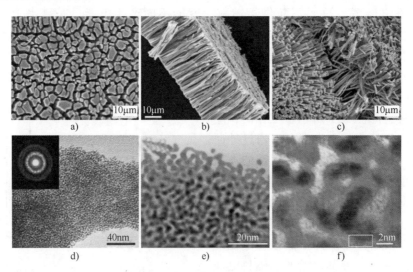

图 6.2 Pt-Cu 纳米线的电镜图

（2）钯基纳米催化剂 与铂基纳米催化剂相比，其具有较低的成本、较高的利用率及较好的抗 CO 中毒能力，因此钯基纳米催化剂成为能够替代高成本铂基纳米催化剂的首选材料，对甲醇、乙醇、甲酸等小分子活性物质具有较高的催化作用。特殊结构的钯基催化剂增加了与小分子的接触面积，使得整个反应更加迅速。在钯基催化剂表现出良好催化活性的基础上，科学家们又基于钯材料研究出一系列具有不同形貌的杂化纳米材料，并且将其应用于燃料电池中，同样也表现出了卓越的催化性能。通过多步晶线法制备出了在 Pd 纳米空壳外表面有序排列着 Pt 纳米棒的 Pd 纳米空壳/Pt 纳米棒（Pd NHs/Pt NRs）的核壳纳米材料，Pt 纳米棒有序地生长在 Pd 纳米空壳的外围，同时通过调节 H_2PtCl_6 的浓度来控制 Pt 纳米棒的尺寸和数量，从而改善 Pt 的利用率。与商用的 Pt/C 催化剂相比，Pd NHs/Pt NRs 有较大的比表面积、较好的耐 CO 中毒能力以及卓越的催化性能，适合作为直接甲醇燃料电池催化剂（图 6.3）。

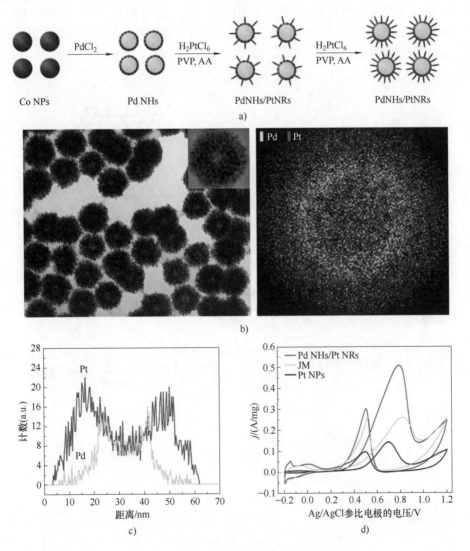

图 6.3　Pd NHs/Pt NRs 的制备以及相关图像和曲线

a）Pd NHs/Pt NRs 的制备过程　b）Pd NHs/Pt NRs 的 TEM 照片

c）Pd NHs/Pt NRs 的 EDX 图像　d）在 0.5mol/L H_2SO_4 和 0.5mol/L CH_3OH 溶液中的循环伏安曲线

（3）贵金属纳米粒子与碳材料杂化/复合的纳米催化剂　石墨烯是一种二维结构的碳材料，具有较大面积的网状结构，并且是目前发现的最薄、强度最大、导电导热性能较好的一种新型纳米材料，被称为"黑金"，是新材料之王。因此，大量的科学家开始将贵金属催化剂与石墨烯结合，力求达到更好的催化效果。

通过光还原的方法将氯钯酸钠还原为 Pd 纳米粒子，同时将氧化石墨烯（GO）直接还原为还原氧化石墨烯（rGO），得到了还原氧化石墨烯-钯（rGO-Pd）复合纳米材料。在 Pd 纳米粒子形成的过程中，氧化石墨烯（GO）同时被还原为还原氧化石墨烯（rGO），如图 6.4a 所示。Pd、rGO-Pd 复合材料和商用的 Pd/C 催化剂在 1mol/L 氢氧化钾、1mol/L 甲醇溶液中得到的循环伏安曲线及计时电流曲线证明，rGO-Pd 复合材料的电流密度可达到 14.58mA/cm^2，高于 Pd 的电流密度（2.70mA/cm^2）和商用的 Pd/C 催化剂的电流密度（2.07mA/cm^2），如图 6.4b 所示。并且 rGO-Pd 复合材料相比于 Pd 和商用的 Pd/C 催化剂具有更好的稳定性，如图 6.4c 所示。

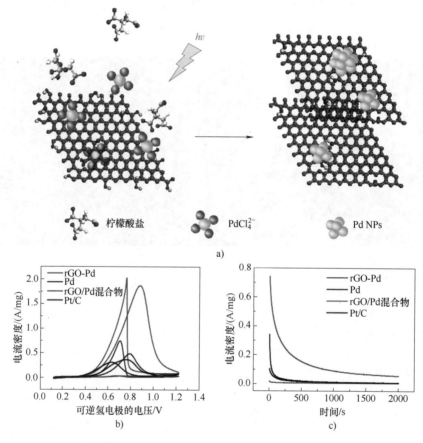

图 6.4　rGO-Pd 复合材料的制备及性能

a）制备示意图　b）循环伏安曲线　c）计时电流曲线

2. 贵金属复合纳米材料在电解水中的应用

清洁能源氢气是一种可以替代化石能源的理想新能源，被公认为 21 世纪最有潜力的二次清洁能源。在各种可行的制氢技术中，电解水可以大规模地生产制氢。然而电解制氢技术生产耗能巨大，其用电成本占总成本的 80% 左右。导致电解水耗能巨大的原因是析氢反应（HER）和析氧反应（OER）所需的过电位很大，通过降低过电位以提高电解水的电解效率、减少能源的消耗成为近年来科学研究的热门话题。电解水制氢的效率和成本在很大程度上取决于催化剂，催化剂能够使电解水的活化能降低，从而降低电解水的过电位。贵金属中的铂族金属（Pt、Ru、Rh、Ir、Pd）及其氧化物对 HER 和 OER 具有较高的催化活性，能有效降低 HER 和 OER 所需的过电位，但资源稀缺和成本高的问题，阻碍了它们的广泛使用，从而限制了电解水制氢的工业发展。由贵金属发展起来的贵金属纳米复合材料与贵金属相比，减少了贵金属的使用量，节约了成本，同时由于其具有特殊的纳米结构和多孔形貌，而且纳米复合材料的粒径小，具有比表面积大、表面活性位点多、催化活性高的特点，因此贵金属纳米复合材料在提升催化剂整体性能方面有巨大的优势，能有效降低 HER 和 OER 所需的过电位。

　　贵金属 Pt 被认为是最先进的 HER 催化剂，但其高成本和稀缺性阻碍了其商业应用。为了更加合理高效地利用 Pt 催化剂，可通过在低成本材料上沉积单层 Pt 来提高 Pt 的催化性能。例如，采用湿法浸渍法，在各种过渡金属碳化物（TMCs）表面沉积厚度为 3~5nm 的 Pt 纳米粒子形成 Pt/TMCs 纳米复合材料，如 Pt/Mo_2C、Pt/Cr_3C_2 和 Pt/V_8C_7。与商用的 Pt/C 催化剂相比，Pt/TMCs 具有高达三倍的析氢反应（HER）活性和四倍的氧还原（ORR）活性。铑（Rh）、钌（Ru）和铱（Ir）是重要的铂族金属，其中 Rh 基纳米复合材料具有催化活性高、选择性好等优点，从而引起了广泛的关注。通过物理碾磨，合成的超细、分散性良好的铑/镍纳米粒子，并将其包覆在氮掺杂碳纳米管（NCNTs）上，得到 Rh/Ni@NCNTs 纳米复合材料。该贵金属复合材料在酸性和碱性条件下，都具有较低的过电位和良好的催化活性，同时与商用的 Pt/C 相比，具有较小的塔费尔斜率。

　　通过模板辅助策略，将钌纳米颗粒固定在石墨烯中空纳米球（GHS）上制备的新型杂化体 Ru/GHS，如图 6.5 所示，具有小的过电位和塔费尔斜率，超细的钌基复合材料可以减小金属位点的聚集，提高催化活性，增强长期稳定性。将 Ce 掺杂到 IrO_2 中，然后将其负载在氮掺杂多孔碳（NPC）上，得到一种新型的 OER 电催化剂 Ce_x-IrO_2@NPC 纳米复合材料。该材料具有较大的比表面积，超小的粒径，且分散性良好。

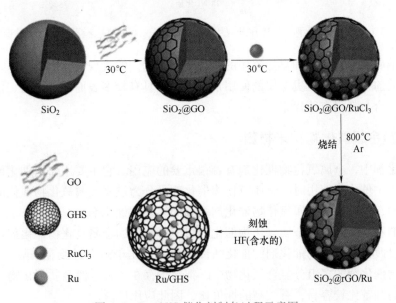

图 6.5　Ru/GHS 催化剂制备过程示意图

大多数贵金属纳米复合材料与商用的 Pt/C 催化剂相比，不仅减少了贵金属的使用量，而且在电解水过程中对 HER 和 OER 均表现出良好的电催化活性，同时具有较高的稳定性和耐久性，是电解水反应的理想催化剂。但是贵金属纳米复合材料在电解水中的研究还不够深入，目前大多数报道的贵金属纳米复合材料仅在酸性条件下具有良好的催化活性，因此仍需探索在宽的 pH 值范围内可以发挥良好催化活性的贵金属纳米复合材料。

3. 贵金属纳米材料在工业催化中的其他应用

从无机和有机反应方向分析，贵金属纳米材料还可以应用在工业上的氧化反应、氢化反应以及 Suzuki 偶联等有机反应中。作为高效的贵金属纳米催化剂，Pt 基催化剂在工业催化领域中的发展也是非常重要的，例如将不同形貌 Pt 基纳米晶体催化剂应用于有机化合物中的氢化反应中。三种形貌不同的 Pt-Ni 合金纳米晶体（八面体、截角八面体和立方体的 Pt-Ni 合金纳米晶体）分别应用于苯亚甲基丙酮、苯乙烯和硝基苯氢化反应中，由于形貌、组分和尺寸的不同，它们可以高效地选择性氢化，最终得到所需的不同产物，如图 6.6 所示。

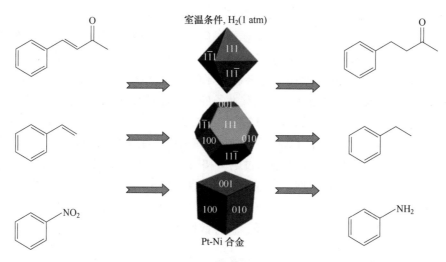

图 6.6　Pt-Ni 合金纳米晶体在苯亚甲基丙酮、苯乙烯和硝基苯氢化反应中的应用

由于贵金属的材料成本和自然资源的稀缺阻碍了它们的大规模应用，所以未来在不影响其催化性能的前提下，减少贵金属的使用量，同时又具有较多表面活性位点、催化活性高的贵金属纳米复合材料仍有待探索。

6.1.2　过渡金属氧化物纳米材料

工业催化剂中，金属氧化物催化剂有着很重要的应用。它主要用作主催化剂、助催化剂和载体。作为主催化剂使用时，金属氧化物催化剂可分为过渡金属氧化物催化剂和主族金属氧化物催化剂，其中主族金属氧化物催化剂多为固体酸碱催化剂。双组分、多组分过渡金属氧化物催化剂和单组分过渡金属氧化物催化剂组成了主要的金属氧化物催化剂，其中，双组分或多组分过渡金属氧化物催化剂的催化活性和稳定性比单组分过渡金属氧化物催化剂高。在金属氧化物催化剂的多组分复合氧化物中，都至少存在一种过渡金属氧化物。过渡金属氧化物催化剂的制备比较容易，有较高的性价比，因此应用广泛。

1. 电化学应用

相对于单金属氧化物而言，多组分过渡金属氧化物具有氧化还原反应更丰富、电化学活性更高、电导率更强等应用优势。因此，多组分过渡金属氧化物的制备与电化学应用性能的研究近年来引起了人们的广泛关注。

（1）超级电容器　超级电容器通常采用碳材料、导电聚合物以及过渡金属氧化物纳米材料作为电极。其中碳材料的应用范围最广，但其能量密度低；导电聚合物比电容高，但循环稳定性差；过渡金属氧化物纳米材料在兼具两者优点的同时避免了两者的缺点，在超级电容器方面有很大的应用优势，包括更丰富的氧化还原反应、较高的电化学活性、较低的成本和优异的电导率等。例如，分层介孔 Zn-Fe-Co 三元过渡金属氧化物纳米线涂覆的泡沫镍作为正极，氮掺杂石墨烯涂层的泡沫镍（NG@泡沫镍）作为负极，其中 Zn 离子保持了体系的稳定性，Fe 和 Co 离子在循环过程中提供了更高的电导率和电容响应。两者优异的电化学性能和超高的比电容以及相互协同作用，使体系具有长期的循环稳定性。

（2）锂离子电池　由于循环寿命长、自放电量低、电池电压高和无记忆效应等优点，锂离子电池（LIB）得到了广泛的应用。然而，由于其在能源和功率密度方面的不足，通常使用的 LIB 的电化学性能仍然不能满足混合动力汽车（HEV）、全电动车辆（EV）和未来新兴智能电网的需求。过渡金属氧化物纳米材料被认为是改善 LIB 电化学性能最有希望的电极材料，因为其质量比容量能达到 $500 \sim 2000 mA \cdot h/g$，远高于商业石墨的理论容量（$372 mA \cdot h/g$）。例如 $Co_3V_2O_8$ 介孔微球在作为锂离子电池的阳极材料时，在 $500 mA \cdot h/g$ 的条件下能达到 $1099 mA \cdot h/g$ 的高初始放电容量，并且在 200 次循环后电容保持率仍达 114.3%。

（3）传感器　酶基电极的活性高、选择性好，然而运行环境的不稳定使其应用范围大大减小，而非酶电极显示出了优异的特性。过渡金属氧化物纳米材料作为非酶电极，得益于其优异的内在催化性能、低成本和环境友好性，在气体传感器和生物传感器方面得到了广泛的应用。例如，介孔 $ZnCo_2O_4$ 纳米球对 H_2O_2 具有响应时间短（5.2s）、灵敏度高 $\{658.92 \mu A/[(mmol/L)cm]\}$、检测限低（信噪比为 3 的条件下为 0.3nmol/L）以及线性范围宽（$0.001 \sim 900 \mu mol/L$）的特点。

（4）电化学析氢催化剂　过渡金属由于其丰度高且易于获取的特性，对 HER 电催化剂的发展做出了重要贡献。显然，这些过渡金属基催化剂中的一部分有可能是贵金属基材料的替代品，并为设计用于碱性 HER 的经济高效的电催化剂提供了新策略。例如使用溶剂热方法合成后退火制备的 $Ni/NiO/CoSe_2$ 纳米杂化物（图 6.7），NiO 组分可吸附水分解产生的 OH^-，从而促进 Ni 位点对 H^+ 的吸附，同时纳米复合材料中各组分的协同作用使电荷转移电阻减小，从而产生出色的催化性能。

2. 固体推进剂应用

固体推进剂是氧化剂、燃烧剂和各种功能材料组成的一种含能体系，是用于火箭发动机的一种火药。随着科学技术发展，对其性能的要求不断提高，其中提高固体推进剂燃烧性能是一个重要方面，采用燃烧催化剂是提高固体推进剂燃烧性能的重要途径，而且纳米催化剂的催化活性和选择性远高于传统催化剂，因此纳米催化剂调节固体推进剂燃烧性能已成为研究的热点。

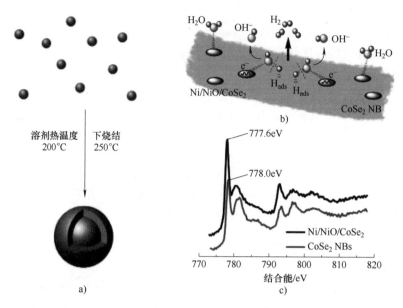

图 6.7　Ni/NiO/CoSe₂ 纳米杂化物的合成和表征

a）Ni/NiO/CoSe₂ 纳米杂化物的合成　b）电化学析氢的原理示意图　c）Ni/NiO/CoSe₂ 纳米杂化物的 XRD 图谱

目前用作固体推进剂催化剂的主要是纳米金属粉、纳米过渡金属氧化物及其盐类。纳米过渡金属氧化物使得固体推进剂的燃速、能量、压强指数等均有明显改变，其应用前景相当诱人。例如，平均粒径<100nm 的 Fe_2O_3 纳米粒子能有效地催化吸收药柱 NC/NG（硝化棉 NC 吸收硝化甘油 NG 的混合物）的热分解反应，使吸收药柱的分解温度降低（分解峰温从 206.14℃ 降低为 164.85℃），从而使分解反应提前发生。同时纳米 Fe_2O_3 催化了吸收药柱分解后气体间的反应，使得吸收药柱的分解热明显增大。而且掺入 Cu^{2+} 的纳米 Fe_2O_3 可大幅度增强高氯酸铵（AP）的分解催化活性，使 AP 的高温分解峰温降低，分解释放热量增大。与一元过渡金属氧化物相比，纳米复合过渡金属氧化物的催化活性更高。因此，在含 AP 体系的推进剂中加入这类催化剂，将更大地提高推进剂的燃速。然而，从目前纳米材料领域和国防的发展需求看，纳米金属粒子主要存在以下几方面的问题：①金属粒子达到纳米级以后，比表面积增大，表面能升高，非常活泼且很容易被氧化而失去其原尺寸金属粒子的特性，因此考虑采取适当的方法如表面包覆有机或惰性物质等，来防止金属粒子的氧化，保持其活性，使金属粒子的特性更大地发挥出来；②由于金属粒子达到纳米级以后，表面能升高，金属粒子很容易团聚，在使用中失去纳米粒子的特性。因此在研究中，应采取适当的方法把纳米金属粒子分散到推进剂中，或者通过对纳米金属粒子进行表面处理，改变其表面状况，从而使其更容易分散于推进剂中，所以分散技术是纳米氧化物在固体推进剂中应用的关键所在。

6.2　能源领域的纳米材料

日趋严重的能源短缺和环境污染问题，促使人们积极探索用清洁的新能源来取代传统的化石能源。纳米材料的迅速发展为能源转换和利用开辟了一条崭新的途径。首先，纳米材料可以提供巨大的比表面积，增加固-液界面间的分子吸附，从而大大加快电化学或光电化学反应速度；其次，通过微观调控纳米半导体材料的带隙宽度，可以大幅度提高太阳能电池的光吸收效率。另外，纳米多孔结构有助于电子、离子在材料内部的转移和扩散，从而保证高效的电化学和光电化学反应的发生。正是由于纳米材料的这些特殊性质，使其广泛应用于能源材料领域，如太阳能电池、光电催化、锂离子电池、储氢材料等。

6.2.1　压电纳米材料

1. 压电效应

法国科学家居里兄弟发现了压电效应，该效应于 19 世纪后半叶作为一个新的研究领域迅速发展。某些电介质在沿一定方向上受到外力的作用而变形时，其内部会产生极化现象，同时在它的两个相对表面上出现正负相反的电荷。外力去掉后，它又会恢复到不带电的状态，这种现象称为正压电效应。当作用力的方向改变时，电荷的极性也随之改变。相反，当在电介质的极化方向上施加电场时，这些电介质也会发生变形，电场去掉后，电介质的变形随之消失，这种现象称为逆压电效应。正压电效应与逆压电效应如图 6.8 所示。

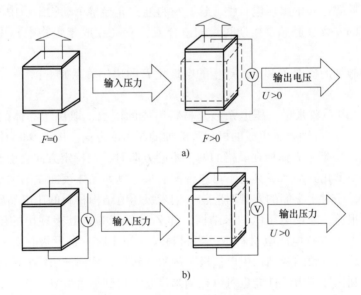

图 6.8　正压电效应与逆压电效应

a）正压电效应（传感功能）　b）逆压电效应（执行功能）

2. 纳米压电电子学效应的发现及研究进展

2006 年，王中林课题组对两端完全被电极包裹封装的长氧化锌纳米线受力弯曲时的电传输性质进行了测量。试验观察到随着弯曲程度的增加，氧化锌纳米线的电导率急剧下降。这个现象被解释为，当氧化锌纳米线弯曲时，线中产生的压电势差可以起到类似门极电压的作用，从而控制载流子传输，这类器件被称为压电场效应晶体管（PE-FET）。压电势的存在也可以显著改变基于纳米线的场效应晶体管中的电流传输特性。随后，王中林课题组又系统地阐述了这种压电与半导体耦合的性质，并提出了纳米压电电子学的概念。这一新开创的领域很快受到了全世界相关专业研究者的广泛关注。自此，纳米压电电子学的研究和应用取得了一系列引人注目的进展。

3. 压电材料

压电材料是无机和有机介电化合物的一个子集，其特征在于它们在受到机械刺激时能够变得电极化，反之亦然，即它们在受到电场作用时会发生应变。在现有的 32 种晶体中，有 21 种是非中心对称的，其中 20 种是压电晶体。图 6.9a～c 所示为无机和有机压电材料的晶胞示例。压电家族中，铁电材料表现出内在的自发极化。10 种晶体显示铁电性，而其他 10 种晶体显示非铁电压电性。图 6.9a、b 显示了两种无机材料，一种非铁电压电材料，即氧化锌（ZnO），一种铁电材料，即钛酸钡（$BaTiO_3$）。后者表现出钙钛矿结构，其中 Ba^{2+} 离子占据立方晶胞的顶点，O^{2-} 位于立方体中心形成八面体，Ti^{4+} 从立方晶胞中心略微向上移动，相对于 O^{2-} 阴离子，这种不对称导致自发电极化。相比之下，ZnO 的压电形式在纤锌矿结构中结晶，不会显示内置电极化，除非晶格发生了机械变形。图 6.9c 显示了合成有机聚合物聚偏二氟乙烯（PVDF）的示例。这种聚合物表现出不同的晶体结构，其中，β 结构表现为高负电性氟原子排列在碳链的同一侧，是压电系数最高的晶型。为了最大限度地提高这种结晶度，PVDF 通常与三氟乙烯（TrFE）共聚形成 PVDF-TrFE。几种天然材料，如丝绸、氨基酸、胶原蛋白、肽等也显示出压电特性。这些材料通常介导整个动物组织中的电流传递，这在许多组织类型的发育（胚胎发生期间）和愈合或适应（在成年生物中）中都起到至关重要的作用。

压电材料中施加的应力 T 和由此产生的电极化 P 的比例关系如下：

$$P = dT \tag{6.1}$$

式中，d 对应于压电系数张量。压电系数是材料组成的函数，取决于晶体的方向。用 d_{ij} 表示，其中，下标 i 和 j 分别表示生成的极化和施加的应力的方向。图 6.9d 为钛酸钡对应于 T 的两个压电系数，当应力 T 施加在晶格的两个不同方向时，在特定方向会引起极化。

将压电材料小型化到纳米级具有不可忽视的后果。例如晶体表面缺陷的集中和消除或晶格的收缩和膨胀，相对于它们的宏观对应物，纳米级压电结构材料的压电品质因数会增加或减小。例如，据报道，非铁电压电纳米结构，如 ZnO 纳米带，其表现出的压电系数大于块状 ZnO 的压电系数。在铁电压电材料中，当材料尺寸缩小时，自发极化会逐渐消除晶格收缩。此外，热振动会导致纳米结构中电偶极子的永久转换，从而导致零自发极化。压电纳米材料的弹性模量和韧性等力学性能也可以在纳米尺度上得到显著提高。

自上而下和自下而上的方法已应用于在纳米尺度上构造压电材料。虽然自上而下的方法如电子束辅助方法可以保证对结构尺寸和位置的合理控制，但经常导致高浓度缺陷，从而降低最终结构的压电系数。不同的是，自下而上的方法可以使压电结构具有更小的尺寸和更低的缺陷密度。例如，水热化学合成已被用于生产具有纳米棒、纳米线和/或纳米颗粒形状的压电材料单晶。其他自下而上的方法，如溶胶-凝胶合成也已被证明可以有效地生产压电纳米颗粒。所有这些方法已被用于具有钙钛矿结构的压电材料，如锆钛酸铅（PZT）和 $BaTiO_3$，以及具有纤锌矿结构的压电材料，如 ZnO。

4. 压电纳米材料的应用

作为可以实现机械能与电能之间相互转化的压电材料，其在生活中的应用可谓无处不在。压电材料的应用可以分为两类：利用正压电效应的振动能或超声振动能转为电能的换能

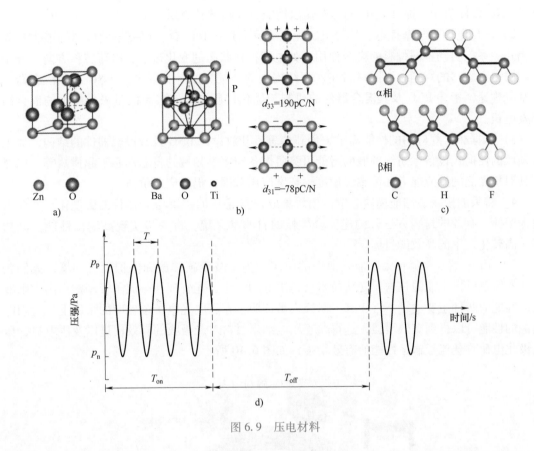

图 6.9　压电材料

器和利用逆压电效应的传感器及驱动器。从材料的形态分类，压电材料可分为压电块体材料和压电纳米材料。压电材料从宏观尺度进入微观尺度时，会发生一些神奇的物理现象。

（1）压电纳米发电机　随着人们生活水平与生活质量的提高，智能可穿戴设备开始涌进大众生活，并得到快速发展，对柔性耐用电源的需求正在不断增加。由于电子设备的功耗日趋微小，使得将太阳能、热能和机械能等环境能量转化成微弱电能以驱动电子设备成为可能。气候状况限制了太阳能的采集，而收集热能又很低效，它们在实际应用中的效果并不是很理想。相比之下，从人体运动中采集机械能的可行性更大。目前，主要用两种方式来采集环境中的机械能：摩擦电纳米发电机（Triboelectric Nano Generator，TNG）和压电纳米发电机（Piezoelectric Nano Generator，PNG），两者均可将机械能转化为电能。TNG 通过摩擦不同材料产生电能来收集机械能，具有输出电压高、绿色环保、安全性好、体积质量小、成本低廉等优点，但电流相对较小、受环境影响较大的特点又限制了其应用。PNG 因具有能量输出大、使用寿命长、制造方便、设计简单、输出相对稳定等优点，引起了研究者对其作为可穿戴电子设备电源的广泛兴趣。同时，PNG 还具有良好的柔性和机械稳定性，为开发完全柔性的自驱动现代电子设备提供了可能。

作为新兴的研究领域，PNG 结构对输出性能的影响并没有系统的理论与成果检验，尚需更深层次的结构探究与总结，才能进一步向优化 PNG 输出性能的目标推进。因此，今后的研究重点将集中在以下几个方面：

1）在压电材料中引入其他功能材料，如热释电、光电、摩擦电、电磁屏蔽材料等，以赋予 PNG 多种功能，提升 PNG 的综合输出性能，并拓宽其应用范围。

2）将压电理论与摩擦电、热释电、光电等发电理论相结合，探究不同材料性能表现间的相互关系，明确不同材料的耦合作用，如电荷存在状态的变化过程，电荷转移方向、分子构型对电荷转移的影响，不同材料在宏观结构上的匹配方式等，以丰富 PNG 及其混合器件的基础理论，指导 PNG 及其混合器件的研制与优化，研制具有多源能量采集能力的混合纳米发电机。

3）依据非常规应用的性能需求，创新构思、开放设计 PNG 及其混合器件的结构，如工业领域的便携式设备、纺织领域的智能可穿戴设备与医学领域的自驱动心脏起搏器等，以提高其对机械能的感应能力和传感灵敏度，拓宽应用范围，提升应用价值。

4）将采能模块、储能模块、输能模块集成，实现 PNG 及其混合器件的微型化，并探索更为便捷、有效的封装方法，构建完全柔性的自驱动系统，进一步实现高输出性能、高功率、高转化效率的高效能目标。

（2）压电纳米材料在太阳能电池中的应用　为了减少碳排放和保护大气环境，人们急需开发绿色可再生能源技术。光伏技术就是很好的方法，光管理和载流子管理是提高太阳能电池性能的两种主要途径。近年来，研究人员证明了在压电光电子学效应的帮助下，太阳能电池的性能可以得到有效增强，这得益于压电纳米材料对光吸收的有效促进以及压电势、压电极化电荷对载流子输运性能的有效增强，如图 6.10 所示。

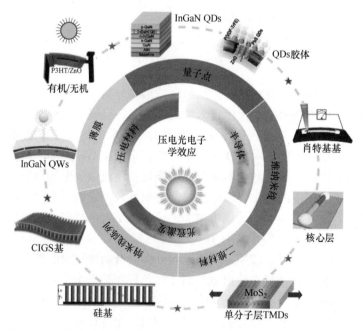

图 6.10　压电光电子学效应在不同维度纳米结构太阳能电池中的应用

一维纳米材料因其良好的机械耐久性而成为完美的候选材料。ZnO、GaN、CdS 纳米线/纳米带是压电光电子学的潜在候选者。近年来，单原子层二维二硫化钼也表现出压电特性，揭示了二维材料在纳米器件、可穿戴设备和技术供电方面的潜在应用。由于其优异的光电、压电和力学性能，它可用于能量转换和压电电子学，甚至高性能的压电光电离子太阳能电池。

对于没有压电特性的太阳能电池材料，可以在顶部表面生长一层薄而透明的氧化锌纳米材料，作为太阳能电池材料表面的阳极结构。普通的太阳能电池技术与压电光电效应相结合将提供新一代光伏技术。特别是对于商用太阳能电池，如单晶硅、太阳能薄膜电池（CIGS）和钙钛矿，使用压电光电效应可以略微提高其效率，这对太阳能电池的发展具有较大的经济影响和实际意义。此外，可以寻求高效压电太阳能电池在国家电网大规模能源转换设备中的应用。

6.2.2　热电材料

热电材料又称为温差电材料，是一种依靠材料内载流子的运动来实现热能和电能直接相互转换的新型半导体功能材料。当材料两端存在温差时，温度会驱动载流子从高温端移动至低温端，产生电势差，用导线与负载相连即可对负载供电，此发电效应称为泽贝克效应（Seebeck effect）；反之，若给材料通电，载流子在移动的同时会携带热能，从而不断将材料一端的热量吸收并传输到另一端释放，产生冷却的效果，此制冷效应称为佩尔捷效应（Peltier effect）。将 n 型和 p 型半导体热电材料按电串联、热并联的方式组合起来，即可制成温差发电器或热电制冷器，通过叠加单个材料的热电效应，可满足不同应用场合的需求。热电能量转换技术需同时具有性能优异且相匹配的 n 型和 p 型材料，从而实现高效的能量转换。

热电能量转换效率主要由材料的性能优值 $zT(=S2\sigma T/\kappa)$ 决定，优良的热电材料需要具有高的 Seebeck 系数以产生大的电势差，高的电导率 σ 以减少焦耳热损失，同时还需要低的热导率 κ 以防止热量散失。这几个参数相互依赖、相互耦合，难以独立调控，对上述热电参数进行解耦从而实现高热电优值 zT 一直是该领域长期以来的核心目标和难点。热电材料种类繁多，按工作温度区间可分为三种：室温附近（300~500K）、中温区（600~900K）和高温区（>1000K）热电材料。典型热电材料的热电优值随温度的变化如图 6.11 所示。

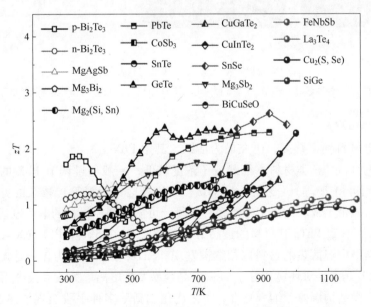

图 6.11　典型热电材料的热电优值随温度的变化

1. 室温附近热电材料

Bi_2Te_3 基化合物是最经典的热电材料体系之一，也是目前室温附近综合性能最好、真正实现商业化应用的热电材料。目前，Bi_2Te_3 基热电材料的研究主要是通过制备工艺创新来精细调控晶体缺陷和微观结构，进而实现性能的优化和提升。它的主要研究方向之一是纳米化，如通过机械合金化/高能球磨、熔融甩带等方法结合快速烧结技术（放电等离子烧结）来制备晶粒细小、包含多种晶体缺陷（点缺陷、位错等）的块体材料，从而降低热导率。采用球磨法和热压所获得 Bi_2Te_3 块体材料的热电性能优异，其室温热导率比区熔法生长的材料低 30% 左右，373K 时 zT 值达到 1.4。

近年来，多个新兴行业的发展对热电材料及其技术提出了更多要求，如可穿戴、异型化、智能化等，急需超级制冷器、柔性供电技术、微型能量供给与管理技术等，因此开发对应的多功能、高性能室温热电材料及其器件集成技术成为该领域研究的新兴热点。2018 年，第一种室温无机柔性半导体材料 Ag_2S 研制成功，它可以轻易地弯曲和扭折，如图 6.12 所示。基于纳米 Ag_2S 柔性半导体的新型高性能无机柔性热电材料和器件具有高电输运性能，在室温时热电优值最高为 0.44。20K 温差下，其最大归一化功率密度达到 0.08W/m，比目前最好的纯有机热电器件高 1~2 个数量级，有望在以分布式、可穿戴式、植入式为代表的新一代智能微纳电子系统等领域获得广泛应用。

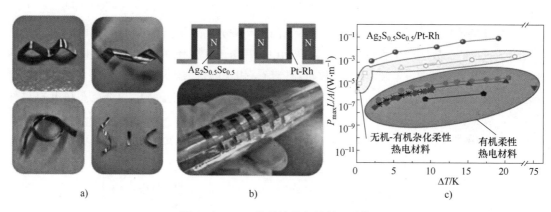

图 6.12　Ag_2S 基柔性热电材料及器件

a）Ag_2S 基材料的各种形状　b）Ag_2S 基柔性热电器件的设计　c）Ag_2S 基和其他柔性热电器件的性能

2. 中温区热电材料

中温区热电材料种类繁多，研究最为活跃，其中 PbX（X = S、Se、Te）是中温区性能良好的传统热电材料。这类材料本征载流子浓度较低，一般通过调节 PbX 的化学计量比及施主（碱金属元素和 Tl 等）、受主（Al、Ga、In 以及卤族元素等）掺杂的方式来改善电性能。此外，通过能带工程、纳米工程等多种手段，可协同调控材料的电热输运性质，优化其热电性能。目前，p 型 PbTe 基材料的最高 zT 值可达 2.3~2.5。除 PbX（X = S、Se、Te）和方钴矿，多种新型中温区热电材料也相继被发现。SnTe 与 PbX 同为 Ⅳ~Ⅵ族岩盐矿结构半导体，且不含 Pb 元素，对环境友好。SnSe 单晶容易发生解离，无法直接应用。在多晶 SnSe 中，通过掺杂、微结构调控、纳米复合、工艺优化创新等多种手段实现了热电性能的提升，因此，p 型和 n 型 SnSe 多晶材料的最高 zT 值普遍为 1.0~1.2。

典型中温区热电材料最佳热电优值对比如图 6.13 所示。

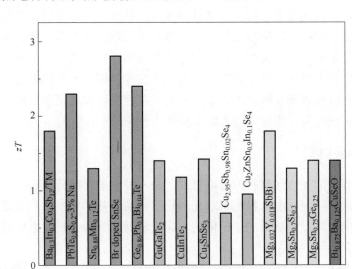

图 6.13　典型中温区热电材料最佳热电优值对比

3. 高温区热电材料

对于高温区热电材料，目前对传统材料 SiGe 的研究较少，而对类液态材料和半哈斯勒合金两类新兴热电材料体系的研究进展显著。

二元化合物 Cu_2Se 在高温下为快离子导体，Cu 离子亚晶格表现为类液态特征，具有"横波阻尼效应"，在增强声子散射的同时，降低了比热容，导致材料具有极低的热导率和很高的热电性能，由此开发出了一系列高性能铜基二元和多元类液态材料。通过亚晶格结构、相结构和微观组织结构等多尺度结构调控，多种 Cu 基类液态热电材料的 zT 值在高温下突破了 2.0。

半哈斯勒合金的化学式为 XYZ（X、Y 为过渡金属元素，Z 为主族元素），具有面心立方结构，空间群为 $F43m$，其中 X 和 Z 原子形成 NaCl 的晶体结构，Y 原子占据一半的四面体间隙位置。目前研究最多的体系是 MNiSn、MCoSb（M=Ti、Zr、Hf）和 RFeSb（R=Nb、V、Ta）。这类材料电学性能优异，然而本征高的晶格热导率制约了其热电性能的提升，可以采用纳米化和合金化等方法对其进行优化。结合球磨和热压工艺，获得了晶粒尺寸为 200nm 左右的块体材料，可通过增强晶界散射来减小热导率。p 型 $Zr_{0.5}Hf_{0.5}CoSb_{0.8}Sn_{0.2}$ 样品的 zT 值在 700℃ 时能达到 0.8，n 型 $Hf_{0.75}Zr_{0.25}NiSn_{0.99}Sb_{0.01}$ 样品的 zT 值在 600~700℃ 时接近 1.0。$(Nb_{1-x}Ta_x)_{0.8}Ti_{0.2}CoSb$ 材料，由于等电子 Ta 固溶会引起较大的质量场涨落，从而显著降低了晶格热导率，同时还保持了高的电输运性能，zT 值在 1200K 下达到 1.6。在器件方面，ZrNiSn/NbFeSb 热电器件的转换效率达到 6.2%，最大输出功率达到 8.9W；（Zr，Hf）NiSn、（Zr，Hf）CoSb 材料与 Bi_2Te_3 材料构成的 2 级器件，在热端温度 1013K、温差 698K 下的转换效率达到 12.4%。

4. 展望

热电材料及热电能量转换技术已成功应用于众多具有特殊限制的专业领域（如深空探

测器供电和小空间制冷），也初步应用于利用回收工业以及汽车尾气等多余废热进行发电，体现出其潜在的巨大商用价值。随着越来越多高性能热电材料的发现，以及高效热电器件的持续发展，热电直接转换技术将越来越完善、越来越成熟，未来将会拥有更多、更广阔的发展和应用。热电能量转换技术关联材料、物理、化学和计算材料学等学科，涉及与热电器件设计、制造以及应用等相关的热工程管理、电子工程等领域。针对热电能量转换技术面临的挑战与问题，应积极探索和发现对电热输运具有颠覆性的研究思路和策略并整合资源，在材料、器件、研究方法以及工程应用等方面取得革命性突破。

6.2.3 光电纳米材料

光电化学过程中的光活性材料即光电材料，是一种能把光能转换成电能、化学能或其他形式能量的功能性材料。光电材料是实现光电化学转换的基本要素，其电化学性质及光电化学性质是很多研究者开发新材料的理论依据。光电材料可分为无机光电材料、有机光电材料和复合光电材料。

1）无机光电材料。通过调控材料本身的形貌和尺寸表现出良好的光电化学性质，如 Si、TiO_2、CdS、ZnO。

2）有机光电材料。常见的有卟啉类、噬菌调理素、聚苯胺等。目前最受关注的是以金属钌为代表的一类有机金属配合物，它是由具有强的离子域共轭电子体系的配体与某些金属离子组合的带有光电化学活性的配合物。

3）复合光电材料。与单-光电材料相比，复合光电材料的光电转换效率更为优异。主要表现在：①碳纳米材料与无机半导体材料的复合，如碳纳米管/CdS 二维光电材料；②有机光电材料与无机光电材料的复合。

1. 光电转化性能原理

光作用下的电化学过程即分子、离子及固体物因吸收光使电子处于激发态而产生的电荷传递过程。当一束能量等于或大于半导体带隙（E_g）的光照射在半导体光电材料上时，电子（e）受激发由价带跃迁到导带，并在价带上留下空穴（h^+），电子与空穴有效分离便实现了光电转化。大于或等于带隙宽度的光的激发，产生非平衡载流子，它们在自建电场的作用下，会定向移动，导致表面电荷量改变。对于 p 型半导体，光生电子移向表面，光生空穴移向体相，n 型半导体则与之相反，其过程如图 6.14 所示。

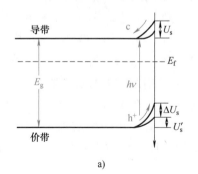
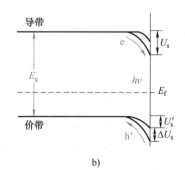

图 6.14 半导体类型

a）n 型半导体　b）p 型半导体

2. 光电纳米材料的应用

（1）太阳能电池　单晶硅和多晶硅太阳能电池是太阳能电池的主流市场产品。尽管如此，硅基太阳能电池还是存在明显不足，包括理论光电转换效率低、对太阳光中短波部分的利用率极低且电池容易发热等。为了提高太阳能电池的光电转换效率，人们一直在研究能够替代硅电池的新型太阳能电池。

CdSe 纳米结构材料具有极其优良的荧光特性。通过改变纳米微粒的尺寸，CdSe 的荧光光谱能够从红光变化到蓝光，其光谱宽度窄且对称性好，荧光稳定性高，荧光波长可精确控制，抗光致漂白能力较强。由于不同直径的 CdSe 纳米结构的禁带宽度能够覆盖 $470\sim700$nm 波段，其对可见光波段的吸收比硅、InP、GaAs 等更加有效。由于 CdSe 纳米结构具有独特的光学特征，从 20 世纪 90 年代起，全世界科学家就开始重点研究基于 CdSe 纳米结构的太阳能电池，包括在硅基太阳能电池表面生长 CdSe 薄层、CdSe 的叠层太阳能电池以及 CdSe 复合结构的太阳能电池等。

此外，钙钛矿纳米材料由于具有吸收系数高、量子效率高和成本低等优点，目前已广泛应用于制造太阳能电池。近年来，钙钛矿太阳能电池发展迅速，2009 年只有 3.8% 的功率转换效率，现在已经可以达到 25.2%。

（2）发光二极管（LED）　钙钛矿应用在 LED 中的一个重要优势是它们具有较高的色纯度，电致发光光谱的半峰宽为 $15\sim25$nm。另一个优势是发光颜色可调，只需改变不同卤元素组分的比例就可以在整个可见光区域对发射光的颜色进行调节。在 LED 的应用中，较小的晶粒尺寸具有更佳的光电性能，因为其限制了激子的扩散，增加了辐射的可能性。由于量子点可以发出良好的冷光，且具有较高的外量子效率，故其是良好的光发射材料，所以钙钛矿量子点作为 LED 的活性材料具有优秀的光学性能。通过控制钙钛矿层的形成，可抑制载流子的复合并且促进载流子注入传输层，保持电极处有良好的载流子提取，平均效率可提高到 16.6%，在无反射层结构中效率最高可达 19.3%。

（3）光电探测器　光电探测器性能需要满足 5S 标准，即高灵敏度、高信噪比、高光谱选择性、高速度、高稳定性。基于铟掺杂的 Ga_2O_3 纳米带制备的光电探测器，其具有高的光响应度（5.47×10^2A/W），量子效率为 2.72×10^5%，暗电流可低至 $10\sim13$A；此外，该光电探测器具有较宽的光响应范围和较强的综合性能。在化学气相沉积合成的高晶体质量的氧化镓纳米线的基础上，制备了氧化镓纳米线网络结构的日盲型紫外探测器件，该探测器在 6V 偏压下，无光照射时其器件的电流为 3.37×10^{-11}A，与有光照射时的电流（1.138×10^{-9}A）相比，相差约 30 倍。

6.3　环境领域的纳米材料

环境领域的纳米材料是指三维中至少有一维的尺寸处于 $1\sim100$nm 范围的材料，或者以它们为基本单元构成的材料，这些材料具有环境领域所需的光电催化、吸附、萃取分离等特殊性能。纳米材料的快速发展为解决环境所面临的各种问题提供了很好的理论基础和技术支持。将纳米材料应用到环境保护和环境治理领域，改进或研究出全新的大气污染、水污染和固体废弃物的预防和治理方法，提高功能纳米材料对环境污染物的吸附、催化降解和分离分析等性能，是环境领域发展的重要方向。

6.3.1　纳米材料在污染物吸附去除中的应用

研究和了解纳米材料的热学性质及规律，对于深刻认识纳米材料的本质有着十分重要的意义。由于纳米材料具有较大的比表面积和表面原子占比，其表面能和表面张力随粒径的减小而急剧增加，从而具备了纳米材料独有的小尺寸效应、表面效应、量子尺寸效应及宏观量子隧道效应等特点，使得纳米材料的热学特性不同于相对应的宏观材料，并且在不同领域具有广阔的应用前景。

1. 吸附去除水中有机污染物

溶剂、溶质和吸附剂之间的净吸引力构成了吸附剂吸附溶剂的作用力。目前已经提出的碳纳米材料吸附有机物的作用力有五种，包括疏水作用、π-π 相互作用、氢键、共价键与静电作用，作用力大小与碳纳米材料和有机物的性质有关。

（1）疏水作用　疏水作用是碳纳米材料吸附有机污染物，特别是疏水性有机污染物的主要作用力。碳纳米材料如多壁碳纳米管（MWCNTs）等有疏水性区域，疏水作用在其吸附有机物时起到重要作用。例如，环己烷不能与碳纳米颗粒形成氢键和 π-π 相互作用，因此由范德华力产生的疏水作用力是碳纳米材料吸附环己烷的主要作用力。疏水作用力的大小可以用吸附质的水溶解度大小衡量，溶解度越小，疏水作用力越大。

（2）π-π 相互作用　π-π 相互作用在带有苯环的纳米材料表面吸附含有 C=C 键的有机污染物分子中起到重要的作用。这些有机污染物分子中的 π 电子能与纳米材料表面苯环中的 π 电子形成 π-π 相互作用。例如，芳香族化合物被石墨烯吸附时，石墨烯表面与化合物形成的主要就是 π-π 相互作用，这种作用可以通过核磁共振、拉曼、荧光等技术验证。

（3）氢键　当有机污染物或纳米材料表面具有—COOH、—OH、—NH$_2$ 等官能团时，氢键便成为一种重要的吸附作用力。有机物分子中的—COOH、—OH、—NH$_2$ 可作为氢供体，碳纳米材料表面的苯环作为氢受体，两者相互作用可形成氢键。同时，纳米材料表面的—COOH、—OH、—NH$_2$ 等官能团也可作为氢供体与其他受体形成氢键。但是，溶液中的水分子也可以与纳米材料形成氢键，且键能更大。因此，对于不具有氢供体的溶质分子，氢键不是吸附的主要作用力。

（4）共价键　有机污染物和纳米材料表面如果均带有—COOH、—OH、—NH$_2$ 等官能团，它们之间就能形成共价键。共价键的键能大，作用力强，因此以共价键的形式吸附到纳米材料表面的有机物分子相对不容易脱附。纳米材料可以通过羧基化、重氮化、酰胺化、自由基反应、氟化和酯化等反应与有机污染物形成共价键。

（5）静电作用　静电作用力与有机物和纳米材料的电荷性质有关。若有机污染物和纳米材料表面带相反的电荷，则两者之间便会产生静电吸引力；反之，两者带同种电荷就会产生静电斥力。例如：在 pH 值大的条件下，天然有机质和酚类化合物电离为阴离子，而碳纳米材料自身带负电荷，两者之间便形成静电斥力，会导致污染物吸附量减少；反之，在 pH 值小的条件下，天然有机质和酚类化合物在碳纳米材料表面的吸附量就会增加。

纳米材料吸附有机污染物的过程中，影响其吸附速率及吸附能力的因素主要包括纳米材料的性质、有机污染物的性质、环境因素（包括 pH 值、离子强度以及溶解性有机质等）。纳米材料的比表面积是评价其吸附能力的一个重要指标。例如，研究者研究了三种表面积不同的纳米材料（SWCNTs、MWCNTs、富勒烯）对有机污染物菲的饱和吸附量与其比表面积的关系，发现比表面积越大，对菲的饱和吸附量越大。但是，比表面积不是决定吸附容量的唯一因素。孔隙度以及孔径、孔容等也是吸附材料较为重要的物理性质。例如，随着 MWC-NTs 孔径和体积的增大，其对溶解性有机质（DOM）的吸附量也增大。

纳米材料的吸附性能还取决于其表面化学性质。研究表明，表明氧化处理会减弱碳纳米管对萘、氯酚和间苯二酚的吸附。例如，研究者用含氧量不同的氧化碳纳米管吸附萘有机物，将吸附等温线拟合后得到饱和吸附量，然后用饱和吸附量对含氧量作图，发现随着含氧量的增大，饱和吸附量减小，即表明对萘的吸附能力减弱。

有机污染物的分子大小、形状构型决定了有机物如何利用纳米材料的吸附位点。例如，采用碳纳米管（CNTs）吸附硝基化合物时，有机物分子大小对吸附速率有较大影响，大分子有机物有较高的吸附能，所以分子大小差异越大，混合吸附中被吸附物质的分离越明显。另外，分子结构不同的有机物与非均质表面有不同的相互作用力。例如，有机污染物在 CNTs 表面的吸附亲和力大小顺序为非极性脂肪烃<非极性芳烃<硝基芳烃。硝基芳烃吸附作用最强的原因可能是硝基芳烃作为 π 电子受体，高极性石墨片层作为 π 电子供体，两者组成了 π-π 电子供体受体体系；非极性芳烃比非极性脂肪烃更易被吸附则是由于芳香烃中的 π 电子可与石墨片层的 π 电子耦合。

溶液 pH 值、离子强度等环境因素能够显著影响纳米材料对有机化合物的吸附。pH 值主要通过影响可离解有机物及纳米材料表面官能团的电离程度而影响吸附。pH 值升高，电离程度增大，溶解度增大、亲水性增强。例如，CNTs 对环境中的天然有机物或间苯二酚、除草剂等有机污染物的吸附随着 pH 值的升高而降低。

离子强度对纳米材料吸附有机化合物影响的研究相对较少。从理论上分析，离子强度能影响纳米材料表面的双电层厚度及可离子化有机化合物的电离程度，从而可在一定程度上影响吸附作用，特别是静电吸附作用，但对不可解离的非极性有机化合物的吸附作用的影响应该不显著。

2. 吸附去除水中重金属离子

重金属污染废水的处理方法主要有化学沉淀、氧化还原、溶剂萃取分离、膜分离、离子交换处理、生物处理以及吸附等方法。其中，吸附作为一种重要的物理化学方法，在重金属废水处理中已有应用。纳米材料对重金属的吸附机理主要包括静电作用、化学络合作用、阳离子-π 作用以及离子交换作用等。

（1）静电作用　纳米材料对金属离子的静电吸附主要通过纳米材料表面的负电荷与金属离子的正电荷形成的静电作用力。水体中的纳米材料表面具有双电层结构。当溶液中的 pH 值较大时，纳米材料表面带负电荷，带正电荷的金属离子便可以通过静电作用力进入纳米材料的双电层，此时双电层被压缩，纳米材料的绝对 ζ 电位减小。

（2）化学络合作用　纳米材料表面的含氧官能团与重金属离子的化学络合是纳米材料吸附重金属的重要作用力。水溶液中，金属离子以水合离子形式存在，当中心金属原子与吸附材料表面含氧官能团的键合作用较强时，水合金属离子部分脱水，形成内层表面配合物；当键合作用较弱时，则形成外层表面配合物。络合的重金属离子不易被其他碱金属交换。

（3）阳离子-π 作用　纳米材料表面的离域 π 电子可以充当 Lewis 酸，而水合重金属离子可以充当 Lewis 碱，Lewis 酸和 Lewis 碱之间形成 π 电子供受体相互作用，即阳离子-π 作用。例如，疏水性的 CNTs 表面接近电中性，其外表面双电层很薄甚至没有，但其石墨烯层上存在离域 π 电子，可与金属离子通过阳离子-π 作用，从而吸附重金属。

（4）离子交换作用　纳米材料表面的双电层内存在一定量的电解质离子，重金属离子可与这些电解质离子发生离子交换而被吸附。重金属离子也可以与纳米材料表面酸性官能团中的 H^+ 发生交换形成络合物。此外，重金属离子还能取代某些已与含氧官能团形成络合物的重金属离子。例如，Co^{2+} 可通过交换 Fe_3O_4 表面的 Fe^{2+} 而被吸附。离子交换作用与重金属离子的价位和水合离子半径有关，一般价位越高、水合离子半径越小的重金属离子与纳米材料具有越强的交换能力。

纳米材料的物理性质（大小、表面积以及表面电荷等）和化学性质（表面官能团、杂质）是影响重金属在水溶液中吸附的重要因素。纳米材料具有大的表面积，能为重金属的吸附提供较多的位点。纳米材料表面电荷的性质及大小对其吸附重金属的能力有重要影响。重金属离子更容易吸附到带有较多负电荷的纳米材料表面，净电荷差异越大，越利于吸附。例如，表面氧化处理的 CNTs 对重金属离子的吸附容量更大。这是由于氧化处理增大了 CNTs 表面的电负性，同时氧化处理增加了 CNTs 表面的含氧官能团，从而增强了对重金属离子的络合反应，增大了吸附容量。

重金属的性质包括离子半径、化合价、电荷与离子半径比以及电负性等均会影响其在纳米材料表面的吸附。然而，重金属性质对吸附作用没有统一的结论。一般认为，离子半径小的重金属离子更容易穿过纳米材料表面的固/液边界层而被吸附；而由于空间位阻效应，半径大的重金属离子能迅速占满吸附位点。例如，Zn^{2+} 的离子半径（7.4nm）小于 Cd^{2+}（9.7nm），MWCNTs 对 Zn^{2+} 的吸附量（0.14mmol/g）大于对 Cd^{2+} 的吸附量（0.05mmol/g）。

溶液 pH 值是控制纳米材料吸附重金属最重要的因素之一。溶液 pH 值会影响纳米材料表面的电荷性质与电荷量，纳米材料表面带有电荷时利于其分散与稳定悬浮，若呈电中性则会团聚。团聚会减少有效的表面吸附位点。溶液 pH 值也能改变重金属离子的存在形态，从而影响其吸附。例如，当 pH 值处于某个范围，金属主要以 $M(OH)^+$ 和 $M(OH)_2$ 形式存在时，表观吸附量会迅速增加，因为出现了重金属的沉淀。随着溶液 pH 值的增大，金属的主要存在形态变为 $M(OH)_3^-$，OH^- 会与其产生竞争吸附，而且此时纳米材料表面一般会带负电荷，两者都不利于重金属离子的吸附。

3. 吸附去除水中无机阴离子

纳米材料对无机阴离子的吸附研究较少，其吸附机理主要包括静电作用、化学络合作用和离子交换作用。与重金属阳离子相反，无机阴离子带负电荷，能够在静电引力下进入带正电荷的纳米材料的双电层。通过静电作用吸附到纳米材料表面的阴离子会压缩双电层，从而减小纳米材料的 ζ 电位绝对值。例如，$Fe(OH)_3$ 纳米颗粒可通过静电作用吸附环境中的 ClO_4^-。一定 pH 值条件下，阴离子还可以与纳米材料表面的-M-OH_2^+ 和-M-OH 等官能团发生化学络合作用。此外，当纳米材料表面呈电中性时，阴离子还可以通过离子交换作用被吸附。例如，有研究发现，Al_2O_3/CNTs 复合材料能够强烈吸附水中的 F^-，主要是由于 Al_2O_3 在水中的脱质子化和羟基化作用，使其表面形成了-Al-OH_2^+ 和-Al-OH 等官能团，可以同时通过静电作用、化学络合作用以及离子交换作用吸附 F^-。

与吸附有机污染物和重金属类似，纳米材料比表面积、微孔性质、电荷性质、官能团种类及数量都会影响其吸附无机阴离子的效果。一般来说，纳米材料的表面积越大，可提供的吸附位点越多,对环境中污染物的吸附容量越大。例如,三种比表面积不同的碳纳米管材料中,SWCNTs(比表面积为 $418.3m^2/g$)、DWCNTs(比表面积为 $618.8m^2/g$)、MWCNTs(比表面积为 $176.4m^2/g$)对 ClO_4^- 的吸附量分别是 $1.127mg/g$、$1.499mg/g$、$0.288mg/g$。

溶液的 pH 值会影响纳米材料的表面电荷性质及阴离子的离解程度,从而影响两者间的吸附作用。例如,如图 6.15 所示,$Al_2O_3/CNTs$ 吸附 F^- 时,pH 值≤3.0 及 pH 值≥10.0 时,其吸附作用较弱。这是因为 pH 值<3.0 时,Al_2O_3 会溶解为 Al^{3+},与 F^- 络合形成 AlF^{2+}、AlF_2^+ 等带电的络合物,与带正电荷的 CNTs 表面相互排斥;当 pH 值>10.0 时,溶液中大量的 OH^- 会与 F^- 产生竞争吸附。

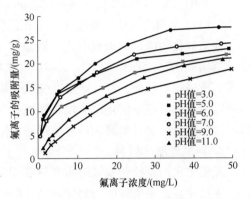

图 6.15　不同 pH 值及不同氟离子浓度条件下 $Al_2O_3/CNTs$ 对氟离子的吸附量

吸附体系中与被吸附阴离子共存的阴离子浓度较高时会减弱纳米材料对吸附质阴离子的吸附,而且不同的共存阴离子的影响也不同,主要是因为阴离子之间会互相竞争吸附位点。例如,DWCNTs 吸附 ClO_4^- 时,无共存阴离子时,吸附量为 $0.31mg/g$,加入 Cl^-、NO_3^-、SO_4^{2-} 后,吸附量分别减少到 $0.23mg/g$、$0.19mg/g$、$0.11mg/g$。

6.3.2　纳米材料在污染物催化降解中的应用

随着世界经济的发展,环境生态安全受到的威胁与日俱增,新的难降解污染物不断出现,排放量不断增加,即使废水经过处理后达标排放,仍可能存在生物毒性。传统的污染控制技术已经难以解决这些问题,亟待开发具有更强分解能力、更快处理速度、可有效去除毒性物质的新技术。针对这一问题,纳米技术在以催化材料为核心的电催化、光催化、臭氧催化氧化等污染控制领域受到高度关注。这是因为体相材料尺寸缩减到纳米尺度(<100nm)时,这些材料会具备小尺寸效应、表面效应、量子尺寸效应等,这些效应能够大幅度改善污染处理能力。

1. 纳米电催化材料

电催化反应,指在电场作用下,电极表面发生的一系列由电子转移导致的化学反应,其中电极材料起催化剂的作用,可以降低反应活化能或提供新的反应路径,从而起到加速反应或使本不能发生的反应得以进行的作用。与块体电催化电极材料不同,纳米材料颗粒尺寸与双电层厚度及电子隧道传输距离等电化学参数接近,对双电层结构、电荷迁移动力学和传质动力学产生有益影响,进而表现出更高的电催化活性和可控的选择性。因此,如何把纳米材料负载在电极表面,获得高效的电催化材料,在污染控制领域有着广阔的应用前景。近年来,已经有不少纳米电催化材料表现出良好的污染物电催化分解能力,包括贵金属和金属氧化物等纳米电催化材料。

贵金属催化剂的尺寸减小到纳米尺度后,各晶面暴露在表面的比例发生变化,某些晶面数占绝对优势,如果暴露晶面的催化活性高,则催化剂性能提高。但是,催化剂尺寸减小后,也可能出现大量台阶、扭曲、边缘,这些位置对氧原子的电子亲和势高,容易吸附氧,造成催化剂失活。以 Pt 为例，Pt 是目前公认效率最高的电催化材料，Pt 的尺寸对催化性能影响很大。研究表明，Pt 颗粒尺寸对其催化分解目标物（如氧分子）的性能影响不明显，而优势暴露晶面的变化则显著影响其催化性能。对于氧分解反应，Pt（111）面的催化活性高于（100）面，当颗粒尺寸减小到 2nm 时，（111）面暴露最多，催化活性最高；继续减小尺寸，（111）面的完整性被破坏，催化活性降低。

金属氧化物电极的构成方式一般是在 Ti、Zr、Ta 等金属基体上沉积微米或几百纳米尺度的金属氧化物（TiO_2、PbO_2、SnO_2）颗粒形成薄膜电极。这类电极比石墨导电性好且更稳定，价格相对较低，且可通过改变氧化物结构和成分来控制催化性能。因此，金属氧化物纳米电催化材料在电催化污染控制领域有一定的实际应用。例如，PbO_2 电极的导电性能好、析氧过电势高，而且耐腐蚀，对苯酚等污染物的电催化降解效果较好。

2. 纳米光催化材料

光催化在污染控制领域的研究早在 1976 年就已经开始，Carey 等用 TiO_2 粉末成功地实现了光催化分解水溶液中的多氯联苯。随后，该研究领域得到了迅速发展，人们研究了光催化剂对水中多种常见污染物的降解情况。然而，这些块体光催化剂对光能的利用效率低，速度慢和能耗高限制了该技术在污染控制领域的应用。纳米技术为提高光催化剂对光能的利用效率并促进光催化技术向实用化发展提供了机遇。纳米光催化剂与块体催化剂有两处明显的不同。①纳米光催化剂存在量子限域效应，该效应导致导带底升高或价带顶降低，氧化能力得到提高；②纳米材料尺寸减小后，光生电荷迁移到催化剂表面的路径变短，增加了有效分离的机会。

以 TiO_2 光催化纳米材料为例（图 6.16），通常情况下，光催化纳米材料的主要构成部分为一个空的高能价带与一个充满电子的低能价带，在两者之间存在禁带。如果照射此半导体催化剂的光能量等于或大于半导体，那么会激发价带电子（e^-）至导带，有高活性电子在导带中生成，进而价带有空穴（h^+）产生，出现空穴对。在电场作用下，空穴和电子分离，进而迁移至粒子表面不同位置。而空穴、电子和 TiO_2 表面水会发生反应，进而使 H_2O 氧化成 ·OH 自由基，电子（e^-）本身的还原性相对较强，可以还原 TiO_2 固体表面 O_2 为活性氧，此类活性物质存在还原作用与氧化作用，进而完成光催化降解。

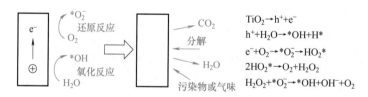

图 6.16　纳米材料光催化降解环境中污染物的原理

纳米光催化材料包括纳米异质结材料、光子晶体、金属有机框架（MOF）光催化材料等。这些材料虽然种类繁多，但是本质上，都是围绕着光吸收、电荷分离和表面反应三个方面来提高能量效率的。提高能量利用效率是目前光催化技术走向实际应用的关键科学问题。

纳米异质结材料是利用异质结促进电荷分离进而对污染物实现良好的光催化降解性能。构建异质结是在有光照的情况下，光生电子和空穴在内建电场的作用下向相反的方向迁移，电荷分离效率提高，从而提高光催化性能。早期有研究报道了纳米异质结光催化材料的污染控制性能，使用 Al_2O_3 模板制备出 TiO_2 纳米管并在其表面沉积 Pt 层，然后除去 Al_2O_3 模板获得 TiO_2-Pt 纳米管阵列异质结，其光催化降解空气中甲苯的动力学常数是 TiO_2 纳米管的 7 倍。因此异质结光催化材料在污染控制领域受到广泛关注，研究成果逐渐形成体系。

金属有机框架（MOF）本质上是多孔结构的配位聚合物晶体，由链状有机分子通过共价键连接中心原子组成。MOF 材料具有光催化功能是因为其具有类似半导体的能带结构。例如，MOF-5（中心为 Zn 基金属簇，周围连接 6 个对苯二甲酸二甲酯）的带隙为 3.4eV，导带底为 0.2eV，光生空穴氧化能力比 TiO_2 更强。MOF 材料在光催化污染控制领域的应用研究可追溯到 2006 年，以 Co、Zn、Ni 为中心原子，以苯二羧酸为配体的三种 MOF 被用于光催化降解染料。苯二羧酸的两个羧基分布于苯环两侧，夹角为 180°，反应位阻很小，利于催化反应，这种结构还利于长孔道形成。从多孔结构促进传质的表面酸位有利于催化的特点可以推断，MOF 能够改善光催化过程的界面反应速率。

3. 纳米臭氧催化材料

臭氧能够氧化多种有机污染物并具有杀菌能力，分解后产生的氧气对人体无害，因此在污水深度处理、饮用水净化和空气净化等领域被广泛使用。然而，臭氧虽然能够氧化多种有机物，但是不能矿化，且臭氧在水中自身分解速度较快，但氧化分解污染物的速度很慢，利用率很低。非均相臭氧催化氧化是解决上述问题的有效途径。即在催化剂的作用下臭氧被催化分解，彻底氧化分解污染物，提高矿化程度。但是这些一般是块体臭氧催化剂，其面临的主要问题是作为催化中心的表面氧缺陷数量少、活性有待提高；另外，金属溶出、活性位中毒等影响催化剂稳定性的问题也需要改善。由于纳米尺度的催化剂具有分散性好、比表面积大、活性位多等优点，利用纳米尺度的催化剂有望提高催化活性、解决块体催化剂面临的主要问题。常见的纳米臭氧催化剂包括纳米金属氧化物及介孔材料等。

纳米金属氧化物臭氧催化剂的催化作用中心是 Bronsted 酸位或 Lewis 酸位，分别由表面羟基和金属阳离子构成，水中的金属氧化物表面可能形成羟基和金属阳离子，其浓度取决于溶液的 pH 值。CeO_2 是研究得较深入的纳米臭氧催化剂，能通过 Ce 阳离子价态变化进行催化反应。例如，臭氧能把 CeO_2 中的 Ce^{3+} 氧化成 Ce^{4+} 并生成氧化性自由基，吸附在催化剂上的污染物向 Ce^{4+} 传递一个电子把 Ce^{4+} 还原成 Ce^{3+} 并产生氧缺陷，以氧缺陷为反应中心，吸附在催化剂上且失去一个电子的污染物与自由基发生反应并被分解，然后脱附，完成一个催化循环。在这一过程中，氧缺陷是分解污染物的关键。氧缺陷形成所需能量及其稳定性在 CeO_2 颗粒内部和表面有显著不同。只有表面氧缺陷才能引发催化反应，表面氧缺陷受材料尺寸和暴露晶面的影响。材料尺寸缩小到纳米范围，材料表面占总体积的比例增加，更容易形成表面氧缺陷，因此纳米尺寸 CeO_2 的催化性能优于块体材料。

介孔材料（如分子筛、介孔 Al_2O_3）是指孔径为 2~50nm 的多孔材料，由于具有比表面积大、孔道有序、孔径分布范围窄等特点，特别适合利用其孔道作为反应"容器"，把臭氧、催化剂和污染物限制在狭小空间里，形成有利的传质条件。例如，污染物分解产生的副产物需通过孔道向外迁移，在此过程中其接触催化剂和臭氧的机会仍较多，继续降解甚至矿化的机会也比非介孔催化材料高。介孔材料在臭氧催化氧化领域主要作为载体，几乎所有的金属氧化物催化材料和大部分金属催化剂都能通过负载在介孔材料上来提高催化效率。作为催化剂载体，这些介孔材料的重要优点是限制催化剂生长，获得比介孔还小的纳米颗粒并均匀分布在介孔材料框架内，借助前面提到的纳米催化剂的优势和介孔对反应的促进作用来提高臭氧催化氧化的效率。

6.3.3　纳米材料在环境分析方面的应用

1. 纳米材料在样品前处理中的应用

迄今为止，环境样品前处理仍然是环境样品分析中的瓶颈，其中，针对复杂环境基质的痕量污染物开发高效率和高选择性的吸附材料是样品前处理的关键问题和研究热点。纳米材料具有骨架密度低、比表面积大、孔径尺寸可调控、表面可修饰、化学和物理性质稳定等优点，这为其在固相萃取、分散固相萃取、固相微萃取、磁固相萃取、基质固相分散萃取等样品前处理领域提供了更多的可能。

自 1985 年富勒烯 C_{60} 的发现，纳米结构的含碳材料在提取和预浓缩痕量有机污染物方面表现出了优异的性能和广阔的前景。例如，科学家合成了 $g-C_3N_4$ 二维石墨相碳氮化物材料（图 6.17）。在 $g-C_3N_4$ 的基础上以廉价的葡萄糖为碳源，三聚氰胺和三聚氰酸为前驱体，可实现无模板合成多孔石墨相碳氮化物/碳（$g-C_3N_4/C$）复合微球。制备的 $g-C_3N_4/C$ 复合材料呈多孔微球状，由相互连接的三维（3D）纳米片组成。所得的复合材料比表面积大，具有多尺度微孔，提供了丰富的 ORR 活性位点，有利于电荷转移；赋予其高效的吸附/解吸能力，以提取和预浓缩痕量化学品。

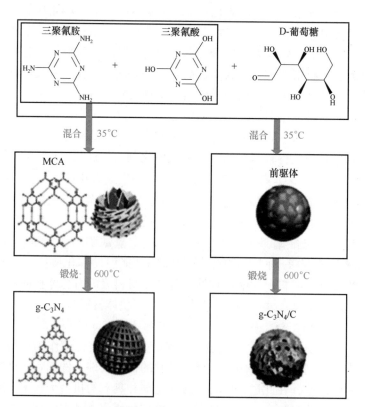

图 6.17　$g-C_3N_4$ 和 $g-C_3N_4/C$ 的合成示意图

此外，聚合物基纳米材料，如金属有机框架（MOF）、干凝胶和核壳层等，具有优良的性能，如大的比表面积、可调控性和开放的金属孔径，使其比其他材料更有前景。Wulff 和

Sarhan 在 1972 年引入了分子印迹聚合物（MIPs），主要通过乙烯基单体的自由基聚合产生。最近，MIPs 已被证明在分离、传感、免疫测定、药物递送、生物成像、催化和样品制备中均具有广泛的应用。由于其高选择性和负载能力，MIPs 可作为样品制备中的吸附剂，用于痕量化学物质的萃取/预浓缩。此外，它们具有低成本，易于制备，可重复使用，并且其在各种 pH 值和温度下都具有高稳定性的优势，使其成为有效的吸附剂材料，可以预浓缩环境样品中的有机污染物。

另外，从各种样品中分离和预浓缩各种痕量分析物的还有磁性纳米材料。磁性颗粒的尺寸界于纳米至微米范围内，其中磁铁矿（Fe_3O_4）最常用于复合材料。为增强它们的物理化学性质，将各种化学复合物（如氧化铝、二氧化硅、氧化锰、碳纳米材料和分子印迹聚合物、壳聚糖和表面活性剂等）涂覆在磁铁矿颗粒的表面，可以极大地增强它们的吸附性能。例如，基于石墨烯和氧化石墨烯的磁性纳米粒子、多壁碳纳米管—磁性纳米材料、金属有机骨架聚合物—磁性纳米粒子、分子印迹聚合物—磁性纳米材料、聚合物包覆的磁性纳米材料、金属和混合氧化物纳米粒子和硅涂层磁性纳米材料均已作为磁性固相萃取（MSPE）中的吸附剂，用于萃取和预浓缩各种有机污染物，如多环芳烃、土壤和空气中的有机氯农药、杀菌剂、单环芳香胺、双酚 A 和有机磷农药等。这对于绿色分析化学和环境科学领域有着重要的实践意义和广阔的发展前景，近年来已有研究者将机械化学法和磁性固相萃取相结合，建立一种机械化学磁性固相萃取（MCMSPE）法，采用磁性纳米材料为吸附剂，将样品、磁性纳米材料、陶瓷珠和溶剂组合在一起，一步完成对目标分析物的高效提取与富集。结果表明，在溶液中高速移动的磁性纳米材料有助于提高 MCMSPE 的效率，同时作为分离和富集目标分析物的选择性吸附剂。由此，磁性纳米材料和磁性固相萃取相结合的方法，为固体样品的快速提取提供了相对高效和特异性较高的一步快速提取方法，具有操作简单、耗时短、用量少、成本低的优点，还为固体样品中其他类型化合物的检测提供了新的思路。

2. 纳米材料在分离分析中的应用

（1）纳米材料在毛细管电泳中的应用　　毛细管电泳（CE）是指溶质以电场为推动力，在毛细管中按淌度差别而实现高效、快速分离的新型电泳技术。与传统电泳及现代色谱技术相比，CE 具有仪器简单方便、分离效率高、速度快和样品用量少等优点，广泛应用于生命科学、化学和环境科学等领域，现已成为一种相当普遍的微量分离分析方法。

纳米材料在毛细管电泳中的应用有不同方式。纳米材料可以通过化学键合静态涂敷和静电作用动态涂渍的方法制成毛细管涂层，或被直接添加到电泳缓冲溶液中发挥作用。例如，将纳米金应用于毛细管电泳中的毛细管壁内，纳米金通过与巯基、氨基和氰基等化学基团共价作用连接到毛细管壁基质表面，如纳米金可通过正十二烷基硫醇与毛细管内壁的 3-氨基丙基三甲氧基硅烷（APTMS）或 3-巯丙基三甲氧基硅烷（MPTMS）发生反应而固定，以便通过反相色谱分离硫脲、苯甲酮、联苯以及拟除虫菊酯杀虫剂。在固载纳米金之前，使用氟化氢铵刻蚀毛细管，或溶胶-凝胶技术进行毛细管预处理，可以提高内壁表面积，增大样品与涂敷固定相之间的相互作用。

近年来，人们还发展了各种动态固载制作金纳米涂层的方法。例如，通过静电作用和疏水作用将十八胺修饰的纳米金颗粒直接固载在毛细管壁内表面；用聚二烯丙基二甲基氯化铵（PDDA）涂敷毛细管内壁构成阳离子层，该阳离子层可通过静电作用将带负电的纳米金颗粒动态负载到毛细管壁内表面。随着纳米组装技术的发展，人们发明了 layer-by-layer 多层纳米颗粒的固载新方法。使用该技术构建多层金纳米结构可以分离杀虫剂和类固醇药物等物质，其中毛细管内壁预先经过硅烷化处理，并通过连接臂（硫醇）将多层纳米金逐层沉积在毛细管中。多层纳米材料的引入大大增加了毛细管内的比表面积，提高了分离效率。

纳米材料涂敷在毛细管内壁作为色谱固定相是一种开管电色谱柱技术，涂敷（尤其是静态涂敷）的方法虽然能够制备稳定的涂层，但通常需繁琐的制备过程，于是人们同时发展了将纳米材料直接作为缓冲液添加剂的方法。由于纳米材料具有比表面积大的突出特点，使得纳米材料上的官能团与样品分子相互作用更加充分。因此，样品的迁移速度发生变化，电渗流也随之改变，分离选择性得到了提高。例如，研究人员分别制备了使用柠檬酸和巯基丙酸离子稳定的两种金纳米材料，并将其添加到毛细管电泳电解质溶液中。该纳米材料的引入改变了芳香酸和芳香碱同分异构体的分离选择性，并且提高了柱效。

（2）纳米材料在微流控芯片电泳中的应用　在芯片的微通道进行电泳是电泳技术的一次新的变革，其具有速度快、分离柱效高以及可灵活组合和规模集成等突出优点；其作为微流控芯片实验室的主体分离部分，具有广阔的应用前景。目前，纳米材料在微流控芯片电泳中的应用基本是在毛细管电泳中应用的基础上发展起来的，与毛细管电泳不同，芯片是构建微纳米结构体系并在生物分离中发挥微机电加工技术优势的唯一载体。通过运用先进的光刻和化学刻蚀技术，可以在微流控芯片上制作各种结构和尺寸可控的纳米结构，结合外加电场的灵活使用，有望建立和整合不同分离机制，实现各种对象的分离。

纳米材料在微流控芯片电泳中的应用也具有不同的方式。与毛细管电泳类似，纳米材料可通过化学键合静态涂敷的方法为芯片制备涂层，另外也可以直接添加到电泳缓冲溶液中发挥作用。将纳米材料涂敷到微通道内壁，可以增大被检测物与填料之间的接触面积，提高分离塔板数，从而提高分离效率；纳米材料表面基团的优化也能提高分离的选择性。2001年，纳米材料被引入微流控芯片电泳中，研究者通过静电作用力将聚乙烯吡咯烷酮（PVP）、聚氧化乙烯（PEO）和13nm的纳米金逐次涂敷在聚甲基丙烯酸甲酯（PMMA）的微通道内壁上，同时梯度改变溴化乙锭的浓度，能高效（7min）完成UGT1A7的多聚酶链式反应产物的分离。后来通过改进内壁涂敷过程，在PMMA芯片通道上先后涂敷PEO和PVP两次，再涂敷表面经PEO改性的金纳米材料，90s内分离了Hae Ⅲ酶切消化分枝杆菌热休克蛋白65的基因片段，分离塔板数达到170万塔板/米。

纳米材料也可作为缓冲溶液添加剂材料应用于芯片电泳中。纳米材料的结构（如聚合物纳米材料的亲疏水片段）和尺寸等对电泳分离起到不同的作用。聚合物或无机纳米材料可以应用于DNA的电泳分离。例如，有研究采用微流控芯片电泳实现了高速高分辨的宽分子量DNA片段（1~15kbp）的分离，其中便添加了聚合物纳米材料。该纳米材料由交联的疏水性聚乳酸纤维内核和亲水聚乙二醇外壳构成，被添加到电泳的缓冲液中，不仅起筛分作用，而且使引入的DNA片段在电场作用下发生堆积聚焦。这样能够减小样品谱带扩张，同时双压力注射技术的引入可以提高分离效率及分辨率。

3. 纳米传感器在环境分析中的作用

纳米材料具有比表面积大、反应活性和催化效率高、吸附能力强等特点，这些特性使之成为最有前途的传感材料之一。纳米材料对温度、光、湿气等环境因素非常敏感，外界的改变会迅速引起表面或界面离子价态及电子运输的变化，响应速度快、灵敏度高、选择性优良，由此而建立的纳米传感技术在环境痕量污染物检测中展现出巨大的应用潜力。

与传统的传感器相比，纳米传感器尺寸小，精度、灵敏度、响应时间等性能更佳。人们已成功设计了多种类型的纳米传感器，包括基于碳纳米材料、金属纳米材料、硅基纳米材料以及其他纳米材料的纳米传感器，并实现了其在重金属离子、农药等环境痕量污染物检测中的应用。

在基于碳纳米材料的纳米传感器方面，由于碳纳米管和石墨烯独特的金属或半导体导电性、极高的机械强度和吸附能力、良好的导电性能而成为纳米传感技术中服务于环境污染检测的理想材料。碳纳米管具有良好的导电性，其修饰电极可以大大促进电极和电活性物质之间的电子转移，因此基于其构建的电化学生物传感器应用于环境分析中具有灵敏度高、稳定性好等优点。例如，研究者将磁性 Fe_3O_4 纳米粒子和碳纳米管等功能性材料相结合构建了酪氨酸酶生物传感器，其可用于农药的检测。由于 Fe_3O_4 纳米粒子具有良好的生物兼容性，碳纳米管能够有效地促进电子传递，该纳米传感器具有响应速度快、检测灵敏度高和稳定性好等优点。在石墨烯纳米材料中，碳原子为 sp^2 杂化，贡献出一个 p 轨道上的电子形成大 π 键，π 电子可以自由移动，使得石墨烯具有优良的导电性能和生物电催化性能，因此成为制备电化学生物传感器的一种理想电极材料。例如，研究人员将芳香性小分子芘酸盐通过 π-π 相互作用吸附于石墨烯表面，制备了具有单片结构的水溶性石墨烯，与肌红蛋白一起构建了传感器。该传感器对亚硝酸盐表现出良好的检测性能。

金属纳米粒子，尤其是金纳米粒子或银纳米粒子，具有很高的消光系数和依赖大小、形状的光电性质，比表面积大，体积比大，且表面可以修饰多种功能基团，可作为纳米传感器应用于环境污染物分析。纳米金溶液的颜色与纳米金颗粒的间距及纳米金聚集体的大小有关，某个靶标分析物或一个生物过程直接或间接引起纳米金的聚集都可以通过纳米金溶液颜色的改变而被检测出。例如，研究者将巯基修饰的 DNA 在纳米金颗粒表面进行组装，制备成纳米金-DNA 复合物结构，并通过 DNA 与靶物质的结合，改变纳米金的分散-聚集，建立了一系列高灵敏度纳米金比色传感检测平台。在此基础上，基于金纳米比色传感器的分析方法也广泛应用于环境检测。如图 6.18 所示，基于待测物与 DNA 的特异性反应导致纳米聚集而引起颜色变化，研究者实现了环境污染物 Hg^{2+} 的选择性检测。

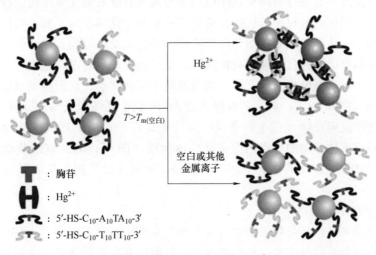

图 6.18 基于纳米金标记 DNA 探针的比色法 Hg^{2+} 检测传感器示意图

硅基纳米材料具有优异的电子、力学及光学等性质，尤其是硅纳米线材料，受到很大的关注。硅纳米线的表面积大、表面活性高，对外界环境因素的敏感度高，外界环境的改变会迅速引起表面或界面离子价态电子输运的变化，具有响应速度快、灵敏度高、选择性好等特点，基于此可以构建硅纳米线场效应晶体管传感器，用于环境污染物高灵敏特异传感分析。例如，研究人员制备了基于硅纳米线阵列的场效应晶体管传感器，用于爆炸物三硝基甲苯（TNT）的高灵敏度、快速、免标记在线检测。该方法的检测限可达 10^{-15} mol/L 以下，可用于空气和水样品中 TNT 的直接在线测定，无须样品前处理和浓缩。

6.4　纳米机械

6.4.1　纳米马达

纳米技术的飞速发展推动了一批前沿研究领域的兴起。纳米马达是一种纳米器件，可有效地将外界的能量转化为自身的机械能，从而具备主动运动的独特优势。此外，功能化修饰后，其可在微观环境执行特定的任务。因此，在科技发展趋于精细化的大背景下，纳米马达以其独有的优势在生物医学、环境治理、微纳制造等领域表现出显著的优势和广阔的应用前景。从 2004 年第一个金-铂（Au-Pt）双金属纳米马达问世，人造纳米马达迅速引起全世界科学家的广泛关注，它的研究热潮很快渗透到化学、生物学、物理学、医学等学科，成为当今纳米材料研究的前沿热点。纳米马达运动的本质是能量的转化，而这种能量转化需通过纳米材料的性质和结构来实现。根据刺激来源的不同可以将纳米马达分为化学驱动型和物理驱动型。

1. 化学驱动型纳米马达

化学驱动型纳米马达是指通过化学反应将化学能转化成马达机械能的一类马达。构建化学驱动型纳米马达的必要条件有两个：①材料本身需具有较好的化学反应活性；②结构需呈现不对称的状态。利用纳米材料与底物在特定体系下发生化学反应，其不对称结构使产物在马达周围分布不均，从而形成多种驱动机制驱动的马达运动。目前，化学驱动型纳米马达根据驱动机理的不同可以分为自电泳、自扩散泳以及气泡驱动。自电泳是指化学反应的离子产物使马达周围产生局部微电场，导致马达周围的离子定向移动，从而推动马达往与流体移动相反的方向运动（图 6.19a），第一个被报道的 Au-Pt 双金属纳米线马达即自电泳机理驱动；自扩散泳是指化学反应产物（带电离子或中性分子）在马达周围形成的浓度梯度场引发扩散作用，导致相应流体运动的反作用力推动马达运动（图 6.19b）；气泡驱动是指化学反应产物为气体分子且产率较高的情况下，在马达局部形成连续气泡，从而产生对马达的推动力（图 6.19c）。

2. 物理驱动型纳米马达

物理驱动型纳米马达是指利用纳米材料在外加物理场刺激下的响应特性，有效地将物理场能量转化为马达本身机械能的一种纳米器件。目前主要有光驱动型、磁驱动型、超声驱动型和电驱动型。

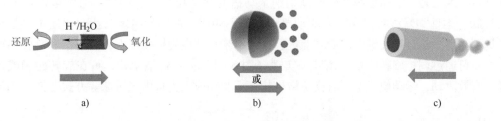

图 6.19　化学驱动型纳米马达的驱动机理示意图

a）自电泳　b）自扩散泳　c）气泡驱动

（1）光驱动型纳米马达　光驱动马达顾名思义，是指可将光能转化为马达机械能的一类马达。光响应型纳米材料是构建纳米马达的必要条件之一，利用光响应材料可构建出多种不同机制驱动的纳米马达。例如，利用光催化纳米材料 TiO_2、ZnO 等构建光催化型纳米马达，可在光照下发生光催化反应，从而有效地将光能转化为马达的机械能，其驱动机制和化学驱动类似（图 6.20a），有自电泳、自扩散泳和气泡驱动三种，区别在于，这里所有的驱动机制都只在光照条件下才会被激活；利用光致分解材料 AgCl 构建纳米马达，可在紫外光下分解，其产物在马达周围分布不均形成浓度梯度，进而产生扩散作用推动马达运动（图 6.20b）；利用纳米 Au 颗粒构建的光热驱动型纳米马达，可在光照条件下把光能转化为热能，进而转化为马达的机械能（图 6.20c）；利用基于偶氮苯的光响应型液晶弹性体，可在光照条件下发生形变，直接将光能转化为马达的机械能（图 6.20d）。由此可见，光响应型纳米材料在光驱动马达中扮演着十分重要的角色。

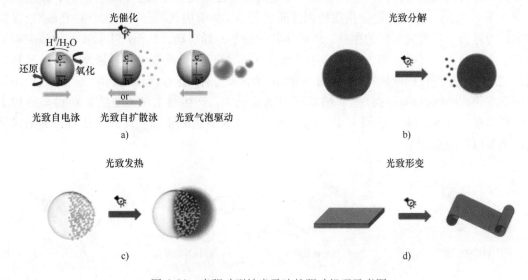

图 6.20　光驱动型纳米马达的驱动机理示意图

（2）磁驱动型纳米马达　利用磁响应纳米材料构建纳米马达，可有效地将磁场能量转化为马达的机械能。此外，由于磁性材料赋予马达磁性，通过控制外加磁场的方向可有效控制马达的运动方向。由于可以远程操控磁场驱动马达，可穿透生物组织对马达的运动行为进行操控，且对生物体副作用小，因此，磁驱动型纳米马达在生物医学上有广阔的应用前景。

目前，Fe、Ni、Fe_3O_4 等是构建磁驱动型纳米马达的常见材料。这些材料通常被设计成螺旋状、棒状、柔性纳米线等结构，其驱动机理也各不相同。螺旋状纳米马达的驱动主要是在旋转磁场下激活，沿自身长轴方向旋转前进；棒状纳米马达在旋转磁场下，有翻滚和旋转两种运动模式，可通过调控旋转磁场的角度来实现（图 6.21a）；柔性纳米线，可在旋转磁场或振荡磁场下有效驱动，运动模式主要有模仿微生物鞭毛驱动或人类自由式游泳等方式（图 6.21b）。

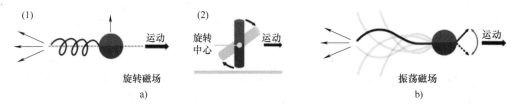

图 6.21　磁驱动型纳米马达的驱动机理示意图

（3）超声驱动型纳米马达　超声波具有良好的生物相容性，且具有远程可控性，因此，超声驱动型纳米马达在生物医学上也具有较好的应用前景。超声驱动型纳米马达的构建，主要基于设计独特的纳米结构或使用超声响应型纳米材料。超声驱动的马达驱动机制主要分为声压推进、空化效应推进、固液界面振荡推进（也称为鞭毛推进）和声致汽化推进。声压推进通常发生在具有不对称结构的纳米马达中，在超声波的影响下产生不对称声压，形成局部声流（液体由声能量耗散引起的净流体流动），使得马达在压力梯度下运动（图 6.22a）；空化效应推进是指马达具有一个或多个疏水微型空腔，浸入液体中，气泡被困在空腔中，在声波的作用下，气泡振荡，在空腔周围产生定向的空化微流，并对空腔施加压力，推动马达运动（图 6.22b）；鞭毛推进是指在超声波的激发下，具有尖锐部分的纳米马达在固/液界面的固体边界会发生较大振幅的振荡，像微生物的鞭毛一样摆动，从而产生微流，导致尖端周围有定向的微流，其反作用力推动马达运动（图 6.22c）；声致汽化推进通常是指纳米马达内部装载了易于汽化的液体物质或空腔中捕获有纳米气泡，这些液体或纳米气泡在超声诱导下内部空化，液体迅速汽化膨胀，纳米气泡迅速长大，产生强大的推进力，使得马达像子弹一样移动（图 6.22d）。由此可见，超声驱动型纳米马达的驱动机理和马达自身的纳米结构和纳米材料息息相关。

图 6.22　超声驱动型纳米马达的驱动机理示意图

（4）电驱动型纳米马达　电能作为一种常见的能量，也是驱动纳米马达的一种重要方式。电驱动模式目前主要有四种：①电泳：在直流电场中，带电纳米粒子向带相反电荷的电极迁移（图 6.23a）。②介电泳：在交流或直流电场下，纳米粒子被极化，产生感应偶极子。在非均匀直流或交流电场的作用下，粒子被吸引到最高电场强度区域（正介电泳）或从最高电场强度区域排斥（负介电泳）（图 6.23b）。③感应电荷电泳（ICEP）：由于构成 Janus 纳米粒子两种材料的电特性不同，在均匀交流电场下，将产生不同程度的电极化。电极化强的材料表面电渗流强，电极化弱的材料表面电渗流弱，因此，整个纳米颗粒周围形成不平衡电渗流，电渗流较强端的反作用力较大，导致粒子朝电渗流弱的方向移动，即朝电极化弱的材料一端移动。由于材料的极化方向与外加电场的方向平行，因此纳米粒子往往向垂直于施加的交流电场方向移动（图 6.23c）。④二极管整流电泳：由于二极管电极具有整流效应，在二极管内部形成电子定向移动，类似自电泳机理，二极管周围产生微流将相反电荷输送到二极管的对应端，其反作用力推动二极管朝反方向运动（图 6.23d）。由此可见，带电纳米材料或导电性较好的纳米材料，如金属等，本身可构建电驱动型纳米马达。若使用两种纳米材料构建纳米马达，则要么两种材料具备不同的电响应特性，要么两种材料可形成二极管结构，在两种材料之间形成电荷的定向传输。

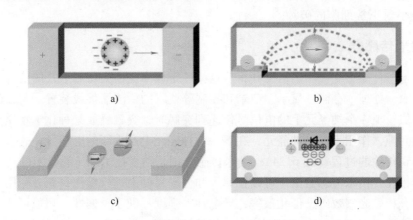

图 6.23　电驱动型纳米马达的驱动机理示意图

a）电泳　b）介电泳　c）感应电荷电泳　d）二极管整流电泳

　　此外，将具有不同性质的纳米材料进行组合，可制备出混合动力马达。混合动力马达具有更加灵活的运动调控方式，应用范围更加宽泛。例如由 Pt/Au/Ag/Ni 多种金属纳米段组成的马达，其中 Pt-Au 纳米段如前文提到的经典的双金属纳米线马达，可实现化学驱动中的自电泳驱动，对于 Ag-Ni 纳米段，由于 Ni 为磁性材料，Ag 为柔性部分，可通过旋转磁场模仿精子，旋转尾部而推进，实现磁场驱动。因此，该磁-化学驱动混合动力马达具备化学能和磁能的双重转化，可通过化学燃料浓度和磁场旋转频率两种参数对马达的运动速度进行调控，从而具备更加灵活的运动控制方式。通过将不同特性纳米材料进行灵活组合和对精细的纳米结构进行巧妙设计与制备，目前，磁-超声、磁-化学、光-超声、化学-超声等多种混合动力型纳米马达被相继报道，为纳米马达的发展提供了更多的可能。

　　纳米马达由于其尺寸小、运动可控、可功能化等独特的优势，在生物医学、环境治理、微纳制造等领域表现出优越的应用前景。从材料的角度，马达的功能化来源于两个方面：①源于构建马达材料自身的特性。例如，基于镁（Mg）的纳米马达在生物医学领域表现出突出的优势。Mg 可以与水反应并产生氢气，利用这一特性，Mg 基不仅可以为马达提供驱动力，还可以实现多种生物治疗，如癌症活性氢化疗和精确的类风湿关节炎治疗等。此外，Mg 可以与光催化剂结合使用，以改善高持久性有机磷酸盐神经毒剂的原位矿化，转化成无害产物。同样，金纳米粒子的光热效应不仅可以成为马达的光热驱动力，而且可以用作光热治疗的光热传导剂以杀死癌细胞。②源于马达表面功能化修饰。纳米 Au 是构建马达常用的一种纳米材料，Au-S 共价键是一种稳定且易形成的化学键，广泛用于材料科学的界面修饰工程领域。例如，在 Au/Ni/PANI/Pt 微管马达的 Au 表面通过 Au-S 共价键修饰刀豆球蛋白 A（ConA）凝集素生物受体，利用马达的自驱动优势，可实现高效的细菌分离。除了在生物领域的应用，通过在马达表面修饰对应的功能化分子，还可实现检测、传感、捕获等功能，广泛应用于环境修复领域。纳米马达的表面化修饰不局限于功能分子，将生物膜包覆在纳米马达表面，可大幅提升马达的生物相容性以制备出更先进的仿生马达，在生物医学领域具有更加重要的意义。例如将红细胞膜包覆到超声驱动型金纳米线马达表面构建的仿生纳米马达，不仅在生物流体中表现出更好的生物相容性，同时在红细胞膜的海绵效应和纳米马达的高速驱动的协同作用下，该仿生马达可快速清除生物流体中的毒素，减小对正常细胞的破坏。

6.4.2 纳米传感器

传感器是一种能感受被测量信息并将信息按一定规律变换为所需形式的信息输出，以满足信息的传输、处理、存储、显示、记录和控制等要求的检测器件或装置。与人的刺激反应产生过程类似，上一个神经元上的电信号传递到突触时，突触释放某种化学物质，化学物质扩散，穿过间隙，作用下一个神经元，在下一个神经元上产生新的电信号，这就是一个信号检测、转换和传输的过程（图 6.24）。纳米传感器则是纳米技术和传感技术的巧妙结合，与传统传感器相比，纳米传感器由于可以在原子和分子尺度上进行操作，充分利用了纳米材料的反应活性、拉曼光谱效应、催化效率、导电性、强度、硬度、韧性、超强可塑性和超顺磁性等特有的性质，因而具有许多显著特点，如灵敏度高、尺寸小、响应时间快、成本低、操作简单等。纳米传感器共同享有一套工作程序，即分析物的选择性结合，传感器与元素相互作用产生的信号以及将信号处理为对应的指标。随着纳米技术的发展，纳米材料因其独特的光学、电子、化学和力学性能为传感器提供更多新颖的构思和方法。纳米粒子、纳米管、纳米线、纳米带、纳米薄膜、纳米纤维和纳米探针等多种纳米结构相继开发并应用于纳米传感器领域，并由最初的单相结构发展为纳米复合结构、纳米自组装结构、纳米阵列及薄膜嵌镶体系等，不断地为纳米传感器赋予更多的特性与优势。纳米传感器既可以指纳米级尺寸的传感器，也可以指执行纳米级测量但本身不是纳米尺度的器件，这两种概念都被普遍接受。根据检测对象，可大体分为化学纳米传感器和物理纳米传感器两大类。

被测物　　传感器　　　处理器　　　执行器　　检测结果

信号输入与识别　　信号转化与分析　　信号输出与调制

图 6.24　传感器流程示意图

1. 化学纳米传感器

化学纳米传感器是基于检测由于纳米级化学反应引起纳米材料中的化学量的变化（如

成分、浓度、元素、化合物状态等）来获取化学信息并把信息转换为某种信号加以传输与处理。它是一种能利用化学性质、化学效应以及化学吸附、电化学反应等原理，将某些化学成分、浓度等转换为与之有对应的检测信号的传感器。纳米化学传感是学科交叉的新发展，由于其具有高选择性、高灵敏度、响应迅速以及测量范围宽等特点，已广泛应用于生产、工业、环境、科研等领域。化学纳米传感器在世界纳米技术研究范围内掀起了热潮，它的产生及应用带来了常规传感技术所不能比拟的优越性。目前，化学纳米传感器主要有电化学传感器、光化学传感器、质量化学传感器和热化学传感器。

生物医学领域应用是化学纳米传感器的主要应用之一，而纳米生物传感器则是其中最为重要的一种。与化学传感器一样，它检测的也是化学量的变化，但是侧重于生物相关物质的检测，由于生物检测对象繁多且相关的纳米传感器已发展到一定的水平，因此，有时纳米生物传感器也会被单独作为一类纳米传感器。纳米生物传感器的基本流程包括特异性识别、吸附、基于生化反应信号或原有信号发生变化，以及检测分析信号并结果输出。其主要组成部分包括生物识别单元、传导单元和转换组件单元。其中生物识别单元是纳米生物传感器的核心，一般主要有酶、抗体、抗原、细胞、组织、DNA 等。人工合成的分子或其他具有相应生物性质的生物质也可作为纳米生物传感器的识别单元。生物功能化的纳米材料构建的纳米生物传感器，由于其具有较好的催化活性、导电性和生物相容性，可加速信号的转化与传递，可有效实现对靶标的快速、高灵敏响应。例如金和银纳米粒子，因为其在可见光区域呈现等离子吸光带，且该吸收带的位置可通过颗粒尺寸进行调控，其独特的光学性能和易于功能化的特点，广泛应用于生物传感器。碳纳米管（CNTs）由于其具有优异的力学性能和独特的电子性能，而成为纳米生物传感器的常用材料之一。有研究者利用碳纳米管负载高含量的酶和二抗，构建高灵敏前列腺特异性抗原（PSA）电化学免疫传感器，该传感器在小牛血清中对 PSA 的检测可以达到 40fg。另外，以金纳米粒子修饰的碳纳米管为载体来负载葡萄糖氧化酶和抗体构建信号放大体系，通过结合一次性免疫传感器阵列，实现了对多种肿瘤标志物的同时检测，该方法对癌胚抗原和 α-甲胎蛋白同时检测的检测限分别为 1.4pg/mL 和 2.2pg/mL。纳米生物传感器的潜在应用包括药物、污染物和病原体的检测以及监测。在生物学和医学研究上，用纳米传感器可测定各种细胞而不损害细胞本身。纳米电化学细胞传感器可快速、准确地发现细胞变化，从而利于早期病灶位置的诊断和临床分析。此外，还有一类新型的纳米生物传感器，基于人工合成的微纳米机器人、微纳米马达的驱动式生物传感器，通过在其表面修饰生物识别分子如核酸捕获探针、适配体等实现传感功能，协同微纳米机器人、微纳米马达本身具备的主动运动和可控运动特性，可实现更加精准、高效地传感和检测（图 6.25）。目前已报道的驱动式生物传感器有核酸传感器、免疫传感器、生物蛋白传感器及细胞传感器等。

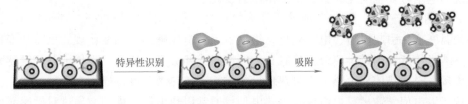

图 6.25　纳米电化学生物传感器利用分子之间的特异性识别检测电信号过程

此外，化学纳米传感器也被广泛应用于化工、环境等领域，如化工领域中的气氛控制，环境治理领域中的有毒气体检测等。化学纳米气敏传感器是应对这些实际需求的典型器件，它是一种利用各种化学反应效应将气体类别、成分、浓度按一定规律转换成电信号输出的纳米气敏传感器件，在气体环境中依靠敏感材料的电信号发生变化来实现气体传感。它的一般流程是，空气中的气体吸附在纳米片上引起表面化学反应，导致传感器电信号的变化，通过对电信号的处理和分析，可精确检测到空气中的特定气体的变化（图6.26）。气敏传感器上和敏感气体接触表面附着了一层纳米涂层作为敏感材料，用于改善传感器的灵敏度和性能。目前，纳米气体传感器中的敏感材料主要有金属纳米颗粒、金属氧化物、碳纳米管、多孔硅、有机聚合物薄膜等。

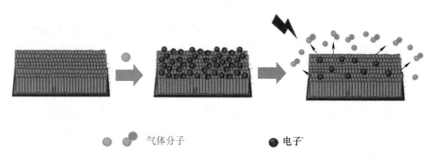

气体分子　　　　　　　　● 电子

图6.26　纳米片传感器在空气和气体中传感产生电信号示意图

2. 物理纳米传感器

物理纳米传感器主要有纳米机械传感器、热纳米传感器、磁纳米传感器和光学纳米传感器等。

（1）纳米机械传感器　纳米机械传感器主要用于测量位移、速度、加速度、力/扭矩、应力/压力、应变、刚度/顺度、质量/密度、形状/表面粗糙度、黏度、声音等。纳米机械传感器中有三种非常重要的纳米结构，即悬臂梁、桥、膜。这些纳米结构的动力学特性对于纳米传感器十分重要，主要有三个方面：①纳米结构的动态响应特性，决定了传感器的动态响应范围；②在一些测量惯性相关的纳米传感器中，纳米结构本身的动态特性也会被用于测量；③在谐振式纳米传感器中，纳米结构本身作为敏感元件，通过机电耦合，维持其在谐振状态，此时被测参量可对其谐振参数进行调制。因此，这些纳米结构在传感器中起关键性的作用。例如在机械传感器中压力检测是较为重要的应用之一，压阻式压力传感器是目前得到广泛应用的压力纳米传感器，其主要利用的原理是压阻效应，即材料受到压力时，其电阻或电阻率发生明显变化的现象，从而对压力进行检测。该压力传感器通常使用纳米或微米级的硅膜作为敏感元件构成检测系统，在有压力的作用下，膜会发生形变，膜的电阻发生变化，导致系统的电信号发生变化，进而检测出压力变化。

（2）热纳米传感器　热纳米传感器是测量温度、热量、能量或比热容等的器件，其工作原理是温度变化引起电阻、电压变化，根据电阻、电压随温度的变化规律可得知变化后的温度。热纳米传感器测量主要分为接触式和非接触式两大类。通常，当传感器的敏感元件和被测对象接触时，热信号由热源通过热传导的方式进入热敏元件，通常有两种方式：①敏感元件直接产生电信号输出，可以称之为热电型，通常以热电偶实现；②通过对敏感元件输出的信号进行调制，通常以热电阻、热敏二极管、热敏三极管等形式实现。碳纳米管电阻阻值发生变化的百分比为 600%，因此，可利用这种纳米材料制备出在低温下有效工作的传感器，如图 6.27 所示。

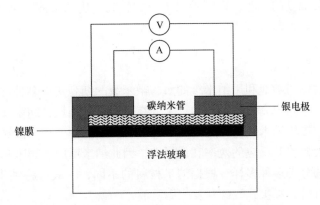

图 6.27　基于碳纳米管的电阻低温纳米传感器

　　（3）磁纳米传感器　磁纳米传感器的被测量主要是磁场强度、通量、磁导率等。磁纳米传感器不仅可以检测磁场，还可以检测位移、角速度、流速、加速度、压力和间距等。磁纳米传感器根据信号输出的形式不同，可分为霍尔纳米传感器、磁电导纳米传感器、磁致电流纳米传感器等。磁纳米传感器主流机制有霍尔效应和磁阻效应。当电流垂直于外磁场通过半导体时，载流子发生偏转，垂直于电流和磁场的方向会产生一附加电场，从而在半导体的两端产生电势差，这一现象就是霍尔效应，这个电势差又被称为霍尔电势差。磁阻效应是指某些金属或半导体的电阻值随外加磁场变化而变化的现象，包括各向异性磁电阻效应和巨磁电阻效应。各向异性磁电阻效应是指铁磁材料的电阻率随自身磁化强度和电流方向夹角改变而变化的现象。巨磁电阻效应是指磁性材料的电阻率在有外磁场作用时较之无外磁场作用时存在巨大变化的现象。巨磁电阻纳米传感器是目前最为主流的磁纳米传感器之一。其相对于霍尔纳米传感器和各向异性磁电阻纳米传感器，具有较多的优点：①允许物质电阻率随磁场产生较大的变化，具有更大的信号输出能力；②能适应变化较大的磁场而不被破坏，稳定性好；③可实现小空间的高精密封装等。巨磁电阻纳米传感器最主要的应用是数据存储，在硬盘中常作为读取探头使用。

　　（4）光学纳米传感器　光学纳米传感器的被测量主要是吸光度、反射率、荧光、折射率、光散射等。从构成材料的角度，主要有基于宏观分子、基于核壳粒子、基于金属微球、基于磁力-微球、基于高分子材料、基于溶胶-凝胶、基于量子点等几大类。此外，基于碳纳米管、硅纳米线以及其他纳米材料的光学纳米传感器也有被报道。光学纳米传感器的主要特征有精准检测（可进行细胞内检测）、可三维成像、毒性低、灵敏度高、抗干扰力强、特异性识别度高等。局域表面等离子共振效应（LSPR）是光学纳米传感器常用的机理，它是指当光线入射到由贵金属构成的纳米颗粒上时，如果入射光子频率与贵金属纳米颗粒或金属传导电子的整体振动频率相匹配时，就会发生局域表面等离子体共振，纳米颗粒或金属会对光子能量产生很强的吸收作用。金、银、铂等贵金属纳米粒子在紫外可见光波段展现出很强的光谱吸收能力，从而可以获得局域表面等离子体共振光谱。该吸收光谱峰值处的吸收波长取决于该材料的微观结构特性，如组成、形状、结构、尺寸、局域传导率等。由于 LSPR 吸收谱还对周围介质极其敏感，因此，可以利用不同物质引起 LSPR 的变化，通过光学信号实现对不同物质浓度、种类、成分的检测。基于 LSPR 现象的传感器可以做到无需标记，并且是无污染、实时、高灵敏度的检测，可广泛用于药物研究、生物检测、细胞标记、定点诊断、分子动力学研究及疾病诊断等方面。

6.4.3 纳米反应器

自然界中，生物体巧妙地利用纳米级的酶、微米级的细胞实现多种化学转化，以串联化学反应的形式在限域空间内完成新物质的产生。在材料科学领域，纳米反应器通过模仿细胞的行为，为化学反应提供纳米级的反应空间，并且对反应起到保护、限域、分隔大环境的作用，通过限域效应大幅提升反应的效率和选择性，因此纳米反应器越来越受到全球研究者的关注。纳米反应器的分类多种多样，根据纳米材料的不同，一般可将纳米反应器分为四种：嵌段共聚物、多孔材料、层状硅酸盐和反相微乳液。

1. 嵌段共聚物

嵌段共聚物是指由两种或两种以上性质不同的聚合物链段连在一起的特殊聚合物。由于不同组分之间不同功能与性质的组合，嵌段共聚物的性质呈现多样性，因此嵌段共聚物具有优异的可调控性。简单来说，通过选择具有适合的功能、性质的两种或多种单体聚合物进行聚合，控制聚合度可制备出所需粒径、形状，甚至特殊功能的纳米反应器（图 6.28）。

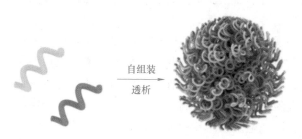

图 6.28　嵌段共聚物制备纳米反应器示意图

2. 多孔材料

多孔材料可以用于完成普通反应条件难以完成的化学反应，是一种可以制备纳米金属、半导体等具有纳米空间结构的常见纳米反应器。多孔材料通常是在孔道中制备非均相纳米材料，当多孔材料的孔道尺寸为纳米级别时，就可以将各个孔道看作纳米反应器。另外，多孔材料制备的纳米反应器由于材料本身的多孔特性（图 6.29），在吸附、分离甚至催化等领域都有很大的优势，并且在热学、力学等方面也具有优异的性能。

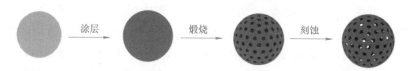

图 6.29　多孔材料纳米反应器的制备示意图

3. 层状硅酸盐

层状硅酸盐是指单体片层厚度为 1nm 左右的层状结构，是一种理想的制备纳米复合材料的纳米反应器（图6.30）。由于层与层之间的独立空间，层状硅酸盐作为纳米反应器可以使无机纳米材料/聚合物均匀分散以及无机/有机强界面结合和组装，并且在热学、力学等方面也表现出优异的性能。

图6.30　层状硅酸盐示意图

4. 反相微乳液

反相微乳液就是利用表面活性剂、油、水等形成热力学相对稳定的系统（图6.31），在这个系统中，形成的乳液是油包水反相微乳液（图6.31a），其中油为连续相。当少量水以及表面活性剂与油相以某个特定比例混合时，油相中就会形成通过表面活性剂稳定的纳米级水滴（图6.31b），这些水滴就是一个个纳米反应器。这种纳米反应器具有制备简单、使用成本低廉等优点。

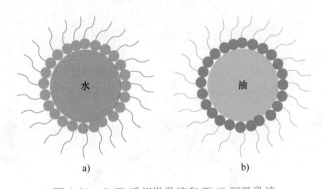

图6.31　O/W反相微乳液和W/O型微乳液

纳米反应器的关键特点之一是物质通过纳米材料的外表面进入内部从而触发纳米材料内部的活性物质。所以，如何将纳米材料的外壁设计成通透性可控尤为重要。随着纳米技术的发展，研究人员发现利用刺激响应性纳米材料制备纳米反应器，例如引入带有特定官能团的分子，可以解决控制纳米材料壁垒物质传输的问题。在受到刺激的情况下，纳米材料可以发生一系列的变化从而达到释放物质或调节通透性的目的，这些特定刺激包括温度、pH值、光线等。

某些纳米材料具有绿色环保、可调控等优点，可以将其设计成具有良好生物相容性的反应器，因此常被用于生物医学领域。目前，体内治疗或体内给药的思路一般都倾向于靶向到特定部位再进行下一步操作，这样可以进一步降低材料或药品对正常组织或细胞的伤害。因此，在纳米材料表面修饰靶向分子或表面包覆细胞膜，可以使其具有靶向性，进一步提高反应效率。此外，由于某些纳米材料本身具有独立、有限的内部空腔，可以作为纳米反应器将其他物质封装在这个空间内，以达到隔绝保护的效果，使其更加稳定。这种方法可以保护一些稳定性较差的或反应活性很高的物质，例如一些反应中间体（自由基、卡宾等），使其不受外界环境的影响。纳米反应器也可以保护有机染料甚至是反应中的一个活性位点，使反应具有高的选择性。不仅如此，还有一些纳米材料具有良好的导电性，且结构稳定性高、比表面积大，研究人员将其作为纳米反应器应用于电池中以提高电化学性能。综上所述，纳米反应器由于其独特的优势，已广泛地应用于多个领域，而这些独到之处都与纳米材料的特性以及结构设计息息相关。

6.4.4 纳米开关

传统意义上"开关"一词指的是一个可以使电路中电流流通或中断的宏观电子元件。当这个宏观开关变成纳米机械领域中纳米大小的纳米开关时，它的定义也完全区别于传统意义上的开关。通过给予纳米材料一个相应的刺激响应，使得纳米材料能够实现类似"开启"或"关闭"的状态变化，那么这种纳米材料便可以称为纳米开关（图6.32）。例如，生活中常见的植物含羞草，当含羞草的叶子被触碰到，叶片中敏感的薄壁细胞就会做出反应，减少细胞的膨胀，造成叶片紧闭，这时，含羞草中的一个个薄壁细胞就相当于一个个纳米开关。纳米化学领域中，许多纳米材料都具有这种纳米开关的特性，针对相应的刺激响应，做出不同的行为反应。根据刺激响应来源种类的不同，可以将纳米开关分为以下几种类型：光响应型纳米开关、pH值响应型纳米开关和温度响应型纳米开关。

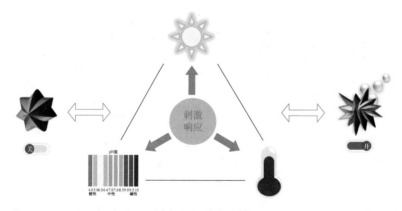

图 6.32　纳米开关

1. 光响应型纳米开关

光响应型纳米开关的基本原理是利用光作为一种外部刺激，当纳米材料受到光的刺激时，它能够将光能进行转化，从而通过精确地调谐光能的输入来直接或间接地控制纳米材料内部可逆的开启和终止。具有这种性质的纳米材料则被称为光响应型纳米开关。由于光具有可逆、无线和按需远程操纵的优点，精心设计的光响应型纳米开关可以以高精度的空间和时间分辨率控制着反应的开启和关闭。像光催化材料、光热材料和光致变色材料等在光照射下能够吸收光能，分别可发生光化学反应、光热转化、光异构化等光响应行为，因此，这些光活性材料是设计光响应型纳米开关的常用纳米材料。光催化卟啉金属有机框架材料就是一个典型的由光催化材料构成的光响应型纳米开关。这种光响应型纳米开关可以将可见光的能量转换为光催化固氮材料所需的反应活化能，通过控制可见光的开启和关闭来控制纳米开关的打开和闭合。以铝为金属节点，光敏剂卟啉为配体，铁为活性中心制备出的纳米开关，在可见光的刺激下，纳米开关被打开，此时活性中心铁中的电子吸收了可见光的能量，被激发到氮气分子的 π 反键轨道中，从而促进氮气分子活化，生成氨气。当可见光被移除时，因为缺少了光激发电子的生成，氮气分子就不会发生活化，相应的也就没有氨气的生成，这时纳米开关就处在一个关闭的状态，如图 6.33 所示。

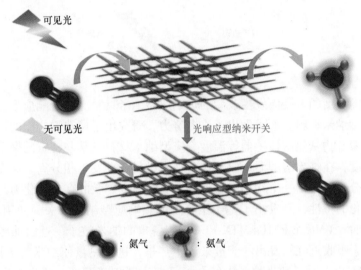

图 6.33　可见光控制的固氮光响应型纳米开关

2. pH 值响应型纳米开关

　　pH 值响应型纳米开关的基本原理是利用外界环境的 pH 值作为刺激响应，改变 pH 值使其达到一个特定的数值，从而导致纳米材料产生相应的化学行为。具有这种性质的纳米材料就称为 pH 值响应型纳米开关。通常纳米材料所处的外界环境都会使纳米材料保持着一种稳定的"休眠"状态，而有些纳米材料只有在特定的 pH 值条件下才能保持材料自身的稳定性，当它所处外界环境的 pH 值变大或变小时都会对纳米材料的稳定性产生一定的影响。例如磁性 MOF 材料 Fe@ZIF-8，由于 ZIF-8 材料在空气中具有持久的稳定性，在液态环境水溶液和强碱性的条件下也能保持相对的稳定性，但当 ZIF-8 所处外界液态环境的 pH 值变为酸性条件时，原本的稳定性就会因为外界环境 pH 值的改变而打破，从而导致 ZIF-8 水解（图 6.34）。由于这个因 pH 值改变导致材料水解的特性，使得 ZIF-8 材料成为一种很有应用前景的 pH 值响应型纳米开关材料。根据 ZIF-8 材料在生理环境（pH 值 =7.4）下保持着稳定状态，而在肿瘤细胞外环境（pH 值 =6）下便会水解的特性，运用 ZIF-8 材料负载一些纳米级药物形成一种装载药物的 pH 值响应型纳米开关，当这种纳米开关在人体中触碰到肿瘤细胞时便会由于 pH 值响应刺激，使开关打开释放药物来杀死肿瘤细胞。

　　3. 温度响应型纳米开关

　　在各种刺激响应的因素中，温度起着非常重要的作用。在生物领域中，温度与多种疾病的发生都有着密切的关系，如组织肿胀、癌症等。在纳米化学领域中，温度是影响纳米材料性能研究的一个重要参数。温度响应型纳米开关是由纳米材料周围外界环境温度的改变而引

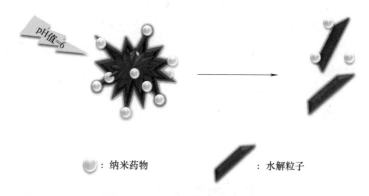

　　：纳米药物　　　　　　　　　　　：水解粒子

图 6.34　pH 值响应型纳米开关

起纳米材料性质随温度的改变而发生改变的热响应型纳米材料。随着响应型材料的发展，人们在开发热响应型纳米材料方面也做出了许多努力，研究出了像热响应型的稀土络合物、热响应型水凝胶和聚合物基热敏传感器等温度响应型纳米材料。某些特定的聚合物会表现出较低的临界溶解温度，在临界溶解温度以上这些纳米材料就会发生相分离，而在临界溶解温度以下，溶剂和大分子链处于一个均相中。因其能够将温度刺激的存在转化为与系统状态有关的化学或物理变化的特性，开发出了基于聚合物的热响应型纳米开关。使用黑色素-全氟己烷-甲氨蝶呤-聚乳酸（MeL@PFH@MTX-PLA）制备出的纳米粒子，近红外激光照射后，利用材料中的黑色素吸收近红外发出的能量来产生热量，这种热量使纳米粒子周围温度升高，当温度上升到50℃以上时，纳米粒子中的全氟己烷达到相变温度，便会产生气泡使纳米粒子中的甲氨蝶呤爆裂释放，实现特异性位点药物释放来治疗肿瘤（图 6.35）。近几十年来，温度响应型纳米开关在科学界引起了极大的兴趣，这些研究发现可能会为许多有前途的应用打开大门，如纳米医学、免疫分析、药物输送和酶回收。

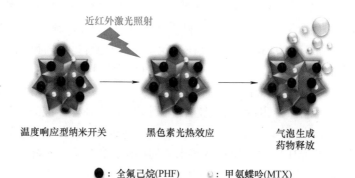

温度响应型纳米开关　　　　黑色素光热效应　　　　气泡生成
　　　　　　　　　　　　　　　　　　　　　　　　药物释放

　●：全氟己烷(PHF)　　　○：甲氨蝶呤(MTX)

图 6.35　MEL@PFH@MTX-PLA 温度响应型纳米开关

　　除了上述这三种比较常见的纳米开关，还有通过在纳米材料中加入特定的化学物质，使纳米材料与化学物质发生络合反应，从而达到类似开启或关闭的化学行为的络合响应型纳米开关；运用 DNA 独特的识别能力、结构特征、响应应答速率快、精确度高以及能够与各种物质响应等特点来制备出应用于生物传感动态装置的 DNA 纳米开关；利用纳米材料参与氧化还原反应过程，材料中的某些化学物质发生氧化态与还原态的改变，从而使纳米材料物理化学性质发生改变的氧化还原型纳米开关等。

总之，随着微纳米加工技术的飞速发展和纳米开关合成方法的日益成熟，人们将逐渐揭开纳米开关在针对刺激响应做出相应物理化学性质改变的奥秘。未来的纳米开关将会是一个功能强大的系统，面对不同的外界刺激响应，迅速地做出针对性的行为改变，确保在复杂的环境中完成相应行为状态改变的精确度。纳米开关结合了刺激响应前纳米材料的实用性和响应后性能改变的加工性，将各种刺激响应和纳米复合材料相结合，为具有更高复杂性和功能性的新一代智能材料打开新的视野。

6.5　生物医学领域的纳米材料

6.5.1　药物递送纳米材料

1. 药物递送纳米材料简介

药物治疗是疾病治疗的重要手段之一，但是目前临床上使用的药物大多在体内缺乏选择性和靶向性，这导致药物的生物利用度较低及毒副作用较大。随着纳米科学的发展，将纳米技术与疾病治疗相结合所产生的新型学科——纳米医学逐渐引起研究者的兴趣。其中，利用纳米制备技术将药物与有机、无机材料等以一定的方式结合获得的纳米药物引起了广泛的关注。与传统药物相比，纳米药物具有粒径小、比表面积大等特性，因此它具备许多传统药物不具有的优点。例如：它可以显著提高药物的溶解度，促进药物的吸收，并提高生物利用度；还可以增强药物对病变部位的导向性和对组织的渗透性，控制药物的释放，进而提高疗效，降低副作用。

药物递送纳米材料实现器官或组织靶向递送的机制主要包括被动靶向和主动靶向，如图 6.36 所示。

（1）被动靶向　被动靶向主要是利用部分组织或器官特殊的生理结构特点，实现对纳米材料的选择性吸收和富集。例如，网状内皮系统（如肝、脾等）的血管内壁可过滤纳米材料，再加上它们富含免疫细胞以及较慢的血流，使得它们与纳米材料的结合能力较强，为吸收纳米材料提供了充足的条件。因此，当纳米材料通过静脉注射后，很大一部分会被这些器官拦截，从而影响药物分布、代谢和清除。

肿瘤组织虽然不具有网状内皮系统器官的特点，但是其结构与正常组织有很大不同。研究表明，正常组织中的血管内皮细胞排列致密、结构完整，大分子和纳米颗粒不易透过血管壁；而肿瘤组织中血管丰富，血管壁间隙较宽、结构完整性差、淋巴回流缺失，从而造成大分子类物质和纳米颗粒具有高通透性和滞留性，这种现象称为实体瘤组织的高通透性和滞留效应，简称 EPR 效应。EPR 效应最先由日本科学家 Maeda 教授在 1986 年提出。他们的研究结果表明，当大分子的分子量大于 40kDa（kDa，相对分子质量，1kDa 表示相对分子质量为1000）时才会具有 EPR 效应，因为较小的分子会被肾脏过滤，但是其尺寸也不能过大，因为肿瘤血管内皮细胞间隙的尺寸平均约为 400nm，大于这个尺寸的颗粒也不易从肿瘤血管渗出。由此，一定尺寸的大分子或纳米颗粒会选择性地从肿瘤血管渗出，实现肿瘤组织的被动靶向和富集。

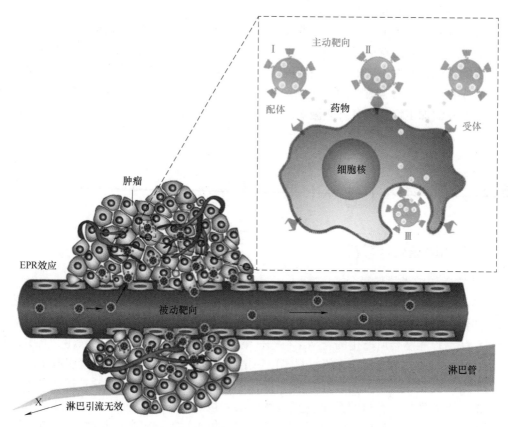

图 6.36　纳米材料被动靶向和主动靶向肿瘤组织和细胞示意图

通过 EPR 效应实现肿瘤富集的前提是纳米材料在血液中具有长循环的能力。一般认为，电中性的纳米材料最有利于长循环实现 EPR 效应。将纳米材料表面进行聚乙二醇（PEG）修饰可显著延长其在血液中的循环时间。这主要是因为亲水性的 PEG 能在纳米材料表面形成一层水合层，减少纳米材料与血液中蛋白的相互作用。PEG 化修饰的纳米载药系统已广泛应用于体内的药物输送，并有多个纳米药物产品已上市。需要特别指出的是，EPR 效应虽在小鼠肿瘤模型中得到了充分的验证，但其在肿瘤患者中的表现参差不齐，可能是因为患者的肿瘤异质性较强导致的。

（2）主动靶向　长循环纳米材料虽可通过 EPR 效应在被动靶向肿瘤部位，但是并不意味着就可以有效地将药物输送至肿瘤细胞。这是因为实体瘤中的组织间质渗透压较高，不利于纳米载体材料在肿瘤部位的扩散而接触内部细胞。其次，经 PEG 修饰的长循环纳米材料与细胞表面的相互作用减弱，减少了细胞对纳米载体的摄取。

肿瘤细胞表面会过量表达某些特征的标志物（如抗原或受体等），以利于吸收更多营养物质可以满足其迅速增殖的需要。通过在纳米材料表面接枝与这些标志物有特异性作用的配体等靶向分子，可以增强纳米材料对肿瘤细胞的识别和作用，从而实现将更多药物输送至肿瘤细胞的目的，这种手段称为主动靶向。目前，常用的配体分子主要包括两大类：一类是小分子配体，包括叶酸、半乳糖残基等；另一类是抗体等大分子配体，如多肽、单抗等。接枝靶向分子的纳米材料可通过与肿瘤细胞表面过表达的受体分子进行特异性的结合而实现主动靶向功能，这种载体最大的优势在于增加靶细胞对纳米载药系统的摄取，从而有效解决富集后纳米颗粒进入细胞的问题，提高药物的疗效。实验证明，利用主动靶向纳米载药体系输送抗癌药物，可提高对靶细胞的选择性，与非靶向纳米药物载体相比，显示出优越的抗肿瘤疗效，但目前尚没有主动靶向纳米药物获批上市。

2. 药物递送纳米材料的种类

常用于药物递送的纳米材料主要包括：聚合物纳米颗粒、脂基纳米颗粒及无机纳米颗粒，如图 6.37 所示。其中，聚合物纳米颗粒又可以划分为聚合物囊泡（polymersome）、聚合物胶束（polymer micelle）、树枝状大分子（dendrimer）等。脂基纳米颗粒包括脂质体（liposome）、脂质纳米粒（LNP）、纳米乳（emulsion）等。无机纳米颗粒种类繁多，主要包括二氧化硅纳米颗粒（silica NP）、荧光量子点（quantum dot）、氧化铁纳米颗粒（iron oxide NP）、金纳米颗粒（gold NP）等。

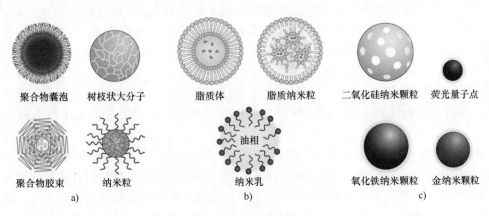

图 6.37　常见的药物递送纳米材料
a）聚合物纳米颗粒　b）脂基纳米颗粒　c）无机纳米颗粒

（1）聚合物纳米颗粒　聚合物纳米颗粒由于具有生物可降解性、水溶性、生物相容性、仿生性和储存稳定性，是理想的药物输送材料，其可由天然或合成高分子材料制备。根据纳米颗粒制备技术不同，可以获得不同结构的聚合物纳米颗粒。药物可以被封装在聚合物纳米颗粒核内、嵌入到聚合物基质中、与聚合物进行化学偶联或表面结合。荷载的药物可以是疏水和亲水化合物，也可以是具有不同分子量的小分子药物、生物大分子药物、蛋白质和疫苗等。通过调节纳米颗粒与药物的组成、稳定性、反应性和表面电荷等性质，可以精确控制药物的载荷效应和释放动力学。下面介绍几种具有代表性的聚合物纳米药物载体：

1）聚合物囊泡。聚合物囊泡主要是由两亲性高分子组装获得的人工囊泡，可与脂质体相媲美，且表现出更好的稳定性和药物滞留效率，使其成为向细胞质递送治疗药物的有效载体。通常用于药物递送的聚合物囊泡包括 PEG 和聚二甲基硅氧烷（PDMS）。

2）聚合物胶束。聚合物胶束是由两亲性高分子组装形成的具有疏水内核和亲水壳层的纳米球，可以保护水性药物的运输和改善循环时间。聚合物胶束可以装载从小分子到蛋白质的各种药物类型，并已在临床试验中用于递送癌症治疗药物。

3）树枝状大分子。树枝状大分子是一种高度规整的支化聚合物，具有复杂的三维结构，其质量、尺寸、形状和表面化学可被精确控制。树枝状大分子外部的活性官能团可以使生物分子或造影剂偶联到表面，而药物可以装入内部。树枝状大分子可以装载许多类型的药物，但最常见的研究是核酸和小分子的递送。目前有几种树枝状大分子产品正在进行临床试验，如抗炎剂、转染剂、外用凝胶和对比剂。

（2）脂基纳米颗粒　作为一种重要的药物递送系统，脂基纳米颗粒具有许多优点，包括配方简单、生物相容性好、生物利用度高、可调的物理化学特性及生物学特性。基于这些原因，脂基纳米颗粒是 FDA 批准的纳米药物中最常见的类别。

1）脂质体。脂质体是最典型的脂基纳米颗粒之一，由磷脂组成，可形成单层和多层的小泡结构。这使得脂质体可以携带和传递亲水、疏水和亲脂药物，它们甚至可以将亲水和亲脂化合物吸附在同一个系统中，从而扩大其使用范围。脂质体通常需要 PEG 化表面修饰，以延长其循环时间。

2）脂质纳米粒。脂质纳米粒与传统脂质体最大的不同是它们在粒子核心内形成胶束结构，其形态可以根据配方和合成参数改变。脂质纳米粒通常由四种主要成分组成：阳离子或可电离的脂质（与带负电荷的遗传物质复合，有助于内涵体逃逸）、磷脂（颗粒结构）、胆固醇（有助于稳定性和膜融合）、聚乙二醇脂质（提高稳定性和循环）。脂质纳米粒广泛用于核酸药物递送。可电离脂质纳米粒是这些核酸疗法的理想载体，因为它们在生理 pH 值下具有接近中性的电荷，但在酸性内涵体中具有电荷，以促进内涵体逃逸到细胞内释放。

（3）无机纳米颗粒　金、铁和二氧化硅等无机材料已被用于合成纳米结构材料，用于各种药物递送和成像等应用。这些无机纳米材料经过精确配制，可以被设计成各种尺寸、结构和几何形状。此外，由于其基材本身的特性，无机纳米颗粒具有独特的物理、电、磁和光学特性。由于其磁性、放射性或等离子体特性，无机纳米颗粒在诊断、检测和光热疗法等应用中具有独特的优势。然而，由于溶解度低和毒性问题，特别是在使用重金属的配方中，它们的临床应用受到限制。

1）二氧化硅纳米颗粒。二氧化硅纳米颗粒是一种常见的无机非金属材料，其可以制备成多孔结构或实心球形结构。在其孔隙内或表面负载药物分子及靶向基团，可以实现高效的药物递送。

2）金纳米颗粒。金纳米颗粒是无机纳米材料中研究最多的结构之一，其具有良好的生物相容性，且制备方法易控制，可以制备不同粒径大小、不同形状，如纳米球、纳米棒、纳米星、纳米立方等。金纳米颗粒表面拥有自由电子，在光照下，光子能量激活表面自由电子发生集体共振，被称为局部表面等离子共振（Localized Surface Plasmon Resonance，LSPR），部分光能被散射消耗，另一部分则被表面等离子体吸收后转化为热能，因此，金纳米颗粒具有较好的光热特性。此外，研究表明光热性能与纳米金的尺寸、形状、结构关系密切。

3）氧化铁纳米颗粒。氧化铁纳米颗粒是另一种常见的无机纳米颗粒。磁性氧化铁纳米颗粒由 Fe_3O_4 或 Fe_2O_3 组成，在某些尺寸上具有超顺磁性，并成功地应用于造影剂、药物递送载体等。目前已有多种磁性氧化铁纳米颗粒获得批准上市。

3. 药物递送纳米材料的临床转化

纳米药物递送载体的研究除了在基础研究领域取得重要进展，临床转化研究也取得了不菲的成绩。目前已有十余种纳米药物获批临床使用。下面以美国食品药品监督管理局（Food and Drug Administration，FDA）批准的纳米药物为例，介绍部分具有代表性的纳米药物。

（1）生物小分子药物

1）Doxil Ⓡ是第一个获得 FDA 批准用于治疗癌症的脂质体纳米制剂，由阿霉素装载到脂质体，于 1995 年被 FDA 批准用于治疗与艾滋病相关的卡波西肉瘤，1998 年批准用于治疗复发性卵巢癌。Doxil Ⓡ的成功开发离不开科研人员对脂质体制剂各个方面（包括长循环、药物装载及释放等）的研究。与游离阿霉素相比，Doxil Ⓡ血液循环时间显著延长，且肿瘤部位阿霉素浓度明显增加，显著降低了阿霉素的心脏毒性。

2）Abraxane Ⓡ是一种白蛋白与紫杉醇组装成的纳米颗粒，是美国生物制药公司赛尔基因（Celgene）研制的一种紫杉醇纳米制剂。2005 年由 FDA 批准上市，先后用于治疗乳腺癌、非小细胞肺癌和胰腺癌。在日本获批用于治疗胃癌。该产品于 2009 年进入中国市场，被批准用于联合化疗失败的转移性乳腺癌或辅助化疗后复发的乳腺癌。

3）Onivyde Ⓡ是另一个脂质体纳米药物，由拓扑异构酶 I 抑制剂伊立替康包封到脂质体所组成。Onivyde Ⓡ由 Merrimack 公司研发，2015 年获得美国 FDA 批准上市，批准其与 5-氟尿嘧啶及甲酰四氢叶酸联用，用于治疗既往接受过吉西他滨治疗的晚期（转移性）胰腺癌患者。

（2）生物大分子药物　除了小分子药物，纳米材料在生物大分子药物的递送方面也显示出独特的优势。核酸类药物又称为核苷酸类药物，是各种具有不同功能的寡聚核糖核苷酸（RNA）或寡聚脱氧核糖核苷酸（DNA），主要在基因水平上发挥作用。核酸药物被认为是继抗体药物及细胞免疫疗法之后的下一代药物，在治疗肿瘤、遗传疾病、病毒感染等重大疾病中已经展现出极大的潜力。核酸药物在细胞内发挥作用，将其高效递送至细胞内面临巨大挑战，主要因为核酸药物稳定性较差、易降解，且带有大量负电荷，不易被细胞摄取。发展高效的核酸药物递送纳米材料是解决上述问题、实现核酸药物临床应用的主要手段。

1）Onpattro Ⓡ是全球首款 FDA 批准的 RNA 药物，2018 年获批上市。Onpattro Ⓡ的主要是利用阳离子脂质纳米粒作为载体负载可沉默肝细胞中野生型和突变型转甲状腺素蛋白（TTR）mRNA 的小干扰 RNA（siRNA）序列，用于治疗遗传性转甲状腺素介导的淀粉样变性（hATTR）引起的多发性神经病。Onpattro Ⓡ使用可电离脂质分子，在酸性 pH 值下带正电荷，而在生理 pH 值下基本呈中性，从而避免了阳离子可能诱导的免疫反应和毒性。在内涵体酸性 pH 值下，脂质分子电荷由中性转变为正电荷，促进内涵体逃逸至胞质，发挥基因沉默功能。接受 Onpattro Ⓡ治疗的患者血清转甲状腺素下降超过 70%，而接受安慰剂治疗的患者血清转甲状腺素下降不到 20%。

2）除 siRNA 药物外，基于纳米颗粒的 mRNA 疫苗递送系统近年来也获得了突飞猛进的发展。相比于灭活疫苗、减毒疫苗、重组蛋白疫苗，mRNA 疫苗表现出诸多优势，包括：①能够直接在体内表达抗原，模拟病毒自然感染人体过程，能够同时引起强的体液和细胞免疫，在传染病的预防和治疗上均具有优势；②安全性高，无需培养病毒株，仅需获得抗原的基因序列即可快速完成 mRNA 疫苗的设计，在应对突发急性传染病方面具有先天优势；③生产工艺简单，无需细胞培养或动物源基质；④针对一种传染病的疫苗体系研发成功后，能够快速应用到其他传染病；⑤能够同时表达多种蛋白，适合开发多价疫苗等。

6.5.2 诊断纳米材料

影像技术是疾病诊断的重要手段，纳米材料在分子影像和疾病诊断方面展现了广阔的应用前景。体内成像使人们能够深入观察活体对象，为临床诊断和研究提供了有力工具，但通常需要对比来增强成像效果。与传统医学成像显像剂相比，纳米材料用于分子影像和疾病诊断具有多方面的优势：①可通过改变纳米颗粒的大小、表面电荷和形状来改善血液循环，增大到达病变部位的概率；②纳米材料可在表面或内部负载大量显影剂分子，从而增强病灶部位的成像信号；③纳米材料同时结合多种不同类型的显影剂，实现多模态成像；④纳米材料的功能还可通过加入各种靶向配体得到扩展，实现特异性成像。纳米材料的研究对于生成诊断所需的高分辨率、高对比度图像至关重要。纳米材料通过提供大型成像有效载荷、提高灵敏度、多路复用能力和设计模块化，在成像中发挥重要作用。纳米材料种类多种多样，可以与目前临床使用的多种影像方式结合，提高成像灵敏度和分辨率（图 6.38）。

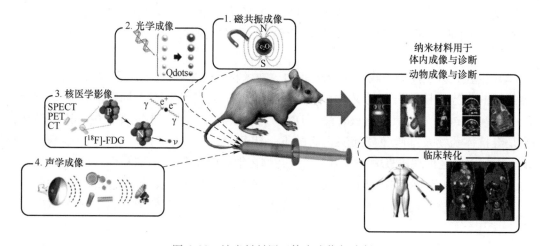

图 6.38　纳米材料用于体内成像与诊断

1. 磁共振成像纳米材料

磁共振成像（Magnetic Resonance Imaging，MRI）是利用射频脉冲对磁场中特定原子核（通常为氢核）进行激励，在此基础上利用感应线圈采集信号，并经傅里叶变换进行图像重建的成像方法。MRI 是一种无创、非电离的成像方式，由于其良好的组织穿透能力可以很好地实现人体全身成像，并提供活体解剖、生理甚至分子信息。与 X 射线相比，MRI 对人体无电离辐射损伤，且不同于计算机断层扫描成像（CT），其可通过调节磁场实现任意方位的断层扫描。

造影剂是为提高机体某些组织或器官的可见度，通过口服或注射入体内的物质。目前，临床上应用的 MRI 造影剂主要有两种，即阳性造影剂（或 T1 造影剂）和阴性造影剂（或 T2 造影剂）。T1 造影剂是通过缩短质子的纵向弛豫时间使其加权影像的信号强度增高，从而产生明亮的图像。T2 造影剂是通过缩短质子的横向弛豫时间使加权影像的信号强度下降，从而产生暗图像。T1 造影剂因其产生亮信号，故适用范围广。临床上使用最广泛的 MRI 造影剂是钆螯合物基 T1 造影剂，然而，市售钆螯合物基 T1 造影剂均为小分子，对组织和细胞缺乏靶向性，具有一定的肾毒性，并在脑部沉积，有可能造成潜在的神经系统后遗症。

将钆造影剂制备成纳米制剂有望减小其毒副作用，目前在开展研究的含钆纳米制剂包括脂质体、树枝状大分子等。含钆脂质体造影剂包括第一代和第二代，第一代是将钆造影剂包裹于脂质体囊泡中，第二代是将钆造影剂包裹于脂质的双分子层中。由于钆造影剂是亲水的，所以位于第二代脂质体造影剂双分子层中的钆造影剂会倾向于伸向外层的亲水层，与水相互作用，可提高造影剂的弛豫效率。树枝状大分子是一类高度有序的聚合物，将含钆造影剂与树枝状大分子键合可以获得高分子含钆造影剂。聚酰胺-胺（PAMAM）是著名的树枝状大分子，依据分子量不同可划分为不同代数。与小分子钆造影剂相比，树枝状大分子能显著提高弛豫效率，并且可通过对大分子进行修饰得到具有靶向性、毒性作用小的造影剂。

除含钆造影剂，基于铁基材料的氧化铁纳米颗粒也可作为 MRI 造影剂。其中，超顺磁性氧化铁纳米颗粒（SPIOs）是最重要的一种铁基纳米材料。SPIOs 主要可分为氧化铁部分和非铁材料部分。氧化铁组分包括四氧化三铁（Fe_3O_4）或纳米伽马三氧化二铁（γ-Fe_2O_3）。Fe_3O_4 的晶型结构为反尖晶石的面心立方，所有的四面体位点由 Fe^{3+} 占据，而八面体位点被 Fe^{3+} 和 Fe^{2+} 占据。γ-Fe_2O_3 赤铁矿中所有的铁原子都是三价态，所有的阳离子空位都由 Fe^{3+} 填补在八面体位点。单纯的 SPIOs 不稳定，在生理条件下易团聚，须表面稳定后才能用于生物医学领域。葡聚糖、壳聚糖、聚乙二醇、聚乙烯醇等生物相容性良好的天然高分子或合成高分子可用于稳定 SPIOs。该类 SPIOs 可用于脑部、肝脏、血管等的 MRI 成像，但目前尚未有 SPIOs 获批用于人体 MRI 成像。允许应用于临床的药物铁基纳米材料是 Ferumoxytol（商品名 Feraheme®），用于治疗临床慢性肾病患者伴随的中度及重度缺铁型贫血。由于其体内应用的高安全性，也用于开展"临床适应症外"的肿瘤 MRI 成像的临床试验。但需要指出的是，传统尺寸的 SPIOs 主要作为 T2 造影剂使用，存在较大缺陷。近年来，发展超小尺寸的 SPIOs（粒径为 3~5nm）作为 T1 造影剂受到更多的关注。

2. 光学成像纳米材料

光学成像是最直观的成像方式，有着独特的空间和时间分辨率。其中，荧光成像是使用最为广泛的光学成像技术之一。荧光探针在生物标记中具有灵敏度高、用量较少、检测准确等优点，常用于活体及组织中的成像示踪等。荧光成像中，近红外（NIR）荧光探针因其较强的组织渗透能力而受到更多关注。吲哚菁绿（ICG）和亚甲蓝是目前临床批准使用的两类NIR 小分子探针。亚甲蓝可用于输尿管渗漏和甲状旁腺手术的可视化。ICG 发射波长约为800nm，是唯一被批准用于术中导航的 NIR 荧光探针，还可用于评估肝脏病变、血管造影等。但是小分子荧光探针仍然存在生理条件下溶解度不高、稳定性较差、荧光易淬灭、缺乏选择性等问题。

随着纳米技术的进步，发展纳米材料用于荧光成像显现出较好的前景。目前，已开发的荧光纳米材料包括量子点（QDs）、金纳米簇（AuNCs）、上转换纳米粒子（UCNPs）等无机纳米材料，以及负载荧光探针的有机纳米粒子等。相比较单一的有机荧光染料，荧光纳米粒子的发射光谱更易调控，而且抗光漂白能力强，荧光寿命长。此外，纳米粒子可以利用EPR 效应实现肿瘤靶向，也可以修饰靶向分子实现肿瘤靶向。因此，近红外荧光纳米粒子非常适合应用于肿瘤诊断，在生物医学领域获得了广泛的关注。

量子点（QDs）是把激子三个空间方向上束缚住的半导体纳米结构，是常用的荧光纳米材料，具有独特的光学特性，包括高光稳定性和可调谐的尺寸相关发射。与传统的小分子荧光探针相比，QDs 具有发射光亮度高、摩尔消光系数大、宽泛的吸收谱等特点，可作为荧光染料或荧光蛋白的替代材料。1998 年，Paul Alivisatos 教授和著名华人科学家聂书明教授课题组同时独立在 *Science* 上发表 QDs 用于生物标记的研究论文，开创了 QDs 在生物医学成像领域应用的先河，极大地推动了该领域的发展和进步。在此之后，关于 QDs 的合成制备及其应用于荧光成像的研究工作进入蓬勃发展时期。需要指出的是，荧光成像的关键是提高成像的特异性和灵敏度，从而获得高信噪比的图像。提高目标部位的荧光强度、降低背景噪声是获得高信噪比的主要策略。发展可肾脏清除的纳米探针是降低背景噪声的重要手段。为此，研究人员通过控制纳米颗粒的尺寸，改善颗粒的表面性质，发展了可肾脏清除的 QDs、AuNCs 等纳米材料，显著提高肿瘤等病灶部位的信噪比，提高荧光成像的灵敏度和特异性。

除此之外，发展可在病灶部位特异性"激活"的荧光纳米探针也是实现上述目标的有效手段。以肿瘤组织为例，研究人员利用肿瘤组织特异性表达的某些酶、低 pH 值等生理特征，发展了肿瘤组织激活的荧光纳米探针用于肿瘤成像或可视化的肿瘤切除。最具代表性的例子是华人科学家高金明教授报道的 pH 值超敏感纳米荧光探针。它由键合了 NIR 荧光分子的共聚物形成，该共聚物在中性条件的溶液中自组装形成尺寸约为 25nm 的胶束颗粒。此时，荧光分子发生猝灭，纳米探针对外不显示荧光。到达肿瘤部位后，聚合物中的疏水嵌段在肿瘤微酸性的 pH 值刺激下发生质子化，转变为亲水性聚合物，从而导致颗粒解离，恢复荧光分子的荧光，实现肿瘤特异性的荧光成像。由于所开发的聚合物探针具有超 pH 值灵敏性，该材料在肿瘤部位的荧光强度相比正常组织及血液条件增强了超过 100 倍，显著减少了背景荧光的干扰。该聚合物纳米探针在荧光导航的手术切除试验中表现优异，可以准确显示肿瘤的部位及边界，从而实现更有效的肿瘤切除。目前该聚合物纳米探针正在开展临床 II 期试验。

3. 核医学影像纳米材料

核成像技术（Nuclear Image Technique，NIT）又被称为放射性核素成像，是一种将原子科学技术与现代图像理论相结合的新技术，主要包括电子计算机 X 射线断层扫描技术（CT）、正电子断层扫描技术（PET）、单光子发射计算机断层成像术（SPECT）等。核医学成像技术主要使用放射性核素或其标记的化合物作为示踪剂，以组织吸收功能间的差异作为诊断依据，以放射性浓度作为重建变量，引入示踪剂、显像剂和分子探针到机体后，再使用射线探测仪器来检测示踪剂的行踪，并通过影像的方式显现。在核医学成像所展示的信息中，不仅可以显示病变的位置、形态、大小，而且可以提供关于病变部位的血流、代谢、组织密度等信息，这是大部分其他医学影像技术不能比拟的。

核医学成像需使用放射性造影剂来显示血管、体腔等部位，而造影剂的使用有可能会对患者造成一定副作用，如导致患者出现恶心、脸红、皮疹、呕吐等症状，严重时可引起血管性水肿、喉头水肿、支气管痉挛、血压下降等风险。目前，含碘造影剂是临床广泛使用的一类造影剂。含碘造影剂比较突出的问题是体内代谢快，半衰期过短，影响成像效果。纳米材料具有尺寸及表面化学可调的优势，可实现更长的血液循环，并可同时负载数量丰富的传统小分子造影剂，有利于提高显像部位的灵敏度和信噪比。因此，研究人员发展了基于纳米材料的"血池造影剂"，用于 CT 成像。例如，研究人员使用简单的化学反应制备了一种含碘的纳米材料，该材料可实现更长的体内循环时间、增加肿瘤组织的富集和滞留。与传统小分子造影剂相比，该纳米造影剂可将肿瘤部位成像对比度提高 36 倍。这些增加的循环时间和高对比度可提高诊断准确性和血池显像时间，且无须多次使用造影剂。

新型金属纳米材料具有较高的原子序数，可有效增强光电吸收和二次电子的产率，可以作为核医学成像的造影剂及放疗增敏剂。目前，金纳米颗粒以其强的 X 射线吸收能力、低毒性和较好的药代动力学性质成为 CT 造影剂研发的热点，而含有其他金属元素（如铋、钽等）的造影剂也在研究中。研究人员将金纳米颗粒作为载体，将放射性核素[125] I、聚乙二醇链连接的 cRGD 附着在纳米颗粒表面，得到具有靶向性的 SPECT 造影剂。体内成像结果显示，造影剂注射到高表达干扰素受体 αvβ3 移植瘤小鼠体内 10min 后，可以观察到肿瘤部位有明显的信号增强，表明其靶向性能良好，并且此造影剂具有低毒性、可代谢出体外的性质。

4. 声学成像纳米材料

应用于声学成像领域的主要方式是超声波。当超声波流经两种声阻抗不同的相邻介质界面时，若其声阻抗差大于 0.1%，而界面又明显大于波长，即大界面时，则发生反射，一部分声波能在界面后方的相邻介质中产生折射，超声波继续传播，遇到另一个界面再产生反射，直至声能耗竭。反射回来的超声波称为回波，声阻抗差越大，则反射越强。如果界面比波长小，即小界面时，则发生散射，超声波在介质中传播时会发生衰减。其次，超声波具有多普勒效应，活动的界面对声源做相对运动时可改变反射回波的频率。超声成像是临床上最常见的医学成像方式，它低成本、无辐射、便携式，同时能够进行实时图像采集和显示等特点。

超声造影成像是超声成像的重要形式之一，其主要利用充气微泡作为造影剂，用于动态评估微血管和大血管等。超声造影剂能有效提高图像对比度和器官显影度。典型的超声造影剂是一种由膜材料包裹气体形成的微气泡，其内部包封了气体，是一种很强的声波散射体，这一特点导致其与血液的声阻抗值差别很大，表现在图像上为回声的增强和图像对比度的增加。理想的超声造影剂能够在不干扰血液动力学的情况下，随血液循环分布到全身各处，因此临床上对超声造影剂的尺寸、稳定性和安全性等方面提出了较高的要求。目前临床上使用的造影剂为 Sonovue，但其溶解在生理盐水中形成微米级的气泡较大，对较细的血管，尤其是肿瘤组织的造影成像具有局限性。

常规的超声造影剂尺寸为 $1 \sim 8 \mu m$，难以透过血管，只能停留在血管中用于血池造影，从而限制了超声造影剂在肿瘤等病灶组织的成像和检测。近年来开发的新一代纳米级造影剂，可用于血管外的病变组织或肿瘤组织的显像，以及靶向炎症组织特异性显像。多种纳米材料如纳米气泡、二氧化硅纳米粒子和纳米管等被开发用于超声成像。多壁碳纳米管（MWNT）可从血管中渗出，在小鼠和猪等活体动物中显示出可检测的超声对比度，并且观察到的信号强度与临床使用的六氟化硫微泡处于同一水平。研究人员还开发了一种全新的用于体内超声成像的造影剂——纳米囊泡。该囊泡从细菌中纯化得到，将其静脉注射到小鼠体内后可产生超声波成像。

5. 光声成像纳米材料

光声成像（Photoacoustic Imaging，PAI）是近年来新发展起来的一种融合光学成像与超声成像的混合式成像技术。通过将（激光）光脉冲引导到样品中并以超声波的形式接收声学信息以创建图像，从而获得了光学和声学成像的优势。PAI 巧妙融合了光学成像高对比度和超声成像高穿透深度的优点，从原理上避开了光散射的影响，可实现 50mm 深层活体内组织成像，是一种无创、非电离的成像方式。光声成像能获得组织的氧合水平、高分辨的血管网络信息、肿瘤或炎症模型中的免疫细胞浸润等难以检测的重要信息，在生物医学诊断领域具有广阔的应用前景。

根据造影剂的有无，光声成像可分为无标记 PAI 和有标记 PAI。无标记 PAI 是通过机体内源性光吸收物质（如血红蛋白、DNA-RNA、脂质、水，黑色素和细胞色素等）的特定吸收光谱，检测和量化多种疾病的特征。研究人员可通过检测血红蛋白在结合氧气前后吸收光谱的变化，实现总血红蛋白和氧饱和度的测量；也可利用黑色素强烈的光学吸收特性，对原发性和转移性黑色素瘤进行敏感性成像；还有根据脂质在近红外二区独特的吸收峰，来表征体内脂质的分布等。无标记 PAI 因其简便性和实用性，具有多种疾病临床检测的潜能，但因其存在组织背景噪声大，激发源衰减和穿透深度差等问题，科研人员尝试加入外源性分子探针，如有机染料、能表达彩色分子的基因、纳米探针等，以提升光声成像的清晰度和对比度。

目前，ICG、MB、金纳米棒等外源性光声分子探针已用于光声成像。纳米材料可以高度工程化，以便其在可见光或近红外波段实现最佳吸收，且具有非常高的横截面，因此在灵敏度低至皮摩尔范围的 PAI 应用中受到青睐。研究人员将黑色素与人血白蛋白通过乙醇沉淀法巧妙地组装在一起，构建用于 PAI 的纳米颗粒。静脉注射后，这些生物相容性好的黑色素纳米颗粒在小鼠的肿瘤中被动积累，使得注射 24h 后的 PAI 信号比基线高出 3 倍左右。研究人员还利用合成半导体聚合物材料制备了一系列纳米颗粒作为近红外二区 PAI 成像探针。这类纳米制剂具有很高的光热转换效率，并在 1064nm 处发出增强的光声信号，使其在低剂量下就能对活体动物皮下肿瘤和完整颅骨下的深部脑血管系统进行敏感的光声成像，在研究原位脑肿瘤和脑血管疾病中具有广阔的应用前景。

6.5.3 组织工程纳米材料

人体组织的缺失或功能障碍是威胁人类健康的重大问题，也是人类患病和死亡的最主要原因。组织工程是一门以细胞和支架为基础，研究新组织和器官生长的学科。它集工程学、材料科学和生物医学于一体，旨在开发具有修复、替代、保留或增强组织器官功能的生物替代品。

组织工程支架是支持细胞生长、增殖和分化的三维结构材料。通过将细胞生长因子引入到支架中，可以诱导细胞按我们期望的过程发育，最终目标是产生功能完整、能够生长和再生、并适合植入的器官或组织。组织工程技术虽已发展了数十年，仍面临许多限制，其中所用组织工程材料无法模拟生命体组织的自然特性是目前最大的障碍之一。生命体中的很多器官和组织的天然结构中都含有纳米结构。通过设计包含纳米组分的组织工程材料有望为解决这一挑战提供新思路。纳米材料所具有的物理和化学特性可以改善传统组织工程材料的性能，这也使它们可广泛应用于组织工程领域。例如，使用纳米钙磷材料进行骨修复或开发再生关节软骨；使用静电纺丝技术制备纳米级的人工血管支架，以用于人工血管修复；通过纳米纤维材料构建神经导管，以用于神经组织工程等。

1. 组织工程纳米材料用于骨修复

天然骨具有非常精巧的各向异性结构。在纳米尺度下，羟基磷灰石（HA）晶体在胶原蛋白纤维束间隙有序分布，再经层层组装得到多级有机/无机复合结构。这种精细而有序的定向结构赋予骨组织优异的力学性能和生物功能。如何在人工材料中实现这种复杂的精细分级结构和生物功能，对设计与天然骨力学和生物适配的骨修复材料，改善植入后的骨整合性具有重要的科学意义和应用价值。

天然骨主要由无机相纳米羟基磷灰石（$Ca_{10}(PO_4)_6(OH)_2$，nano-hydroxyapatite，n-HA）和有机相胶原（Collagen，Col）纤维组成。人工合成羟基磷灰石（HA）是一类具有良好生物相容性的生物活性材料，植入骨组织后能在界面上与骨形成良好的化学键性结合，是骨植入材料研究的重点。研究表明，当人工合成的 HA 颗粒粒径为 1~100nm 时，具有更优异的物理化学性能，如高表面积，比普通 HA 更高的溶解度、更大的表面能和更高的生物活性等，使其在骨替代和重建材料方面吸引了广泛的研究。迄今为止，研究者进行了大量的 n-HA/Col 复合材料的研究，获得了具有与天然骨成分和结构类似的复合材料。研究人员根据仿生矿化原理，采用纳米自组装研制出在成分和结构上与自然骨组织高度相似的 n-HA/Col 骨修复材料，n-HA/Col 材料层间距为 11.7nm，与骨的磷灰石胶原层间距 7.1nm 十分接近，为一种倾斜的层状结构。该复合材料是骨形态发生蛋白的良好载体，在犬桡骨 20mm 节段性骨缺损修复实验中，第 4 周时骨皮质就基本连接，12 周完全连接。

受天然骨和木材各向异性多级结构启发，研究人员开发了一种"从木头到人工骨"的仿生设计策略，首先对天然木材进行脱木质素处理得到多孔的木质纤维素模板，再利用真空浸润法将海藻酸盐溶液浸渍到模板孔隙中，交联后原位沉积 HA 纳米晶，得到一种高取向度的 HA-木材-水凝胶复合材料。研究结果表明，该复合材料沿纤维取向的拉伸强度高达 67.8MPa，压缩强度达 39.5MPa，超过了目前大多数的强韧水凝胶。微观结构上，HA 纳米颗粒有序沉积在纤维骨架间隙，模拟了骨组织中胶原纤维和 HA 晶粒的有机/无机复合结构和成分，成功诱导细胞定向黏附，促进细胞骨向分化。动物植入实验结果表明，这种复合支架材料能显著加速支架界面处的新骨生成，并诱导新骨向支架内生长，从而提高了支架整体的骨整合性。

某些由人体骨组织内元素组成的纳米材料，如纳米钙磷材料，这种材料可以在生物体内与周围组织甚至软骨组织处形成化学键合，具有优异的生物相容性、可降解性、骨传导性和力学性能。以纳米钙磷材料制备的，如纳米钙磷陶瓷、磷酸钙骨水泥，可通过负载生长因子、负载药物、掺相等方式改进材料的力学性能和生物学性能，在骨缺损填充、五官整形、人工关节表面涂层等领域应用广泛。研究人员利用生长因子骨形成蛋白（BMP）所拥有的促进修复骨组织损伤的能力，将复合 rhBMP-2 的注射型磷酸钙人工骨应用于体外经皮椎体成形术的实验中，以评价其生物力学性能，结果表明其可以有效恢复骨质疏松椎体力学性能。

2. 组织工程纳米材料用于神经修复

神经组织在机体内起主导作用，主要由神经元（即神经细胞）和神经胶质细胞组成。神经元主要由突起和胞体组成，是一种高度分化的细胞，具有感受刺激和传导信号的能力，是构成神经组织的基本结构和功能单位。神经组织缺损，不仅会严重影响机体的功能，而且修复困难。神经组织工程主要是构建神经导管（Nerve Guidance Conduit，NGC），并将其与细胞和神经生长因子（NGF）相结合，从而达到修复神经的目的。神经导管是人工构建的长度和直径均与缺损神经匹配的管状支架。有研究工作利用静电纺丝技术制备具有取向结构的纳米纤维神经组织工程支架。研究结果表明，纳米纤维支架具有强烈的各向异性，在沿纳米纤维的取向方向上具有显著高于垂直方向的拉伸强度。同时，细胞沿取向纳米纤维定向生长明显，其轴突延伸方向与纳米纤维取向方向一致。

近年来，自组装多肽作为一种纳米生物材料引起了广泛的研究兴趣，并被应用到外周神经等的修复中。RADA16-I是一种人工合成的能自发组装的离子互补型短肽，其可形成直径为7~10nm的纤维，进一步组装形成三维水凝胶，含水量可高达99%以上。该水凝胶的孔隙大小为50~200nm，类似天然细胞外基质，可为细胞生长提供三维纳米结构环境，黏弹性好，与脑、神经模量相近。研究表明，由RADA16-I制备的三维纳米纤维网络能够促进轴突生长和运动突出的形成，对于脑修复、轴突再生以及周围神经损伤后的功能恢复具有积极作用。

3. 组织工程纳米材料用于人工血管修复

血管遍布全身，其病变导致的各种疾病也是层出不穷，其中，动脉粥样硬化是导致死亡的重要病因。目前，该病的治疗包括：球囊血管成形、支架植入、血管旁路移植和药物治疗。随着治疗技术的不断进步，利用戊二醛固定的异种血管和聚合物（涤纶、聚四氟乙烯）构建的人工心外管道用于重建血液循环已成为复杂先天性心脏病的有效治疗方法。寻求和制备理想的血管替代物（尤其是小直径血管替代物）已成为临床研究的热点。结合材料学手段构建组织工程血管是具有潜力的研究方向。

静电纺丝是制备超细纤维和纳米纤维的一种常用方法，以天然或合成聚合物为原料，可制备出直径从几十纳米至几微米的纤维，用于人工血管的制备。例如，利用静电纺丝技术以丝素蛋白为主要原料制备与天然细胞外基质（ECMs）结构相近的纳米纤维，使丝素蛋白支架能够较好地仿生人体内ECMs结构，让种子细胞可在支架多孔的三维网络状结构上很好地黏附、增殖，并提供细胞基质、维持细胞生长并保持分化功能，满足组织修复和重建的要求。该项技术对临床修复受损血管有重大意义。

除了支架结构，良好的血液相容性也是理想血管支架需拥有的重要条件。设计人工血管的仿生结构时，植入血管的抗凝血性能尤为重要。研究人员将合成的侧链含有氨基的可降解聚氨酯脲（PEUU-NH$_2$）通过静电纺丝技术制备纳米纤维膜，再将RGD短肽通过共价结合修饰到支架表面用于促进内皮化。结果表明，RGD短肽的接入没有明显改变PEUU纳米纤维的微观形貌和力学性能，制备的PEUU-RGD支架具有良好的生物相容性和低溶血率，并且抑制了血小板的黏附。

4. 组织工程纳米材料用于肌腱修复

肌腱组织是指肌腹两端的索状或膜状致密结缔组织，其结构便于肌肉的附着和固定，运动或意外事故很容易造成肌腱组织的缺损。由于肌腱组织的自身修复能力不足，缺损后往往难以自行修复，所以肌腱缺损的修复是外科临床的一大难题。随着细胞培养技术、移植技术和生物材料科学的发展，一种较理想的肌腱替代物——组织工程肌腱应运而生。肌腱组织工程技术的概念是指在体外将种子细胞接种到可降解的三维支架材料上培养一段时间后形成肌腱细胞-材料复合物，然后将其植入到肌腱缺损处，使种子细胞在支架上分化为肌腱组织并生成细胞外基质，或直接将支架植入肌腱缺损处，为细胞生长和增殖提供三维空间。与传统方法相比，组织工程化人工肌腱修复缺损肌腱形成的肌腱组织较有活力，可对肌腱缺损进行形态修复和功能重建，达到永久性替代的目的。

通过静电纺丝技术制的纳微米纤维支架，结合了优异的机械强度和大的仿生表面两大优点。优良的力学性能使缺损肌腱手术修复后再破裂的风险降低，高的比表面积和多孔性可促进细胞在支架上的黏附和增殖，以及营养物和废物的运输。静电纺丝快速、高效，设备简单、易操作，因此广泛用于肌腱支架的制备。另外，由于纳米纤维组分可调节性，单一组分的天然材料或可降解合成材料及其混合物都可通过静电纺丝直接制备而成，从而有效结合了天然材料优良的细胞相容性以及合成材料优越的力学性能，成功规避了天然材料力学性能不足以及合成材料细胞相容性不好的缺点。

纳米纤维与肌腱细胞外基质的纳米结构相似，因而能仿生天然的肌腱组织细胞外基质的多级结构，从而促进骨髓间充质干细胞定向分泌成肌腱细胞外基质。因此，支架的纤维形貌与纤维结构对肌腱组织工程再生的影响很大，如纳米纤维支架可通过不同的拓扑架构，更加准确地模拟体内定向排列的肌腱纤维的结构，使得纳米纤维肌腱支架能全方位满足肌腱再生过程中的各项要求。研究人员通过静电纺丝技术制备出取向和非取向聚氨酯脲（PEUU）纳米纤维支架，并在两种不同取向的纤维支架上培养 C3H10T1/2 细胞，试验结果表明非取向纤维支架上黏附的细胞要少于取向纤维支架上黏附的细胞，而且在取向纤维支架上黏附的细胞明显表现出更好的生物活力，这说明纤维取向结构可以调控细胞的黏附和增殖。

另外，在肌腱支架植入体内初期，肌腱支架必须承受一定的载荷，所以对其力学性能有一定的要求。传统的静电纺丝纳米纤维膜力学性能较差，而利用纺织技术制备的编制和针织组织，由于其优异的拉伸强度，往往与静电纺丝技术相结合来制备复合支架修复肌腱组织，这种复合支架不仅具有纺织结构的优异力学性能，还可以凭借静电纺丝纤维的超细纳米结构为细胞提供有效的黏附优势，从而优化肌腱组织工程支架的性能。例如，普通的电纺膜是各向同性的无规结构，力学性能较差，也不利于二次加工，而取向结构的纳米纤维支架因为在纤维方向具有高度的取向性，能大大提高沿纤维方向上肌腱支架的力学强度。针织物的力学强度较好，将针织物与纳米膜结合成复合物，可大大提高纳米膜的力学性能。除此之外，为了使细胞能够长入致密的电纺膜支架中，在原有纳米纤维膜支架的基础上，对其进行改性，如制备孔隙率可达 90% 以上的三维多孔的纳米支架，促进细胞的黏附和生长以及营养代谢物的排出，也可加入生长因子从物理化学性质上促进种子细胞在支架材料上的增殖分化。

综上所述，由于纳米材料独特的物理化学性质和效应，其在生物医学领域的应用获得了广泛的关注，在基础研究和临床转化研究方面都取得了巨大的成就。随着人们对医学、生物学等基础知识认知的不断深入，以及纳米科学和技术的不断进步，纳米材料在生物医学领域的应用还会取得更大成就。

第 7 章 纳米器件和系统

在各类纳米科技的成果之中，微型机器是最为重要的成果之一。微型机器可以看作为具有一定智能行为的个体，可以感知外界环境的变化，并做出一定的响应或驱动行为，从而可以在微尺度环境下实现和宏观机器人类似的感知、运动功能。

虽然在自然界中已经存在诸多的纳米尺度的机器，如可以对气味或光线进行感知的嗅觉和感光细胞，细胞内部可以实现核酸复制和蛋白质合成的分子机器，以及可以实现细菌鞭毛转动的纳米马达。这些精密的微纳米机器依赖于生命进化过程中由蛋白质、核酸和多糖构成的高度有序并且具有复杂、精细结构的耗散系统。对这些精细结构和复杂系统的模拟和还原，也成为微型机器以及微纳机电系统最为重要的目标之一。

微型机器的发展依赖于通过微纳加工工艺构建的各类微结构，如微传感器和微驱动器等。微型机器的发展，是建立在大规模集成电路制造技术基础上的，例如使用标准的光刻和化学腐蚀等技术制成。其中光刻工艺被认为是半导体器件制造工艺中一项最为关键的技术。光刻工艺决定了半导体线路的精度，以及芯片功耗与性能。通过不同方式的光刻工艺，可以实现薄膜材料在微纳米尺度下的图案化。通过不断缩小光刻机使用光源的波长，从 436nm、365nm 的近紫外激光到 248nm、193nm 的深紫外激光，以及到目前投入使用的 13.5nm 的极紫外激光，通过光学曝光得到的图案化精度一次又一次地突破极限。

微纳机电系统在生活中的应用极其广泛，例如常见的智能手机、打印机、投影仪、无人机、汽车以及各类可穿戴式设备，都应用了基于微机电系统（Microelectromechanical Systems，MEMS）的微纳器件。最具有代表性的 MEMS 器件有陀螺仪、微加速度计、数字微镜和压电式喷墨打印头等，它们最主要的优点是体积小、重量轻、功耗低、灵敏度高、可靠性高和易于集成，在消费电子、汽车工业、航空航天、机械化工及医药卫生等领域都有着广泛的应用。

MEMS 技术是一个多学科交叉的前沿性研究领域，涉及自然和工程学科几乎所有的领域，如电子技术、机械技术、物理学、化学、材料科学、生物医学等。MEMS 技术的理论基础一般基于尺寸缩小所带来的影响，如在微纳米尺度下与宏观世界所不同的各种尺寸效应，包括微结构的表面效应、微观摩擦机理等，因此也产生了相应的微动力学、微流体力学、纳米摩擦学和微纳光学等研究。基于这些理论基础，MEMS 技术集中在针对各种微纳结构的设计、加工、装配、封装和集成的研究上，以及在此基础上的各学科领域的应用。

微纳机电系统作为 21 世纪的科技战略制高点，它的发展目标在于通过微型化、集成化来探索新原理、新功能的元件和系统，从而带来更广泛性的产业革命和升级。微纳机电系统的研究还面临着诸多挑战和瓶颈问题，仍需要各领域科技工作者的协同努力，以推动微纳器件和系统由实验室研究走向更深远的产业化应用。

7.1　光刻工艺

　　光刻工艺（Lithography Process）是半导体器件制造工艺中一项重要且关键的技术，整个光刻工艺可细分为很多步骤，也可以简单地分为曝光工艺与图形转移两步，如图 7.1 所示。曝光工艺以光学曝光技术为代表，光透过掩模版（要加工的图形，Photomask），照射在涂有光刻胶（Photoresist）的被加工薄膜材料表面上，利用光刻胶的感光性和抗蚀性，经过化学显影（Development），制作出与掩模版图形一致的光刻胶图形。图形转移是通过刻蚀等手段将曝光后形成的掩模图形复制到目标薄膜层上。根据曝光方式的不同，可以将光刻技术分为光学光刻（Photolithography）、电子束光刻（E-beam Lithography）、X 射线光刻（X-ray Lithography）和离子束光刻（Ion Beam Lithography）等。光学曝光技术是伴随集成电路发展的微纳加工技术，由于其效率高和产量大，一直被工业界作为微纳加工的主要手段。由于光学曝光工艺的不断创新，它一再突破人们预期的光学曝光极限，成为过去及当前的主流技术。曝光光源由最初的汞灯产生的紫外光到现在的准分子激光产生的深紫外（DUV）光源，曝光光线波长经历了由 436nm（g-线）、365nm（i-线）、248nm（KrF 准分子激光）到 193nm（ArF 准分子激光）的过程。最近，基于 13.5nm 的极紫外光刻（Extreme UV Lithography，EUVL）工艺已经开始工业化应用。

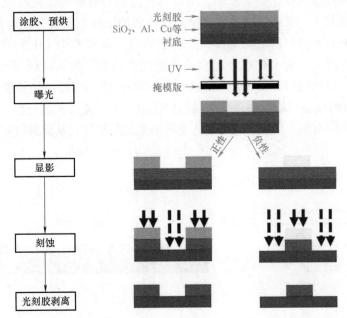

图 7.1　光刻工艺基本流程（以紫外曝光技术和正性光刻胶为例）

　　曝光工艺是半导体制造技术中最为关键和复杂的技术，这一工艺中，首先将光刻胶涂在衬底上，光通过掩模照射使得光刻胶有选择地被曝光。曝光工艺作为一个整体，涂覆光刻胶的衬底在曝光系统中进行曝光只是其中重要的一步，而其前后任何一步工艺出现偏差都会导致最终曝光结果的失败。图 7.2 以常用的紫外光刻工艺为例给出了曝光工艺基本流程，主要包括衬底预处理、涂胶、前烘、曝光、后烘、显影和坚膜。

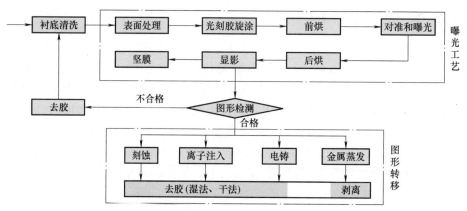

图 7.2　紫外光刻工艺的主要步骤

7.1.1　紫外光刻工艺

1. 衬底表面预处理（Pretreatment）

光刻前，为了除去表面污染物，一般会用去离子水和溶剂清洗衬底，并且增加烘烤步骤以除去衬底表面的水蒸气。由于绝大多数光刻胶是疏水的，而衬底表面（硅片自身氧化层、玻璃、石英等）因羟基的存在是亲水的，所以通常需要对衬底表面进行疏水化处理来增强衬底与光刻胶的黏附性。疏水化处理通常采用一种表面活性剂六甲基二硅氮烷（Hexamethyldisilazane，HMDS）蒸汽与衬底羟基反应，释放氨气，形成 $OSi(CH_3)_3$ 的疏水单分子层，反应过程如图 7.3 所示。疏水化过程通常是在氮气气氛中，将 HMDS 蒸汽与衬底在 100～250℃反应，时间一般少于 1min。疏水化处理尽量不要用液相处理，如果液体的 HMDS 直接旋涂在衬底上，HMDS 层只能起物理上的黏附层作用，并不能改善黏附性；其次，HMDS 层在前烘过程中会释放出氨，从衬底附近进入交联的光刻胶层中，从而抑制后续的显影过程。

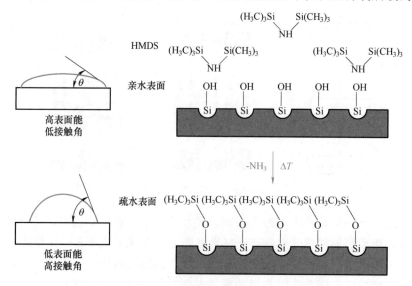

图 7.3　HMDS 蒸汽与硅片上自发氧化层的反应过程

2. 涂胶（Photoresist Deposition）

衬底预处理后，需要将光刻胶涂覆在衬底表面，目前使用最广泛的方法是旋转涂胶方法。光刻胶厚度对后续曝光、显影、刻蚀等过程具有重要影响。商业用光刻胶通常会有特定的旋涂曲线，即在旋涂工艺下，光刻胶的厚度与匀胶转速的关系曲线如图 7.4 所示，这为光刻胶的选择提供了重要的指导意义。一般来说，某一特定固含量的光刻胶在相同的匀胶条件下都会有一个相对稳定的膜厚值，这个厚度随着匀胶转速的提高而降低。当转速太快时，会形成气泡，即远离衬底中央来不及被光刻胶浸润而形成微小气泡，导致光刻图案缺陷；转速太慢则会导致光刻胶边缘覆盖性不好，衬底中央厚度较高。

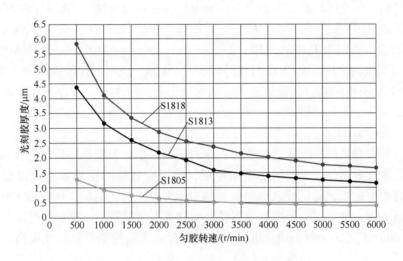

图 7.4　典型的 S18 系列光刻胶旋涂曲线

3. 前烘（Soft Baking）

当光刻胶旋涂在衬底表面后，一般需要进行一步"曝光前烘焙"（Soft Baking, SB），以去除光刻胶中的溶剂。前烘可改善光刻胶的黏附性，提高光刻胶的均匀性，并增强在刻蚀过程中的线宽均匀性。

4. 对准（Alignment）**和曝光**（Exposure）

前烘之后的步骤就是对准和曝光。对于接近式（proximity mode）或接触式（contact mode）曝光，掩模版上的图形将由紫外光直接曝光到衬底，其中接近式曝光中掩模版与光刻胶的距离一般为 5～50μm，接触式曝光中掩膜版与光刻胶直接接触。投影式（Projection Mode）曝光时，将掩模版固定在预设的位置，然后由镜头将其图形转移到衬底。这三种曝光方式将在后文详细介绍。对于第一层图形，衬底上可以没有图形，光刻机将掩模版移动到衬底上预先设定的大致位置进行曝光。对于第二层及以后的涂层，光刻机需对准前层制备的对准记号将本层掩模版套印在前层已有的图形上。光能量激活光刻胶中的光敏感部分，引起光化学反应，曝光时通过调整曝光时间来控制曝光量，不同光刻胶需要的曝光量差异较大，光刻胶的具体内容将在后文详细阐述。

5. 后烘（Post Exposure Baking）

曝光完成后，通常需要对光刻胶再进行"曝光后烘焙"（Post Exposure Baking, PEB）。后烘是通过加热实现光刻胶曝光部分的进一步反应，以改变溶解度。不是所有的光刻胶都需要后烘，一般在使用化学放大胶和负性光刻胶时会用到。化学放大胶在曝光后烘产生的光酸能够催化光刻胶树脂的去保护反应，可以将原先光学剂量本身能够激活的化学反应提高 10~30 倍，减少了所需的曝光量。另外，负性光刻胶在曝光后烘过程中能够促进树脂的交联，使得曝光区域在显影后保留下来。后烘所需的时间和温度主要取决于所使用光刻胶的种类，通常在 100~130℃时可持续几分钟。对于化学放大胶，过高的烘焙温度或过长的烘焙时间会导致光酸的过度扩散，进而损害图形均匀性。

6. 显影（development）

后烘结束后，会进入到显影过程，即将曝光或未曝光的部分除去，实现光刻胶图案化。对于正性光刻胶，曝光区域被显影液（developer）洗去，而负性光刻胶显影去除的是未曝光的区域。常见的显影方式有旋转浸润式、连续喷雾式和静态式三种。对于正性光刻胶，一般使用碱式显影液，如四甲基氢氧化铵（Tetramethylammonium Hydroxide，TMAOH）水溶液，其分子式为（CH_3）$_4$NOH。对于负性光刻胶，显影液一般使用有机溶剂，如乙酸叔丁酯（Tert-Butyl Acetate，TBA）。最佳显影时间取决于光刻胶类型、胶厚、曝光波长和烘焙温度等。显影结束后，需要将显影液和光刻胶溶解物等通过去离子水润洗除去。

7. 坚膜（hard baking）

显影之后可以对光刻胶图案进行烘烤，称为坚膜，是光刻胶显影后可选作的烘烤工艺步骤。其目的是通过坚膜使光刻胶结构更加稳定，从而在后续的物理或化学过程（刻蚀、电镀等）中具有更好的工艺稳定性和效果。例如对于多数正性光刻胶，树脂在 130~140℃下热交联强度逐渐增强，这可以显著提高光刻胶对碱性或有机溶剂的化学稳定性。如果后续工艺为剥离（lift-off）工艺，一般不建议进行坚膜，因为坚膜后光刻胶稳定性提高，反而不利于剥离。

8. 图形转移（pattern transfer）

光刻工艺的目的是获得目标薄膜的图案，上述曝光过程可以得到光刻胶的图形结构，光刻胶本身只是起到掩模的作用，即保护目标层使得只有显影后暴露的部分才能被进一步加工，因此需通过图形转移工艺将光掩模的图形转移到目标层。图形转移的方式有很多种，纳米材料加工中常用的是刻蚀和 lift-off，刻蚀工艺主要包括湿法刻蚀和干法刻蚀。

湿法刻蚀主要利用化学试剂（酸、碱等）与被刻蚀材料发生化学反应进行刻蚀，如用含有氢氟酸的溶液刻蚀二氧化硅薄膜，用磷酸刻蚀铝薄膜等。由于线宽控制和刻蚀方向性等多方面的局限，湿法刻蚀一般适用于尺寸较大的情况（大于 3μm），目前集成电路加工中很少用到。但是由于其操作简单、设备要求低和刻蚀选择性好等特点，科学研究中，如新型纳米材料器件加工中经常用到。

干法刻蚀是利用气态中产生的等离子体通过光刻胶暴露出的部分与目标层进行物理作用和化学反应，从而刻蚀掉暴露的表面材料，以此形成最终的特征图形。该工艺技术的突出优点在于可以获得精确的特征图形。超大规模集成电路的发展要求光刻加工工艺能够严格地控制加工尺寸，并需要在硅片上完成极其精确的图形转移。由于干法刻蚀技术在图形转移上的突出表现，已成为亚微米尺寸下器件刻蚀最主要的工艺方法。干法刻蚀对于光刻胶的耐蚀性，特别是高精度图案化提出了更高的要求。干法刻蚀所用化学物质取决于要刻蚀的薄膜类型，如介电刻蚀通常使用含氟的化学物质，硅和金属刻蚀使用含氯成分的化学物质。干法刻蚀时可能会对一个薄膜层或多个薄膜层执行特定的刻蚀步骤。

Lift-off 工艺是先形成光刻胶图案化再镀膜去胶。首先需要在形成光刻胶图案之后利用镀膜工艺在掩模上镀上目标薄膜，再用去胶液溶解光刻胶的方式获得与图案一致的目标图形结构。光刻胶的厚度值是一个很关键的参数，通常会有一个经验值：光刻胶厚度与被剥离金属厚度之比不小于 3。但是需要注意，光刻胶的厚度会影响其分辨率，所以 lift-off 工艺不适用于特别厚的薄膜剥离。Lift-off 工艺的关键技术将在后文详细介绍。

9. 去胶（resist remove）

光刻胶只是用作构建图形步骤中的临时掩膜。因此，光刻工艺的最后一步通常是去除光刻胶，我们称之为去胶或除胶。去胶的要求是：迅速去胶且没有残留，对衬底以及沉积在上面的材料无损伤，因此这并不容易实现。常用的正性光刻胶去胶液有丙酮（acetone）、异丙醇（Isopropanol，IPA）、二甲基亚砜（Dimethyl Sulfoxide，DMSO）、N-甲基-2-吡咯烷酮（N-Methyl-2-Pyrrolidone，NMP）等溶剂。对于负性光刻胶，曝光后会产生交联反应，难以通过溶剂去除，一般会用到强酸溶液，如硫酸、硝酸、盐酸等。在一些情况下，由于后续的工艺如过高的温度、长时间干法刻蚀等会导致光刻胶膜的交联度太高，从而无法利用湿法除光刻胶，这时可以采用氧等离子去胶机进行去胶。

7.1.2　光刻胶

光刻胶是指通过紫外光、电子束、X 射线等的照射或辐射，其性质发生变化导致溶解度变化的耐蚀刻薄膜材料。曝光工艺中，光刻胶作为图形转移的载体之一，其性能的优劣直接关系到曝光质量。光刻胶的种类很多，通常可分为正性光刻胶和负性光刻胶。光刻胶主要由以下几个部分组成：成膜树脂、溶剂、感光剂或光引发剂或光致酸产生剂、添加剂等。光刻胶在相应光源下曝光后，其主要成分发生光化学反应，使其在显影液中的溶解度发生变化。如果是负性光刻胶，曝光区域变得难溶解；若是正性光刻胶，曝光区域从不溶解变得可溶解，主要通过树脂曝光区域的极性改变来实现。实际应用中，应根据具体工艺的需求来选择正性或负性光刻胶。典型的光刻胶组分中，50%～90% 是溶剂，10%～40% 是树脂，感光剂或光致酸产生剂占 1%～8%，表面活性剂、匀染剂以及其他添加剂占有率不到 1%。

1. 正性光刻胶（positive photoresist）

正性光刻胶主要分为非化学放大型（主要用于 g-线、h-线以及 i-线紫外光刻工艺）和化学放大型（主要用于深紫外光刻工艺，波长 248nm 以下）。曝光后溶解度的变化主要是基于功能基团极性的变化。目前非化学放大型正胶中以重氮萘醌（Diazonaphthoquinone，DNQ）-酚醛树脂（Novolac）为主导地位。基于功能基团极性变化的化学放大型正胶主要机理为树脂主链上特定官能团的酸解脱保护产生极性变化。

重氮萘醌-酚醛树脂具有高对比度、非溶胀性和高抗刻蚀性能等，并且能用水性显影液显影，其主要成分是重氮萘醌和酚醛树脂（图 7.5）。其中，重氮萘醌是一种感光化合物（Photo-Active Compound，PAC），同时也是酚醛树脂的溶解抑制剂。重氮萘醌的光解过程为：首先重氮醌脱去一份 N_2 生成卡宾（carbene，碳烯），分子内发生沃夫重排（Wolff rearrangement）形成烯酮，进而与酚醛树脂中的水发生反应生成茚酸（indene acid），这是一个疏水基（重氮醌）向亲水基（茚酸）的转变过程，实现了曝光区在水性显影液中的溶解度高于非曝光区，两者溶解速率的差异随着重氮奈醌的增大而增加。

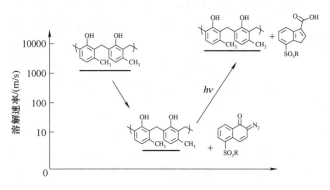

图 7.5　重氮奈醌-酚醛树脂光化学反应过程

由于重氮奈醌-酚醛树脂体系的量子产率只有 0.2~0.3，难以满足深紫外光刻对灵敏度的要求。另外，传统的非化学放大型光刻胶通过吸收光的能量直接进行溶解度变化反应，当光线从光刻胶顶部向底部传播时会被逐渐吸收，形成紫外光吸收梯度，对于较厚的光刻胶会产生光刻图案的梯形形貌（图 7.6a），限制了分辨率的进一步提升。

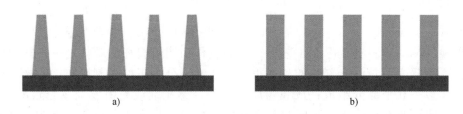

图 7.6　不同方法得到光刻胶的形貌

a）非化学放大型光刻胶（如多数 365nm i-线光刻胶）的典型截面形貌　b）化学放大型光刻胶的典型截面形貌

20 世纪 80 年代，美国 IBM 公司引入了化学放大型光刻胶。其化学机理为在光引发下产生一种催化剂，促进反应迅速进行或引发链反应，改变基质性质从而产生溶解度变化。这种催化剂一般是由一种光致酸产生剂（Photo-Acid Generator，PAG）在深紫外光照射后产生的酸分子，而此光酸分子会在一定的温度下催化光刻胶中曝光区域的去保护反应（图 7.7，APEX 光刻胶），曝光和酸催化后，释放出二氧化碳和异丁烯，最终形成溶解于碱性显影液的聚 4-羟基苯乙烯，所以在曝光之后需后烘。这种催化反应不能一直进行下去，否则会破坏未曝光区域，导致图形失真或消失，所以还需要添加适当的碱，以控制反应程度。化学放大型光刻胶官能团的转化取决于光产生的催化剂在被碱淬灭前所引发的化学反应的数量，是一种可控的链式反应。由于化学放大型光刻胶的酸催化反应，对光的吸收变得很小，深紫外光可以传播到光刻胶底部，所以光刻后的图案变得接近垂直。

2. 负性光刻胶（negative photoresist）

由于负性光刻胶曝光后会发生交联反应而不再溶于显影液，而非曝光区域则保持了原有的线性聚合物或支化聚合物的溶解能力，因而可以被显影液洗掉，形成图案化。SU-8 是一种常用的负性光刻胶，名称来源于树脂中含有 8 个环氧基（图 7.8），其中还包括一种光致

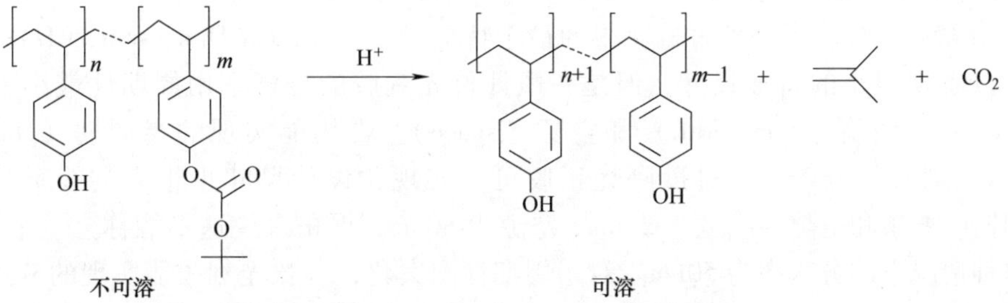

图 7.7　APEX 光刻胶中树脂（聚叔丁氧羰基氧苯乙烯）在光酸催化过程中的反应

酸产生剂三芳基锍六氟锑酸盐（triarylsulfonium hexafluoroantimonate salt）。光照后产生光酸，加速交联反应，其中每个环氧基都能与同一分子上的或者不同分子上的环氧基反应，拓展交联形成了致密的交联网络。负胶图案化的反应类型除了主要的高分子量线型聚合物的交联反应，还有由光引发的官能团极性变化和多功能单体的聚合反应。例如频哪醇（pinacol）在光酸的催化条件下发生重排反应生成酮或醛，导致光刻胶的极性官能团向非极性官能团转变。紫外光照射可以引发甲基丙烯酸甲酯（Methyl Methacrylate，MMA）单体发生聚合反应，形成聚甲基丙烯酸甲酯（Polymethyl Methacrylate，PMMA）。

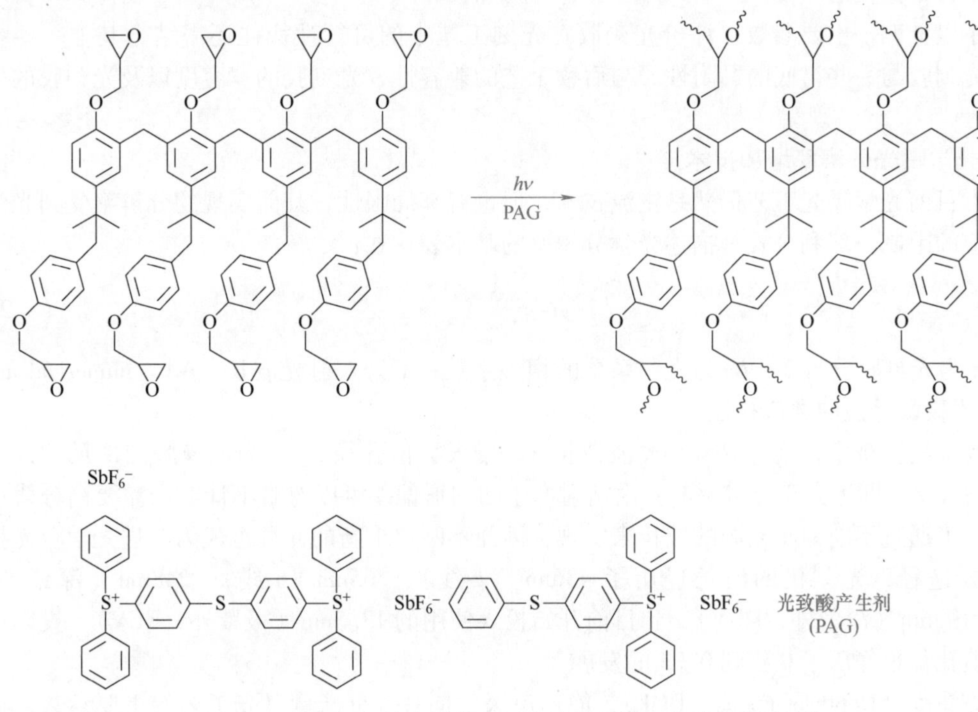

图 7.8　SU-8 负性光刻胶光反应过程与其光致酸产生剂结构

3. 光刻胶评价

评价光刻工艺中光刻胶的参数主要有：灵敏度、分辨率、对比度和抗刻蚀性。

（1）**灵敏度**　灵敏度是指能达到显影所需的最小曝光剂量，其中剂量是单位面积的光能量（单位为 mJ/cm^2）。光刻胶的灵敏度越高，曝光过程越快，所需曝光时间越短，灵敏度越高，其能实现的分辨率越高。

（2）分辨率　分辨率是指可以获得的最小特征尺寸（Critical Dimension，CD）。通过不同方法可以实现很小的特征尺寸，但是一般评价光刻胶的分辨率用周期性最小重复单元pitch表示，包含线宽（line width）和空隙（space）。常用能实现的半周期（Half Pitch，HP）作为光刻胶的分辨率。过度曝光正胶可以实现比设计尺寸小很多的线宽，如一排100nm周期的线条和空隙，线宽为20nm，空隙为80nm，严格来说这不能称为一个20nm分辨率，这种情况下的分辨率为50nm。对于周期性图案化，一款光刻胶能实现的分辨率与其厚度相关，光刻胶厚度越厚，其可获得的分辨率往往越低，但是过薄的光刻胶厚度对后续的图形转换不利，因此在满足工艺分辨率的前提下需综合考虑光刻胶厚度的选择。

（3）对比度　对比度描述了光刻胶显影深度与剂量的依赖程度，这也对分辨率有影响。对比度是根据灵敏度曲线的线性斜率来确定的，即

$$\gamma = \frac{1}{\lg D - \lg D^0} = \left(\lg \frac{D}{D^0} \right)^{-1} \tag{7.1}$$

式中，D 是整个光刻胶层曝光或完全显影的剂量；D^0 是显影液上没有完全曝光所剩余厚度或没有完全显影所需要的剂量。

（4）抗刻蚀性　湿法或干法刻蚀过程中光刻胶保持完整的性能，抗刻蚀性决定了能够获得特定材料图案的厚度。

除了以上四个主要参数，评价光刻胶在光刻工艺中的可行性往往还需结合其他一些参数，如光刻胶与一些衬底的黏附性、与后续工艺的兼容性、光刻胶的宽容度以及光刻胶的寿命等。

4. 光学曝光分辨率增加技术

虽然目前光学曝光工艺仍然是主流技术，但也有其局限性，其能实现的分辨率受到光学衍射效应的限制。瑞利公式是描述光学分辨率的基本表达式：

$$R = \frac{k_1 \lambda}{NA} \tag{7.2}$$

式中，R 为光刻胶分辨率；k_1 为光刻系统的相关系数；λ 为入射光波长；NA（numerical aperture）为投影透镜的数值孔径。

若要提高分辨率，则可以减小光波波长 λ，增大数值孔径 NA。当掩模版图形尺寸远大于光源波长 λ，即远大于分辨率时，由衍射产生的图形偏差可以忽略不计。当需要高分辨率线宽时，可通过不断缩小光源的波长来实现，因此不断追求新的光源也成为改进光学曝光技术的主要途径，光刻机的波长经历了436nm（g-线）、365nm（i-线）、248nm（深紫外，DUV）、193nm（深紫外，DUV），到目前开始投入使用的13.5nm（极紫外，EUV）。投影透镜的数值孔径也经历了0.4到0.93的发展。

聚焦深度（Depth-of-Focus，DOF），简称焦深，是另一个衡量曝光工艺的重要参数，标志着曝光系统成像质量和晶圆表面位置的关系，在聚焦深度范围内，曝光成像的质量可以保证。由于硅片平整度误差和光刻胶厚度不均匀等因素，最佳成像平面与实际成像平面之间总存在一定误差。这被称之为离焦，离焦一般会导致畸变的进一步加剧，并且由于光刻胶层有一定的厚度，如果要保证刻蚀质量，就要求其上下表面的成像有一定的一致性。这都要求在成像平面上下一定范围内都有较佳的成像效果。焦深可通过下面的公式计算：

$$\text{DOF} = \frac{k_2 \lambda}{NA^2} \tag{7.3}$$

式中，k_2 为与光刻胶、照明条件、掩模等密切相关的系数；λ 为入射光波长；NA 为投影透镜的数值孔径。

由式（7.3）可以看出，焦深与光源波长成正比，与数值孔径成反比。但不同的是，分辨率是越小越好，而焦深则是越大越好。因此，如果通过减小光源波长 λ 以及增大 NA 的方法来提高分辨率，则同时也会降低系统的焦深，所以光刻过程中需平衡分辨率和焦深两者之间的关系。

5. 驻波效应

光刻过程中，由于基底表面的反射效果，入射光线穿过光刻胶照射在衬底后又返回到光刻胶中，反射光线在通过光刻胶与空气界面时又有一部分光反射回光刻胶中。当光刻胶的厚度等于光线半波长的整数倍时，光线反射在光刻胶这一谐振腔体中会形成驻波，造成驻波效应，如图 7.9 所示。当驻波效应发生时，会出现光刻胶中的光强分布不均，导致光刻胶图案侧壁出现波浪形起伏，从而影响图形关键尺寸及后续工艺。曝光波长越小，对图案的影响就越大。为了消除驻波效应，可以在光刻胶顶部或底部增加抗反射涂层，而通常底部抗反射涂层（Bottom Anti-Reflective Coatings，BARC）的改善效果更明显。从光路图（图 7.9）可以看出，BARC 可通过对紫外光的吸收及相消干涉，有效地降低反射光，消除驻波效应。大部分抗反射涂层采用具有一定吸光性或含有吸光性成分的有机聚合物，曝光前旋涂完之后，经过加热烘焙交联，形成一层不溶于溶剂和显影液的材料，在显影完成之后需通过等离子体刻蚀工艺去除。

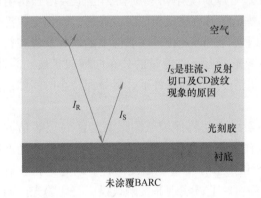

图 7.9　底部抗反射涂层减小驻波效应

6. 曝光方式

曝光是光刻过程中一个重要的步骤，直接影响光刻的分辨率和套刻精度等参数。光学曝光技术大体上可分为接触式、接近式和投影式曝光三种，如图 7.10 所示。接触式和接近式曝光技术类似于复印方式，把掩模图形复印到衬底上，实现图形转移。根据掩模版与基片间隙大小分为接触式和接近式曝光。投影式曝光如同照相，它通过光学透镜等倍投影或缩小投影，把中间掩模版上的图形投影成像在基片上。投影式曝光是集成电路制造中常用的，接触式和接近式曝光由于其操作简单的特点在科学研究中被广泛应用。

（1）接触式曝光　接触式曝光是传统的曝光方式，它是将制好的掩模版和涂有光刻胶的衬底直接接触，通过抽真空调节接触压力，平行光通过掩模的透明区域照射到光刻胶上。

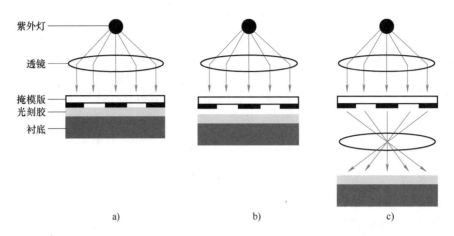

图 7.10　光学曝光中三种常用的曝光方式

a）接触式　b）接近式　c）投影式

光掩模结构的尺寸与曝光后的图案尺寸呈 1∶1 关系，图案保持一致。这种曝光方式可以减少光的衍射效应，提高分辨率，另外还具有设备简单、操作方便、生产率高和成本低等优点。但是其缺点是机械接触容易损伤掩模版，导致使用寿命短，多次使用会严重影响芯片成品率。另外，由于光的衍射效应，要想进一步提高光刻分辨率和对准精度有困难。

（2）接近式曝光　接近式曝光是让掩模版和衬底之间保持很近的距离（通常为 5~50μm），利用高度平行光束进行曝光。这种方式可以避免玷污和损伤，但是会增强衍射效应，使得分辨率降低。当特征线宽减小到可与曝光所用的波长相似时，光通过掩模窗口产生的衍射效应将成为提高光刻分辨率的主要限制因素，同时光在衬底表面上的散射及光在衬底与掩模版之间的多次反射，都将导致光刻胶上曝光图形吸收能量的分布向横向扩展。因此，为了提高光刻分辨率，在衬底平整和机械控制精度允许的条件下，尽量保持小的间隙或减小曝光所用的波长。

（3）投影式曝光　投影式曝光是用光学投影的方法将掩模版图形的影像（以等倍方式或缩小的方式）投影在衬底表面，这时掩模版作为光学成像系统的物方，衬底上的光刻胶为像方。投影曝光可分为 1∶1 透射式投影曝光和投影分步重复曝光两种。前者是将含有芯片图形阵列的掩模片的整个版面，等倍地复制到衬底上，实现非接触式投影复印曝光。而后者是将只含一个或若干个芯片图形的中间掩模版，通过光学透镜投影到衬底上，再按顺序一步一步地曝光出相同的图案，实现在整个衬底晶圆上的曝光。由于投影式曝光是把掩模图形的像直接投影在光刻胶上，从而有效克服了光衍射效应的影响，提高了光刻分辨率与对准精度，目前常用的分步曝光系统采用 4∶1 的方式。此外，该方法也减小了掩模版的加工难度，延长了掩模版的使用寿命，有利于控制缺陷密度，从而提高芯片成品率，目前广泛应用于集成电路制造。

除了通过掩模版曝光技术，还可以利用激光直接在光刻胶上按照一定路径对光刻胶进行曝光获得图形。这种曝光方式的优点是不需要制备昂贵的掩模版，只要之前设计好曝光图版后即可直接写出想要得到的图形。但是这种激光直写曝光的缺点是需要逐步写出图案，消耗很长的时间，因而在掩模版加工和小面积的科学研究领域使用较多。

7.1.3 紫外光刻-纳米材料应用实例

　　紫外光刻除了在集成电路中大量应用，也广泛应用于纳米材料器件的加工。在纳米材料微电子器件研究领域中，制作高品质的电极是准确反映材料或器件本身性能的前提条件，紫外光刻剥离（Lift-off）工艺是经常用到的电极制备手段。Lift-off 工艺是在衬底上用光刻工艺获得图案化的光刻胶结构或金属等掩膜（mask），利用镀膜工艺在掩膜上镀上目标涂层，再利用去胶液溶解光刻胶或机械去除金属硬掩膜的方式获得与图案一致的目标图形结构。与刻蚀等图形转移方法相比，Lift-off 工艺更加简单易行。

　　为了让光刻胶上的薄膜层以及衬底上沉积的薄膜层断开，光刻胶的厚度值是很关键的参数，通常会有一个经验值：光刻胶厚度与被剥离金属厚度之比不小于 3。但是光刻胶的厚度会影响其分辨率，所以 Lift-off 工艺不适用于高分辨率和特别厚的金属电极的制备。Lift-off 工艺的一个关键是能够形成光刻胶图案的底切（under cut）结构，如图 7.11 所示，如果光刻胶图案形成顶切（top cut），薄膜沉积后很难实现剥离。对于紫外光刻（含激光直写），负胶相比于正胶更容易获得底切形态。另外也可通过双层胶体系来获得底切结构（图 7.11），第一步可以将不含光敏的剥离胶（Lift-off Resist, LOR）置于光刻胶底层，利用上层胶的光刻胶经曝光显影后开出窗口，底层胶在显影液中继续腐蚀，并横向拓展，形成底切结构，横向拓展的深度与显影液的碱当量以及显影时间相关。

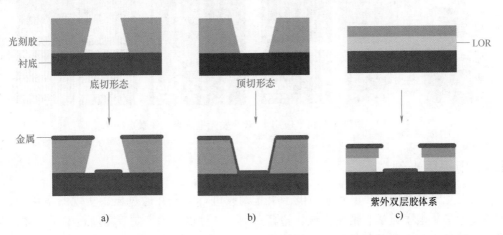

图 7.11　光刻后形成的底切和顶切形态对 Lift-off 工艺的影响以及双层胶工艺实现底切形态
a）底切　b）顶切　c）双层胶工艺

　　制备电极最常用的镀膜方式有蒸发（电子束蒸发和热蒸发）和溅射两种，但是 Lift-off工艺多数会用到蒸发。溅射时，金属粒子能量大，分散在整个真空腔室中，没有很好的方向性。这种方向性决定了金属化过程中金属膜对光刻胶侧壁的包覆性。所以溅射镀膜容易将整个光刻胶断面包覆起来，使其难以实现剥离。蒸发工艺，金属以类似辐射的方式将靶材料沉积到衬底，方向性好，所以蒸发镀膜是 Lift-off 的首选方式。

　　镀膜之后需去胶剥离，一般每款光刻胶都会有推荐的去胶液，正常工艺下，使用配套的去胶液能够很好地实现 Lift-off 工艺，如果遇到剥离困难，则可考虑使用超声辅助，或者将部分剥离液升高温度至 50~80℃ 来加速剥离。通过这一系列的操作就可以得到用于纳米材料器件制备的金属电极。

除此之外，紫外光刻也大量应用于光学、电学器件的微纳加工。例如紫外光刻广泛应用于发光量子点、像素点的加工。发光量子点由于其很高的发光效率，在下一代显示器件中具有很大的应用前景。在显示器件中，需要将不同的发光材料（红-绿-蓝色，Red-Green-Blue，RGB）集成在衬底，形成像素。南方科技大学孙小卫课题组结合紫外光刻和量子点电泳沉积将不同发色性能的量子点、像素点集成在单个衬底上，实现了超过 1000PPI（pixels-per-inch，每英寸像素数）分辨率的大面积发光材料的制备（图 7.12）。

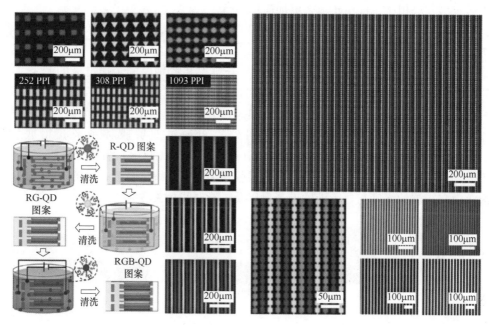

图 7.12　紫外光刻技术应用于 RGB 发光量子点、像素点的加工

7.1.4　电子束光刻

电子束光刻是利用聚焦电子束对电子束光刻胶进行曝光并通过显影实现图案化的过程。电子束光刻是集电子光学、精密机械、超高真空、计算机自动控制等高新技术于一体，是推动微纳加工技术和微电子器件进一步发展的关键技术之一。光学曝光的分辨率由于衍射效应受光波长的限制，为了提高光学曝光的分辨率，光源的选择经历了从 g-线到 i-线、深紫外、极紫外波长不断缩短的发展过程。电子束本质上是带电粒子，但是从波粒二象性可知，它也是一种光，电子束的波长 λ_e 与电子束的加速电压 U 的平方根呈反比关系，因此加速电压越高，电子束的波长越小。

$$\lambda_e = \frac{1.226}{\sqrt{U}} \mathrm{nm} \tag{7.4}$$

因此，100kV 的加速电压系统下的电子波长为 0.12nm。电子束曝光的精度可以达到纳米量级（极限分辨率可达到 10nm 以下），因而在制备纳米器件时广泛采用。除了曝光方式不同，电子束光刻的步骤与紫外光刻基本一致。电子束光刻一般采用直写模式，其优点是直写无需掩模版，简单灵活，但是比较耗时，目前主要用于掩模版制造以及半导体器件研究、开发和低批量生产。

电子束曝光系统是产生聚焦电子束和控制电子束按照设计的版图直写的设备，其基本原理和扫描电子显微镜类似。主要包括电子束控制和检测系统、反射电子检测系统、工作台系统、真空系统和计算机图形发生系统。电子束系统能够产生聚焦高压电子束，电压通常为 10～100keV，并且具有准直系统控制电子束的偏转；电子束检测系统主要是检测达到样品表面电子束电流大小；反射电子检测系统是观察样品表面形貌和对准标记；工作台系统能够放置和精准移动样品；真空系统用于获得高真空环境；计算机图形发生系统是将设计图形数据转换成控制偏转器的电信号。

理论上电子束光刻可以达到 10nm 以下的精度，但是实际过程中需调节各种参数来克服多个影响因素。影响电子束光刻精度的主要因素包括荷电效应、电子散射和邻近效应等。

1. 荷电效应

由于电子是带电粒子，如果不能快速通过衬底进行转移，就会让衬底带负电荷。由于硅片具有良好的导电性，所以入射到硅片上的电子能够快速转移。然而对于导电性差或绝缘的衬底材料，如掩模版上的石英衬底，入射电子将需要更长的时间转移。由于二次电子发射到真空中，衬底获得的负电荷可以被表面的正电荷补偿，光刻胶中产生的低能二次电子的荷电效应不是固定的，一般为 0～50nm，所以光刻胶-衬底的荷电效应不可重复，而且很难得到一致的补偿。由于表面电荷无法迅速有效的转移，从而产生局部的电荷积累，这种表面电荷会形成不均匀的电场，对后续的电子束产生排斥，进而导致图形的变形或漂移。通过在光刻胶上旋涂一层导电胶，可在一定程度上解决电子束光刻中的荷电效应。相比使用其他的导电层（如金属层），导电胶对电子束不敏感，而且方便去除，是一种简单高效的解决方法。

2. 电子散射

除了产生二次电子，电子束具有足够的能量穿过光刻胶然后在光刻胶甚至是衬底中散射，这就导致实际的曝光区域大于设计的曝光区域。根据电子散射（electron scattering）的结果不同，将电子散射分为前散射与背散射两类，如图 7.13 所示。前散射（forward scattering）发生时，散射后的电子与原入射方向所成的角度小于 90°，而背散射（back scattering）电子则大于 90°。入射电子束进入衬底材料时，所发生的作用多为背散射。当入射电子能量较高时，电子经过多次散射甚至会溢出衬底表面，重新进入抗蚀剂层，如图 7.13 所示。一般情况下，对于高能电子束，前散射的范围一般在百纳米数量级，而背散射则在微米数量级，甚至达到十几微米。

3. 邻近效应

电子在光刻胶中发生散射作用可以认为是光刻胶吸收电子散射的能量转移过程。电子束束斑中的电子数在垂直入射方向的平面上服从高斯分布，因此光刻吸收电子散射转移能量的程度在该平面内也形成一定的分布。由于高能电子束照射到光刻胶上，很多电子产生了小角度前散射，从而导致电子超过原有的束斑尺寸范围，另外当电子穿过光刻胶到达衬底后，一些电子产生大角度背散射。因此，对于邻近束斑的预定未曝光区域，光刻胶吸收了部分散射电子转移能量，发生曝光。这种由电子数目分布和散射引起的光刻胶能量吸收不均匀的现象，称为电子束的邻近效应。这种邻近效应会导致光刻图形不规则，分辨率下降。

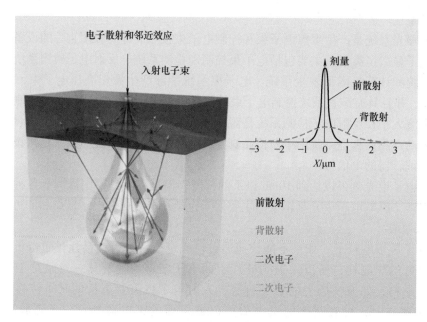

图 7.13　电子束光刻中电子散射及其引起的邻近效应

　　具体来说，用电子束直写较大面积时，若该图形的尺寸远大于电子散射范围，则在该图形中间部分光刻胶吸收的电子剂量是固定的，因为该区域的电子散射所造成的能量损失可以从周围区域的电子散射得到补偿。但是在图形边界处，由于电子散射损失能量得不到足够补偿，会产生曝光不足。这一现象在顶角处尤为明显，设计的直角在显影后会形成圆弧形，这种现象称为内邻近效应（图 7.14）。由于电子散射的作用，使得非设计曝光区域得到一定的电子剂量，当剂量达到一定程度时，该区域即可以被显影（正胶），使得曝光区域尺寸增大，发生偏移。如图 7.14 所示，两个相邻的图形之间由于电子散射的原因积累了一定的电子剂量，两图形间变得不可分辨，意味着曝光区域被扩大。邻近效应带来的曝光图形发生的偏移对于微细加工来说是致命的。当制作高精度，特别是尺寸小于 100nm 的图形时，图形精度要求已经达到邻近效应覆盖的范围，需要对邻近效应进行校正。

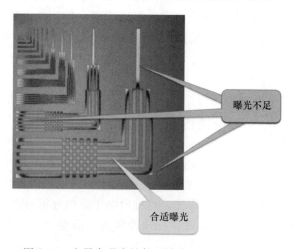

图 7.14　电子束曝光的邻近效应导致图形不规则

4. 邻近效应校正

降低邻近效应一般有两种途径：一种是从仪器制造的角度提高电子束曝光系统本身的性能，减小束斑尺寸，提高电磁透镜质量及聚焦性能等；另一种是通过工艺手段降低邻近效应的影响，挖掘电子束曝光系统分辨率的潜力，称之为邻近效应校正。邻近效应校正的途径主要有两种：一种是通过优化曝光-显影工艺条件和有效的工艺措施抑制邻近效应的产生或降低其影响程度，如使用高入射束能、薄光刻胶层、高原子序数夹层和多层胶工艺等；另一种是采取各种修正措施，主要包括几何尺寸校正和剂量校正。

几何尺寸校正是指在出现邻近效应的位置，已设计好的图形通过改变该处和周围图形的几何尺寸，来补偿邻近效应带来的能量损失和过量。剂量校正是指设计图形的几何尺寸不变，将整个图形分成多个区域，对各个区域采用不同剂量进行曝光，通过不同位置曝光剂量的变化来修正邻近效应带来的影响。实际加工过程中，邻近效应校正并不一定能够完美地解决邻近效应问题，因此在版图设计中应尽可能避免邻近效应比较敏感的结构图形等。

5. 电子束光刻的重要参数

（1）加速电压　加速电压升高，产生的电子前散射效应降低，可以曝光较厚的光刻胶，但是背散射面积会扩大。

（2）最小束直径　直径越小，理论上可以实现的线宽越小，但是会延长加工时间。

（3）电子束流　束流越大，曝光速度越快，最大曝光速度受扫描频率限制，另外大束流的束斑也会较大，导致分辨率降低。

（4）写场大小　写场大则写场内图形无拼接误差，但是大写场时单位面积的加工时间会更长。

除此之外，还有控制台精度、拼接精度、套刻精度等参数会影响光刻工艺的效果。

6. 电子束光刻胶

聚甲基丙烯酸甲酯（PMMA）是最常使用的正性电子束光刻胶之一，其主要原理是电子束能够引起其主链断裂，形成低分子量的物质，导致溶解度变化。值得注意的是，当电子束曝光剂量过大时，通常 10 倍于正常 PMMA 作为正性光刻胶的剂量时，会引起聚合物的交联，导致 PMMA 呈现出负性光刻胶效应。目前，使用 PMMA 光刻胶可以实现 20nm 以下的分辨率。另外一种常用的电子束光刻胶是氢倍半硅氧烷（Hydrogen Silsesquioxane, HSQ）负性光刻胶，能够实现 10nm 的分辨率，HSQ 本身类似于多孔氢化 SiO_2，可以用来刻蚀硅，但不能刻蚀二氧化硅或其他类似的材料。

7. 电子束光刻的应用

电子束光刻在纳米材料与器件的研究中发挥着十分重要的作用。其中一个重要的应用是制备纳米尺度电极，对于测量纳米结构和单分子输运特性具有重要意义。例如研究新型导电纳米孔材料（nanoporous materials）的电学性能，传统方法是将样片压片（pellet）或制备成薄膜（thin films）形态来测试，但是由于晶粒边界（grain boundary）和缺陷（defects）的存在，难以得到材料的本征性质。通过电子束光刻可以制备小尺寸电极来研究小颗粒的纳米孔材料的电学性质。其制备方法用到了 lift-off 工艺，首先将颗粒均匀分散在 Si/SiO_2 衬底上，然后经过旋涂光刻胶（PMMA）、电子束曝光、显影、金属电极（5nm Ti/250nm Au）镀膜、去胶一系列操作得到如图 7.15 所示的结构。

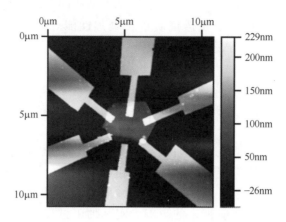

图 7.15　电子束光刻制备出的用于测试单个晶体的金属电极

超导纳米线单光子探测器是一种新型超导电子器件，在量子信息、激光雷达等方面具有广泛的应用。根据超导纳米线单光子探测机理，超窄线宽的纳米线可以提升超导纳米线单光子探测器在中红外波长的灵敏度。利用电子束曝光技术，可以实现超导纳米线单光子探测器纳米线线条加工。中国科学院上海微系统与信息技术研究所尤立星课题组采用负胶 MaN-2401 曝光和刻蚀工艺制备出了线宽为 30~60nm、膜厚为 6.5nm 的 NbN 超导纳米线单光子探测器（图 7.16），成功实现了 2000nm 的单光子响应。

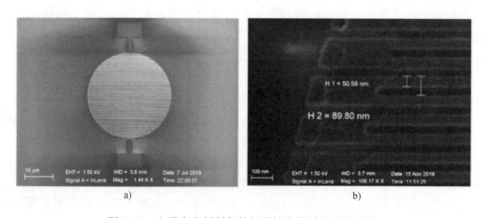

图 7.16　电子束光刻制备的超导纳米线单光子探测器

电子束光刻不仅可以制备二维图案，还可应用于三维微纳加工。传统电子束光刻在二维图案制备过程中会用高电压（几十千伏）和薄胶（几十纳米）以保证光刻的准直度和分辨率。中国科学院上海微系统与信息技术研究所陶虎课题组从低电压（几千伏）和厚胶（几微米）入手，通过优化重组蜘蛛丝基因片段和分子量，结合大规模仿真模拟，实时控制加速电压调控电子在丝蛋白光刻胶中的穿透深度、停留位置和能量吸收峰，实现了分子级别精度的真三维纳米功能器件的直写（图 7.17）。该技术的加工精度可达 14nm，与天然丝蛋白单分子尺寸（约 10nm）接近。

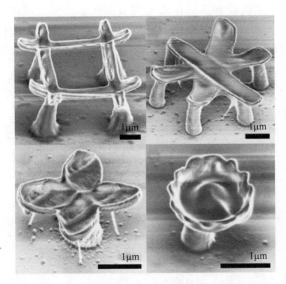

图 7.17　使用电子束光刻进行蜘蛛丝蛋白的 3D 加工

7.1.5　X 射线光刻和 LIGA 工艺

　　X 射线光刻是用 X 射线作为光源的一种光刻技术，需同步辐射 X 射线光源以得到高强度和高准直性的 X 射线。与紫外光刻不同，X 射线光源不是特定的波长，而是含有不同波长的 X 射线（一般为 0.01~20nm）。其光刻步骤类似于紫外光刻，包括光刻胶旋涂、曝光、显影等步骤。由于 X 射线的波长远小于紫外光波长，能够很好地避免光衍射效应，所以可实现很高的分辨率（约 100nm）。当 X 射线光刻的分辨率达到它的波长范围（10nm 级）时，菲涅耳（Fresnel）衍射和光电子效应就成了限制其曝光分辨率的主要因素。由于（深）紫外光刻技术的迅速发展，X 射线目前还没有用于大规模集成电路的制造，其中一个限制因素就是需要同步辐射高能光源。但是由于 X 射线的高透射率（几百微米级别），X 射线光刻可同时实现大焦深，光刻图形侧壁陡直，并且有较大的曝光窗口。目前还用于一些高价值产品的制造，如 AsGa 毫米波电路、MEMS 器件和高精度微型零件等。制备这些器件会用到 LIGA 技术，LIGA 源自于德语 Lithgraphie，Galvanoformung 和 Abformung 三个单词的缩写，表示深层光刻、电镀、注塑三种技术的结合，是 20 世纪 80 年代德国卡尔斯鲁厄原子能研究所发明的一种微型零件制造的新工艺方法。

　　LIGA 工艺流程一般包括 X 射线曝光、显影、电镀制模、注塑复制四个重要步骤，如图 7.18 所示。

　　（1）X 射线曝光　X 射线可以对几百微米甚至毫米级的光刻胶进行曝光，与普通紫外光刻胶相比，LIGA 工艺使用的光刻胶一般较厚，所以需要光刻胶有很好的均匀性，另外由于后续电镀长时间在电镀液中进行，所以要求光刻胶与衬底的黏附性要好。

　　（2）显影　与普通紫外光刻和电子束光刻一样，曝光后的光刻胶需显影后获得相应的图形结构，如 X 射线曝光常用的 PMMA，曝光后长链在 X 射线作用下变成短链并在显影液中溶解，未曝光区域留下形成结构。

　　（3）电镀制模　利用光刻胶下层的金属薄层作为阴极，对显影后的光刻胶微结构进行电镀，或者在电镀前使用金属镀膜工具在光刻胶表面镀上一层金属薄膜作为种子层，然后进行电镀。电镀过程中，金属填充在光刻胶的空隙中直到整个光刻胶表面被金属完全覆盖，并形成一个稳定的金属结构。电镀可以获得各种金属材料的微结构，如镍、铜、金、铁镍合金等。电镀完成后可将模具从衬底上揭下，然后清洗保证无光刻胶残留。

（4）注塑复制　用上述金属结构为模板，采用纳米压印、热压成型或注塑工艺等方式进行微结构的大批量复制工作。

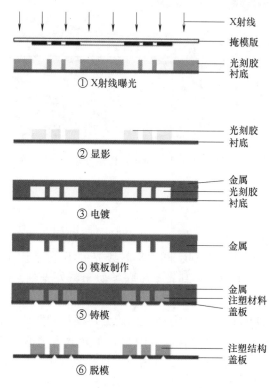

图 7.18　利用 X 射线光刻的 LIGA 工艺

7.1.6　离子束光刻

同电子束一样，作为一种带电物质离子束具有许多便于控制的良好特性，同时，离子还具有元素性质，可与靶物质相互作用产生一些有应用价值的物理化学效应。离子束光刻主要包括离子束投影式曝光和聚焦离子束（Focused Ion Beam，FIB）光刻。前者类似于紫外曝光方式，通过离子束照射光刻胶引起降解或交联反应，导致溶解度变化，从而显影后形成光刻胶图案化，主要包裹 Ga^+、H^+、He^+ 等。后者类似于电子束光刻技术，利用聚焦离子束直写技术形成图案化，与电子束光刻不同，离子质量比电子质量要大得多，如最轻的离子 H^+ 也是电子质量的 1800 多倍，因此离子的大质量可将固体表面的原子溅射作为一种无光刻胶直写加工工具。由于离子束的波长比电子束的波长短，产生的衍射效应可以忽略不计。另外，离子束的能量可以被充分吸收，由于散射带来的邻近效应的范围很小，因此可以获得极高的分辨率。下面重点介绍聚焦离子束技术的原理、特点和在纳米材料加工中的应用。

从本质上讲聚焦离子束系统与电子束曝光系统一样，由离子发射源、离子光柱、工作台、真空与控制系统等结构组成。虽然如今离子源种类很多，但是镓（Ga）的优异特性决定了镓目前仍然是应用最普遍的离子源。在电场和磁场的作用下，将离子束聚焦到亚微米甚至纳米量级，通过偏转系统和加速系统控制离子束。当高能离子撞击固态样品表面时，会将能量传递给固体中的电子和原子。入射离子对基底最重要的物理效应是中性或电离的基底原子的溅射，因此，采用高电流离子束可实现样品材料的去除。通过离子束直写方式可以刻蚀出任意形状，实现纳米结构的无掩模加工，其工艺分辨率约为几十纳米，最大深宽比为 10~20。离子束溅射的一个最主要参数是溅射产额（sputtering yield），这也决定了聚焦离子束的加工效率。溅射产额不仅与入射离子能量有关，还与入射角度、晶体学去向、靶材原子密度和质量等有关。对于镓离子束，能量在 30keV 以上的溅射产额不再有明显变化。所以一般的商用聚焦离子束系统一般工作在 30keV 以内。溅射一般还伴随原子再沉积（redeposition），随着加工深度的增加，被溅射的原子越来越多地沉积在加工侧壁，通过缩减驻留时间或多次重复扫描可以减少这种现象。为了加速离子溅射或增加不同材料的刻蚀选择性，可以在样品室中引入刻蚀气体，如氯气、溴气等，气体同时可以与样品溅射产物反应，从而能够非常有效地抑制再沉积。

聚焦离子束技术能够实现高精度复杂的微结构，如图 7.19 所示，包括纳米量子电子器件、纳米孔结构、亚波长光学结构、表面等离激元器件和光子晶体结构等。另外，聚焦离子束技术不仅可以实现二维平面图形结构，而且可以实现复杂三维结构图形的制备，如图 7.20 所示。

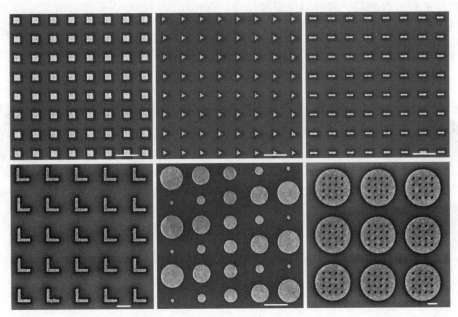

图 7.19　Ga$^+$ 聚焦离子束技术制备的等离激元结构（标尺：1μm）

聚焦离子束技术还可以用于透射电子显微镜样品的制备，通常透射电子显微镜样品需要非常薄（100nm 以下），以便电子能够穿透样品，形成电子衍射图像。在需要的区域定点沉积保护层处理后，利用聚焦离子束从切片区域的前后两个方向加工，然后利用纳米机械手将样品转移到铜网上进行最终减薄，形成厚度小于 100nm 的薄片。利用 FIB 的溅射刻蚀功能

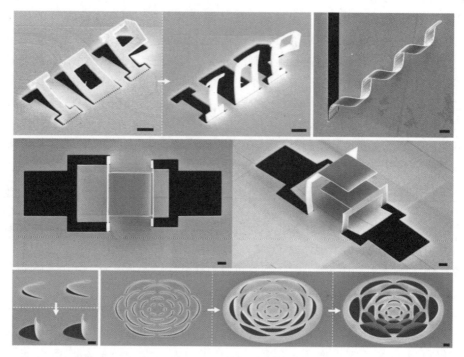

图 7.20　聚焦离子束技术制备的三维结构（标尺：1μm）

可以对样品进行定点切割，表征截面形貌尺寸，同时可以配备结合元素分析系统等，对截面成分进行分析如图 7.21 所示。聚焦离子束技术的主要优点是以很高的精度实现复杂的微结构，但受限于加工时间，因此，FIB 技术主要用于尺寸相对较小、耗时相对较少的结构加工。

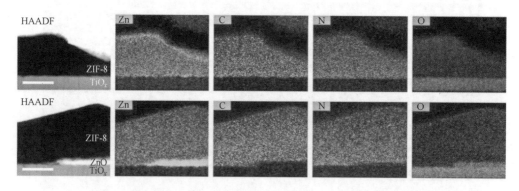

图 7.21　聚焦离子束技术制备的透射电子显微镜样品截面表征（标尺：100nm）

7.2　纳米电子机械系统

　　20 世纪 70 年代以来，微机电系统（MEMS）已被应用于航空航天和汽车工业，并于20 世纪 90 年代进入消费应用领域。其中，以微加速度计、陀螺仪和磁力计为代表的惯性传感器大规模集成到汽车（加速度传感器用于开启安全气囊）、游戏机甚至手机中；微执行器被应用于投影仪、麦克风，以及医疗流控设备的微泵。近年来，MEMS 也被作为开关和基准时钟集成至射频（Radio Frequency，RF）电路。如今，MEMS 技术已趋成熟，并且由纯粹的科学研究逐步转向商业应用，很多半导体企业已启动 MEMS 产品的研发工作。

本节将从基于 MEMS 的纳米机电系统（Nanoelectromechanical Systems，NEMS）展开，即微机电系统的三个几何尺寸中至少两个被大幅缩减至纳米级。微系统是应用于执行器和传感器的微型机电换能器组件，包含一个能够在力的作用下移动的机械元件。这个力可以由需要测量的物理激励引起，如压力差或加速度。而当这类可移动元件需要处于受控运动时，也可以人为地诱发这个力。如图 7.22 所示，器件中的薄膜由静电力驱动，从而构成一个射频微开关。图 7.23 展示了不同种类的微机电系统，如光学微镜，以及可用作 RF 时钟的微悬臂和微振动板。

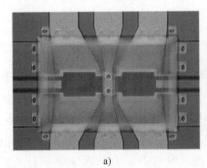 

a)　　　　　　　　　　　　　　b)

图 7.22　纳米机电系统的器件

a）薄膜驱动的射频微开关　b）器件的封装形式

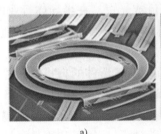 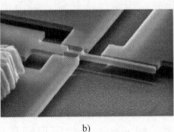 

a)　　　　　　　　b)　　　　　　　　c)

图 7.23　不同种类的微机电系统

a）两轴微镜模拟器件　b）由横梁和控制电极间静电力驱动的悬臂梁
c）由电容力驱动的振动薄膜构成一个射频振荡器

作为一项诞生于 21 世纪初的新兴技术，长期以来 NEMS 被用于介观物理机制的基础研究。NEMS 极小的尺寸使得其对外部的刺激非常敏感。图 7.24 展现了几种 MEMS 和 NEMS 器件的特征尺寸，从汽车安全气囊中的微加速度计，到导电和导热性能受尺寸极大影响的悬空硅纳米线。

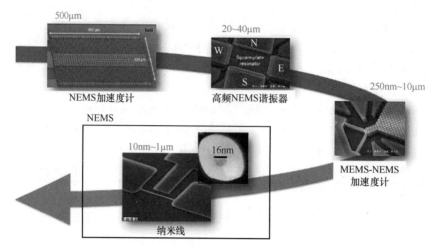

图 7.24 几种 MEMS 和 NEMS 器件的特征尺寸

7.2.1 NEMS 的基本概念

进入 21 世纪后，NEMS 的相关研究逐渐成为科研领域中的热点。NEMS 器件的尺寸大多为深亚微米的维度，通过机械元件的共振工作。在这个尺度下，它们具有极高的基础共振频率、极小的有效质量和理想的劲度系数；此外，共振的品质因数 Q 通常为 103～105，远高于谐振电路。上述特性使得 NEMS 广泛用于超快响应的传感器、执行器和信号处理元件。研究人员也有望通过 NEMS 开展对声子介导的力学过程，以及介观力学系统量子行为的研究。然而，NEMS 的进一步发展仍存在基础上和技术上的挑战。

长期以来，科研人员利用微电子技术的材料与工艺，制备了各种微机械结构，包括悬臂梁、横梁、齿轮和薄膜。这些机械元件及其控制电路通常被称为 MEMS。如今，MEMS 已被广泛用于各个行业，如控制阀门开关、控制镜面转动、调节电流或光束。在半导体行业内，从行业巨头到创业公司，大量企业都在为争夺庞大的消费者群体而生产 MEMS 设备。随着微电子技术进入到亚微米尺度，NEMS 研究也进入了黄金时期。

图 7.25 所示为常见的 NEMS 器件，其中图 7.25a 为碳化硅 NEMS 器件的扫描电子显微镜照片，这一组亚微米两端固定梁的弯曲谐振频率范围为 2～134MHz；图 7.25b 为 NEMS 表面纳米加工，从始于异质结半导体，在衬底上有结构层和牺牲层，首先利用电子束光刻得到刻蚀掩模，然后利用各向异性刻蚀（如 plasma）将图形转移至牺牲层，最后利用选择性刻蚀将牺牲层去除。根据具体测量要求，该结构可以在加工时或加工后进行金属化。这种自由悬浮纳米级半导体结构的图形化工艺称为表面纳米加工，与 MEMS 体加工技术有所区别。这些技术适用于绝缘体上硅结构、砷化镓/铝砷化镓（GaAs/AlGaAs）、硅上碳化硅（SiC）、硅上氮化铝（AlN）、纳米晶体金刚石薄膜和非晶氮化硅薄膜。其中，大部分材料能够以高纯度和精确厚度制备，体加工技术则能够在单层的水平上对垂直方向（平面外）尺寸进行控制，可以与电子束光刻的横向尺寸精度很好地兼容。

除了制备工艺成熟，NEMS 还具备许多独一无二的特性，如微波级基础共振频率、万级的机械品质因数 Q、飞克级有效质量以及远低于 10^{-24}cal 的热量。这些性质激发了大量试验

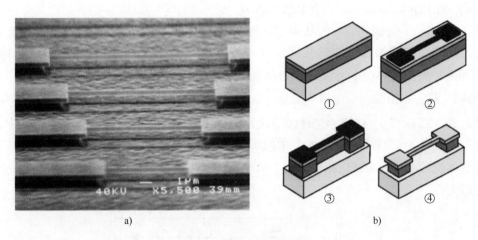

a)　　　　　　　　　　　b)

图 7.25　常见的 NEMS 器件

与应用的想法，但许多未曾设想的问题与担忧也随之而来：如何在纳米尺度上制备换能器？如何控制表面性能？如何实现可重复的纳米级制造？如何将连续介质理论引入纳米尺度来描述 NEMS 力学？显然，NEMS 的特征参数过于极端，下一代 NEMS 的开发需要研究人员在物理学和工程前沿都取得较大突破。

7.2.2　NEMS 的基本特性

机电系统中，换能器向系统输入机械激励并读取响应，同时向控制终端施加准静态或时变电信号，电信号被换能器转化为机械力并影响敏感元件，这便是机电系统的运行原理，如图 7.26 所示。

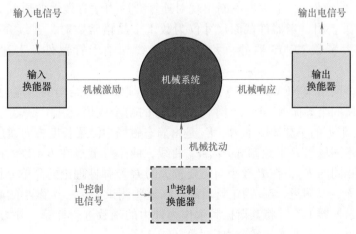

图 7.26　多终端机电设备的原理

在此基础上，现有的 MEMS 可以进一步分为谐振型和准静态型。由于大多数早期的 MEMS 为谐振工作原理，为便于理解，本节将主要介绍谐振型器件。谐振型 NEMS 的输入换能器通过激发机械元件的谐振将电能转化为机械能，而机械响应，即机械元件的位移，则被转换为电信号。谐振状态下，通常可将外部扰动看作控制信号，因为它们会对振动特性产生影响，如谐振频率 $\omega_0/2\pi$ 以及品质因数 Q。

图 7.27 描绘了由试验得到的从 MEMS 到 NEMS 尺度的薄机械梁的基本弯曲模态频率。其中左上角的结构图给出了梁的几何尺寸，长度为 l，宽度为 w，厚度为 t。该结构平面外（平面内）弯曲谐振频率为 $\omega_0/2\pi = 1.05\sqrt{E/\rho}\,(t/l^2)\,[\omega_0/2\pi = 1.05\sqrt{E/\rho}\,(w/l^2)]$。图中，$t/l^2$ 已被归一化，以消除由于电极金属化导致的额外硬度和载荷。该结果可以用连续介质力学解释，表达式 $\omega_0/2\pi = 1.05\sqrt{E/\rho}\,(t/l^2)$ 决定了双箝 NEMS 梁的弯曲共振频率，其中，ω_0、t、l 为几何尺寸，E 为弹性模量，ρ 为梁的密度。值得注意的是，对于相同尺寸的梁，硅和碳化硅器件的频率分别为砷化镓器件的 2 倍和 3 倍。频率的增加说明相位速度 $\sqrt{E/\rho}$ 会随材料硬度增大。

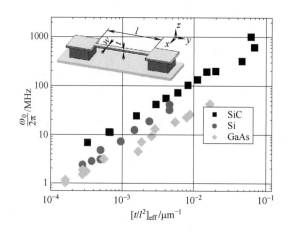

图 7.27　单晶碳化硅、硅和砷化镓制成的两端固定梁的频率-有效几何图

随着器件尺寸的减小，学术界不断出现对连续介质力学有效性的质疑。理想结构的分子动力学仿真结果表明，当器件截面尺寸仅为数十个晶格常数时，连续介质力学会失效。因此，对于目前大多数 NEMS 器件，尤其是纳米线和纳米管器件，上述工作机制依旧成立。

对于大部分多层结构 NEMS，估算谐振频率时必须要考虑结构的内应力。图 7.28 展示了在表面覆盖金属的半导体 NEMS 中计算上述效应的初步成果。其中，梁受到一个静力 F_{dc} 和谐振频率在 ω_0 附近的小交流驱动力。F_{dc} 是由静态磁场中沿梁长度方向通过的直流电流 I_{dc} 产生的。在三种不同场强 B 下绘制 $\delta\omega/\omega_0$-F_{dc} 曲线，曲率最低点在 $B = 2T$，这可归因于热效应，即为了得到相同的 F_{dc}，在 B 较小时需要较大的 I_{dc}。弹性理论的简单分析表明，未受应力的梁谐振器在 $F_{dc} = 0$ 附近，$\delta\omega$ 为正且对称。在这些测试中，一个微小的静态力被施加在双箝纳米机械梁谐振器上，并将其谐振频率作为外力的函数进行计算。外力所导致的频移，尤其是频移展现出的方向性，与残余内应力的存在相符。

21 世纪初，半导体 NEMS 器件测得的品质因数为 103～105，远超过普通的电路振荡器。而 NEMS 细微的内部损耗使得器件同时具备较低的功耗和较高的灵敏度。对于信号处理器件，高品质因数意味着低损耗。虽然品质因数增大将导致带宽减小，但这并不影响器件性能，因为反馈控制可以增加带宽，并且不额外引入显著噪声；此外，对于工作频率约为 1GHz 的谐振器，即使品质因数极高（约 105），也可以得到约为 10kHz 的带宽，而这已经满

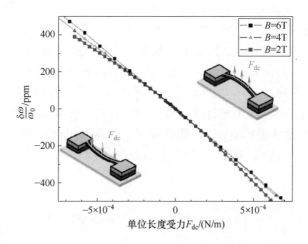

图 7.28 双箍纳米梁谐振器内应力测量

足了各类窄带宽应用的需求。

谐振器是一种有损耗的储能器件，而 NEMS 谐振器的最小功率记为 $P_{\min}$。泵入器件的能量会在一段时间内（$\tau \sim Q/\omega_0$）耗散，这段时间称为谐振器的上升或下降时间。通常，最低工作能量驱动系统产生的振幅与热波动导致的振幅相当，已知该工作状态下热波动的能量为 $k_B T$，则最小输入功率约为

$$P_{\min} = \frac{k_B T \omega_0}{Q} \tag{7.5}$$

如今，采用电子束光刻等先进技术已经可以制造出极小尺寸的 NEMS 器件，其特征最小功率为 10aW[⊖]（10~17W）量级。即使将其功耗放大 100 万倍以得到极高的信噪比，并假设一个超高性能系统包含 100 万个这样的器件，整个系统的功耗也仅在 μW 量级，而这比目前微电子领域中基于数字电路器件、具有相似复杂度系统的功耗还要低 6 个数量级。

当今的 MEMS 器件可以得到超高工作频率，但这种方法在 NEMS 器件的尺度下存在一个严重问题。回到双箍梁模型，假设其横纵比为 l/w，微米尺度下，只有降低结构的横纵比才能达到高频率，然而这种几何结构会产生极高的劲度系数 κ_{eff}。高劲度系数可能对多个参数造成影响，包括动态范围、调谐器件的能力、品质因数和引发非线性响应所需的激励电压。以上几个参数在横纵比较高的结构上最优，例如目前的 MEMS 器件几何结构，而在纳米尺度的 NEMS 器件上则被严重削弱。

常用线性动态范围来表征放大器的特性，它表示放大器在线性工作状态下的输入功率范围。动态范围的下边界由放大器内部噪声决定，上边界则由产生 1dB 响应时的输入功率决定。

类似地，将 NEMS 谐振器的动态范围定义为其最大振幅与工作带宽 Δf 内本征噪声位移均方根的比值。NEMS 谐振器通常会后接级联的换能器与放大器，在大多数窄带宽应用中，Δf 由换能器-放大器级联决定。有时希望利用整个谐振响应，在这种情况下，测量带宽则变为谐振器本身的带宽，即 $\Delta f = \omega_0/(2\pi Q)$。

⊖ aW 的意思是空气瓦特，是气动功率的单位。

图 7.29 展示了一种通用 NEMS 谐振器，该器件工作在基谐模式，并与一个换能器-放大器级联耦合。噪声分析中，假定纳米机电谐振器对 $\omega=\omega_0$ 附近的驱动力、一个本征力噪声和换能器反作用力的噪声有响应。谐振器的机械响应由其线性一维传输方程 $G(\omega)$ 表征。谐振器将输入驱动力转换为位移，随后换能器-放大器将其转换为电压。假设换能器-放大器级联有噪声，且位移响应为 $\partial V/\partial X$。级联输出处，所有噪声能量和驱动力被转换为电压，并集成至检测带宽 Δf。对于动态范围的计算，可以将所有信号转换为位移（换能器-放大器的输入）或电压（换能器-放大器的输出）。基谐模式下，器件可近似为一维阻尼谐振子，主要包括以下特征参数：有效质量 M_{eff}、有效劲度系数（刚度）$\kappa_{\mathrm{eff}}=M_{\mathrm{eff}}\omega_0^2$ 和品质因数 Q。谐振器的传输方程 $G(\omega)$ 为

$$G(\omega)=\frac{1}{M_{\mathrm{eff}}(\omega_0^2-\omega^2+\mathrm{i}\omega\omega_0/Q)} \tag{7.6}$$

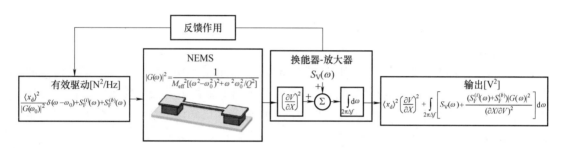

图 7.29　NEMS-换能器-放大器级联的框图

由于谐振器的运动只与可活动部分相关，因此对于梁谐振器，将其总质量乘以描述模态振型的归一化函数积分，即可得到有效质量 M_{eff}。例如对于工作在基谐模式的双箝梁，$M_{\mathrm{eff}}\approx0.73M_{\mathrm{tot}}$，其中，$M_{\mathrm{tot}}$ 是梁的总质量。

7.2.3　NEMS 的挑战与极限

目前，几乎所有关于 NEMS 的研究都在追求超高品质因数，以达到 NEMS 器件性能的极限。从应用角度看，谐振机械元件的内部损耗（约 $1/Q$）会导致以下几点问题：①限制器件的灵敏度；②产生波动，降低谱纯度；③影响器件最低功率水平。因此，超高品质因数在一些重要应用中反而限制了器件的性能，包括低相位噪声振荡器、高选择性滤波器和测量外界扰动的谐振传感器。

NEMS 器件的品质因数同时受内部和外部机制的限制，其中外部损耗主要包括空气阻尼损耗、箝位损耗和耦合损耗。图 7.30 展示了环境气体对 NEMS 谐振器的影响。梁的负载品质因数 Q_{L} 和 $\delta\omega$ 作为气压的函数被测量。Q_{gas} 由 Q_{i} 推导而来，测量在 He^3 和 He^4 气体中完成。注意图中从理想气体状态到黏性状态的过渡。

在极低的气压，即分子状态下，空气分子的平均自由程远大于器件的尺寸，单个空气分子与谐振器的碰撞使其损失能量，可以计算得到空气阻尼损耗的品质因数为 $Q_{\mathrm{gas}}\approx M_{\mathrm{eff}}\omega_0 v/(pA)$。其中，$v=\sqrt{k_{\mathrm{B}}T/m}$ 是质量为 m 的气体分子热运动速度，p 是器件周围气压，A 是谐振器表面积。器件的负载品质因数为 $Q_{\mathrm{L}}=(Q_{\mathrm{i}}^{-1}+Q_{\mathrm{gas}}^{-1})^{-1}$，其中，$Q_{\mathrm{i}}$ 是本征品质因数，图 7.30 中，器件的本征品质因数 Q_{i} 为 10^4。当 p 较小时，Q_{gas}^{-1} 与 p 呈线性关系；当 p 较大时，可以

明显观察到模型过渡至黏性损耗，Q_{gas}^{-1} 正比于 $p^{1/2}$，如图 7.30a 所示。类似的过渡也表现在共振频率的频移中，即 $\delta\omega/\omega_0$，如图 7.30b 所示。在分子状态下，通常可以忽略频移；而在黏性状态下，负载会降低 ω_0。这种过渡压力可通过比较介质中的声波波长和气体分子的平均自由程得到。

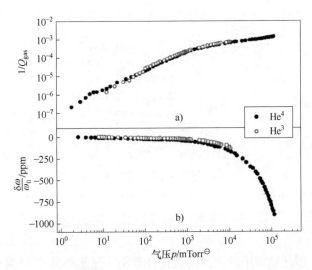

图 7.30　周围气压对频率为 4.38MHz 的砷化镓两端固定梁参数的影响

在谐振模式下谐振器与固定端的声学耦合会损耗能量。大多数高频 NEMS 都是通过两端固定梁结构实现的。这些器件品质因数降低的一个可能原因是，两端固定的边界条件导致本征损耗。

除上述两类损耗机制，位移转换过程本身也会导致能量损耗，使得观察到的品质因数发生显著变化——有时这被称为负载品质因数 Q_L。Roukes 等便量化了磁动势传导电路对 NEMS 能量损耗的作用。他们开发了一种可以局部测量并控制外部电阻尼的技术，从而可以改变 Q_L。

对于内部损耗源，必须区分发生在理想晶格与存在缺陷的真实晶格中的能量损耗。理想晶体的损耗机制决定了 Q 的上限：该过程包括声子储层和机械模态间的非谐耦合引起的热弹性阻尼，以及电子-声子和声子-声子间相互作用导致的损耗。由于晶体缺陷导致的内部损耗机制可能受材料、工艺和处理的影响，包括体缺陷和表面缺陷相关的弹性损失。由单晶和超纯异质结制成的 NEMS 器件的晶体缺陷和杂质非常少（甚至没有）。因此，早期研究主要关注在小尺寸结构中抑制声子能量损失过程，从而获得超高品质因数。然而到目前为止，由不同材料和纳米表面加工技术制备的各类 NEMS 谐振器的品质因数仍然较低，为 $10^3 \sim 10^5$。

大量实验表明，在 NEMS 器件中，表面对能量损耗起主导作用。超高真空条件下对 NEMS 和 MEMS 器件的表面处理实验说明，表面氧化物、缺陷和吸附物将增大能量损耗。例如：超高真空条件下，将纳米尺寸的硅悬臂梁退火，可以将其品质因数提高一个数量级；在

⊖　1mTorr＝0.133Pa。

X 光光电子谱实验中，将氧从纳米悬臂梁表面移除也会改善其品质因数。此外，甲基单分子层也被证实可以抑制硅基 MEMS 器件的能量损耗。图 7.31 说明了从宏观到纳米尺度的机械谐振器的 Q 表现出随线性尺寸（如体表面积比）缩放的特性。

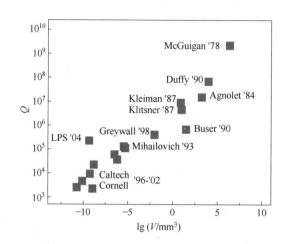

图 7.31　从宏观到纳米尺度下典型单晶机械谐振器的最大品质因数

根据电子和光子器件物理中硅表面的氧化及重构，显然小尺寸 NEMS 器件的力学性能将偏离大尺寸器件的模型。如果只使用传统工艺，很难在如此极端的体表面积比下制备超高品质因数的器件。因此，表面钝化将成为纳米器件工艺的重点。

大多数早期应用中，NEMS 谐振器用于频率时钟的高稳定振荡器、信号处理的高选择性滤波器和超灵敏传感器。上述应用中，器件谐振频率的稳定性是决定工作极限的关键因素。因此，有必要对 NEMS 谐振器的相位噪声和频率稳定性进行探讨。

"谐振器-换能器-放大器"级联的频率稳定性主要受换能器电路的外部因素和谐振器的内部因素影响。目前为止，大多数 MEMS 谐振器的频率稳定性受外部因素限制，如"换能器-放大器"级联电路。然而，在 NEMS 器件中，随着器件尺寸的减小以及灵敏度的提升，基本波动过程逐渐成为主导因素。

MEMS 器件检测位移的主要方法是电子与光的耦合。利用电磁、静电、压电和压阻原理的 MEMS 传感器都实现了位移检测，光干涉和光偏转技术也被成功应用于光学 MEMS 器件中。然而，在尺寸极小的 NEMS 中，上述两大类方法很快失效。电子耦合的主要问题在于随着器件尺寸缩小和工作频率增大，阻抗的动态调制逐渐减弱，寄生嵌入阻抗则持续增大。NEMS 器件尺寸缩减时会出现杂散耦合，大多数 MEMS 器件的"驱动-检测"结构难以在这种维度下实现。另一方面，极小微型结构的光学位移检测也会受光衍射的限制。

磁动势检测是一种适应纳米维度并可实现直接电子耦合的位移检测方法。该方法基于一个均匀的静场，静场中有一个可以移动的导电纳米机械元件。图 7.32 展示了磁动势位移检测的原理，假设主要噪声源为第一级放大器产生的噪声，并估计位移灵敏度。纳米梁被洛伦兹力驱动，而这个力由交流电通过静态磁场产生。对于两端固定梁，磁动势传感器的响应可以记为 $|\Re| = |\partial V/\partial X| = \xi l B \omega$，其中，$B$ 是磁场强度，l 是梁长度，ω 是梁中点位移的频率，

ξ 是一个几何因数，约为 0.885。

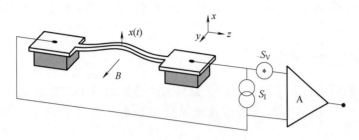

图 7.32　磁动势位移检测的原理

近年来，光学干涉技术，尤其是 Michelson 干涉法和 Fabry-Pérot 干涉法，已经拓展到了 NEMS 领域。图 7.33 所示为一种典型的室温光学干涉装置。如图 7.33a 所示，光学干涉仪安装在 XYZ 平移台上。干涉仪由多个分束器、一个参考镜面和一个光探测器组成。用于 NEMS 位移检测的探针光束由 50 倍率的物镜聚焦，其数值孔径为 0.5。从 NEMS 反射的光由同一个透镜收集，并在光探测器上与参考光束发生干涉。恒定参考路径长度由一个低通滤波器和压电驱动器保持。虚线表示用于 Fabry-Pérot 腔测量的装置部分，光学参考臂在测量时被遮挡。图 7.33b 所示为高斯分布的光斑与两端固定 NEMS 梁的俯视图和中心截面图。Michelson 干涉中，一束紧密聚焦的激光在 NEMS 器件表面发生反射，并与参考光束发生干涉；而在 Fabry-Pérot 干涉中，NEMS 牺牲层间隙（即 NEMS 表面与衬底间隔）会形成一个光学腔，用于调制光学信号。对于这两种干涉法，当 NEMS 尺寸缩小到低于所使用的光波长时，会出现强衍射效应，而影响检测灵敏度。然而，集成近场光学位移传感器的出现为光学 NEMS 器件位移检测提供了可能性。

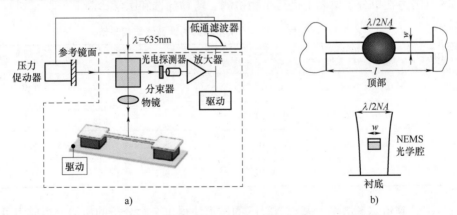

图 7.33　波士顿大学采用的自由空间光学干涉装置及其原理

对于静电转导原理，由 NEMS 运动引起的动态电容变化（10~18F 量级）会被比其大许多数量级的寄生电容掩盖，因此需去除器件的寄生阻抗，而电桥和阻抗匹配是两类常用的降低背景电容和阻抗的方法。

压电位移检测的原理是，检测压电介质中局部时变应力场所产生的时变极化场。在时变极化最大处可利用场效应管或单电子管来检测这些极化场。悬浮高迁移率电子结构也被用于纳米尺度下的位移检测。压阻检测法与压电检测法密切相关。

电子隧穿是一项不受尺寸影响的技术，在纳米尺度下不会失效。然而，由于隧道结的阻抗非常高，这种传感器的带宽是最小的，但通过改进工艺和制造技术，有可能制备出较大带宽的器件。

7.2.4　NEMS 的应用原理

虽然 NEMS 的研究仍处于初期阶段，但目前也已经取得了部分应用，包括基于 NEMS 器件的电测量、光学机械、电磁信号处理和质量检测。本节将重点介绍纳米机电质量检测。

谐振质量传感器的工作原理是产生一个频移 $\delta\omega$，且这个频移与传感器上被测物的惯性质量 δm 成正比。已知质量响应为 $\mathfrak{R}_M = \partial\omega_0/\partial M_{\text{eff}}$，则 δm 可以表示为

$$\delta m \approx \left|\frac{\partial M_{\text{eff}}}{\partial\omega_0}\right|\delta\omega = |\mathfrak{R}_M|^{-1}\delta\omega \tag{7.7}$$

式中，假定系统参数与细微的变化弱耦合，如果 $\partial M_{\text{eff}}/\partial\kappa_{\text{eff}} \approx 0$，则可以进一步得到 $\mathfrak{R}_M = -(\omega_0/2M_{\text{eff}})$，且

$$\delta m \approx 2\frac{M_{\text{eff}}}{\omega_0}\delta\omega \tag{7.8}$$

这种质量传感器具有精细的灵敏度，其中灵敏度最高的是基于晶体、薄膜和微米悬臂梁声学振动模型的器件。这类器件中，谐振器的有效振动质量 M_{eff} 和检测电路的最小频移分辨率 $\delta\omega_{\text{min}}$ 共同决定了灵敏度 δm_{min}。

随着 NEMS 传感器尺寸减小，其响应显著增加（表 7.1）。在未来，NEMS 器件的灵敏度范围极限可能达到从零点几到几十道尔顿，而基于 NEMS 的质谱将具有巨大的潜力。此外，NEMS 有潜力在单分子层面上进行生物检测、药物筛选和医学诊断。

表 7.1　两端固定谐振器质量响应的计算值与实验值

$\omega_0/2\pi/\text{MHz}$	尺寸/μm($w \times t \times l$)	M_{tot}/g	$[|\mathfrak{R}_M|/2\pi]_{\text{calc}}/(\text{Hz/ag})$	$[|\mathfrak{R}_M|/2\pi]_{\text{expt}}/(\text{Hz/ag})$
11.4	0.8×0.26×26.2	36×10^{-12}	0.22	0.50
32.8	0.67×0.26×14	9.9×10^{-12}	2.2	2.6
56	0.65×0.26×12	7.1×10^{-12}	5.2	5.1
72	0.65×0.26×10	6.0×10^{-12}	8.2	12

当分辨率达到道尔顿级别，基于 NEMS 的质谱使得单个大分子的质谱分析成为可能。此类应用中，被分析物中气相、中性物质的低通量束将冲撞并贴附在 NEMS 谐振器上，通过器件谐振频率的变化可以计算出被吸附分子的质量。这种方法提供了一种特殊的中性物质质谱分析的能力。

在达到单道尔顿分辨率之前，将现有的质谱仪中探测器换为 NEMS 器件，已经可以显著提升仪器性能。其中，被分析物的分子将被电离，并用传统技术进行质量分离。随后，这些离子被定向输运至 NEMS 传感器上，并记录单个离子的吸附。通过将检测到的信号平均处理，可以实现比系统允许的分辨率 δm_{min} 小得多的质量分辨率。在 NEMS 检测中，单分子检

测过程的最短时间间隔由建立理想检测精度的瞬时频率所需的时间决定。例如对于大约 1MDa 的物质，约 30m 的范围内，得到 1Da 的灵敏度的平均时间为 2ms。此外，NEMS 极大的动态范围是质谱分析中的一个重要属性。

7.2.5 展望

NEMS 器件的检测机制是前所未有的，充分发掘 NEMS 的潜力将使目前微米和纳米器件科学与技术得到进一步发展。我们可以预见，这个领域最终将诞生许多应用，而本书所概述的纳米机电系统也将顺应于纳米技术继续发展。与此同时，目前的 NEMS 为科学与工程提供了关键技术，也为未来的纳米技术奠定了基础。

7.3 生物芯片

生物芯片（biochips）是 20 世纪 80 年代在生命科学领域迅速发展起来的一项新技术，通过微纳加工和微电子技术在固体芯片表面构建微型生物化学分析系统，可以实现对细胞、蛋白质、核酸以及其他生物组分快速、准确、高通量的检测分析。生物芯片虽然与半导体芯片有本质的不同，但是其加工制作过程实际上采用了与半导体光刻加工类似的纳米技术，将生命科学中许多不连续的过程如样品制备、化学反应和检测等复杂步骤移植到芯片中使其实现连续化和缩微化，与计算机芯片将数以万计的半导体元器件集成到一块芯片上有异曲同工之效。这些基于纳米材料和技术发展起来的生物芯片，可以将成千上万的生命信息集成在一块芯片上，对核酸、蛋白以及活体细胞进行测试分析，与传统的生化分析仪器相比，其具有微型化、成本低、便于携带、样品和试剂需求量少、分析速度快、过程高度自动化等优点。

通常将生物芯片技术分为微阵列（microarray）技术和微流控芯片（microfluidics chip）技术。前者将生物分子固定于硅片、玻璃片或高分子凝胶、薄膜等固相基底表面形成可用于核酸杂交和蛋白检测的生物分子阵列，故称为微阵列生物芯片；后者采用微纳加工，通过构建微管道并对其中的微小体积流体进行操纵，从而实现传统生化检测的缩微化，因此又称为芯片实验室（lab on a chip）或"微全分析系统"（Micro Total Analysis System，μTAS 或 MicroTAS）。

微全分析系统的概念最早由从事芯片电泳研究的 Manz 和 Harison 等人在 20 世纪 90 年代提出。通过近 30 年的发展，从早期单一的芯片电泳技术，微全分析系统逐步成为涉及物理、微电子、材料、化学、生物和医学等多学科领域的前沿交叉技术。首届国际微全分析系统会议（MicroTAS Conference）于 1994 年在荷兰的恩斯赫德举办，现已成为该领域规模最大、综合性最强的国际学术会议。英国皇家化学学会于 2001 年创建的 *Lab on a Chip* 也随之成为微流控领域的专业学术期刊。

随着生物芯片向高度集成化方向发展，微阵列技术也较多集成于微流控芯片中，通过在反应腔室内固定阵列式的生物分子或生物样品，用于提高生化分析的效率；或通过对微泵和微阀的使用、微管道的集成实现多通道的流体操纵，其中以 2002 年发表在 *Science* 上的"微流控芯片大规模集成"为代表。Quake 等人通过将 3574 个微阀、1000 个微反应器和 1024 个微通道集成在尺寸仅为 3.3mm×6mm 的芯片上，完成了液体在内部的定向流动与分配，为微流控芯片的功能化大规模集成提供了一个很好的示例。这一里程碑式的工作使学术界和产业界看到了微流控芯片技术发展成为一种重大科学技术的潜在能力。

7.3.1 生物芯片的材料选择

各式各样生物芯片的加工和制作方法是生物芯片研究的基础，具体涉及芯片的材料选择、微纳加工和表面修饰等。生物芯片的材料选择（图 7.34）首先要考虑备选材料与生物分子、溶液环境和细胞生长环境之间的化学和生物相容性，在使用过程中能够保持稳定的物理和化学性质，如一定的抗溶剂能力和耐酸碱能力；其次，芯片材料应具有良好的光学特性、电绝缘性和散热性；再次，芯片材料的表面具有可修饰性，可通过物理或化学方法进行改性或生物分子的固定；最后，芯片材料适用于一种或多种加工工艺，材料和加工的成本较低。

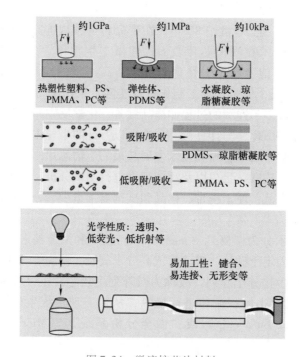

图 7.34　微流控芯片材料

通常用于制作生物芯片的材料有硅片、玻璃、高分子聚合物材料和水凝胶等。其中高分子聚合物材料一般分为热塑性聚合物、固化型聚合物和溶剂挥发型聚合物。

（1）硅　硅具有良好的化学惰性和热稳定性。单晶硅生产工艺和微细加工技术已趋成熟，在半导体和集成电路上得到广泛应用。硅片上使用光刻和蚀刻方法高精度地复制出二维图形，即使是复杂的三维结构，也可通过微加工技术获得。由于硅材料有良好的表面质量和成熟的加工工艺，通常用于制作高分子聚合物芯片的注塑模具。然而由于易碎、不透光、电绝缘性差、成本较高等原因，硅在微流控芯片中的应用受到了一定的限制。

（2）玻璃和石英　玻璃和石英具有优良的光学特性，它的表面吸附和表面反应能力都利于对其进行进一步改性。采用和硅片类似的光刻和蚀刻技术可以将微结构刻在玻璃或石英上，因此，石英和玻璃材料也广泛应用于微流控芯片的制作。

（3）热塑性聚合物　热塑性聚合物有聚甲基丙烯酸甲酯（Polymethyl Methacrylate，PMMA）、聚碳酸酯（Polycarbonate，PC）、聚乙烯等。热塑性聚合物在一定的温度下会变成液态，从而具有可塑性，因此通常采用热压或注塑的方式进行成型加工。热塑性聚合物也可以使用激光切割或机械加工的方式进行图案加工。PMMA 等聚合物芯片的微结构尺寸取决于其注塑模具或铣刀的加工精度。这一类硬质塑料芯片由于其优良的光学、力学性能和生物相容性，常用于需要对溶液进行操作或各类化学反应的分析检测，如核酸扩增和检测芯片。

（4）固化型聚合物　固化型聚合物有聚二甲基硅氧烷（Polydimethylsiloxane，PDMS）、环氧树脂和聚氨酯等，与固化剂混合后，经过一段时间的固化变硬即可得到芯片。PDMS 是在微流控芯片的加工和原型制造中应用最为广泛的一类高分子聚合物。PDMS 能透过波长为250nm 以上的紫外光与可见光；具有一定的化学惰性；PDMS 表面在氧等离子体处理后可产生 Si-OH 表面基团，可以与自身或玻璃、硅片进行键合形成更为稳定的 Si-O-Si 键；也可以在等离子体处理后与硅烷化试剂反应从而进行表面修饰。PDMS 芯片的微结构尺寸取决于其注塑模具，使用普通紫外光刻工艺制作的光刻胶模版（如 SU8 等）进行注塑，其最细可达到微米级别。由于 PDMS 芯片材质的透气性、透光性和生物相容性，其常用于生命科学领域，如用于细胞培养和研究。

（5）水凝胶　水凝胶是一类极为亲水的三维高分子网络，可以实现对细胞外基质环境的模拟，是理想的细胞体外培养和组织工程材料。近年来，随着各类微加工和 3D 打印技术的发展，水凝胶越来越多地应用于生物芯片，尤其是组织和器官芯片领域。水凝胶具有更低的弹性模量，接近生物组织的力学性能，使其更有利于细胞黏附、生长、增殖；同时水凝胶材料具有可调节的孔隙率，有助于小分子的渗透和扩散；构建水凝胶的高分子材料选择广泛，适用于紫外光固化、挤出式等不同加工方式。紫外光诱导的聚合和交联反应为水凝胶提供了较为灵活的加工方法，通过类似于光刻的加工方式可以使用掩模版实现水凝胶的图案化加工；也可通过双光子 3D 打印或立体光固化的方式对水凝胶的 3D 微结构进行直接成型加工。

微流控纸芯片（microlab-on-paper，纸上微型实验室）是近几年发展起来的一种新型微流控芯片。用纸张作为基底代替硅、玻璃、聚合物等材料，通过各种加工技术，在纸上加工出具有一定结构的亲/疏水微细通道网络及相关分析器件。与传统微流控芯片相比，微流控纸芯片具有如下优点：①成本低，可通过简单的光刻、蜡印、喷墨打印、绘图等方式制作二维结构；②滤纸本身具有很强的毛细管作用，经图案化疏水性处理即能引导溶液有序流动，因此无需外置的驱动装置；③滤纸的主要成分为纤维素，具有良好的生物相容性，可在其表面固定蛋白质和 DNA 等生物大分子；④检测背景低，利于在纸芯片上开展比色分析。

7.3.2　软刻蚀技术

作为传统的纳米制造技术，光刻工艺可以迅速实现光刻胶的图案化并通过刻蚀或沉积的方法实现图案的转移。然而对于高精度的光刻加工，诸如电子束或离子束光刻，其加工速度限制了后续大规模的应用。为了解决这一问题，以软光刻或软刻蚀技术（soft lithography technique）为代表的非传统纳米制造技术应运而生。

软刻蚀技术扩展了传统光刻的可能性。不同于传统光刻技术，软刻蚀技术可用于处理广泛的弹性材料，如具有一定"柔软性"的材料。由于 PDMS 可以快速实现固化，因此被广泛用于软刻蚀技术。借助光刻得到的硬质模板，将 PDMS 前体在其表面进行固化，从而实现精细图案从硬质模板到 PDMS 的转移。PDMS 的微结构加工过程如图 7.35 所示，图 7.35a～d 为传统光刻技术加工硬质模板的过程，图 7.35e～f 为软刻蚀的加工过程。

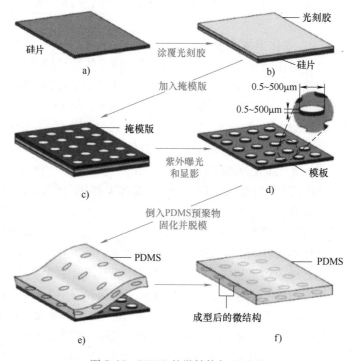

图 7.35　PDMS 的微结构加工过程

这一过程极其便捷，无需复杂、精密的仪器即可完成。因此，结合各类"软材料"，软刻蚀技术在实验室的微纳加工中发挥了巨大作用。

使用软刻蚀对 PDMS 进行图案化之后，通过对 PDMS 表面的处理，可以将其与硅片或玻璃片结合在一起，从而形成密闭的管道系统（图 7.36a）。这一过程通常用于制备以 PDMS 为材料的微流控芯片。例如，Dertinger 等人于 2009 年提出圣诞树结构微流控芯片（图 7.36b），通过使用多层次的分流汇流，最终可以在输出的层流管道中形成稳定的浓度梯度。通过对微管道的结构和尺寸进行设计和调节，浓度梯度可以呈线性、抛物线和周期曲线等复杂形式。

除此之外，PDMS 表面的图案可通过类似于"印刷"的技术，将特定的"墨水"转移到其他基底表面，称之为微接触印刷（microcontact printing）。通过这一方法，可以借助 PDMS 模板，快速地将溶液中的小分子或生物分子（如蛋白质或 DNA 等）以图案化的方式转移到固态基底上。微接触印刷的具体步骤如图 7.37 所示。

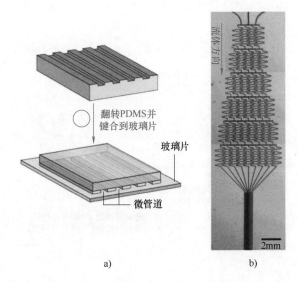

a)　　　　　　　b)

图 7.36　密闭的管道系统

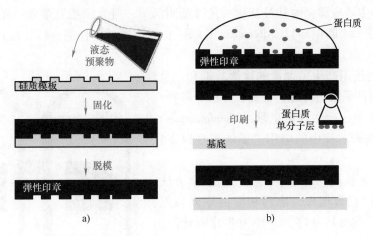

a)　　　　　　　　　b)

图 7.37　微接触印刷的具体步骤

a）印章的制备过程　b）使用印章进行蛋白质分子转移

7.3.3　DNA 微阵列（基因芯片）

DNA 微阵列指在固体表面（玻璃片或尼龙膜）上固定成千上万 DNA 克隆片段，人工合成寡核苷酸片段，用荧光或其他标记的 mRNA、cDNA 或基因组 DNA 探针进行杂交，从而同时快速检测多个基因表达状况或发现新基因，快速检测 DNA 序列突变，绘制单核苷酸多态性（Single Nucleotide Polymorphism, SNP）遗传连锁图，以进行 DNA 序列分析等的一种新技术。基因芯片的检测原理一般基于 Southern 杂交或斑点杂交技术，在一块基片表面固定已知序列的核酸探针，当溶液中带有荧光标记的特定序列与基因芯片上对应位置的核酸探针产生互补匹配时，通过检测微阵列点阵的荧光信号强度，据此判断出检测物的核酸序列或基因突变位点信息（图 7.38）。DNA 微阵列的点阵数量从数十，最多可以达到数百万。这些高密度的核酸点阵可通过点样法或原位合成法进行制备。

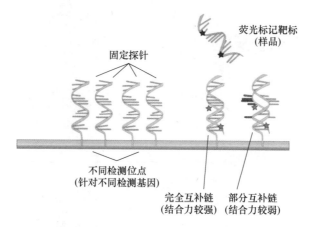

荧光标记靶标
（样品）

固定探针

不同检测位点
（针对不同检测基因）

完全互补链　部分互补链
（结合力较强）（结合力较弱）

图 7.38　DNA 微阵列的检测原理示意图

美国著名的 Affymetrix 公司开发了寡聚核苷酸原位光刻技术，它是生产高密度寡核苷酸基因芯片（图 7.39）的核心关键技术。该技术的最大优点在于用很少的步骤即可合成大量的 DNA 阵列（主要步骤：固基羟基化—光敏基团保护—避光膜透光聚合—光照活化—碱基结合—反应合成—不断循环）。Affymetrix 的原位合成技术可制作的点阵密度高达 $106 \sim 1010$ 个/cm^2。

基因芯片的使用产生了大量的检测数据和信息，对这些生物信息的采集、处理、存储、分析和解释产生了一门新的学科——生物信息学（bioinformatics）。生物信息学在基因芯片中的应用主要体现在以下三个方面：

1）确定芯片检测目标。利用生物信息学方法，查询生物分子信息数据库，取得相应的序列数据，通过序列比对，找出特征序列，作为芯片设计的参照序列。

2）芯片设计。主要包括两个方面，即探针的设计和探针在芯片上的布局，必须根据具体的芯片功能、芯片制备技术采用不同的设计方法。

图 7.39　两张 Affymetrix 公司
开发的基因芯片

3）实验数据管理与分析。对基因芯片杂交图像进行处理，给出实验结果，并运用生物信息学方法对实验进行可靠性分析，得到基因序列变异结果或基因表达分析结果。

7.3.4　即时检验技术

即时检验（Point-of-Care Testing，POCT）可直接在被检者身边提供快捷有效的生化指标，现场指导用药，使检测、诊断、治疗成为一个连续过程，对于疾病的早期发现和治疗具有突破性的意义。POCT 仪器的发展趋势是小型化、智能化，操作简单，无需专业人员，直接输入体液样本，即可迅速得到诊断结果，并将信息上传至远程监控中心，由医生指导保健。

　　免疫层析作为最早使用的快速检测技术，将特异的抗体先固定于多孔膜载体或滤纸的某一区带，当干燥的膜片一端浸入样品（尿液或血清）后，由于毛细管作用，样品将自发向前移动，当移动至固定有抗体区域时，样品中相应的抗原即与该抗体发生特异性结合，通过免疫胶体金或免疫酶显色法得到肉眼可读的颜色信号。早早孕检测试纸便是基于免疫层析技术针对人绒毛膜促性腺激素的快速检测试纸。

　　胶体金免疫层析技术的广泛应用很大方面得益于检测基底材料的使用。硝酸纤维素膜作为工业制造的多孔滤膜，除了自身的多孔特性可作为液体主动层析的动力来源外，其比表面积大的特点，有助于进行快速、有效的免疫反应，另外对于蛋白具有良好的吸附固定作用，保证了检测条带的稳定存在。因此，近年来类似的孔隙材料和自驱动式结构也出现于一些新型的 POCT 检测装置中。通过使用基于毛细作用的自发驱动力也可以驱动流体在微管道内的流动，从而实现复杂的样品操作和多指标检测的需求（图 7.40）。2009 年，IBM 研究中心的 Delamarche 小组使用 PDMS 作为材料，首次通过光刻加工的方式实现了毛细管泵的微结构，摆脱了对多孔薄膜的依赖，同样可以达到液体毛细驱动的目的，并在流动腔体内实现了多指标的免疫检测。

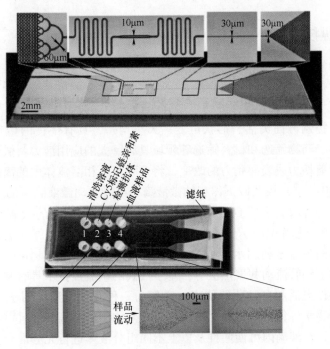

图 7.40　基于自发驱动的 POCT 检测装置示意图

　　微流控芯片所具有的多种单元技术可在微小可控平台上灵活组合和规模集成，使其成为现代 POCT 技术的首选，经过近几年的发展，已涌现了一批微流控芯片 POCT 分子诊断和免疫诊断的成功案例。集成式的微流控芯片可将核酸提取、聚合酶链反应（PCR）扩增、分子杂交、电泳分离和检测单一或集成地转移到微流控芯片上完成，而随着微流控芯片技术的快速发展，其作为蛋白质研究平台的优越性日益明显。有关蛋白质分析的各种单元技术，包括样品预处理、分离和检测等都已经在微流控芯片上实现（图7.41）。微流控芯片样品体积只需几微升，加热器直接集成在芯片上，与传统的PCR相比，在相同扩增效率下，芯片的热循环效率快2~10倍。同时连续流动式PCR、热对流驱动PCR等技术的使用，使得扩增过程加快，现有的微流控芯片能够将诊断检测过程缩短至最低10~15min。

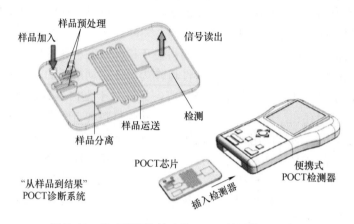

图7.41　基于微流控技术的POCT检测装置示意图

7.3.5　液滴操纵技术

微流控芯片的液滴操纵技术既可使宏观样品生成数以万计的微液滴，提供一种在单分子量级快速开展超大规模、超低含量反应的平台，也可对生成的单个或数个液滴进行操控。独立的微液滴单元可作为微反应器，进一步增强了微流控芯片低消耗、自动化和高通量等优势，并且微液滴在控制方面灵活、形状可变、大小均一，具有优良的传热传质性能，在医学、化学、生物学、药物筛选和材料筛选等领域具有巨大的应用潜力。微流控芯片液滴技术的本质是利用流动剪切力或表面张力的改变，将两种互不相溶流体中的离散相流体分割，分离成纳升（$1nL = 10^{-12} m^3$）级及以下体积的微液滴，或者驱动微液滴运动。

目前，微流控芯片液滴主要有两种类型——在微通道内运动的液滴和在平面上运动的"数字"液滴。微流控芯片中液滴生成的方法主要包括水动力法、气动法、光控法和电动法等。当前液滴技术的主流是利用水动力法在微通道中生成液滴，具体又可细分为T形结构法、流动聚焦法和毛细管流动共聚焦法等。基于液滴的微流控技术具有制造成本低、样品体积小、高通量、操作灵活和自动化等优点，已作为一种新的工具应用于分子检测、药物传递、诊断和细胞生物学等领域。该技术不仅可以产生均匀的液滴，而且可以在液滴内进行化学反应和生物传感，在液滴内可使两种及以上不同组分液体进行充分混合反应，因此每个液滴可以被视为一个微型试管或反应器来独立进行反应和分析。

在基于液滴的微流控器件中，由于液滴的产生和操作涉及不连续的压力变化，在液滴融合或裂变过程中，或在连续相的液滴形成过程中，液滴的大小、间隔和速度等可能在空间和时间上发生较大变化，故必须对其进行实时检测。同时，液滴的浓度、生成频率和成分等关键参数非常重要，也需及时掌握，因此对液滴进行实时检测至关重要。液滴检测可用于样品和试剂定位，并跟踪样品成分、浓度变化等。

　　液滴检测常用的在线检测方法主要有光学检测与电学检测两种。其中，光学检测多采用光学传感器进行光信号或图像的采集，具有灵敏度高、检测范围大、便于后期软件处理等特点而广受欢迎，但因为光学检测的外围设备体积庞大、价格昂贵，故限制了其在微型器件中的应用。电学检测多采用电学量传感器来检测液滴的电导率或电容量等的改变，具有成本低、体积小、灵敏度高、速度快、易于与芯片集成等优点，已在微流控系统中得到广泛应用。

　　在精细的液滴操纵技术的基础上，通过可控的液滴分裂、融合以及针对单液滴的检测分析，纳升或皮升量级的生化反应终于成为可能。例如，利用微流控芯片作为微反应器，通过在微流控芯片上开展组合化学反应或结合液滴技术，有望用于药物合成，或纳米粒子、微球、晶体等的高通量、大规模制备，形成一种"芯片上的化工厂或制药厂"。或者通过将大量的单细胞限制于微液滴反应器中，由于微液滴反应器可以将单细胞进行区室化的隔离，进行独立的生理活动和药物刺激，实现对药物活性的高通量筛选，或对微生物菌株特定代谢产物进行定量分析并实现菌株的定向进化。

第 **8** 章　纳米材料的环境及社会影响

纳米技术是近年来迅速发展起来的前沿科技领域，在材料、生命、信息、环境、能源和国家安全等方面具有广泛的应用前景，是 21 世纪最重要的一个科技领域，是最具市场应用潜力的新兴科学技术。纳米技术经过 20 年的发展，实现了从基础研究到实际应用的过渡，纳米级颗粒已然成为极有前途的应用工具。

然而，在广泛应用的同时，纳米材料不可避免地在其整个生命周期过程（生产、贮存、运输、消费、处置或回收再生产）中被泄漏到环境中，对土壤、水质、大气以及生物体的健康产生一定的影响，另外由于其应用广泛使得研究者、生产者和消费者将有更多的机会接触纳米材料，故纳米材料潜在的负面影响不容忽视。因此，肯定纳米材料对人类社会发展做出贡献的同时，也应对纳米材料是否存在危害进行认真评估，尤其是评估纳米材料对环境和生物体可能造成的危害。如何驾驭纳米科技，使之造福而不伤害人类，既是科学界面临的挑战，也已成为各国政府前沿科技发展战略与健康安全的国家需求。

纳米材料尺寸小，生产、使用和废弃的过程中往往存在回收困难的问题，包含纳米材料的废弃物未经处理或初步处理就排入环境中，在一定条件下，纳米材料会发生物理、化学、生物转化，将对环境资源和人类健康构成严重的威胁。由于纳米材料的尺度、表面化学性质或其他特定作用的不同，纳米材料所产生的负面影响也不尽相同。影响纳米材料生物毒性的因素包括物理化学性质（如颗粒大小、表面积、机构、结合状态、表面修饰情况等）、暴露途径、实验动物种类、细胞种类、实验方法、接触剂量以及接触方式等。并且，由于纳米材料具有吸附性，纳米材料会吸附现有污染物形成的复合物，体现纳米材料自身的毒性效应和吸附态污染物的毒性效应，抑或产生其他的复合毒性效应。

人工合成的纳米材料进入环境后，类似其他环境污染物，也会在大气圈、水圈、土壤圈和生命系统中进行复杂的迁移/转化过程，主要有以下几种情况：①纳米材料的大规模工业生产、运输和处理过程中产生的纳米颗粒物进入环境；②个人用品，如化妆品、防晒品、纺织品等掺杂纳米尺度物质，在洗脱过程中进入环境；③广泛应用于微电子机械、轮胎、燃料、纤维、化工染料和涂料等产品中的纳米尺度物质，可能随产品的使用、分解而释放或流入、渗入到大气、水体和土壤中。

人工纳米材料（Engineered Nanomaterials，ENMs）会通过人类活动通过大气排放和大气干/湿沉降等在地表（包括陆面和水面）与大气之间进行交换，大气中的纳米材料还可能随大气环流等进行长距离的迁移扩散。进入土壤的纳米材料也可能发生迁移/转化，如渗透到地下水层、通过地表或地下径流等进入水体或被陆生生物吸收积累而迁出土壤。进入水体的纳米材料会发生复杂的水环境行为，可能在水中分散并稳定悬浮，也可能在团聚后因重力作用而沉降到底泥，底泥中的纳米材料会因扰动等原因再悬浮。ENMs 可以从自然水体中吸附大量天然有机质（Natural Organic Matter，NOM），使稳定性增强而再悬浮；抑或是与天然无机胶体发生异团聚而再次沉降。水体中的纳米材料可能会因为物理、化学、生物等作用发生转化或降解，转化前后的纳米颗粒都有可能被水生生物吸收积累（图 8.1）。而且，环境中的纳米材料有可能通过呼吸、饮食、皮肤接触等途径对人体暴露，危害人体健康。

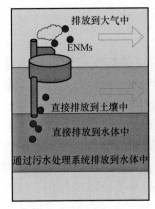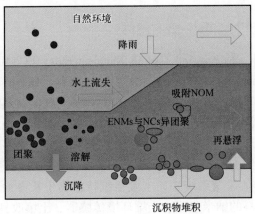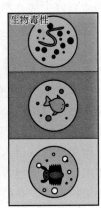

图 8.1　人工纳米材料在环境中迁移转化示意图

8.1　纳米材料对土壤的影响

陆地生态系统作为生态圈的重要组成部分，同时也与人类生活息息相关。纳米农药和纳米肥料的施用会将纳米材料带入土壤中，由于纳米材料在土壤中的迁移能力较小，最终导致纳米材料在土壤中的蓄积浓度要远高于水体和大气环境，土壤成为纳米材料在环境中的主要沉积库。

作为生态系统不可或缺的一部分，土壤微生物负责分解有机残留物，参与土壤中氮、磷、钾等养分循环并影响土壤碳、氮含量。土壤微生物对环境变化及外来物质极为敏感，微生物群落结构的变化及微生物活性可以反映不同外来干扰物对土壤物理化学性质的影响，如重金属污染土壤通常会造成微生物类群中特定种类群落多样性的减少。植物作为整个生态系统的生产者，是生态系统的重要组成部分，在纳米材料的归趋和传输中起着十分重要的作用，并且污染物的生物积累大多也是从植物开始。土壤中的纳米材料可直接进入生物细胞，释放出金属离子，产生活性氧，吸附其他污染物等，对植物和微生物产生直接或间接影响，导致土壤中微生物多样性及群落结构发生变化，进而影响土壤中营养元素向植物中的转移，从而影响植物的生长。

纳米材料自身物理化学性质与环境条件的相互作用，主要影响纳米材料在土壤中的分散程度、溶解速率、产生活性氧自由基（Reactive Oxygen Species，ROS）的浓度等来实现，进而改变土壤中生物的酶活性、存活率和活动能力。整体而言，纳米材料的质量浓度越高、尺寸越小，对生物体的毒性效应越大。土壤有机质主要通过改变纳米颗粒表面电性、覆盖活性位点、络合金属离子和淬灭 ROS 等，从而影响纳米材料对生物体的毒性效应。土壤 pH 值和孔隙水中离子强度改变了纳米材料的存在形态和分散性，影响纳米材料与生物体的接触面积及其生物效应。光照能够促进纳米材料释放金属离子和产生 ROS，加剧纳米材料对生物体的毒性效应。目前研究主要集中在实验室条件下模拟自然环境，开展单一环境因素对土壤中纳米材料毒性效应影响的研究工作，真实土壤环境中多种环境因子对纳米材料毒性效应的耦合影响还有待于深入阐明。

8.1.1 碳纳米材料对土壤生物的毒性

人工碳纳米材料（Engineered Carbon Nanomaterials，ECNMs）是指在三维空间中至少有一维处于 1～100nm 范围内的碳基纳米材料，主要包括碳纳米管（CNTs）、石墨烯、富勒烯及其各自的衍生物。由于其优异的性能，ECNMs 在抗菌材料、生物医药、能源储存、电子器件等领域得到广泛应用。与此同时，ECNMs 在生产、运输、使用、回收处置的过程中不可避免地释放进入环境，与环境中的植物接触，ECNMs 能够穿透植物细胞壁、细胞膜进入体内，并造成包含细胞凋亡、组织病变、器官损伤、个体发育迟缓及存活率下降等在内的多种植物毒性。在植物-土壤系统中，土壤在维持植物生长方面起至关重要的作用，ECNMs 主要以缓释或控释肥料的纳米包膜、土壤环境传感器、土壤改良剂、土壤修复剂等形式进入农田土壤，容易在土壤环境中富集并被植物吸收，通过植物进入食物链，继而对人类生命安全造成威胁。

土壤中同时存在大量微生物，每克土壤中微生物数量通常为几亿到几百亿个，变形菌和拟杆菌是土壤中微生物群落中最具优势的类群。ECNMs 的存在会影响植物特殊根际环境中微生物（如变形杆菌、拟杆菌和厚壁菌）的丰度，从而对植物的生长产生影响。多壁碳纳米管（MWCNTs）处理后的土壤中的拟杆菌和厚壁菌的相对丰度增加，而变形菌和疣状菌的相对丰度随着 MWCNTs 浓度的增加而减少。此外，C_{60} 可通过产生的 ROS 破坏细胞膜脂质和DNA，进而影响细菌生长，还可通过吸收细菌生长必需的成分（如维生素、微量金属或矿物质）来间接限制细菌的生长。碳纳米管（CNTs）对细菌的损伤是通过直接与细胞接触，导致细胞膜损伤、代谢能力下降并引起核酸的外泄，并且单壁碳纳米管（SWCNTs）对大肠杆菌的毒性效应强于 MWCNTs。

碳纳米材料除了会影响土壤微生物的生长，对土壤动物也有一定的毒性。石墨烯、氧化石墨烯和碳纳米管这三种碳纳米材料均可显著抑制蚯蚓超氧化物歧化酶（Superoxide Dismutase，SOD）的活性，并且氧化石墨烯还能导致过氧化物酶（Peroxidase，POD）的活性显著降低，石墨烯和碳纳米管则可导致过氧化氢酶（Catalase，CAT）的活性明显降低。这说明施加一定浓度的碳纳米材料可以诱导蚯蚓体内活性氧的产生，使抗氧化酶活性发生变化。

碳纳米材料对植物也存在毒性作用，主要表现为种子发芽率降低，幼苗根、茎发育迟缓，叶绿素、蛋白质等含量下降，细胞膜被破坏。ECNMs 通过氧化应激反应对植物细胞内的线粒体造成损伤，从而对植物种子萌发及幼苗生长产生抑制。在高浓度（2000mg/L）石墨烯作用下，卷心菜、番茄、红菠菜等植物的根毛几乎消失，呈现明显的时间-剂量-效应关系。此外，石墨烯还可引起拟南芥细胞的活性氧含量显著上升，细胞中线粒体受到损伤。多壁碳纳米管也会对植物产生类似的毒性效应，红菠菜暴露在 MWCNTs 中后，生物量降低，叶面积减少并出现叶片萎蔫，其体内的 ROS 累积表现出明显的氧化胁迫症状；当补充抗坏血酸后，这些效应被逆转，这证明 ROS 在 MWCNTs 毒性效应中起主导作用，间接说明氧化应激是造成 MWCNTs 毒性效应的主要机制。经过 SWCNTs 和 MWCNTs 处理的小麦会出现根系生物量、根长和根茎表面积显著下降。此外，SWCNTs 处理还会导致水稻种子萌发的延迟，降低了幼苗鲜重，且水稻叶绿素和可溶性蛋白含量随 SWCNTs 浓度的增加而下降。

8.1.2　金属纳米材料对土壤生物的毒性

金属纳米材料（MNMs）具有独特的光学、力学、热学、电学、化学等特性，已广泛应用于工业和日常生活中。此外，MNMs 在农业中也发挥了极大的作用，如，①植物营养。MNMs 可促进无机养分的吸收，加速有机物质的分解，提高光合速率，从而提高作物发芽率，促进根生长。②植物保护。纳米杀虫剂和除草剂可用于农作物保护、防治虫害。③农药降解。二氧化钛纳米颗粒可用于光催化降解有机氯农药和有机磷农药。④纳米传感器可检测农药残留。⑤纳米材料可与探针结合检测生物标志物，具有快速诊断植物病害的功能。不同成分、尺寸、浓度和物理化学性质的 MNMs 会对植物的生长发育产生不同的影响。

土壤酶活性不仅能表征土壤养分转化及运移能力的强弱并评价土壤的肥力，同时也可作为评价纳米材料土壤污染的生物学指标。金属氧化物纳米材料可以通过向土壤释放金属离子来改变土壤酶或其底物的空间结构，金属离子还会损伤生物体细胞进而影响土壤酶活性。纳米 SiO_2 抑制土壤酸性磷酸酶和脲酶活性的同时，增强了土壤过氧化氢酶的活性。纳米 TiO_2 可以显著提高土壤脲酶、过氧化氢酶和蔗糖酶的活性，抑制土壤酸性磷酸酶的活性，同时也促进了土壤抗氧化酶的活性。在土壤中添加纳米 ZnO 可以降低土壤中有效氮、有效磷、有效钾的含量，其机制可能是纳米 ZnO 抑制了土壤脲酶、酸性磷酸酶、土壤葡萄糖苷酶、过氧化氢酶和超氧化物酶等土壤酶的活性，从而影响土壤中养分的释放。纳米 ZnO 中锌离子的释放是其表现毒性作用的主要原因，而相对于纳米 ZnO，纳米 TiO_2 和纳米 SiO_2 较难在土壤中释放相应的离子，因而，纳米 ZnO 对土壤表现出的毒性作用大于纳米 TiO_2 和纳米 SiO_2。

土壤中金属纳米颗粒产生毒性效应的机制主要包括以下几方面：①氧化应激效应。ROS 是细胞损伤的主要机制，纳米颗粒可激发生物体内的基态氧产生大量的 ROS，如羟基自由基（·OH）、单线态氧（$^1O_2$）、超氧阴离子自由基（O_2^-）和过氧化氢（H_2O_2）等。·OH 具有极强的氧化能力，氧化电位为 2.8V，能够不可逆地破坏很多生物大分子，包括糖类、脂肪和蛋白质等。$^1O_2$ 能够氧化损伤多种生物组分而破坏有机体。O_2^- 不稳定，在生物体系中可转化为·OH 和 $^1O_2$。如果 ROS 不能及时清除，可使细胞内氧化还原状态失衡，造成生物体的氧化损伤，如细胞发炎和死亡。纳米 CuO 能使微生物体内产生大量 ROS，迅速消耗腺嘌呤核苷三磷酸使细胞信号传导受阻，从而导致大量微生物死亡。②物理接触导致细胞破坏。纳米颗粒可通过黏附于细胞表面产生遮蔽效应或破坏细胞膜的完整性，从而影响细胞膜的通透性和营养物质运输，对生物产生毒害作用。氧化石墨烯通过静电作用吸附在细胞膜上，因其具有锋利边缘的片状结构，会破坏细胞膜的完整性，从而造成不可逆的机械损伤。③金属离子的释放。纳米颗粒释放的金属离子能够与细胞膜组分或细胞内的蛋白质和脂肪等结合，对生物产生毒害作用。纳米 CuO 和纳米 ZnO 能够释放金属离子 Cu^{2+} 和 Zn^{2+}，穿透细胞膜，与细胞内蛋白质的巯基反应使蛋白质变性，导致细胞丧失分裂增殖能力而死亡，抑制小麦生长。④对 DNA/RNA 造成基因水平上的遗传毒性。纳米材料引起 DNA 损伤的程度及潜在的机制受到自身特性和物种差异的影响。将氧化石墨烯与秀丽线虫接触 24~48h 后，可以造成 DNA 损伤、干扰 RNA，诱导细胞凋亡，导致生长发育迟缓、生殖能力丧失。柠檬酸-纳米 Ag 和聚乙烯亚胺-纳米 Ag 均可诱发 DNA 的解链，从而产生毒害作用。⑤细胞信号传导受阻。一定条件下纳米颗粒可以在环境介质中包被细胞，这些颗粒包裹细胞后使其移动性降低，营养物质传输或细胞信号传导受阻，从而引起代谢紊乱，产生毒害。图 8.2 所示为纳米材料对土壤生物的毒性效应机制，例如纳米 CuO 能促进微生物体内产生大量活性氧，迅速消耗 ATP 使细胞信号传导受阻，从而导致大量微生物死亡。此外，水溶性富勒烯干扰拟南芥根细胞生长素的分布，阻碍生长素的传递，从而破坏分生区细胞分裂，减少根尖细胞活性。

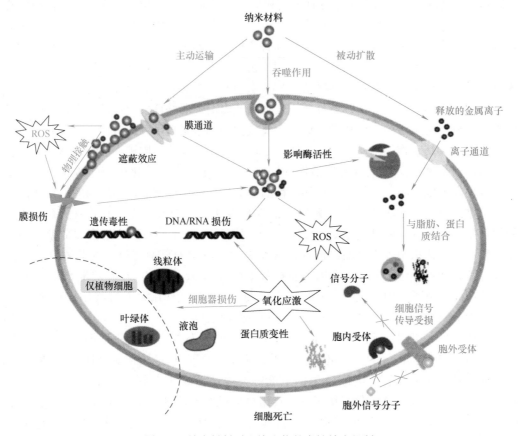

图 8.2　纳米材料对土壤生物的毒性效应机制

　　纳米 Ag 对土壤微生物也具有较强的毒性效应。随着纳米 Ag 的浓度增大，土壤中的放线菌、细菌、真菌的数量均显著减少。这说明纳米 Ag 对土壤微生物具有很强的杀菌效果。另外，纳米 Ag 处理对土壤中的细菌和真菌群落组成也产生显著影响，例如酸杆菌门和疣微菌门的细菌相对丰度显著降低，变形菌门的细菌相对丰度增加，尤其是变形杆菌属和戴氏菌属细菌的相对丰度增加显著。纳米 Ag 对土壤微生物群落具有高毒性，特别是对植物伴生菌如内共生体的固氮细菌具有明显的毒性。

　　纳米 Ag 不仅能改变土壤微生物的种群多样性，而且对土壤生态功能也会产生影响，可以抑制土壤脱氢酶、磷酸单酯酶、芳基硫酸酯酶、β-葡萄糖苷酶、亮氨酸氨基肽酶的活性。此外，纳米 Ag 对土壤的脲酶、蔗糖酶、FDA 水解酶、过氧化氢酶也有较强的毒性作用，且随着纳米 Ag 浓度的增大，毒性不断增强，这说明纳米 Ag 对土壤酶活性具有较强的抑制作用，且与施加浓度正相关。根据纳米 Ag 毒理效应，释放出 Ag^+ 被认为是纳米 Ag 产生毒性的重要原因，Ag^+ 通过和细胞中的半胱氨酸巯基相互反应，抑制了微生物细胞某些重要酶的功能，导致微生物细胞因细胞酶代谢功能紊乱使其生长与繁殖受到抑制。此外，纳米 Ag 所释放出的 Ag^+ 和细胞壁及细胞质蛋白相互作用，导致细胞功能受损或活性丧失。由纳米 Ag 溶解生成的 Ag^+ 释放到微环境中还会破坏细胞的呼吸链，和巯基或其他蛋白相结合，抑制参与磷、硫及氮循环细菌的酶活性。

金属氧化物纳米颗粒对土壤微生物也具有毒性。纳米 TiO_2 对土壤中的氨化细菌、硝化细菌、自生固氮菌等具有抑制作用，同时还可以抑制土壤脲酶、蛋白酶、硝酸还原酶和脱氢酶的活性。此外，纳米 ZnO 和纳米 CeO_2 颗粒都可以阻碍微生物的热代谢，减少土壤固氮菌、解磷菌和解钾菌的数量。低浓度的纳米 Fe_3O_4 能提高植物生物量，增强植物叶片光合速率，增加土壤中黄单胞菌目的相对丰度，降低蓝细菌、鞘脂杆菌纲的相对丰度；高浓度的纳米 Fe_3O_4 能抑制作物生长，提高植株中 Fe 积累及土壤电导率，降低细菌群落系统发育多样性，降低黄单胞菌目、鞘脂杆菌纲的相对丰度，增加蓝细菌的相对丰度。此外，高浓度的纳米 Fe_3O_4 处理显著降低了土壤细菌群落多样性。细菌暴露于含有纳米 CuO 和纳米 ZnO 的土壤中 7h 后，细菌活性随纳米 CuO 和纳米 ZnO 浓度的增加而显著降低，这种毒性效应可能是金属氧化物纳米颗粒中金属离子的释放。

除了对土壤中的微生物多样性及群落结构产生影响，金属纳米材料还会影响植物的生长发育。水稻幼苗的株高与纳米 CuO 的质量分数呈负相关，且高剂量纳米 CuO 处理组的水稻幼苗产生了发黄失绿的现象。纳米 CuO 不仅严重影响水稻幼苗的根系生长（包括总根长、根体积和比表面积），使幼苗的抗氧化酶活性增加和丙二醛浓度升高，还会损伤玉米幼苗细胞膜的完整性，破坏其根尖细胞膜，同时介导萝卜和黑麦草的 DNA 损伤。另外，纳米 CuO 和纳米 ZnO 在沙土中会分别溶解出 Cu 和 Zn，使用 Cu 和 Zn 含量为 500mg/kg 的纳米 CuO 和纳米 ZnO 沙土培养小麦会抑制小麦根系和幼苗生长；且根中 POD 和 CAT 活性增加，氧化型谷胱甘肽（GSSG）的含量增加，同时芽中叶绿素含量降低。此外，添加到土壤中的纳米 ZnO 也会进入玉米根和叶片细胞中，诱导植株细胞内的活性氧自由基含量增加。纳米 ZnO 还会对黑麦草、玉米种子和拟南芥种子的萌发有显著的抑制作用。另外，纳米 ZnO 和纳米 CeO_2 都可向土壤中释放相应的金属离子，并且会在土壤生物（如蚯蚓和小麦）体内积累，从而产生毒性效应。纳米 Ag 对植物细胞及其遗传物质均具有毒性作用，随着纳米 Ag 粒径的减小，对洋葱的细胞毒性和遗传毒性作用明显增强。当土壤暴露在粒径为 2nm 的纳米 Ag 4 个月后，小麦籽粒中的 Fe、Zn 和 Cu 这三种微量元素的含量都显著下降，与小麦体内生物利用相关的组氨酸和精氨酸的含量也呈下降趋势。高浓度 Fe_3O_4 纳米颗粒处理生菜可导致植物净光合速率和生物量显著降低。纳米 TiO_2 会影响芦苇的生长情况，粒径越小、浓度越高的纳米 TiO_2 处理后芦苇种子发芽率越低，对芦苇植株的生长抑制作用越强，植株的氧化损伤也越明显。

不仅如此，金属纳米材料对土壤中的动物也有一定的毒性。当蚯蚓暴露于纳米 Ag 中 4 周后，蚯蚓的体质量降至原体质量的 44%，环形肌轻度纤维化。当潮虫摄入纳米 TiO_2 后，尽管潮虫没有出现明显的体重变化，也未出现死亡现象，但消化腺内部过氧化氢酶和谷胱甘肽-S-转移酶（Glutathione-S-Transferase，GST）等抗氧化酶的活性明显降低，这说明金属纳米材料会对潮虫的消化系统造成一定的影响。

8.1.3　量子点对土壤生物的毒性

量子点（Quantum Dots, QDs）是一种半导体纳米晶体，具有优良、独特的光学、电学、磁学性质和生物相容性等，作为荧光染料大量应用于医学成像、药物检测、环境检测、太阳能电池、光子学、长途通信等研究领域。量子点在结构上包括核心组分，外面包被一层壳，再连接人工修饰的化学分子，从而获得良好的稳定性和水溶性，其中含有金属与非金属成分。粒径小于 5nm 的量子点（CdSe, CdSe/ZnS）能够直接进入大肠杆菌和枯草芽孢杆菌的细胞内，并产生毒性效应；并且，大肠杆菌能够把量子点重新排出体外，减少其在菌体内的蓄积，而枯草芽孢杆菌则不能排出量子点，因此量子点对枯草芽孢杆菌的毒性效应更大。

8.1.4　高分子聚合物纳米材料对土壤生物的毒性

高分子聚合物纳米材料的应用极为广泛，遍及人们的衣、食、住、行，在粮食、能源、环境、资源等领域发挥着重要作用。例如：利用高分子聚合物纳米材料调整水分以改良土壤、绿化沙漠、扩大耕地、控制生态体系、促进粮食增产；制取高转化率的光电池，以分解水制得氢和氧，用作燃料电池和化工原料；开发新型高分子催化剂，利用空气中的氮气在常温常压下合成氨等。此外，治理现代社会的环境污染同样离不开高分子的应用。但高分子聚合物纳米材料具有易燃、易老化的特点，使用寿命不长，容易造成资源的浪费，并且聚合物纳米材料废弃后无法经由生物分解及光分解而进入生物地质化学循环，不能被细菌腐蚀为土壤吸收，残余价值低，使用后不易循环再生，大量废弃的聚合物纳米材料已造成严重的环境公害，引起了全球的高度重视。

纳米塑料是指基体为高分子聚合物，通过纳米粒子在塑料树脂中的充分分散制成的新型塑料，可有效提高塑料的耐热、耐候、耐磨等性能。纳米塑料能使普通塑料具有像陶瓷材料一样的刚性和耐热性，同时又保留了塑料本身所具备的韧性、耐冲击性和易加工性。纳米塑料是一种高科技的新材料，具有很好的发展前景。环境中宏观和微塑料也可通过物理和光降解形成大量的纳米塑料。

纳米塑料普遍存在于大气、水体和土壤等环境介质中，粒径小且降解周期长，易被生物体摄取并随之在食物链中迁移，尤其是纳米塑料可作为多氯联苯（Polychlorinated Biphenyls, PCBs）、抗生素、农药和重金属等污染物的载体，对生态环境安全和人体健康都形成潜在风险，被认为是一种全球性新型污染物。

聚苯乙烯纳米颗粒是一种常见的无色透明热塑性纳米塑料，粒径范围为 1~100nm。50nm 的聚苯乙烯纳米塑料能够内化于洋葱根部分生区细胞中，引起氧化胁迫，产生细胞毒性（如有丝分裂异常）和基因毒性。聚苯乙烯纳米塑料会对大豆种子发芽和幼苗生长产生影响，20nm 和 100nm 的聚苯乙烯纳米塑料主要通过吸附于大豆种皮表面从而降低种子吸收水分的速度，进而抑制种子活力。这两种粒径的聚苯乙烯纳米塑料均可抑制大豆种子的发芽率，且发芽抑制率与暴露时间之间呈一定的负相关关系。并且，聚苯乙烯纳米塑料一般是通过影响大豆种子的活力进而影响种子的发芽率。

另外，暴露在不同浓度聚苯乙烯纳米塑料中 7 周后，土壤体系中拟南芥的株高、鲜重及果荚叶绿素含量都受到了不同程度的抑制，其受抑制程度取决于聚苯乙烯纳米塑料的电荷和浓度，带正电荷的聚苯乙烯纳米塑料对拟南芥的毒性作用更加显著。通过根组织形态学分析发现，聚苯乙烯纳米塑料可以使分生组织和成熟区细胞长度减短，抑制根系的生长。此外，纳米塑料本身所携带的有毒有害物质，如含氯分子、双酚 A、增塑剂等，都能抑制土壤中微生物的活性，从而影响微生物的生长与发育。对于农田生态系统中的纳米塑料污染，不仅会影响土壤物理化学性质和结构、降低土壤肥力、改变土壤中微生物群落多样性，还会对土壤环境中植物和动物造成危害，影响作物生长及粮食产量，影响动物生长、发育和繁殖。还可能由于低营养级生物被动摄取纳米塑料，通过食物链传递最终进入人体，严重危害人类健康。

8.2　纳米材料对水质的影响

河口和近岸海洋环境是多数污染物的汇集地，也是纳米材料的蓄积地。纳米材料可以通过多种途径进入河口或近岸海洋，最常见的是工业生产和生活废水排放，港口装卸也可能导致纳米材料在港口海域的泄漏和累积；其次是废弃物（纳米垃圾，含纳米材料废物、纳米材料港口疏浚泥）的海洋倾倒；再次纳米材料也可被雨水冲刷和河流输送进入河口、湖泊、海洋，含纳米材料的织物在洗涤过程中会释放出纳米颗粒，建筑物外墙涂料也会因此释放出纳米颗粒从而进入水体，以及大气沉降等均可导致纳米材料进入河口或海洋。每年估计有 4000~6000t 的防晒剂被排入到沿岸海域，而纳米材料则是防晒剂的重要组分，进入海洋环境后，可能在水体中分散并稳定存在或因团聚而沉降到底泥。纳米材料由于其特殊的表面性质，会受到 DLVO（Derjaguin-Landon-Verwey-Overbeek）作用力如范德华力、静电作用力，以及非 DLVO 作用力如空间位阻作用、架桥作用等的影响，在水环境中发生团聚、沉降、溶解等行为，显著影响其在水环境中的生物毒性。

由于纳米材料所具有的特殊物理化学性质，如高比表面积等，也使其容易吸附环境中的其他污染物，这些污染物随着纳米材料在水中悬浮、团聚和沉降，进而影响污染物在水中的迁移、归趋和生物效应。纳米材料被动物摄取后可穿透组织屏障，在肝脏、肾脏、脾脏、肌肉、胃、肠道中蓄积。纳米材料通过水生食物链的传递或富集，有可能导致食物链高端的水生生物产生毒性效应。

8.2.1　碳纳米材料对水生生物的毒性

碳纳米颗粒能穿过细胞壁和细胞膜进入生命体的任何部位，能引发细胞炎症和生物肺部肿瘤等，这也是他能对人体、植物、动物和其他生物体产生毒性效应的关键。而且，碳纳米材料溶解度低、脂溶性强，是目前发现的最难生物降解的人工合成材料之一，很可能沿着食物链传递并积累。

人工碳纳米材料常黏附于水生植物表面，团聚形成植物-纳米碳聚集体，降低植物对光的利用率并干扰营养物质的吸收，产生遮蔽效应，导致间接毒性。高浓度的 SWCNTs 会在斜生栅藻分泌物的作用下大量聚集在藻细胞周围，降低光合作用效率，影响细胞的分裂增殖，导致斜生栅藻吸光度显著降低。碳纳米管对普通小球藻毒性效应的 85% 来自于碳纳米管的团聚和遮光效应。除了遮光效应，接触物理损伤和氧化损伤也可以参与纳米碳管致藻类的毒性作用。经氧化石墨烯处理的绿藻类细胞，ROS 含量明显上升，细胞膜受到损伤，氧化应激效应显著，细胞活力下降；同时，随着时间的延长，GO 发生团聚，并吸附在藻类细胞表面形成藻类-纳米碳聚集体，导致间接毒性效应。研究表明，浓度为 1mg/L 的溶液碳纳米管就能损害水生单细胞真核动物贻贝棘尾虫的线粒体、细胞膜和细胞核，抑制贻贝棘尾虫生长。水蚤暴露在 20mg/L 的 CNTs 悬浮液中会全部死亡，其致死机制为 CNTs 由于疏水性而团聚并黏附在水蚤体表，限制其活动并导致死亡。CNTs 对鱼的毒性主要体现为 CNTs 在鱼鳃上的富集，进而导致鱼体呼吸系统的紊乱。

低浓度 C_{60} 纳米材料会对大型水蚤产生毒性，干扰大型水蚤的生殖循环，使大型水蚤子代的成熟时间延迟，并且 C_{60} 还会显著减弱大型水蚤的繁殖能力。将黑鲈鱼暴露于含有 0.5mg/kg 未修饰的 C_{60} 的水环境中，黑鲈鱼大脑及中枢神经起保护作用的细胞遭到破坏，脑组织发生严重脂质过氧化，同时鱼鳃谷胱甘肽消耗到临界水平。鲫鱼中也有相同的发现，长期低剂量 C_{60} 暴露能导致鲫鱼脑、肝、鳃器官组织中还原型谷胱甘肽含量显著降低，并显著激活肝组织中过氧化氢酶和超氧化物歧化酶的活性，以及鳃中 Na^+/K^+-ATP 酶的活性。C_{60} 的毒性剂量效应还与其悬浮液的制备方法有关，成年雄性黑头呆鱼暴露在 0.5mg/kg 四氢呋喃处理的 C_{60} 中 6~18h 即可引起 100% 的死亡率，而经水搅拌处理的纳米 C_{60} 组中黑头呆鱼在 48h 后仍未出现死亡。

总之，碳纳米材料对水生生物毒性的影响主要与团聚效应等物理化学特性有关，还受处理方法的影响，而目前关于尺寸大小对其毒性大小研究的报道尚较少。

8.2.2 金属及氧化物纳米材料对水生生物的毒性

水环境中释放的纳米二氧化钛可阻碍鱼腥藻细胞的固氮活性，并有可能影响重要的生物地球化学过程，如碳循环、氮循环。进入水环境的纳米 TiO_2 经日光照射或紫外线照射后将破坏绿藻、刚毛藻、项圈藻、微囊藻、直链藻的细胞结构，叶绿素 a、叶绿素 b 和总叶绿素含量均明显增加，降低其光合作用，抗氧化酶（超氧化物歧化酶和过氧化氢酶）活性降低，过氧化物酶活性升高，丙二醛含量增加，抑制了微藻的生长。藻类长期暴露在纳米 TiO_2 环境中，导致细胞循环进程延缓，基因组分离复制出现异常，进而引起染色体不稳定和细胞转化。此外，纳米 TiO_2 还会导致水生细菌产生细胞内 ROS，从而对细胞壁产生破坏，并且会抑制微藻和大型水蚤的生长。纳米 TiO_2 会形成团聚体，并包裹在羊角月牙藻细胞表面，从而使纳米 TiO_2 对藻类产生毒性作用。由于不同水生生物的生理结构不同，纳米材料在生物体内的分布也有较大差异。

纳米 Ag 和纳米 ZnO 会导致浮萍的细胞氧化应激，产生活性氧和活性氮物质，并引起金鱼藻的光合系统损伤。将纳米 ZnO 暴露于水生生态系统的叶凋落物中，可以观察到纳米 ZnO 颗粒明显降低了微生物生物量和多样性，并对水生丝状菌菌丝体造成损害，进而改变了与凋落物分解相关的真菌群落组成。通过纳米 TiO_2 和纳米 CuO 在大型水蚤体内蓄积性的实验可以发现，金属纳米氧化物会在海洋生物体内积累，这些纳米材料产生的毒性使生物体原本正常的生理特征出现紊乱，严重影响了生物的正常活动。此外，纳米 Ag 对细菌、藻类以及水蚤等生物具有急性毒性效应，其机制都和生物体内氧化压力相关，有时氧化胁迫的压力甚至会超出生物的防御能力导致生物死亡。并且，纳米 Ag 在大型水蚤消化道内的滞留和积聚影响了食物的消化和能量摄取，进而会导致生长减缓、生殖损害等慢性毒性。纳米 Al_2O_3 会影响网纹水蚤和微藻细胞的生长，且在低浓度（1mg/L）下会降低湖水中细菌的存活率并造成细胞损伤。

鱼类是生态环境中重要的食物链，也是人类主要的食物来源之一。纳米材料的广泛应用不可避免地对鱼类也会产生影响。目前纳米金属氧化物的研究主要集中于斑马鱼的胚胎毒性，很多研究表明纳米金属氧化物可对斑马鱼产生胚胎发育毒性，且纳米氧化物的毒性与其成分有很大关系。纳米 ZnO 能够抑制斑马鱼胚胎 96h 的孵化率，纳米金属氧化物浓度与孵化率间存在剂量效应关系。纳米 ZnO 表现出较大的毒性效应还可能和其在水溶液中溶出锌离子有关，而纳米 TiO_2 和纳米 Al_2O_3 都不能在水溶液中释放出可溶性金属离子。虽然纳米 TiO_2 和纳米 SiO_2 不能释放出金属离子，但它们仍能引起毒性效应，其毒性大小主要由粒径大小及染毒剂量决定。虽然 $1 \sim 500mg/L$ 的纳米 TiO_2 不影响斑马鱼胚胎的存活率，但纳米 TiO_2、纳米 SiO_2 可以导致斑马鱼胚胎孵化率的下降或延迟，导致幼鱼的发育畸形。在一定的粒径范围内，纳米 TiO_2 还可对斑马鱼幼鱼的体长及畸形率产生影响。浓度大于 $50mg/L$ 的纳米 SiO_2 可导致斑马鱼胚胎的孵化提前及总的孵化率降低，$200 \sim 300mg/L$ 的纳米 SiO_2 可导致斑马鱼胚胎的累积死亡率增加。

对于成鱼来说纳米 TiO_2 还是一种呼吸性毒物。纳米 TiO_2 对斑马鱼的生长具有一定的抑制作用，随着暴露时间的延长和浓度的增加，斑马鱼的体重明显减轻。鱼鳃与其生活的水环境直接接触，是化学污染物发挥毒性作用的主要靶器官，容易因水体污染而受到损害，进而影响其生理功能的正常发挥，危及鱼体健康。在纳米 TiO_2 暴露下，鳃小片上皮细胞肥大和水肿，鳃丝上皮增厚、鳃小片上皮明显隆起。随着纳米 TiO_2 浓度的增加，鳃丝上的鳃小片发生粘连，出现坏死与断裂脱落，严重阻碍了鳃丝的生长。浓度过高的纳米 TiO_2 使鳃中的气体和物质交换效率降低，从而导致呼吸效率降低，循环系统也因此受到影响。加之肝脏受损，影响了机体的新陈代谢，破坏了鱼体的生理功能，严重时可造成死亡。

此外，纳米 TiO_2 能穿透斑马鱼的心-血屏障和血-脑屏障进入心、脑等器官并累积，可能对心血管系统和中枢神经系统产生影响。将虹鳟鱼暴露于不同浓度的纳米 TiO_2 悬液中 14 天，虽然并未引起鱼类死亡，但会出现鱼鳃水肿和变厚等呼吸毒性，过氧化损伤，肝、肠损伤，鱼鳃和肠部的 Na^+/K^+-ATP 酶活性显著下降以及组织中尤其是脑部 Cu、Zn 微量元素含量的变化；将虹鳟鱼暴露于表面包被氧化铝的纳米 TiO_2 颗粒和表面包被二氧化硅和氧化铝的纳米 TiO_2 颗粒中，虹鳟鱼的活动能力几乎不受影响，推测可能是纳米 TiO_2 颗粒经包被后其性质发生改变。

8.2.3　量子点对水生生物的毒性

半导体量子点是可释放荧光的半导体纳米结晶，具有发光亮度大、耐光以及无光漂白特性，作为生物标记的良好材料，在生物学和医学研究中有广泛应用。在制作过程中其表面通常会有无毒覆盖层，但在实际使用中，量子点的无毒表层会被逐渐销蚀，这时量子点就会对生物体表现出极强的毒性。大多数量子点比一般纳米材料的毒性大，因为量子点一般都溶于水，这说明其体积更小，更容易进入到生物体细胞内，从而引发毒性效应。另外，量子点中主要成分或重金属粒子的释放也是造成量子点毒性的部分原因。

CdTe 量子点对水生生物也具有毒性作用，能抑制绿藻生长，浓度为 $0.1mg/L$ 时会引起脂质过氧化，浓度为 $1.6mg/L$ 时会损伤淡水贻贝的鳃、消化腺和免疫系统等。选用以硒化镉（CdSe）为核，外包硫化锌（ZnS）外壳并经特殊处理的量子点 CdSe/ZnS 制成水悬液对斑马鱼胚胎染毒进行研究，发现该量子点的毒性特征与 Cd^{2+} 离子的毒性并无显著相关。因此，推测该量子点对斑马鱼胚胎产生毒性并非金属离子的释放所造成，而可能是因纳米材料的特性或外壳经不同化学成分的修饰所致。但也有其他研究认为量子点的溶解和有毒金属离子外泄是造成其毒性的原因，因为包裹着无毒聚合物的量子点 CdSe/ZnS 仍可对大型水蚤造成毒性，且可检测到 Cd^{2+} 的释放。在斑马鱼受精后 24h 对卵黄囊注射 $0.125\sim4\mu mol/L$ 的 CdSe/ZnS 量子点，多数斑马鱼有心囊水肿和卵黄囊肿等，并未出现严重的形态学变化。聚乙二醇的修饰影响了 CdSe/ZnS 量子点在斑马鱼心囊、眼部、头部滞留时间，进而提高其对斑马鱼的半数致死量。但以巯基乙酸（Thioglycolic Acid，TGA）作为稳定剂合成水溶性碲化镉 CdTe 量子点并对斑马鱼胚胎染毒后发现，$1\sim400nmol/L$ 的 TGA-CdTe 能引起斑马鱼胚胎发生多种中毒症状，如心包囊肿、卵黄囊肿、脊柱弯曲、体节减少、心率减慢、黑色素沉积少等异常现象，且斑马鱼胚胎受精 24h 后，1min 自主运动频率和受精后 48h 时 10s 内心率、孵化率、体长都与 TGA-CdTe 的存在剂量有关。目前认为染毒方式、外壳结构等都可能会影响量子点的毒性反应，而不单纯是由量子点中金属离子释放引起的。氧化应激可能是量子点毒性作用的主要机制之一，但仍需大量实验来确认。

8.2.4　有机高分子纳米材料对水生生物的毒性

塑料在水生环境中无处不在，占海洋垃圾的 50%～80%。塑料颗粒上的生物污垢可能是其分解过程的关键启动器，可以导致颗粒沉降并顺着水流分布到海底。塑料通过物理降解（如波浪作用、沙子的研磨等）和光降解（阳光照射），可以变成粒径小于100nm 的纳米塑料，甚至是单个聚合物，这可能导致纳米塑料的大量存在。在海洋环境中，塑料颗粒可能在初始状态下持续 50 年之久，变成纳米塑料则存在更长的时间，因为随着粒径的减小和温度的降低，降解过程变得更加缓慢。纳米塑料降解缓慢，当海洋环境中存在大量纳米塑料时，其必将成为一个威胁。来自陆地的微塑料在进入海洋环境的过程中分解，也可形成纳米塑料，例如来自洗面奶的相对较小的微塑料（平均粒径为 $196\sim375\mu m$）和洗涤合成衣服时释放的纤维（<1mm）就可能会分解成纳米颗粒，这些清洁剂和纤维会被释放进入海洋，因为目前的污水处理厂没有相应的技术来过滤这些微小的颗粒。而悬浮于海水中的纳米塑料，会被海洋中的微生物或其他海洋生物摄取，这为附着于纳米塑料上的污染物和化学物质转移到生物体内提供了途径，被误食的纳米塑料分布于海洋生物的胃、肠道、消化管、肌肉等组织和器官甚至是淋巴系统中，影响生物体的正常生理功能，进而诱发一系列的毒理效应。而当这些生物送上餐桌被人类食用后，也将会对人类健康产生影响。

纳米塑料对海洋生物的危害主要表现在三个方面：首先是微生物本身；其次是吸附在纳米塑料颗粒上的有机污染物；最后还有纳米塑料添加剂的外溢。

纳米塑料的形状和尺寸会直接通过物理作用对海洋生物个体的健康产生影响，包括引起窒息、内受损、消化道阻塞、摄食能力降低、嗅觉灵敏性和活动能力减弱甚至死亡等。例如，大的塑料碎片会阻塞消化道，影响生物进食，甚至导致肠道穿孔和生殖功能障碍。由于塑料物质无法被生物体自身消化，产生长时间的虚假饱腹感，影响正常的食物摄取，最终导致生物体的饥饿和死亡。此外，纳米塑料还会抑制海洋动物的生长发育和生殖能力。

吸附在纳米塑料颗粒上的有机污染物以及塑料产品中的添加剂还会通过化学作用对海洋生物个体的健康产生影响。如邻苯二甲酸盐、苯并芘、壬基酚和溴化阻燃剂等常见的塑料添加剂均已在海洋生物体内发现，并被证实了其会影响生物体的内分泌系统，从而对生物体产生毒害作用。近年来的纳米颗粒工业生产，包括各种用途的纳米塑料的迅速增加，进入生物体的纳米塑料可在不同组织和器官中富集与转移，并释放这些有毒成分而产生毒性，包括酶活性抑制、氧化应激反应、遗传毒性和神经毒性等。大量研究显示，水生环境中的纳米塑料可以从藻类转移到浮游动物和鱼类，通过食物链产生巨大的影响。因此，研究纳米塑料对海洋生物的潜在影响是非常有必要的。

由于纳米颗粒降低了光强度和气流，聚苯乙烯纳米颗粒的吸附会发生物理阻碍，从而阻碍藻类的光合作用，这种吸附取决于塑料的物理化学性质以及藻类的形态和生化性质。吸附的物理化学性质包括静电作用、氢键作用和藻类与纳米塑料之间的疏水作用，对带正电荷的纳米塑料非常有利。同时 ROS 的测定进一步表明，纳米塑料的吸附会促进藻类 ROS 的产生。藻类经纳米塑料接触后发生的反应可能会影响水生食物链的可持续性。此外，聚苯乙烯纳米塑料可直接抑制绿藻的细胞生长，降低细胞中的叶绿素水平，并且这种抑制作用具有浓度相关性，聚苯乙烯纳米塑料的浓度越高，其抑制作用越强。聚苯乙烯纳米塑料会对大型水蚤的生长发育产生一定影响。暴露在聚苯乙烯纳米塑料的环境中会导致大型水蚤的死亡率增加，同时还能抑制大型水蚤的繁殖能力，导致新生幼虫数量的下降，并且在高浓度情况下会导致水蚤的胚胎畸形。

将蓝色贻贝暴露在不同浓度的聚苯乙烯纳米塑料中可以探究 30nm 聚苯乙烯纳米塑料对贻贝摄食行为的影响。所有浓度聚苯乙烯纳米塑料处理的贻贝都会产生假粪便，并且粪便和假粪便的总重量随聚苯乙烯纳米塑料浓度的增加而增加。此外，浓度为 100mg/L 的聚苯乙烯纳米塑料明显降低了贻贝的滤食活性。因此，长期暴露在聚苯乙烯纳米塑料中可能会伤害贻贝，因为产生假粪便会消耗能量，而过滤活性降低最终导致饥饿。并且，聚苯乙烯纳米塑料不仅会对贻贝本身产生负面影响，也会对以贻贝为食的潮汐带生物产生负面影响，甚至人类在食用贻贝时也可能会暴露在聚苯乙烯纳米塑料的危害中。

此外，聚苯乙烯纳米塑料颗粒还能通过水生食物链从绿藻、水蚤运输到鲤鱼等鱼类，并影响鱼类的脂质代谢和行为。喂食聚苯乙烯纳米塑料后的鱼类会出现移动速度变慢，运动幅度变小，而且这些鱼类在喂食过程中任由水蚤等浮游动物在嘴边游动却并不捕食它们，这说明食用含有聚苯乙烯纳米塑料的食物后，鱼类会出现强烈的行为障碍。此外，暴露于聚苯乙烯纳米塑料的鱼类也表现出明显的心动过缓，心脏功能发生显著改变。聚苯乙烯纳米塑料引起的心动过缓可能对水生生态系统中的鱼类产生负面影响，其中心脏功能和有氧条件有可能会影响捕食者猎物之间的相互作用，也可能会对生物体其他生态适应性的重要因素产生影响，如避免捕食的能力下降，最终可能导致野生种群的生物多样性减少。另外，聚苯乙烯纳米塑料在成年鱼类体内聚集会损害免疫反应，干扰鱼类种群的抗病能力，从而增加鱼群疾病的发生率。聚苯乙烯纳米塑料可作为鱼类固有免疫反应的应激源，这种纳米塑料类型激活了中性粒细胞的功能，如吞噬、脱颗粒以及中性粒细胞胞外陷阱释放。因此，纳米塑料可能通过改变生物防御机制来干扰鱼类种群的固有免疫反应。有研究评估了聚苯乙烯纳米塑料在斑马鱼胚胎和早期幼虫阶段的潜在生物积累和毒性，结果显示生命早期暴露于聚苯乙烯纳米塑料会影响斑马鱼的脂质代谢，这表明聚苯乙烯纳米塑料有可能诱发代谢紊乱。另外，聚苯乙烯纳米材料能进入青鲋鱼的血液、肝脏等组织，甚至可以通过血脑屏障进入鱼脑，并导致巨噬细胞、肺上皮细胞等脂质过氧化、细胞膜内陷、线粒体损伤、ATP 损耗等。

　　除了聚苯乙烯纳米塑料会影响鱼类的脂质代谢和行为，壳聚糖纳米颗粒也会对鱼类代谢产生影响。其中壳聚糖纳米颗粒的粒径大小会导致毒性的发挥，在极低浓度下，较小的纳米颗粒能够对胚胎造成100%的死亡率和严重畸形，粒径为200nm的壳聚糖纳米颗粒会导致斑马鱼胚胎的畸形，包括脊柱弯曲、心包水肿和不透明的卵黄。此外，经壳聚糖纳米颗粒处理的胚胎细胞死亡率显著增加，活性氧的产生也增加。

　　壳聚糖纳米颗粒及其吐温-80修饰物是两种最常用的脑靶向药物载体，其毒性效应备受关注。吐温-80修饰的壳聚糖纳米颗粒可以在斑马鱼胚胎中诱导发育毒性，包括孵化率下降、死亡率增加和畸形发生率增加，这些发育毒性呈剂量依赖性。并且，壳聚糖纳米颗粒及其吐温-80修饰物两种纳米颗粒都诱发了神经行为毒性，例如吐温-80修饰的壳聚糖纳米颗粒处理会导致胚胎自发运动减少和壳聚糖纳米颗粒处理引起的胚胎过度活跃效应。此外，这两种纳米颗粒均能抑制运动神经元的轴突发育，并显著影响胚胎的肌肉结构。

8.3　纳米材料对大气的影响

　　大气环境中不同尺度颗粒物的数量浓度和表面积具有明显差异，单位质量的纳米颗粒物有超高的数量浓度；同样，对于表面化学特性一致的不同粒径颗粒物，单位质量浓度的纳米颗粒物具有更高的比表面积。较高的数量浓度和较大的比表面积均使纳米颗粒物在与细胞和亚细胞成分相互作用时比大颗粒物具有更为明显的毒理特性。因此，尽管纳米尺度颗粒物在大气中的质量浓度很低，但其毒理效应却不容忽视，并且在高污染事件中纳米颗粒物还会有几倍的增长。

　　人类早已暴露于空气中纳米尺度的颗粒物中，近年来，人们对此类细小粒子对大气环境质量影响的关注逐渐增多。空气中的纳米颗粒主要来源于工业生产过程中废弃物的排放，以悬浮物的形式存在于环境中，通过呼吸系统进入生物体内而产生作用。空气中存在大量的悬浮物粒子有很大一部分就是纳米级的，特别是工业化以来，向大气中排放了大量的粉尘、废气；汽车废气中含有大量碳纳米颗粒，汽车的大众普及化进一步加剧了空气污染程度。交通来源的细粒子释放、建筑扬尘、沙尘暴颗粒物的跨界输送，不仅造成了城市上空"棕色云"的笼罩、灰霾天气的增加，也使人群的污染暴露大幅度增加，给人们的生命健康造成危害。空气污染可诱发一些易感人群出现肺部或心血管等疾病，造成死亡率增加。

　　我国大气污染物中的纳米颗粒物主要来源之一是工业排放的废气，其中有大量金属氧化物纳米颗粒物，如纳米 SiO_2、纳米 Al_2O_3、纳米 Fe_2O_3 等，以及碳纳米管（包括单壁和多壁碳纳米管）、纳米碳球、硅铁纳米晶体矿物颗粒和有机纳米颗粒物；另一来源是交通工具排放。交通工具贡献的颗粒物大部分粒径都小于50nm，重型车单车的颗粒物数排放因子是轻型车单车排放的15~22倍；同时，纳米材料的生产中也伴随着大量的纳米颗粒释放到周围的空气中。

　　对交通工具尾气排放中的纳米颗粒的化学组成、运输过程进行分析，发现在城市大气中交通工具释放的主要悬浮污染物是纳米颗粒，由一氧化碳、碳颗粒以及各种挥发性的有机化合物组成，颗粒化学成分有较大变化，大多数外部均包裹了易挥发的有机成分，这些物质的浓度随释放源距离的增加呈指数衰减。部分粒子在人体肺部的沉积速率与颗粒的大小有关。

以气溶胶或微小颗粒形式存在的挥发性化合物更容易通过空气运输到室内，人类呼吸系统首先暴露在这些微小粒子的作用下。纳米颗粒的流行病学研究提示，大气中纳米颗粒的浓度与敏感个体健康损害作用之间有关联，如空气污染颗粒与肺或心血管疾病有关，且认为致病作用的主要成分是构成比重相对较低的纳米颗粒。颗粒物浓度和尺寸与健康存在密切关系也已得到证实。例如，在美国进行的一项长达 20 多年的流行病学研究结果显示，空气中的 PM10 每增加 $100\mu g/m^3$，肺癌和心血管疾病死亡率增加 6% ~ 8%，而空气中的 PM2.5 每增加 $100\mu g/m^3$，肺癌和心血管疾病死亡率增加 12% ~ 19%。

对于环境中实际存在的大气纳米颗粒物，目前建立了几种毒理学机制理论。依据不同类型的颗粒物和颗粒物的不同成分，提出的主要假说有：①物理特征假说，即大气纳米颗粒物的质量、粒子数、粒径和表面积是决定肺毒性的原因；②有害有机物假说，即认为大气纳米颗粒物中的许多具有"致畸、致突、致癌"的有机物导致的肺毒性；③生物质假说，即纳米颗粒物携带的生物质成分如细菌、病毒等诱导了呼吸系统疾病的发生；④酸性气溶胶假说，即认为直接对人体健康造成影响的是大气中纳米颗粒物的酸度；⑤氧化损伤假说，即认为纳米颗粒物载带的金属元素、醌类、颗粒物本身通过直接或间接作用产生的活性氧或自由基，造成肺细胞和肺组织的损伤等。对于纳米尺度的超细颗粒物，物理特征假说、有害有机物假说以及氧化损伤假说可以比较好地用于研究和阐明超细颗粒物生物效应的机制。

8.3.1　碳纳米材料对大气的影响

碳纳米管是一种完全人造的一维结构纳米材料，未被处理过的碳纳米管非常轻，可通过空气到达人的肺部。目前关于碳纳米管的研究涉及单壁碳纳米管、多壁碳纳米管，以及经过功能化的碳纳米管。单壁碳纳米管对环境和生物的安全性最先被人们所关注。

将碳纳米管通过气管注入老鼠体内，老鼠会出现严重的肺部炎症。通过单壁碳纳米管对小鼠、大鼠肺部的慢性毒性和急性毒性试验，均发现老鼠有肉芽瘤的生成，单壁碳纳米管抑制了 HEK293 细胞的繁殖，降低了细胞黏附能力，而且以上两种影响均有剂量和时间依赖性。多壁碳纳米管也会引起大鼠的肺部炎症和纤维化。在高剂量的 SWCNTs 滴注后，动物 24h 内死亡率高达 15%，死亡原因是气管的机械堵塞。支气管肺泡灌洗液和细胞繁殖试验发现暴露在 SWCNTs 中的肺组织的炎症反应存在剂量-效应关系，在正常颗粒沉积部位伴有肺泡巨噬细胞累积泡沫和肺组织增厚。由于 SWCNTs 存在凝聚的特性，灌洗液和细胞繁殖试验检测指标缺乏肺毒性结果，因此要用吸入毒性评价 SWCNTs 对肺的毒性作用，包括所造成的损伤分布不一致、职业暴露评价研究低剂量接触的潜在危险。

通过鼻式暴露让动物吸入多壁碳纳米管气溶胶，暴露结束后分天处死各批动物做血清生化病理学的检查，发现乳酸脱氢酶、碱性磷酸酶和 IL-4 明显增加的同时，细胞存活率和肺泡巨噬细胞数量显著减少，随后对其组织病理学进行分析，进一步揭示了多壁碳纳米管对老鼠肺组织的损伤作用，暴露后的 14 天观察到了肺组织纤维化和肉芽肿，提示多壁碳纳米管气溶胶颗粒进入肺部以后对组织的伤害极大。让动物全身暴露吸入多壁碳纳米管气溶胶颗粒，发现绝大部分多壁碳纳米管颗粒沉积在肺部，还观察到了肉芽肿，同时发现总蛋白和白蛋白浓度都有所升高，鼻腔和鼻咽上皮还观察到了杯状细胞增生。

8.3.2　金属及氧化物纳米材料对大气的影响

空气中存在的粉尘很大一部分已达到纳米级别，它们的主要成分有氧化物颗粒、金属颗粒（铁、汞、铬、铅等）、有机物气溶胶悬浮物等。空气中的纳米材料主要是通过呼吸道和皮肤接触，以气溶胶的形式进入生物体内，负责清除外来物质的巨噬细胞则对这些纳米颗粒束手无策。纳米颗粒具有很小的粒径和巨大的表面积。因此一旦它与蛋白质结合，将引起一系列的后果，包括：①纳米颗粒和蛋白质结合形成的复合物具有更大的流动性，随着蛋白质的代谢，纳米颗粒将能在体内迁移到大颗粒物质无法到达的地方；②纳米颗粒巨大的表面积能促进蛋白质降解，进而导致蛋白结构和功能的改变等。

例如，纳米级的铁粉主要来源于工业生产过程中废弃物的排放，以空气中悬浮物的形式存在于环境中，通过呼吸系统进入生物体内而产生作用。大鼠吸入超细铁粉颗粒物后呼吸系统受到影响并伴随铁蛋白含量上升。而像铬、汞等元素的纳米颗粒则直接危害着生物健康，进入生物体后最终可能在大脑蓄积，如铅会损伤海马区、抑制 NMDA（N-甲基-D-天门冬氨酸）受体通道活性、引起多巴胺递质的变化及乙酰胆碱递质；汞主要与体内含巯基的蛋白质结合，直接抑制生物代谢反应，并且抑制乙酰胆与神经突触结合，危害更加严重。

纳米级的氧化物颗粒本身具有较强的催化活性，纳米 SiO_2 可导致妊娠期的母鼠体重降低，对小鼠胚胎有致死作用；并且可以对小鼠免疫系统产生毒害，导致 T 淋巴细胞增殖功能下降、腹腔巨噬细胞吞噬功能下降、脾脏体积增大。在短时间内吸入纳米氧化镉颗粒也会对动物的肺部造成损伤，同时影响全身免疫功能。IL-1β 和 TNF-α 炎症因子暴露于纳米氧化镉颗粒后，其含量明显提升，IFN-γ 由肺部淋巴细胞释放并诱导肺上皮细胞凋亡而被当作肺部损伤的一个标志。通过吸入方法染毒纳米氧化镉发现肺间隔增大、毛细血管充血、肺泡性肺气肿、肝门静脉周围炎症和肝组织的局部坏死。动物肺部采用气管滴注法暴露于纳米氧化铜后，会出现急性炎症反应，7 天后观察到单核细胞浸润和肉芽肿现象。纳米 ZnO 诱导细胞死亡的主要途径之一就是自噬，如纳米 ZnO 可诱导大鼠气管上皮细胞发生自噬导致其细胞损伤，且其对自噬的影响比 SWNTs 更明显，毒性作用更强。

8.3.3　量子点对大气的影响

量子点对大气毒性机制的研究主要集中在重金属元素 Cd^{2+} 的释放、氧化过程中活性氧的产生以及活性氧自由基介导的氧化应激等方面。例如，CdSe/ZnS 量子点降低了人肺腺癌细胞的活性，可能是量子点释放的 Cd^{2+} 和导致的胞内氧化应激联合作用的结果。虽然氧化应激损伤是 Cd^{2+} 释放造成的毒性生物作用之一，但是即使将含镉量子点包裹一层严密的外膜抑制 Cd^{2+} 的释放，量子点染毒的细胞内 ROS 含量依然显著升高。氧化应激可能是量子点本身物理化学特性造成的后果之一，仅仅抑制量子点中重金属离子的释放并不能完全降低量子点的毒性。由于小尺寸效应，通过呼吸道摄入的量子点依然很容易在呼吸系统蓄积。连续 14 天在实验鼠气管内滴注 CdSe/ZnS 量子点，量子点会在整个呼吸道蓄积，肺泡巨噬细胞是摄入量子点的主要细胞，并且在肺部蓄积的量子点很难由机体自主排出。

肺部炎症和组织损伤是量子点对呼吸系统毒性的主要表现。增加 CdSe/ZnS 量子点染毒剂量的同时，也增加了肺损伤参数、LDH 水平和白蛋白含量，染毒后的第 7 天和第 14 天损伤最为严重。在最高暴露剂量组，肺泡灌洗液中的炎症细胞（肺泡巨噬细胞、中性粒细胞和淋巴细胞）以及炎性趋化因子 MCP-1 和 MIP-2 含量在暴露后的第 7 天和第 14 天达到顶峰。肺部炎症反应与量子点导致的氧化应激损伤密切相关。此外，CdSe/ZnS 量子点造成的肺部炎症在基因缺陷（严重的 GSH 合成不足）的实验鼠中表现最为严重。除了持续性炎症反应，长期含镉量子点暴露还能诱发间质淋巴细胞渗透和肉芽肿反应，促进肺纤维化的发生，损伤肺功能。

8.3.4 有机高分子纳米材料对大气的影响

近年来，大气中的微/纳米塑料（Microplastics，MPs）污染引起了人们的广泛关注。MPs 的主要成分是聚苯乙烯，可通过大气传输延伸到偏远、人烟稀少的地区。这也可能成为微/纳米塑料全球传播的另一种重要方式，这些微/纳米塑料颗粒在大气传输过程中被送到高空，然后以雪的形式降落在北极。研究人员在北极积雪中检测到微/纳米塑料，其平均浓度可达到 1800 个/L。

微/纳米塑料还可能通过吸入进入人体，引发一些慢性疾病，如哮喘、气胸、肺泡炎、慢性支气管炎和肺炎等。吸入的微/纳米塑料不容易被人类肺清除干净，由于清除机制受损，使得微/纳米塑料留在肺部进入人体呼吸系统，这可能造成肺部的炎症反应和 DNA 损伤，这也是诱导癌症的因素之一。吸入的一部分微/纳米塑料可能被上呼吸道黏液纤毛清除至胃肠道，从而影响胃肠道健康。比较不同的年龄、性别、物种和不同的时间暴露后肠道对微塑料的吸收，发现年龄更能决定微塑料的吸收程度，青年人比老年人和儿童更容易吸收微塑料。暴露于聚苯乙烯后，正常肺泡上皮 BEAS-2B 细胞中 α1-抗胰蛋白的表达水平下降，将会增加患慢性阻塞性肺疾病的风险，并且存在剂量-效应关系。在实验动物身上有同样的毒性效应体现，将大鼠放在含有粒径为 20nm 的聚四氟乙烯（Polytetrafluoroethylene，PTFE）纳米颗粒的空气中生活 15min，会导致多数大鼠在 4h 内死亡。

8.4 纳米材料对生命健康的影响

近年来的流行病学、毒理学、物理学和化学资料表明，人类暴露在超细大气气溶胶会加重健康潜在危险。高科技纳米材料的生产使用对改变人们生活方式具有正面作用，但同时也会给人们带来潜在健康危害的负面影响，纳米材料生产使用过程中产生的纳米颗粒对生物系统的影响是巨大的。由于疾病的多样性，本节将从纳米材料对不同疾病的影响进行阐述。

首先，纳米粒子具有较好的扩散和渗透能力，即使在宏观状态时脂水分配系数小，也完全有可能通过简单扩散或以渗透形式经过肺-血屏障和皮肤进入体内。而且纳米材料由于具有比表面积大、粒子表面的原子数多、周围缺少相邻原子、存在许多空键等特性，故有很强的吸附能力和很高的化学活性，宏观物体被制成纳米材料后同时具有以上两个显著特点，虽然物质组成未发生变化，但是对机体产生的生物效应和作用强度可能发生了本质上的改变。

纳米材料除了通过扩散和渗透作用比较容易进入人体，还可能更容易透过生物膜上的孔隙进入细胞内或线粒体、内质网、溶酶体、高尔基体和细胞核等细胞器内，并且和生物大分子发生结合或催化化学反应，使生物大分子和生物膜的正常立体结构产生改变。这将导致体内一些激素和重要酶系的活性丧失，或者使遗传物质产生突变、导致肿瘤发病率升高或促进老化过程。

粒径为 $1\mu m$ 的颗粒就可以通过皮肤角化层，颗粒越小越容易通过，且毒性和反应性越大；粒径为 $10\sim50nm$ 的颗粒可通过呼吸道进入机体其他器官，包括人体最重要器官——中枢神经系统和心脏。因此，人体任何部位的暴露面（包括皮肤体表面）都可以不同程度地吸收纳米颗粒。纳米材料也可能比较容易通过血-脑屏障和血-睾屏障对中枢神经系统的神经元功能、精子生成过程和精子形态以及精子活力产生不良影响。它也可能通过胎盘屏障对胚胎早期的组织分化和发育产生不良影响，导致胎儿畸形。纳米颗粒引起健康危害主要来自颗粒本身的物理和化学作用：具有穿透细胞组织、较强氧化能力和表面积大可以增加化学反应和吸附有害物质等。

8.4.1 纳米材料进入机体的主要途径

对于人类，外源化学物可以通过呼吸道、胃肠道和皮肤进入人体。由于纳米材料的粒径比毛细血管通路还要小 $1\sim2$ 个数量级，所以纳米材料可作为药物载体，有利于药物的吸收或靶向释放，提高药物的生物利用度。因此，人类接触到纳米材料的途径有呼吸道、消化道、皮肤和注射，如图8.3所示。

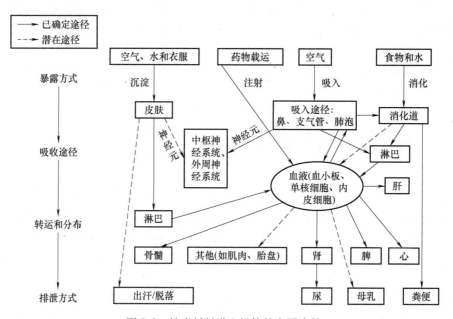

图 8.3 纳米材料进入机体的主要途径

1. 呼吸道

呼吸系统包括呼吸道（鼻腔、咽、喉、气管、支气管）和肺。纳米颗粒物与大粒径颗粒物在呼吸道的沉积方式存在明显不同，与大粒径颗粒物的惯性碰撞、重力降落等沉积机制不同，吸入机体的纳米颗粒物沉积在呼吸道的主要方式是与空气分子碰撞发生移位、分散沉积；对于携带电荷的纳米颗粒物，也可发生静电沉积作用。

吸入的纳米颗粒聚集部位存在尺寸依赖性，在呼吸道主要有三个沉积位点，即鼻咽部、气管支气管及肺泡，粒径的不同往往决定了其特定的沉积点：小到 1nm 的颗粒物，99% 沉积在鼻咽部，10% 沉积在气管支气管，肺泡区则没有沉积；粒径为 5nm 的颗粒物在三个位点都有沉积；粒径为 20nm 的颗粒物在肺泡的有效沉积率约为 50%，而在其他两个位点的沉积率只有 25%。纳米尺度颗粒物一旦在呼吸道沉积，就可能通过不同的转移路线和机制转移至其他靶组织。一种是穿透呼吸道表皮细胞进入胞质，进而直接进入血液循环或经过淋巴系统分布全身；另一种是通过气道表皮末梢敏感神经摄取，经轴突转移至神经节和中枢神经系统。当纳米颗粒穿透肺间质时可能会与肺间质细胞和其他敏感细胞群发生作用，很有可能会引起一些疾病的发生。

2. 消化道

消化系统由消化道和消化腺两部分组成，其基本功能是食物的消化和吸收，以提供机体所需的物质和能量。如果纳米颗粒物被食物和水包被用作功能食品、药物，就可以直接消化吸收。同时从呼吸道清除的纳米颗粒物经黏液梯度消化吸收随后也会进入消化道。研究表明纳米颗粒物经过消化通道会很快被清除，如将放射性标记的富勒烯经口腔灌注到大鼠体内，48h 后 98% 的富勒烯从粪便中清除，剩下的经尿液清除，这说明有一部分富勒烯可以进入血液循环。纳米颗粒物表面化学组成和粒径大小的不同可能导致其经消化通道摄取量的不同，这种摄取主要是经过肠系膜淋巴转移至系统组织，如肝、脾、血液、骨髓和肾。小尺寸、具有较高的脂溶性及表面带正电的纳米颗粒可相对较容易地跨越胃肠道黏膜，进入黏膜下层组织，经淋巴和血液循环转运并发挥损伤作用。

3. 皮肤

还有一种潜在的重要摄取路线是通过皮肤摄取。皮肤是机体对外界环境损伤因素相对较好的屏障，有明显的防御作用。皮肤并不具有高度通透性，但当皮肤与外界化学物质接触时，却有不少外源化学物质可透过皮肤而被吸收。尽管皮肤为机体提供了一个抵御外来侵害的重要屏障，但是由于纳米颗粒粒径的减小及表面性质的改变等原因，可以穿透皮肤经表皮渗透进入人体。完整的表皮可以阻止纳米颗粒的渗透，但在皮肤弯曲和破损部分，纳米颗粒经皮肤迁移的可能性大大增加。纳米颗粒进入真皮后，会被淋巴吸收，也可能被巨噬细胞所摄取产生后续反应。

4. 注射

纳米医药技术是将纳米颗粒直接注入体内，并利用纳米颗粒载带活性成分运送到病变组织和细胞，进行靶向药物运输。纳米颗粒在医药领域的应用，使其可通过皮下、肌肉和静脉注射等临床常用的给药方式直接进入人体。毒理学实验中，对啮齿类动物还有腹腔注射的染毒方式。静脉注射使纳米颗粒直接进入体循环，而皮下、肌肉和腹腔注射则要先经过局部的吸收过程。

5. 主要途径之间的关系

尽管呼吸暴露、皮肤暴露、消化道暴露和注射暴露是四种不同的暴露途径，但无论通过哪种途径接触到的纳米颗粒，由于其粒径较小等原因，都可以经由淋巴进入血液循环系统，并最后经由血液循环系统到达机体内各大脏器，使其在生物体的各个系统之间迁移，最后引起全身性的生物效应。纳米颗粒能够渗透到膜细胞中，并沿着神经细胞突触、血管和淋巴血管传播。与此同时，纳米颗粒又选择性地积累在不同的细胞和一定的细胞结构中。所以，通过不同途径接触到的纳米颗粒有可能会通过不同的暴露途径，最终进入血液循环系统而与机体发生反应，对机体功能产生一定的影响。即尽管暴露途径不同，但是最后有可能产生同样的或类似的机体应激反应。

纳米材料由于其微小的粒径和独特的性质，具有比其他材料和大颗粒物质更大的在生物体内迁移的可能性。纳米颗粒能从肺组织绕过血脑屏障向脑组织迁移。实验大鼠吸入 ^{13}C 纳米颗粒七天后，分别取大鼠的肺组织和脑组织测定 ^{13}C 纳米颗粒的含量。第一天，发现大鼠肺组织含有超过 $1.39\mu g/g$ 组织的 ^{13}C 纳米颗粒，七天后降到 $0.59\mu g/g$ 组织。但 ^{13}C 纳米颗粒在嗅球内的含量却由一天后的 $0.35\mu g/g$ 组织上升到七天后的 $0.43\mu g/g$ 组织。此外，沉积在肺组织的纳米颗粒也会有极小部分转移到血液或其他器官中。科学家们让自愿受试者吸入微量用 ^{99m}Tc 标记的纳米碳球，而后立刻测量受试者血液中的放射性，结果发现确实有微量肺部纳米碳球进入血液中。

某些纳米材料具有生物效应，其废弃物将对人类健康构成严重威胁。例如：防晒护肤品中常添加纳米级 TiO_2 以获得很好的护肤美容作用；光催化技术应用中，常将纳米 TiO_2 添加到其他材料或产品中，如瓷砖、玻璃、室内空气净化器等。然而纳米尺度的 TiO_2 颗粒比微米尺度的 TiO_2 颗粒对肺部的损伤程度大，这与纳米颗粒小的粒径和大的比表面积有直接关系，说明纳米物质的生物效应与尺寸效应有关。纳米管的生物毒性远大于石墨粉，表观分子量高达 60 万的水溶性纳米碳管，在小鼠体内却显示出小分子的生理行为，利用碳纳米管构建的纳米器件废弃后，碳纳米管将危害人类健康。与人体接触时，量子点的毒性表现得相当强烈，因为半导体纳米量子点阵 CdSe 与人体接触后被氧化，不断释放 Cd 原子以及产生有害自由基，导致细胞存活率严重下降。传统使用的荧光剂中的纳米量子点也会导致细胞的大量死亡，而纳米级量子点中的有害元素的毒性作用更大，量子点的特殊性质决定其材料易处于激发态，与纳米 TiO_2 等类似，也是以非辐射的方式在载流子复合过程中催化释放自由基，对生物体产生毒性作用。

8.4.2　纳米材料对呼吸系统的影响

纳米颗粒比较直接影响的器官可能是肺。由于超细颗粒在肺部高沉积效果，每次呼吸超细颗粒时，肺中滞留颗粒数量比大颗粒要多。因此颗粒越小沉积越多，呼吸越快沉积也越多，从而造成人体呼吸等功能损害，尤其是在慢性阻塞性肺部疾病患者中。16 例患有轻度到中度哮喘病人肺部的 23nm 石墨颗粒沉积分数为 0.76 ± 0.05，显著高于健康人（0.65 ± 0.10）（$P<0.001$），随着颗粒直径变小，沉积分数增加，直径为 8.7nm 的石墨颗粒沉积分数达到 0.84 ± 0.03，比正常人多 74%。活动时因呼吸频率增加，沉积分数也随之提高，活动时直径为 23nm 的石墨颗粒沉积分数增加到 0.86 ± 0.04，直径为 8.7nm 石墨颗粒沉积分数达到 0.93 ± 0.02。因此，哮喘患者中纳米颗粒有效呼吸沉积进一步加重。哮喘患者发病情况与超细颗粒数均值的关系比其与细颗粒浓度变化的关系更加密切，这提示超细颗粒对哮喘患者具有明显的毒性作用，其原因可能是超细颗粒通过高沉积的特性对肺泡产生通气损伤，这种损伤可以抵消肺泡容量增加所提高的气体扩散能力。曾有报道显示，7 名女工曾在同一个印刷厂工作，暴露于含有纳米颗粒的聚丙烯酸酯 5~13 个月的年轻女工（18~47 岁），出现了气短、胸腔积液、心包积液等临床症状，并有 2 名女工在两年内死亡。病理检查结果

同样为非特异性肺炎、炎症浸润、肺纤维化和胸腔外源性肉芽肿。进一步检查发现，在这些女工的工作场所、支气管肺泡灌洗液、胸水和肺活检组织中均找到直径为 30nm 的颗粒。

　　纳米颗粒的危害性在动物研究中也有初步结果。在大鼠、小鼠和地鼠上进行了吸入试验，反复暴露于不同浓度的 TiO_2 颗粒气溶胶中，经过一段时间的恢复后，检查肺部颗粒含量及淋巴结和肺反应。结果显示，三种动物在每次刚结束暴露时保留在肺中的纳米 TiO_2 颗粒含量最多，并随着剂量增加而增多；暴露后随着时间的延长肺中纳米 TiO_2 颗粒含量降低，恢复期结束时，高浓度的 TiO_2 试验组中大鼠和小鼠肺部颗粒滞留已超载，肺部炎症明显，巨噬细胞、中性粒细胞数量增加，支气管肺泡灌洗液中可溶性标志物浓度增加，因此在三种啮齿类动物中，大鼠对纳米颗粒较易感。纳米 TiO_2 粒子能对支气管上皮细胞的 DNA 产生氧化损伤，并且其颗粒粒径大小与纳米 TiO_2 对细胞的毒性大小密切相关。不同粒径纳米 Fe_2O_3 的细胞毒性存在差异，且细胞毒性与氧化性有关。

　　单壁碳纳米管是纳米材料中的重要一员，未经加工的 SWCNTs 非常轻，能成为飘尘，具有进入动物肺部的潜在可能。小鼠肺部滴注含有 SWCNTs 的小鼠血清溶液 7 天和 90 天后，发现所有碳纳米管都能导致剂量依赖型的肉芽瘤生成。在 7 天暴露组，小鼠肺部发现有炎症存在，在 90 天暴露组，这些损伤仍然存在并有进一步恶化的趋势，一些小鼠肺部还出现近支气管发炎和坏死，并延伸进入到肺泡的隔膜。肉芽瘤能影响肺功能，也能导致肺组织纤维化以及其他肺损伤的上升。因此，难生物降解（或持久性）的 SWCNTs 被认为是一种严重的职业安全隐患。

　　此外，纳米颗粒物（如石棉纤维或二氧化硅）进入肺泡后，被肺泡巨噬细胞吞噬。肺泡巨噬细胞对肺泡颗粒物的清除起着重要作用。如果巨噬细胞因颗粒物数量巨大等原因使移动性和吞噬功能下降而不能有效地清除颗粒，肺部就会出现"灰尘负载"。因摄取颗粒而肿胀的巨噬细胞数目增加，引起肺部慢性炎症、肺泡上皮细胞和成纤维细胞过度增生，最后导致肺泡炎、肉芽肿、肺纤维化等病理改变。吸入同等质量的颗粒物后，纳米颗粒比常规尺度颗粒更易因巨大的数量负载而引起上述病变。

　　纳米材料导致肺组织炎症的细胞及分子学机制可能是纳米颗粒对细胞产生氧化胁迫，导致脂质过氧化产物如 4-羟基壬烯酸的生成和氧化型谷胱甘肽（GSSG）的产生。细胞内氧化还原平衡遭到破坏，使一些组蛋白发生乙酰化作用，与 DNA 的结合松开，提供转录混合物到达致炎基因启动子区的途径。氧化胁迫引起转录调控因子 NF-kB 转移到细胞核中，并到达关键致炎基因的启动子区，调控致炎基因的转录。受 NF-kB 调控的致炎基因包括 TNF-α、IL-8、IL-2、IL-6、GM-CSF 和 ICAM-1 等，因此 NF-kB 的活化可被认为存在高致炎作用。而且，氧化胁迫或直接与颗粒的相互作用都能刺激细胞溶质 Ca^{2+} 浓度的上升，这也会引起 NF-kB 的活化。钙离子信号影响活性氧的产生，而 ROS 可以反过来调节钙离子水平和相关蛋白的活性。上述过程的联合作用将使基因转录达到顶点，导致炎症发生及抗氧化产物（如 GSSG 等）含量上升。纳米材料细胞毒性指标之间的联系如图 8.4 所示。

　　另外，纳米颗粒导致肺组织伤害的免疫学机制可能和巨噬细胞有关。如单壁碳纳米管和炭黑（Carbon Black，CB）都被肺泡巨噬细胞吸收，但是它们在肺组织中的趋归和反应却不同。装满 CB 的巨噬细胞散布在肺泡空间中，而装满 SWCNTs 的巨噬细胞却快速移动到肺小叶中央位置，在那里进入肺泡隔膜并聚集，从而导致上皮状肉芽瘤的生成。

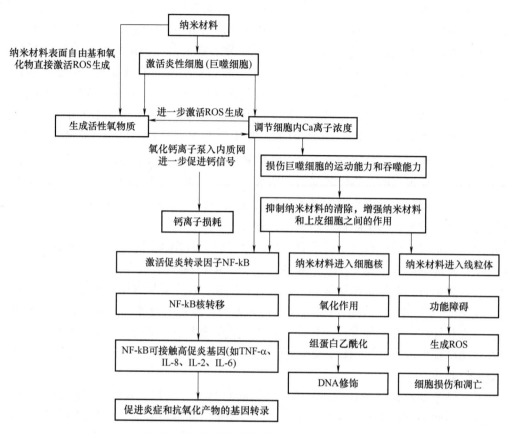

图 8.4　纳米材料细胞毒性指标之间的联系

8.4.3　纳米材料对心血管系统的影响

由于纳米颗粒微小的尺寸，在吸入肺部后极易转移至血液循环，转运到全身其他器官。超细颗粒物到达肺间质后，会穿过肺泡上皮细胞进入间质组织，进而直接进入血液循环，或通过淋巴循环再转移到血液，最后分布到全身，对心血管系统产生一定的毒性。心血管疾病住院率和死亡率与室外空气污染，特别是 PM2.5 或 PM10 的质量浓度有关。高浓度的超细颗粒物暴露可因对活性氧的氧化应激反应引起系统性的炎症，进而促使动脉粥样硬化形成，引起血压升高乃至心肌梗死等急性心血管反应。空气中超细颗粒物的数量浓度与冠心病患者心电图的异常高度相关。这种特殊的心电图变化提示心肌缺血的可能性升高，心脏功能发生改变。

粒径为 100nm 以下的磁性纳米颗粒在生理盐水溶液环境下可以保持较好的稳定性，但仅仅微克量级进入小鼠血管就能迅速团聚，很快导致凝血以致堵塞血管，最终导致小鼠死亡。吸入纳米 SiO_2 可引起老年大鼠肺部炎症反应、心肌缺血性损伤、房室传导阻滞、纤维蛋白原浓度和血黏度升高等病理症状。这表明上述纳米颗粒容易与心血管系统相互作用，可能有血管疾病的潜在危险。

纳米炭黑颗粒可直接影响内皮细胞，引起细胞毒性损伤、炎性反应，抑制细胞生长。内皮细胞损伤与动脉粥样硬化发生相关，而内皮一氧化氮具有抗动脉粥样硬化和抗血栓形成的作用。同时，纳米炭黑颗粒抑制内皮细胞生长，影响组织缺血时新血管的重建，这可能与其促进心肌缺血有关。纳米炭黑颗粒还可能通过直接影响内皮细胞而促进动脉粥样硬化和心肌缺血的发展。此外，纳米颗粒能从肺部转移到血液中，并在血小板中聚集。血小板在血栓形成过程中具有很重要的作用。纳米颗粒与血小板接触，诱导血小板的激活，激活的血小板与受损或激活的内皮细胞作用而凝聚。单壁碳纳米管通过氧化损伤的机制可造成大鼠血管内皮细胞损伤。多种碳纳米颗粒都有促进血小板凝聚的作用，这会加速大鼠颈动脉血栓的形成。血液循环中纳米颗粒的存在可能影响凝血，而颗粒物的表面性质可能在这个过程中发挥很大作用。

纳米颗粒引起心血管疾病的具体机制尚不明确，但一般认为纳米颗粒主要通过下列途径引起心血管疾病：①纳米颗粒引发炎症，改变血液的凝固性，使冠状动脉性心脏病发病率升高；②纳米颗粒可以从肺部进入到血液循环，与血管内皮相结合，从而形成血栓和动脉硬化斑；③纳米颗粒进入中枢神经系统，出现某些心血管效应相关的自主反射。

8.4.4　纳米颗粒对肝脏的影响

肝脏是纳米颗粒在生物体内积累的最主要靶器官。肝脏对人类健康有重要的维护作用，是人体最主要的代谢及解毒器官。当纳米颗粒积累到肝脏后，可引起肝细胞毒性、脂质过氧化反应、慢性炎症等，而慢性肝脏炎症的持续进展和恶性转化可导致肝癌。大量研究证实，纳米颗粒能产生明显的肝脏毒性，引起肝酶升高、肝脏炎症以及肝组织坏死等。

纳米颗粒对肝脏产生毒性效应可以由以下几种方式造成：

1）纳米颗粒可能诱发肝脏炎症，其机制可能与促炎因子表达升高相关。雄性 Wistar 大鼠以气管滴注的方法每周两次暴露于 0.24mg/kg 纳米氧化镍中，持续 6 周后出现肝脏炎症，发现肝脏中促炎细胞因子 IL-1β 和 IL-6 的浓度升高，而抗炎细胞因子 IL-4 和 IL-10 的水平降低。粒径为 1nm 的纳米铂通过静脉注射给药后 3h 和 6h 均显著诱导了小鼠体内 IL-1β 和 IL-6 的产生，肝脏出现炎症。给小鼠气管滴注含多壁碳纳米管的环氧树脂复合材料机械磨损产生的粉尘溶液，会引起小鼠肝脏炎症和坏死等组织病理学改变。

2）纳米颗粒可以引起肝脏损伤。通过腹膜内注射粒径为 50nm 的纳米二氧化钛后，在小鼠肝脏中可以观察到肝脏组织学变化以及碱性磷酸酶（Alkaline Phosphatase，ALP）和天冬氨酸转氨酶（Aspartate Transaminase，AST）水平的增加，指示肝功能受损严重。雄性 Wistar 大鼠气管内滴注纳米氧化镍每周两次，会造成谷丙转氨酶（Alanine Transaminase，ALT）、AST、ALP 和 γ-谷氨酰转肽酶升高，肝细胞水肿，肝窦消失，嗜中性粒细胞和淋巴细胞浸润，肝脏损伤严重的结果。将小鼠暴露于 200mg/kg 纳米氧化锌中 90 天可造成明显的肝脏损伤，包括局灶性肝细胞坏死、中央静脉充血扩张、ALT 和 AST 水平显著升高。

3）纳米颗粒还可引起肝脏结构及功能改变。将斑马鱼胚胎暴露在 50mg/L 的纳米氧化铜下 4h 后可引起肝毒性，同时斑马鱼胚胎暴露于高剂量的纳米氧化铜中会导致肝脏发育不良。Zucker 大鼠经口灌胃 6.4mg/kg 的炭黑后，发现大鼠肝脏的脂质负荷明显增加，认为炭黑暴露与肝脂肪变性有关。将雄性 Wistar 白化大鼠暴露于纳米氧化锌中，持续 21 天后取大鼠的肝脏活组织进行组织病理学检查，结果发现暴露于纳米氧化锌的大鼠肝组织中出现窦状扩张、小叶和门静脉三支血管炎性细胞浸润、肝组织坏死、水样变性等。纳米银易促使小鼠的脂肪肝发展为脂肪性肝炎,并且纳米银会进一步抑制脂肪酸氧化,诱导并增加小鼠肝脏炎症。

8.4.5 纳米材料对免疫细胞及其他细胞的影响

纳米材料也会对免疫细胞及其他细胞产生毒性作用。一定剂量的单壁碳纳米管和多壁碳纳米管会导致巨噬细胞结构变化,诱导了明显的细胞凋亡。比较多壁碳纳米管对人 T 细胞的原始毒性和氧化毒性,发现后者毒性更大,当其质量浓度为 $400\mu g/mL$ 时,将造成大量生殖细胞程序性凋亡,极大地降低了细胞的繁殖能力。另外,碳纳米管与补体系统和免疫细胞激活作用的研究表明,纳米颗粒与蛋白质分子之间存在较强的相互作用,可以使补体蛋白分子的酶活性发生改变。此外,纳米颗粒的粒径(表面积)和数目是造成肺损伤的关键因素,因为粒径较小的纳米 TiO_2 能明显降低巨噬细胞 J774.2MF 的吞噬能力。

单壁碳纳米管和多壁碳纳米管均能抑制人体角质细胞的增殖。单壁碳纳米管能抑制 HEK293 细胞的增殖,降低细胞黏附能力,并且这种抑制能力均有剂量和时间依赖性。纳米富勒烯可对人类表皮纤维细胞的生长产生明显抑制作用,半致死剂量(LC_{50})为 $20\times10^{-6} g$;此外,纳米富勒烯颗粒还能引起人表皮纤维细胞的细胞膜破裂,乳酸脱氧酶的含量升高,这可能是由于纳米富勒烯颗粒能够产生氧自由基,导致细胞膜被氧化,从而产生细胞毒性。C_{60} 能进入人类巨噬细胞的细胞质、溶酶体和细胞核,明显降低细胞存活率并引起炎症反应,当浓度为 $2.2\mu g/L$ 时就能破坏人类淋巴细胞的 DNA,具有遗传毒性;分子动态模拟研究表明,液体中 C_{60} 极易与 DNA 中的核苷稳定结合并使 DNA 变性而可能丧失功能。

纳米 TiO_2 粒子被小鼠神经胶质细胞吸收后,2h 内释放出大量的活性氧化分子,表明大量的纳米粒子可能对生物体的神经细胞造成损伤。用纳米级的柴油机废气颗粒物与神经元细胞共同培养,结果发现纳米级的柴油机废气颗粒物具有选择性的多巴胺能神经元毒性。多巴胺神经元抗氧化能力较弱,最先受到了损伤,提示纳米粒子的毒性作用可能是促使帕金森病发生及发展的一个环境因素。纳米材料能够经嗅觉神经突触进入嗅球并迁移至大脑,引起中枢神经系统巨噬细胞炎性蛋白、胶质纤维酸性蛋白和神经细胞黏附分子 mRNA 水平升高,造成脑组织病理学损伤,产生神经毒性。

细胞有丝分裂和早期哺乳动物胚胎发育会受到聚苯乙烯纳米粒子的影响。暴露于聚苯乙烯纳米粒子中,胚胎存活率和囊胚率显著降低,与纳米粒子浓度呈现负相关。由此可以推测,聚苯乙烯纳米粒子诱导卵裂的改变,特别是在已经有较低的发育能力能够达到囊胚阶段的胚胎中。此外,尽管聚苯乙烯纳米粒子不会使染色体不稳定,但会影响细胞分裂的正常过程。聚乳酸纳米颗粒会导致一些温和的无菌性炎症反应,其原因可能是聚乳酸纳米颗粒降解所产生的碎片导致迟发性无菌性炎症反应发生。其中,聚乳酸纳米颗粒植入部位的不同决定了组织反应类型和强度的不同,如皮下植入时炎症发生率较高,在吞噬细胞较少的髓内固定组织中反应发生率较低。

8.4.6 纳米材料的致癌性

纳米颗粒致癌性的研究已经取得了长足的发展。多壁碳纳米管作为一种新兴的纳米纤维材料,在汽车、船舶、航天器、运动器材的制造及生物医药等领域有着广泛的应用前景。MWCNTs 在纤维特征和暴露方式上与致癌物质石棉极其相似,故 MWCNTs 对人体可能造成的危害，尤其是致癌性，也受到了高度关注。持续的慢性炎症是石棉致癌作用的显著特征，在肺癌的发生发展中起着重要作用。而肺组织是 MWCNTs 最主要的沉积部位。暴露在 MWCNTs 环境中可诱发 C57BL/6 小鼠肺部持续的慢性炎症，最终会诱发 C57BL/6 小鼠非小细胞肺腺癌和肺鳞癌；且随着剂量的增大，成瘤时间缩短和肿瘤发生率增高。大鼠气管内灌注碳黑纳米颗粒（Carbon Black Nanoparticles，CBNs）同样会诱发肺癌，发病率高达 39%。

亲水纳米 TiO_2 颗粒会导致实验动物肺部腺瘤和上皮细胞瘤的发生，发生概率高达 52.0%～69.6%。国际癌症研究机构（International Agency for Research on Cancer，IARC）把纳米 TiO_2 颗粒对实验动物的致癌性定位有充足证据，但纳米 TiO_2 在人群中的致癌性依旧缺乏流行病学数据。

纳米科技的发展给人类带来了很多恩惠，加深了人们对物质世界和生命科学的理解。但是在迅猛发展的纳米浪潮中，人们也不能忽视任何事物都具有两重性。纳米技术研究是人类历史上首次能够在技术成熟形成产业之前，就有机会相当好地了解其对环境和人类健康正面影响的研究领域，但是对相关负效应的研究投入却明显不足。科学史上，人类发现放射性物质后，在很长的一段时期内，由于只重视它的功能开发和使用，忽视了研究它可能对人体产生的潜在性危害作用，未采取必要的防护措施，导致放射线物质的环境污染和对人类健康损伤的事件发生，甚至连放射线物质的发明人居里夫人也不幸死于过度接触放射线而引起的白血病。纳米颗粒的负面影响可能是全方位的，包括遗传突变、哮喘、肺气肿和肺组织纤维化等肺部疾病、心血管疾病、脑病及皮肤病等。因此，人们需要更加关注纳米材料对于生物和人体存在的潜在性影响，更加正确地认识和合理地应用纳米材料。

参 考 文 献

［1］陈敬中，刘剑洪，孙学良，等. 纳米材料科学导论［M］. 2 版. 北京：高等教育出版社，2010.

［2］林志东，杨汉民，石和彬，等. 纳米材料基础与应用［M］. 北京：北京大学出版社，2010.

［3］汪静，潘超. 纳米效应与生物功能材料［M］. 北京：科学出版社，2020.

［4］阎锡蕴. 纳米材料新特性及生物医学应用［M］. 北京：科学出版社，2014.

［5］张邦维. 纳米材料物理基础［M］. 北京：化学工业出版社，2009.

［6］余家会，任红轩，黄进. 纳米生物医药［M］. 上海：华东理工大学出版社，2011.

［7］张英鸽. 纳米毒理学［M］. 北京：中国协和医科大学出版社，2010.

［8］王玲，李林枝. 纳米材料的制备与应用研究［M］. 北京：中国原子能出版社，2019.

［9］杨原明，张军芬. 纳米与医药［M］. 苏州：苏州大学出版社，2018.

［10］周志俊. 基础毒理学［M］. 3 版. 上海：复旦大学出版社，2021.

［11］黄仲涛，耿建铭. 工业催化［M］. 4 版. 北京：化学工业出版社，2020.

［12］孙明烨. 新型绿色纳米材料的制备及其光电性质研究［M］. 北京：冶金工业出版社，2019.

［13］江桂斌，全燮，刘景富，等. 环境纳米科学与技术［M］. 北京：科学出版社，2015.

［14］YANG T H, AHN J, SHI S, et al. Noble-metal nanoframes and their catalytic applications［J］. Chemical Reviews, 2021, 121 (2)：796-833.

［15］MITCHELL M J, BILLINGSLEY M M, HALEY R M, et al. Engineering precision nanoparticles for drug delivery［J］. Nature reviews Drug discovery, 2021, 20 (2)：101-124.

［16］SMITH B R, GAMBHIR S S. Nanomaterials for in vivo imaging［J］. Chemical Reviews, 2017, 117 (3)：901-986.

［17］MEYER P, SCHULZ J. Deep X-ray lithography in micromanufacturing engineering and technology［M］. 2nd ed. New York：William Andrew, 2015.

［18］EKINCI K L, ROUKES M L. Nanoelectromechanical systems［J］. Review of Scientific Instruments, 2005, 76：061101.